現代地球科学入門シリーズ

大谷栄治・長谷川昭・花輪公雄［編集］

Introduction to
Modern Earth Science Series

7

火山学

吉田武義・西村太志・中村美千彦［著］

共立出版

現代地球科学入門シリーズ
Introduction to Modern Earth Science Series

編集委員

大谷 栄治・長谷川 昭・花輪 公雄

JCOPY <出版者著作権管理機構委託出版物>

本書の無断複製は著作権法上での例外を除き禁じられています．複製される場合は，そのつど事前に，出版者著作権管理機構（ＴＥＬ：03-5244-5088，ＦＡＸ：03-5244-5089，e-mail：info@jcopy.or.jp）の許諾を得てください．

現代地球科学入門シリーズ
刊行にあたって

読者の皆様

　このたび『現代地球科学入門シリーズ』を出版することになりました．近年，地球惑星科学は大きく発展し，研究内容も大きく変貌しつつあります．先端の研究を進めるためには，マルチディシプリナリ，クロスディシプリナリな多分野融合的な研究の推進がいっそう求められています．このような研究を行うためには，それぞれのディシプリンについての基本知識，基本情報の習得が不可欠です．ディシプリンの理解なしにはマルチディシプリナリな，そしてクロスディシプリナリな研究は不可能です．それぞれの分野の基礎を習得し，それらへの深い理解をもつことが基本です．

　世の中には，多くの科学の書籍が出版されています．しかしながら，多くの書籍には最先端の成果が紹介されていますが，科学の進歩に伴って急速に時代遅れになり，専門書としての寿命が短い消耗品のような書籍が増えています．このシリーズでは，寿命の長い教科書を目指して，現代の最先端の成果を紹介しつつ，時代を超えて基本となる基礎的な内容を厳選して丁寧に説明しています．

　このシリーズは，学部2～4年生から大学院修士課程を対象とする教科書，そして，専門分野を学び始めた学生が，大学院の入学試験などのために自習する際の参考書にもなるよう工夫されています．それぞれの学問分野の基礎，基本をできるだけ詳しく説明すること，それぞれの分野で厳選された基礎的な内容について触れ，日進月歩のこの分野においても長持ちする教科書となることを目指しています．すぐには古くならない基礎・基本を説明している，消耗品ではない座右の書籍を目指しています．

　さらに，地球惑星科学を学び始める学生・大学院生ばかりでなく，地球環境科学，天文学・宇宙科学，材料科学など，周辺分野を学ぶ学生・大学院生も対象とし，それぞれの分野の自習用の参考書として活用できる書籍を目指しました．また，大学教員が，学部や大学院において講義を行う際に活用できる書籍になることも期待致しております．地球惑星科学の分野の名著として，長く座右の書となることを願っております．

編集委員一同

序　文

　本書は，理系大学の学生を対象に，"火山学"をはじめて学ぶ際のテキストとして執筆されたものである．日本は火山国であるが，地質学，岩石学，地球物理学にわたる学際的な要素の多い"火山学"についての総合的なテキストは多くない．本書では，"火山学"に関連する基本的な知識を修得することを目的に，可能なかぎり平易な表現で，幅広い火山学の各分野についての基本について記述している．さらに，近年，日本において多発する未曾有の自然災害について，その防災，減災に関する理解は，火山について学ぶ際にも不可欠なものであると考え，火山防災，火山減災についても多くのページを割いている．本書の執筆にあたっては，火山について学びはじめた理系大学生が，火山を総合的に理解する際に，活用できる内容とすることを目指した．

　本書は，第1章 火山学概観，第2章 火成岩と火山岩，第3章 火山の噴火と噴出物，第4章 マグマプロセスとマグマの成因，第5章 火山の観測とモニタリング，第6章 噴火のダイナミクス，第7章 火山の恩恵と災害，第8章 火山防災・火山減災，から構成される．このうち，第1章から第4章は吉田と中村が，第5章と第6章は西村が，第7章と第8章は吉田が，それぞれ中心となって執筆した．

　第1章では，火山学の全体を把握し概観するために，幅広い事項について論じるとともに，火山学の研究手法についても説明を加えている．第2章では，火山を構成する火山岩を含む火成岩やそれを構成する鉱物に関する基本的な事項について論じる．第3章では，多様な火山活動を理解するのに必要な，火山の噴火とその噴出物の特徴について基本的な事項を説明する．第4章では，マグマが関与するさまざまなプロセスについての説明と，世界中の異なるテクトニクス場で活動している多様なマグマの成因を論じる．第5章と第6章では，おもにこれまでの地球物理学の分野に含まれる事項を扱っているが，これらはそれ以外の章で扱われている内容と密接な関係をもっている．このうち，第5章では，地球物理学的手法に基づいた各種の火山観測手段とともに，火山活動

序　文

のモニタリングと噴火予知について説明する．そして，第6章では，噴火のダイナミクスを基本式を示しながら説明し，噴火現象の定量的な理解への導入をはかっている．第7章では，火山がもたらす多様な災害現象を，火山がもたらす恩恵とともに示す．そして，最後の第8章では，火山防災・減災の課題，制度と仕組み，噴火シナリオとハザードマップ，噴火警報と噴火警戒レベルなどについて説明するとともに，噴火時の避難，生活支援，砂防計画や災害廃棄物などについても，その基本的な事項について論じる．

　本書の原稿執筆段階から編集作業，出版に至るまで，共立出版の信沢孝一氏，三輪直美氏には，長期にわたり，たいへんお世話になった．また，本シリーズの編集委員の一人である長谷川　昭氏には，原稿に何度も目を通していただいた．さらに一部の原図の作成にあたっては，中村が所属する東北大学理学研究科地学専攻，地球惑星物質科学科，火山学・地質流体研究グループに属する多くの大学院生の方々にご助力いただいた．また，図の転載にあたっては，日本火山学会をはじめ，多くの機関，学会，雑誌などから利用許可をいただくことができた．ここに記して，以上の方々および諸機関のご厚意に深く感謝いたします．

2017年2月

吉田武義・西村太志・中村美千彦

目　次

第1章　火山学概観　　1
1.1　はじめに　　1
1.2　火山と地球　　4
　　1.2.1　地球内部の状態と構成物質　　4
　　1.2.2　地球内部の熱　　7
　　1.2.3　マントルの構造と運動　　11
1.3　マグマの発生，上昇，定置　　13
　　1.3.1　マグマの発生　　13
　　1.3.2　マグマの上昇と地下での定置　　16
　　1.3.3　火成岩体　　18
1.4　マグマ溜りと火山活動　　22
　　1.4.1　マグマ溜りと火道　　22
　　1.4.2　火山活動と噴火　　26
　　1.4.3　後火山活動　　29
1.5　活火山と火山の寿命　　31
　　1.5.1　活火山　　31
　　1.5.2　火山の寿命　　33
1.6　多様な火山　　38
1.7　火山学の研究手法　　47
　　1.7.1　地質学，岩石学，地球化学的手法　　47
　　1.7.2　地球物理学的手法　　50

第2章　火成岩と火山岩　　54
2.1　はじめに　　54
2.2　火成岩　　55
　　2.2.1　火成岩の構成鉱物　　55

目 次

- 2.2.2 珪酸塩鉱物の構造と元素のイオン半径 56
- 2.2.3 火成岩：火山岩と深成岩 58
- 2.3 火成岩の鉱物組成と化学組成 60
  - 2.3.1 火成岩の鉱物組成と色指数 60
  - 2.3.2 火成岩の化学組成とハーカー図 62
  - 2.3.3 熱力学と相平衡関係 63
  - 2.3.4 相平衡図と反応原理 65
  - 2.3.5 火成岩のモード組成とノルム組成 69
- 2.4 固液間での分配係数とマグマの組成変化 70
  - 2.4.1 元素の分配係数 70
  - 2.4.2 マグマの組成変化 71
  - 2.4.3 結晶分化作用，同化作用，マグマ混合 73
  - 2.4.4 同位体組成 76
- 2.5 火山岩の分類 77
  - 2.5.1 火山岩の分類方法 77
  - 2.5.2 岩石系列 77
- 2.6 マグマの物性 82
  - 2.6.1 マグマの密度と粘性 82
  - 2.6.2 マグマの結晶化に伴う物性の変化 86
  - 2.6.3 結晶分化作用と重力分化作用 87
- 2.7 火成岩の組織と構造 92
  - 2.7.1 結晶の核形成と成長 95
  - 2.7.2 過冷却度と結晶形態の変化 96
  - 2.7.3 斑晶にみられる累帯構造，包有物，反応組織 98
  - 2.7.4 石基組織 101
  - 2.7.5 フローマーカーと流動ファブリック 104
  - 2.7.6 結晶サイズ分布と組織解析 104
- 2.8 ソレアイト岩系とカルクアルカリ岩系 106
  - 2.8.1 ひとつの火山に共存するソレアイト岩系とカルクアルカリ岩系 106
  - 2.8.2 両岩系の岩石組織や斑晶モード組成にみられる違い ... 107

　　　　2.8.3　複数の岩石系列の共存とその成因 112

第3章　火山の噴火と噴出物　　　　　　　　　　　115
　3.1　はじめに 115
　3.2　火山の噴火 117
　　　3.2.1　噴火の駆動力とトリガー 117
　　　3.2.2　噴火の規模とエネルギー 119
　　　3.2.3　火山活動の時間変化 123
　　　3.2.4　噴火の推移と継続時間 124
　　　3.2.5　噴火の終息 126
　3.3　噴火の様式 128
　　　3.3.1　分　類　法 128
　　　3.3.2　割れ目噴火 131
　　　3.3.3　ハワイ式噴火 131
　　　3.3.4　ストロンボリ式噴火 131
　　　3.3.5　ブルカノ式噴火 132
　　　3.3.6　プリニー式噴火 133
　　　3.3.7　カルデラ噴火と巨大噴火 136
　3.4　噴火とそれに関連した現象 140
　　　3.4.1　噴　煙　柱 140
　　　3.4.2　火　砕　流 142
　　　3.4.3　火砕サージとブラスト 147
　　　3.4.4　溶岩流と溶岩ドーム 149
　　　3.4.5　マグマ水蒸気爆発と水蒸気爆発 156
　　　3.4.6　噴気現象 161
　　　3.4.7　山体崩壊と岩屑なだれ 162
　　　3.4.8　火山泥流（ラハール） 163
　　　3.4.9　土　石　流 164
　3.5　火山噴出物 166
　　　3.5.1　火山砕屑物と火山砕屑岩 167
　　　3.5.2　粒径に基づく分類 168

目　次

	3.5.3	外形や内部構造に基づく分類	170
	3.5.4	運搬様式と堆積構造	171
	3.5.5	海底火山噴出物	173

第4章　マグマプロセスとマグマの成因　178

- 4.1　はじめに ... 178
- 4.2　マグマの状態とマグマプロセス ... 180
  - 4.2.1　部分溶融体からのメルトの分離 ... 180
  - 4.2.2　第2臨界点 ... 183
  - 4.2.3　マグマの上昇と蓄積 ... 185
  - 4.2.4　マグマ溜りの構造と進化 ... 187
  - 4.2.5　マッシュ〜フレームワーク状マグマ溜り ... 188
  - 4.2.6　イグニンブライトの組成累帯構造 ... 190
  - 4.2.7　マグマの発泡と脱ガス ... 191
  - 4.2.8　マグマの破砕と爆発的噴火 ... 195
- 4.3　マグマの成因 ... 197
  - 4.3.1　火山活動場とマグマ組成 ... 197
  - 4.3.2　玄武岩質マグマの成因 ... 202
  - 4.3.3　安山岩質〜珪長質マグマの成因 ... 204
- 4.4　地球史におけるマグマの変遷 ... 209
- 4.5　テクトニクス場と火山活動 ... 211
  - 4.5.1　中央海嶺での火山活動と海洋地殻の形成 ... 211
  - 4.5.2　ホットスポットでの火山活動 ... 214
  - 4.5.3　プレート収束境界での火山活動 ... 221
  - 4.5.4　巨大火成岩岩石区と海台 ... 224
  - 4.5.5　大陸地域のプレート内火山 ... 225
  - 4.5.6　海洋地域のプチスポット ... 226

第5章　火山の観測とモニタリング　228

- 5.1　はじめに ... 228
- 5.2　観測方法 ... 228

5.3	地震観測	230
5.4	測地観測	233
5.5	電磁気学的観測	235
5.6	物質系の観測	237
5.7	そのほかの観測	239
5.8	火山活動のモニタリングと噴火予知	240

第6章　噴火のダイナミクス　242

6.1	はじめに	242
6.2	ミクロスケールの現象と物理過程	243
	6.2.1 気泡核形成	243
	6.2.2 気泡成長	245
	6.2.3 マグマ破砕	247
6.3	火山性流体の物理特性	248
	6.3.1 気泡流	248
	6.3.2 疑似理想気体近似	249
	6.3.3 火山性流体の音速	249
6.4	一次元火道流	251
	6.4.1 基礎式	251
	6.4.2 等エントロピー流れ	251
	6.4.3 衝撃波	254
	6.4.4 火山性混相流の表現	255
	6.4.5 火道内流れの特徴	256
6.5	噴火に伴う諸現象	258
	6.5.1 噴火に伴う地震波	258
	6.5.2 山体変形	260
	6.5.3 空振と衝撃波	262

第7章　火山の恩恵と災害　264

7.1	はじめに	264
7.2	火山がもたらす恩恵と災害	265

目 次

7.2.1	火山の恵みと災害	265
7.2.2	噴火活動と加害要因	266
7.2.3	火山災害	267

7.3 火山災害の実例 269
 7.3.1 伊豆大島の噴火 269
 7.3.2 三宅島の噴火 269
 7.3.3 富士山で繰り返された噴火 271
 7.3.4 浅間山の1783年の噴火 271
 7.3.5 桜島火山の噴火 272
 7.3.6 阿蘇山中岳火口の活動 273
 7.3.7 雲仙普賢岳1990〜95年噴火 275
 7.3.8 有珠火山の噴火 277
 7.3.9 アイスランド,ラカギガル火山の噴火 279
 7.3.10 磐梯山1888年噴火の岩屑なだれ 279
 7.3.11 米国,セントヘレンズ火山の1980年噴火 280
 7.3.12 カメルーン,ニオス湖からのガス噴出 282
 7.3.13 融雪型火山泥流 282

7.4 火山噴火と気候 283
7.5 火山活動と大量絶滅 284
7.6 火山による恩恵 285
 7.6.1 温泉と地熱地帯 285
 7.6.2 地熱発電 286
 7.6.3 熱水鉱床 288
 7.6.4 海底の資源 290

第8章 火山防災・火山減災   **292**

8.1 はじめに 292
8.2 火山防災・減災対策の課題 294
8.3 火山防災の制度と計画 295
 8.3.1 火山災害などに関する法律 295
 8.3.2 地域防災計画策定の背景および必要性 298

　　　　8.3.3　噴火に対する広域防災計画 299
　　　　8.3.4　合同の現地災害対策本部体制 300
　8.4　噴火シナリオと火山ハザードマップ 301
　　　　8.4.1　噴火シナリオ 301
　　　　8.4.2　火山ハザードマップ 302
　　　　8.4.3　被害想定 303
　　　　8.4.4　火山防災の課題とこれからのハザードマップ 305
　8.5　火山情報：噴火警報と噴火警戒レベル 308
　　　　8.5.1　噴火災害の特質と火山情報に求められる要件 308
　　　　8.5.2　噴火警報と噴火警戒レベル 309
　　　　8.5.3　火山情報と地元市町村の防災対応 311
　　　　8.5.4　マスコミによる情報伝達 312
　8.6　噴火時の避難と生活支援 313
　　　　8.6.1　避難体制と警戒区域の設定 313
　　　　8.6.2　避難生活の支援と生活再建対策 314
　8.7　火山砂防計画 315
　　　　8.7.1　火山砂防計画の背景と経緯 315
　　　　8.7.2　火山砂防の枠組み 316
　　　　8.7.3　ハード対策の検討手順と緊急ソフト対策の重要性 . . . 317
　　　　8.7.4　緊急対策ドリル 318
　　　　8.7.5　緊急・危険時の無人化土木施工 318
　8.8　火山噴火に伴う災害廃棄物の処理と管理 320
　　　　8.8.1　降下火砕物による都市災害 320
　　　　8.8.2　火山噴火で発生する土砂の処理 321
　　　　8.8.3　火山災害と災害廃棄物 322
　8.9　おわりに 322

参考文献　　　　　　　　　　　　　　　　　　　　325

索　　引　　　　　　　　　　　　　　　　　　　　369

欧文索引　　　　　　　　　　　　　　　　　　　　381

第 1 章 火山学概観

1.1 はじめに

　微惑星の衝突合体で成長した地球は，衝突時に解放されるエネルギーによってその一部が溶融し，生じた**マグマ**（magma）がマグマオーシャンやマグマポンドを形成しながら分化し，長い歴史を経て現在の状態に至ったと考えられている．富士山（図 1.1）で代表される陸上や海底で特徴的な地形を形づくっている**火山**（volcano）は，地球内部を構成する岩石が融けて生じたマグマの地表近傍での活動である**火山活動**（volcanism）によって形成される．その活動は地球

図 1.1　富士山を北西から望む

海抜 3,776 m の富士山は，体積が約 1,400 km^3 の日本で最大級の火山のひとつである．周囲の成層火山がおもに安山岩質であるのに対して，富士山は玄武岩質マグマの噴出物でできており，特異な火山である．

第 1 章　火山学概観

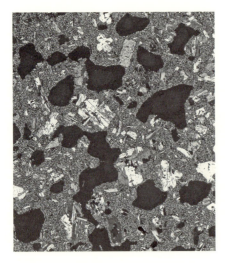

図 1.2　偏光顕微鏡でみた典型的な火山岩組織（秋田県，荷葉岳）
偏光顕微鏡下では，楕円〜不定形の気泡部分が真っ黒にみえる．その周囲の細かく暗色の部分は，地表に噴出したのち，メルトが急冷して生じた石基である．石基中に散在する大小の自形結晶のうち，肉眼で識別できるものを斑晶とよび，肉眼では識別が困難な結晶を微斑晶とよぶ（2.2.3項参照）．このように地表に噴出したマグマは，通常，メルト（急冷した石基部分），固体（斑晶と微斑晶），そして気体（気泡部分）からなる（横幅約 3 cm）．

内部で起こるさまざまな現象に関わっており，これを理解することは地球内部を理解するうえで最も重要な課題のひとつである．岩石が融けはじめる温度以上に加熱されて生じるマグマは，液体（**メルト**，melt；溶融体），気体および固体の混合物からなる．これらの相の組合せと量比は，マグマがおかれた温度，圧力条件とマグマの化学組成で決まる．マグマは，水（H_2O）や二酸化炭素（CO_2）などの**揮発性成分**（volatile component）を溶かし込んだメルトからなる場合のほかに，揮発性成分の**気泡**（vesicle）を内包したメルト，結晶を含んだメルト，**液相不混和**（liquid immiscibility）状態にある 2 種のメルトの混合体，そして，気泡と結晶を含んだメルトからなる場合などがある．マグマが固結して生じた岩石を**火成岩**（igneous rock）とよび，マグマが火成岩を形成する過程を**火成活動**（igneous activity；magmatism）という．そして，火成岩には地下深所でマグマからゆっくり形成された**深成岩**（plutonic rock）と，温度が低い地表近く，あるいは陸上や海底でマグマが急冷して生じた**火山岩**（volcanic rock）がある．図 1.2 に結晶と気泡を含んだメルトから固結した火山岩の例を示す．

　マグマの活動で形成された火山と火山活動を研究する**火山学**（volcanology）においては，個々の火山を形成し，また形成しつつあるマグマが，どこで，どのような条件下で，何を材料として，どのようにして発生するのかを知ることが重要である．また，地球内部で発生したマグマの物理的・化学的性質を明らかにす

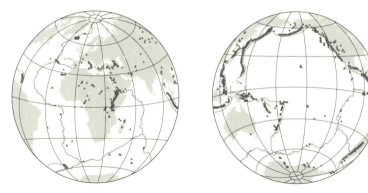

図 1.3　地球上におけるプレートと火山の分布
プレートの境界を実線で，火山を黒三角で示す．火山はプレート境界とその近傍に多く分布するが，プレート内部にも分布している．なお，プレート境界のうち，プレート拡大境界である中央海嶺は最も活動的な火山活動の場であるが，海底にあり，直接観察することは難しい．

ることは，発生したマグマが集積，移動，上昇して，より浅所に**貫入**（intrusion）し，**定置**（emplacement）するプロセスを考える際に重要となる．地表でのマグマの**噴出**（extrusion），あるいは**噴火**（eruption）現象には，メルトから分離した揮発性成分の果たす役割が大きい．火山活動によって，**火口**（volcanic vent；crater）から地表に噴出される物質を火山噴出物（3.5 節参照）とよぶが，**マグマの噴出・噴火**（magmatic eruption）には，火山噴出物として，**溶岩**（lava）を流出するような**非爆発的な活動**（effusion；effusive eruption）と，火山砕屑物（略して火砕物，3.5.1 項参照）を放出するような**爆発的な活動**（explosion；explosive eruption）とがある．

マグマが，発生した地下深部から浮力で上昇して，地下の**浮力中立点**（level of neutral buoyancy；LNB）で滞留・分化しながら，地表で噴出するまでの経路を**マグマ供給系**（magmatic plumbing system）とよぶことがある．このマグマ供給系の全容（その構造，プロセス，メカニズム）を理解することは，火山学の課題のなかでも最も重要な課題のひとつである．さまざまな**地球物理学**（geophysics）的手法による観測や**地質学**（geology）的・**岩石学**（petrology）的な手法により，その解明が進められるとともに，その成果に基づいて火山活動の予測や噴火予知がなされるに至っている．

地球の表面は十数枚の**プレート**（plate）で覆われているが，図 1.3 に示すよ

うに，火山の分布はプレートの配置と密接な関係をもつ．したがって，マグマ活動を伴う個々の領域の**テクトニクス**（造構造運動，tectonics）を理解することも重要である．そして，現在のさまざまな**テクトニクス場**（tectonic field）で活動しているマグマの性質を知ることにより，過去に形成された火山岩の生成環境をたどり，地球の歴史を組み立てることも可能となる．火山活動は，物質とエネルギー，とくに熱エネルギーや重力エネルギーとの相互作用である．そして，地球はマグマの多様な活動を通して進化してきたといえることから，地球の進化の過程を理解するうえで，マグマと火山活動の役割の理解は本質的に重要である．火山活動は，ときに火山地域に住む人々に災害をもたらしたり，地球を取り巻く大気や環境にさまざまな影響を及ぼして，人々の生活を脅かすこともあるが，一方で人々に多大な恩恵をももたらしている．火山学はきわめて学際的な研究分野ではあるが，このような火山とその活動を正しく理解し，一人ひとりが将来に備えることが火山列島である日本に住むわれわれにとって，きわめて重要である．

1.2 火山と地球

1.2.1 地球内部の状態と構成物質

Ⓐ 地球内部の化学組成

地球内部を構成する物質は，地震波速度構造や岩石の高温高圧実験，太陽系の元素存在度，そして**隕石**（meteorite）の分析データなどから推定されている．地球は，原子太陽系星雲中の微粒子が集積してできたと考えられている．そのため，地球全体としては揮発性成分を除いて，太陽系の代表的な隕石である**コンドライト**（chondrite，珪酸塩鉱物が主成分である石質隕石のうち，**コンドルール**（chondrule）とよばれる球状の物体を含んだ隕石で，地上に落下する隕石の約80%を占め，原始太陽系の物質を最もよく保存していると考えられている）のある種のものと組成が似ており，おもに鉄（Fe），酸素（O），珪素（Si），マグネシウム（Mg）などからなると推定されている．

Ⓑ 地球内部の温度・密度・圧力

地球内部について推定された化学組成や地震波速度構造などから，地球内部

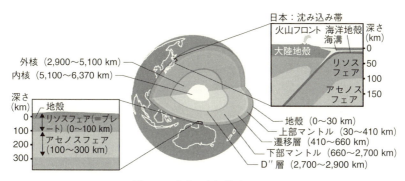

図 1.4　地球の内部構造の概要
地球内部は，浅いほうから地殻，マントル，核からなる．地殻には海洋地殻と大陸地殻がある．マントルはさらに，上部マントル，遷移層，下部マントル，D″層からなり，核は外核と内核からなる．また，固体地球の浅部は，プレートを構成するリソスフェアとその下位のマントル対流域であるアセノスフェアに区分されている．プレート沈み込み帯に位置し，海溝や火山フロントが発達する日本列島の地殻〜マントル構造はさらに複雑である．

構造（図1.4）を調べ，その密度と圧力の分布を求めることができる．一般に，化学組成が変化すると密度が不連続に変化し，また，同じ化学組成でも圧力が加わることによって密度（ρ：kg/m^3）も大きくなる．地球内部の圧力は上に積み重なる岩石の重さによって，深さとともに増加するので，深くなればなるほど圧力が増す（図1.5）．

深さ h（m）における地殻内での圧力 P（kg/(m s^2)）は，その上に重なる岩石の平均密度を ρ とし，重力加速度を g とすると，次式より求まる．

$$P = \rho g h \tag{1.1}$$

たとえば，地下 10 km（10^4 m）における岩石の密度を 2,700 kg/m^3（2.7 g/cm^3）とすると，重力加速度 $g = 9.81$ m/s^2 より，

$$P = 2{,}700 \times 9.81 \times 10^4 = 2.65 \times 10^8 \text{ Pa （パスカル，pascal）} \tag{1.2}$$

となる．なお，1 kb（キロバール；kbar）$= 10^8$ Pa $= 10^{-1}$ GPa（ギガパスカル）なので，これは 2.65 kb に相当する．そして，地下 20 km での圧力は，大陸地域で 0.55 GPa（5.5 kb），海洋地域で 0.63 GPa（6.3 kb），40 km ではそれぞれ，1.1 GPa（11 kb），1.3 GPa（13 kb），そして 60 km では，1.6 GPa（16 kb），1.9 GPa（19 kb）程度となる．

第 1 章 火山学概観

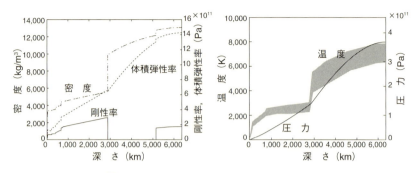

図 1.5 地球内部の温度,密度,圧力の分布
PREM(標準速度構造モデル)データを使用して作成.圧力は密度と関連し,ともに地表から地球内部へとほぼ連続的に増加しているのに対して,剛性率,体積弾性率,温度の変化はとくに固体の下部マントルと液体の外核との境界で大きくジャンプしている.

地球内部の温度は直接的には求めることができず,その推定幅は大きい(たとえば(唐戸,2000)).地球内部の温度は実験から得られた超高圧下での物質の融点と圧力との関係などから見積もられており,マントルの深さ 1,000 km ほどで約 2,000℃ 程度,マントルと核の境界で約 3,000℃ 程度(2,200〜3,700℃),中心部で約 6,000℃ を超えると推定されている(図 1.5).その推定値には大きな幅があるものの,固体地球の内部はきわめて高温の状態にあることがわかる.

ⓒ 地球内部の構成物質

固体地球の表面を覆う**地殻**(crust)の構造は,海洋と大陸で大きく異なっている.**海洋地殻**(oceanic crust)は,ほとんど**玄武岩質**(basaltic)岩石からなり,厚さ 5〜10 km である(図 1.6).一方,**大陸地殻**(continental crust)は厚さ 30〜50 km で,**花崗岩質**(granitic)岩石からなる上部地殻と,斑れい岩質岩石からなる下部地殻に分けられる(図 1.7).**マントル**(mantle)は**地震波速度**(seismic velocity)に基づいて,深さ約 410 km までの上部マントル,深さ 410〜660 km の遷移層,そして 660 km 以深の下部マントルに分けられる.上部マントルは,地震波速度やマグマの組成などから,**カンラン石**(olivine)と**輝石**(pyroxene)を主とする**かんらん岩**(peridotite)からなると考えられる.遷移層ではカンラン石が高密度のスピネル構造に相転移し,さらに下部マントルでは圧力の増加により高圧で安定なペロブスカイト構造の鉱物と鉄マグネシウム酸化物へと変わっている.下部マントル(D 層(Bullen, 1949))底の 2,700〜

1.2 火山と地球

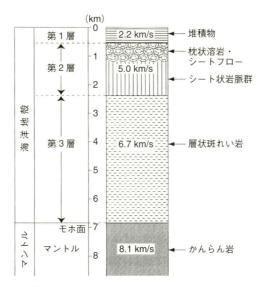

図 1.6 海洋地殻の模式断面図（周藤，2009）

海洋地殻は，第 1 層（$V_p = 2.2\,\mathrm{km/s}$），第 2 層（$5.0\,\mathrm{km/s}$），第 3 層（$6.7\,\mathrm{km/s}$）からなり，その厚さは平均 7 km である．第 4 層はマントルに相当する．第 3 層と第 4 層の境界が地震学的に観測されるモホ面（**地震学的モホ面**, seismic 'moho'）であるが，岩石学的に地殻に属するとされる超苦鉄質集積岩の基底であるモホ面（**岩石学的モホ面**, petrological 'moho'）は第 4 層（マントル）内にあると考えられている（Gass and Smewing, 1973；Juteau and Maury, 1999）．

2,900 km 深度は，マントルと核の境界直上に生じた熱境界層の特徴をもち，熱的ならびに化学的に不均質な **D″ 層**（D″ layer，下部マントル下部層）である．**核**（core）は主として鉄からなり，ニッケル（Ni）も含まれていると考えられている．核は液体の **外核**（outer core）と固体の **内核**（inner core）に分けられる．地球の冷却とともに，液体の核が中心部から徐々に固化し，内核が成長してきたと考えられている．そして，固化している内核が 5〜10％のニッケルと鉄のほぼ純粋な合金と考えられるのに対して，溶融している外核は鉄・ニッケルに加えて酸素などの軽元素が含まれ，そのため融点が低くなっていると考えられている．

1.2.2　地球内部の熱

　火山の噴火などからわかるように，地球内部には高温の物質がある．また，地

第1章 火山学概観

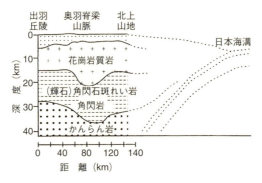

図 1.7 東北日本弧の地殻断面（Nishimoto et al., 2005）

西本らは一ノ目潟ゼノリスについて，高圧下で P 波速度を測定し，それと東北日本弧の P 波速度断面を比較することにより，東北日本弧の地殻断面を図のように推定している（Nishimoto et al., 2005）．地殻上部は花崗岩質基盤を覆う堆積岩類である．

球表層での熱の出入りを測定することによって，地球の熱収支だけでなく，マントルや核などの地球のより深い場所における温度構造を推定することができる．

Ⓐ 地球内部の熱源

上記のとおり，地球の内部はきわめて高温である．地球内部での熱源（熱エネルギー）としては，初期の地球が成長した際の小惑星の集積過程で得た熱エネルギーなどに加え，その後の地球内部での**放射性核種**（radioactive nuclide）の壊変によって生成された熱エネルギーが挙げられる．これらの地球内部に蓄えられた熱エネルギーが，熱伝導や対流などによって，より低温の地表に向けて運ばれる．ただし，地球内部においては，熱伝導に対して対流に伴う熱の移動のほうが格段に速いので，地球内部での熱の移動はおもに対流によりなされていると推定されている．なかでもマントル中の上昇流である**プルーム**（plume）による熱の移動，上昇は比較的効率よく，熱を地球外に放出することができる．

地球は，太陽系形成時に太陽のまわりを周回する公転軌道上にあった微惑星が，互いに衝突して集積することで形成されたと考えられている．現在，月の表面に残されているような衝突クレーターが，形成当時の原始地球にも無数に存在し，その衝突のエネルギーや大気の温室効果によって表面の温度が上昇し，ついには，岩石が融けはじめて，地球の表面は**マグマの海**（マグマオーシャン，magma ocean）で覆われた．さらに内部の温度が上昇し全溶融して，原始地球

全体がマグマの海によって満たされた．このマグマの海が冷えて結晶化していく過程で，密度が大きい鉄が沈下し，地球の中心に集まり核が形成された．このように重力と形成当時の熱によって内部の成分が分離し，現在，観測されるような化学組成の異なる層構造が形成された．このような地球形成時の衝突エネルギーと，鉄が地球の中心に移動する際の位置エネルギーが地球形成時に地球内部に蓄えられた熱エネルギーのおもな起源である．地球内部に分布する**放射性同位体**（radioisotope）は，放射線を出して壊変していくが，この放射線の放出が発熱の原因となる．地殻やマントルを構成する岩石に含まれる，ウラン（U）やトリウム（Th），カリウム（K）などをはじめとするさまざまな放射性同位体（原子には，原子番号は同じだが質量数が異なるものがあり，これを**同位体**（isotope）という．放射線を出しながら，ほかの安定な原子に変化する（壊変する）同位体を，放射性同位体という）の放出する熱が，地球内部の熱源となる．岩石のなかでも，大陸地殻上部を構成する花崗岩類は放射性同位体を多く含んでおり，他の岩石に比較して発熱量が多い．そのほかに天体運動に伴う惑星の潮汐力に起因する**潮汐加熱**（tidal heating）も，軌道が円軌道から大きくずれている場合には無視できない．たとえば，木星の衛星イオでは，硫黄（S）の溶岩を流す活火山が知られているが，これは周期的な潮汐変動による発熱によって衛星内部が溶融しているためと考えられている．

　地球は活発なプレートの活動や火山活動を行う生きた惑星であるが，そうした活動の原動力となっているのが，地球内部の豊富な熱エネルギーである．現在，地球内部に蓄積されている熱エネルギー全体に対する，地球形成時に蓄えられた熱エネルギーと放射性壊変によって生成された熱エネルギーの寄与率は，おおよそ1対1であると考えられている．

❸ 地球内部の温度勾配

　一般に地球内部の温度は，太陽放射や気候変動の影響を受けない地下数十m以深になると，深さとともにしだいに高くなっていく．その場合，場所によって若干の違いはあるが，地下30 km深度まででは，平均すると，深さ100mあたり2～3℃程度で温度が上がる．これを地下増温率あるいは**地温勾配**（thermal gradient）という（図1.8）．火山地帯のような，地下に熱いマグマが伏在しているところでは，地下増温率は高くなり，岩手県の松川地熱地帯などでは，地表付近では数十℃/100mの高い地下増温率を示す（田中ほか，2004；土井，2008；

第 1 章　火山学概観

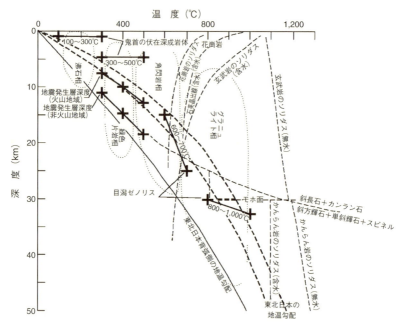

図 1.8　東北日本弧における地温勾配と種々の相関係（Yoshida, 2001）
東北日本弧の地殻を構成する岩石と地温勾配（Kushiro, 1987; Tatsumi et al., 1994），無水と水に飽和した状態でのかんらん岩と玄武岩のソリダス（固相線，4.2.1 項参照），そして水に飽和した花崗岩のソリダス（Wyllie, 1971; Robertson and Wyllie, 1971）を示す（Yoshida, 2001）．線で結んだプラス印は，東北日本弧での，目潟火山のゼノリスの岩石学的研究から推定した温度（荒井，1980），鬼首カルデラの固結した深成岩体の熱水系についての熱力学的研究から得られた温度（Yamada, 1988），奥羽脊梁山脈の火山分布域と非火山分布域における P 波の速度構造から推定された温度分布（Hasegawa et al., 2000）をそれぞれ示している．点線で囲った領域は，代表的な変成相の温度圧力範囲を示す．一ノ目潟ゼノリスから推定された地温勾配は，現在の奥羽脊梁山脈や初期中新世の背弧リフト軸部の温度勾配と調和的なものであるが，現在の背弧側での地温勾配（Tatsumi et al., 1994）よりも高い傾向を示している．

Shibazaki et al., 2016）．地温勾配は高温の地球内部から冷たい宇宙空間へと熱が移動し，地球が冷却されているために生じる．

● 地殻熱流量

地球は内部ほど温度が高いので，高温の内部から低温の地表へ熱が流れ出ている．この地球内部から地表に流れ出る熱量を**地殻熱流量**（terrestrial heat flow）という．地殻熱流量は単位面積を単位時間に流れ出る熱量で表し，単位は W/m^2（$= 1{,}000\,mW/m^2$）である．1 W（ワット，仕事率の単位）は，1 秒間あたり

に 1 J（ジュール）の熱量が流れ出たことを表す．地殻熱流量は地下増温率と岩石の**熱伝導率**（thermal conductivity）の積で求められる．地球全体の地殻熱流量の平均値は約 $87\,\mathrm{mW/m^2}$ であるが，大陸地域の平均値は約 $65\,\mathrm{mW/m^2}$，海洋地域の平均値は約 $101\,\mathrm{mW/m^2}$ であり，海洋地域のほうが高い（Pollack *et al.*, 1993；Stein, 1995）．大陸地域では，一般に古い安定地塊で熱流量が小さく，新しい変動帯で熱流量が大きい．海洋地域においても，**プレート境界**（plate boundary）のうち，**プレート拡大境界**（spreading plate boundary）である**中央海嶺**（mid-ocean ridge）付近で最も高く，そこから遠ざかるにつれて低くなっていき，**プレート収束境界**（**プレート沈み込み境界**，convergent plate boundary）である**海溝**（trench）付近で最も低くなる．これは，マグマが上昇してプレートが生産される中央海嶺付近が最も熱く，プレートが移動するにつれ冷やされて密度が増し，最も冷たくなった場所である海溝でプレートが沈み込んでいくことを反映している．**沈み込み帯**（subduction zone）に位置する日本列島においても，地殻熱流量は，冷たい太平洋プレートが沈み込む日本海溝付近が最も低く，そこから**島弧**（island arc）に向かう**前弧**（forearc）域で高くなり，火山が現れる**火山フロント**（**火山前線**，volcanic front）付近から**背弧**（back arc）側にかけて急激に高くなる（上田，1989；田中ほか，1997）．地殻熱流量として全地球表面から出ていくエネルギー（$(3\sim4)\times10^{13}\,\mathrm{W}$）は，地震によって放出されるエネルギー（$(1\sim2)\times10^{10}\,\mathrm{W}$）や，火山の噴出物が運び出す熱エネルギー（$(1\sim3)\times10^{12}\,\mathrm{W}$）と比べて，かなり大きい．

1.2.3　マントルの構造と運動

　世界中で観測された地震波データに基づく**地震波トモグラフィー**（seismic tomography）により，マントル中でのＰ波速度分布が求められている（たとえば，Fukao *et al.*, 2001；Zhao, 2004）．一般に低温で密度が大きい場所は地震波速度の高速度異常を示し，高温で密度の小さい場所は**低速度異常**（low velocity anomaly）を示す．マントル内に大規模に発達する低速度異常域は，周囲より高温あるいは低密度の部分が上昇している場所であると考えられており，南太平洋やアフリカの下のマントル底部に認められている．マントルは固体の岩石であるが，長い時間をかけてゆっくりと流動する．高温で密度の小さい部分は上昇し，低温で密度の大きい部分は下降する．このように，マントル内には熱

第 1 章 火山学概観

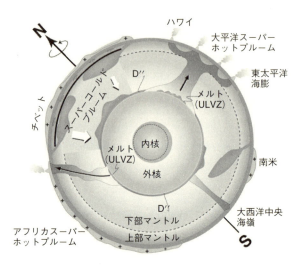

図 1.9 地球内部における主要な構造と物質の動き（Maruyama, 1994；Maruyama et al., 2007）
現在の地球内部では，南太平洋とアフリカ下の 2 つのスーパーホットプルーム（巨大なマントル上昇流）と，アジア下の 1 つのスーパーコールドプルーム（巨大なマントル下降流）によって大局的な対流がまかなわれている．海溝から沈み込んだスラブ（1.5.2 項参照）は 660 km 深度で滞留して巨大な塊となり，その後，下部マントルへ落下する．ULVZ：超低速度帯．D″：下部マントル下部層（Maruyama et al., 2007）.

による大規模な対流運動（**マントル対流**，mantle convection）があり，とくに上昇する円柱状の流れは**ホットプルーム**（hot plume）とよばれる．それらのうち，南太平洋やアフリカの下のマントルにみられる巨大なものが**スーパープルーム**（superplume）であり，逆に高密度のため沈降するものは**コールドプルーム**（cold plume）という（図 1.9）．固体地球最表層のプレート（**リソスフェア**，lithosphere）の運動や変形を論じる**プレートテクトニクス**（plate tectonics）は，この大規模なマントル内の対流運動の一部を対象とするものであるのに対して，プルームの運動やその時間発展を対象とする**プルームテクトニクス**（plume tectonics）は，核をも含む地球全体の不均質性の時間的・空間的発展を対象としている（Maruyama, 1994；Maruyama et al., 2007；丸山ほか，2011；Foulger, 2010；岩森, 2016）．地球表層での地震や火山活動は，もとをただせば，これらのプレートやプルームの運動に関与しているマントル対流に起因するといえる．

1.3 マグマの発生，上昇，定置

1.3.1 マグマの発生

　地殻やマントルを構成する岩石が，何らかの原因で融点を超えると，溶融して液体のマグマに変化する．これがマグマの発生である．地球内部は，現在，外核を除いて基本的には固体であり，マグマの発生場であるマントル上部〜地殻下部において，常時，広範囲にわたって大規模に液体のマグマが存在しているわけではない．地球内部で局所的かつ一時的に発生したマグマは，その上昇する過程で種々の**火成岩体**（igneous body）をつくり，また地表に噴出して多様な火山を形成する．マグマが発生し，火成岩体が形成されたり火山活動が起こる場所は，プレートテクトニクスに基づくさまざまな構造区分のうちの，おもにプレート拡大境界である中央海嶺，プレート収束境界である沈み込み帯，海洋プレート内や大陸内部の**ホットスポット**（hot spot）などである．

　マグマは，地球内部での局所的な温度の上昇，プルームの断熱上昇などの圧力の低下，あるいは流体の付加による溶融温度の低下（図 1.10 の曲線 H）などによって，既存の岩石が**部分溶融**（partial melting）を起こして発生する．プレート（リソスフェア）の下には，地震波速度が急激に，かつ大きく低下する境界を

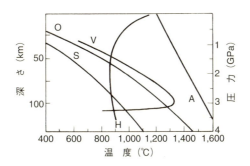

図 1.10　かんらん岩の溶融条件と地温勾配との関係（Kushiro *et al.*, 1968；藤井, 1997）
A：無水かんらん岩のソリダス，H：水に飽和したかんらん岩のソリダス，S：大陸地域の地温勾配，O：海洋地域の地温勾配，V：島弧の火山フロント直下のマントルウエッジ部での地温勾配．沈み込むプレートの影響で，マントルウェッジ内部に温度の極大部が生じている（藤井, 1997）．

第 1 章　火山学概観

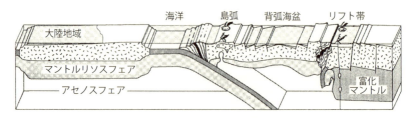

図 1.11　プレートテクトニクスと火山活動（Okamura *et al.*, 1997）
陸上での火山活動は，圧縮場である沈み込み帯の上や伸張場である大陸内のリフト帯などで起こっている．それぞれ，マグマ上昇のメカニズムが異なり，マグマ供給系の構造に違いが認められる．

介して，低速度の**アセノスフェア**（asthenosphere）が分布している（図 1.11）．この上部マントルに認められる地震波速度の**低速度域**（low velocity zone）は，その上位の高速度域に比べて温度が高く，マグマが分布する場所である可能性が高い．ただし，一般にマントルの低速度域においても S 波が伝わっているので，基本的には固体状態にあり，その一部が溶融した（部分溶融）状態にあると推定される．地震波速度の低下は，部分溶融で生じたメルトの存在のみではなく，地震波速度の異方性や結晶粒界の軟化，結晶中での格子欠陥の増加などでも起こるので，実際にはアセノスフェア内部の一部が部分溶融状態にあると考えられる．かんらん岩質のマントル（図 1.12）で最初に生じた，分化していないマグマを**初生マグマ**（primary magma）というが，これは一般に玄武岩質である．高圧下でのかんらん岩については，高温高圧下での合成実験により，相関係が詳しく研究され，温度，圧力，揮発性成分を含む組成などが，マントルか

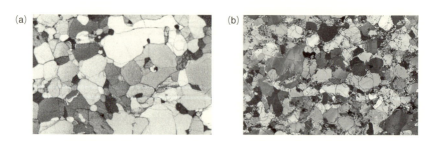

図 1.12　秋田県，一ノ目潟のかんらん岩ゼノリスの顕微鏡写真
カンラン石に富む等粒状かんらん岩（(a) 横約 0.5 mm）と，輝石に富むシンプレクタイトが発達した，複雑な熱史をもつかんらん岩（(b) 横約 1 cm，カンラン石周辺の細粒の二次鉱物集合体がシンプレクタイト）．

14

1.3 マグマの発生，上昇，定置

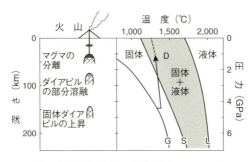

図 1.13 減圧溶融の概念図（藤井，1997）

固体のダイアピル（1.3.2 項参照）が断熱上昇し，かんらん岩のソリダスを超えると部分溶融が始まる．この部分溶融体からマグマが分離し，マグマ溜りを形成しながら地殻中を上昇して，火山活動をひき起こす．G：地球内部の地温勾配，S：マントルかんらん岩のソリダス，L：マントルかんらん岩のリキダス，D：ダイアピルの上昇に伴うダイアピル内の温度変化．

んらん岩から生じる初生マグマの組成に与える影響が詳しく研究されている．

物質の融点は圧力によって変化し，圧力が高くなると融点も上昇する．固体では規則正しく配列していた原子が，融点を超えると無秩序な配列に変化する．圧力が高まると，押さえつけられることで原子の自由な運動が妨げられ，溶融しにくくなり，融点の温度は上昇する．地下の温度は深さとともに上昇し，マントル上部ではかんらん岩質岩石の融けはじめる温度に近づく．岩石を溶融させるためには，圧力は変えず温度を上昇させる方法（**加熱溶融**，heated melting）と，温度は変えずに圧力を下げる方法（**減圧溶融**，decompression melting）がある．図 1.13 に減圧溶融の概念図を示す（藤井，1997）．また，水のような融点を下げる物質を岩石に付加することでも，溶融が生ずる（**加水溶融**，hydrated melting；flux melting，**フラックス溶融**）．たとえば，かんらん岩が融けて**玄武岩質マグマ**（basaltic magma）ができる場合，0.1 wt％の水を含ませると，融点は 100℃近く低下する．

地球内部において高温の固体物質が温度があまり低下せずに上昇すると，圧力が低下することで減圧溶融する．高温の**マントルプルーム**（mantle plume）が断熱上昇してくるホットスポットや，プレートが引っ張られて拡大することでプレート境界の隙間を埋めるように高温のマントル物質が上昇してくる中央海嶺（プレート拡大境界）や**縁海**（marginal sea）では，減圧溶融によりマグマがつくられる．プレート収束境界に位置する島弧や**陸弧**（continental margin arc）も

第 1 章　火山学概観

火成活動が著しい．この冷えて重くなったプレートが地球内部へ沈み込んでいく対流の下降部にあたるプレート収束境界で，地球全体の 4 分の 1 にも及ぶマグマが生産されている．プレート収束境界では，その直上のくさび状のマントルウェッジ底部に位置するマントル物質が，沈み込むプレートに引きずられて，いっしょに沈み込む．そして，その分を埋め合わせるように，**マントルウェッジ**（mantle wedge）深部の高温のマントル物質が，**誘発対流**（induced convection）の一種である**反転流**（return flow）として斜めにマントルウェッジ浅部に上昇してくる．一方，沈み込むプレートの上面をなす玄武岩質海洋地殻は，長期間海底で海水と接していたことで**熱水変質作用**（hydrothermal alteration）を受けており，含水鉱物などのかたちで多量の水を含んでいる．含水鉱物などはプレートが沈み込み，温度圧力が増大することで**脱水**（dehydration）され，沈み込むプレートの上のマントルウェッジに水を供給する．水が加わるとマントルや地殻を構成する物質の溶融開始温度は低下して，部分溶融が起こる．マントルで部分溶融が起こると玄武岩質マグマが生じ，大陸地殻の下部で部分溶融が起こると，**流紋岩質マグマ**（rhyolitic magma）が生じる．玄武岩質マグマが下部地殻で分化したり，大陸地殻を構成する物質と混じり合うと，**安山岩質マグマ**（andesitic magma）も形成される．このように，プレート収束境界では，沈み込むプレートからマントルウェッジに供給された水が加わった高温の加水マントル物質が，反転流により上昇して減圧溶融することにより，マグマが生じると考えられている（巽，1995；高橋，2000；中島，2016）．

1.3.2　マグマの上昇と地下での定置

アセノスフェアの上昇などに伴いマントルの最上部で局所的に発生したマグマは，まわりの岩石より密度が小さく，また液体であるため移動しやすい．そのため，マグマは浮力によって上昇する．低密度物質が球状の先端部をもって高密度高粘性媒質中を上昇する運動様式は"**ダイアピル**（diapir, 図 1.13 参照）による上昇"とよばれる（Ringwood, 1974；Marsh, 1979）が，浮力によるマグマの上昇メカニズムとしては，ダイアピルのほかに，**浸透流**（permeable flow），破壊で進展する**割れ目**（fracture）に沿った上昇や，**マグマ溜り**（magma reservoir, 1.4 節参照）の変形による剛体管状火道を使った上昇などがある（McKenzie, 1984；Spiegelman and McKenzie, 1987；小屋口，2008a；2016）．マグマのマントル

1.3 マグマの発生，上昇，定置

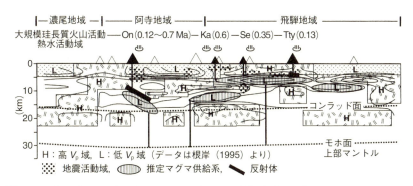

図 1.14 火山弧下，上部地殻でのマグマ溜り～深成岩体群の分布（Kimura et al., 1999）
乗鞍火山下の地殻断面を示す．On：御嶽，Ka：貝塩，Se：水鉛谷，Tty：立山，Ma：100 万年前．

の発生域から地表に至る時間については，上昇メカニズムのタイプで大きく変化するが，島弧火山岩のウラン系列同位体の研究からは千年以下のケースも報告されており，さらにキンバーライトのようにリソスフェア内の割れ目に沿って爆発的に上昇する場合には数百kmの厚さのリソスフェアを数日で上昇する場合も報告されている（Sparks et al., 2006；栗谷，2007；O'Reilly and Griffin, 2011；O'Neill and Spiegelman, 2011；Turner and Bourdon, 2011）．

浮力による上昇は，図1.14に示したような地殻基底部の**モホ面**（Moho discontinuity）や，下部地殻と上部地殻を境する**コンラッド面**（Conrad discontinuity）などの密度コントラストのある深度で抑制されるが，これらの場所で滞留したのち，マグマの固化の進行に伴い結晶分別することによって，ふたたび周囲との密度差を獲得して，さらにより上部へと上昇する．それぞれのマグマにはその密度に応じた浮力中立点（図1.15）があり，組成を変化させながら上昇するマグマは地下の複数の深度においてマグマ溜りを形成することが予想される．

浮力中立点で定置し滞留したマグマは，通常，その深度で周囲の母岩より高温であり，そのため母岩によって冷却され，マグマの熱対流による急冷期間と熱伝導による徐冷期間を経て熱を周囲へと失い，結晶化が進行する（Koyaguchi and Kaneko, 1999）．熱伝導の速度（メルト中での熱拡散率は，$10^{-6} \sim 10^{-7}\,\mathrm{m^2/s}$）は，一般に化学拡散の速度（メルト中での化学拡散率は，$10^{-12}\,\mathrm{m^2/s}$）より速いために，地殻内に貫入したマグマは周囲と均質化せずに固化して，深成岩から

第 1 章 火山学概観

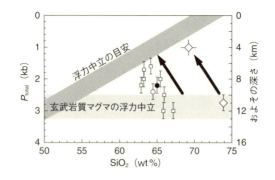

図 1.15 マグマ溜りの深さとマグマの組成との関係（東宮，1997）
◇は有珠火山，□はセントヘレンズ火山，○はフィッシュキャニオン凝灰岩，●はピナツボ火山噴出物の組成と推定されたマグマ溜り深度を示す．マグマ溜りは浮力中立点よりも浅所には形成されない．また，矢印で示すように時間とともに玄武岩質マグマの浮力中立点から，マグマ組成から期待される浮力中立点へと変化する傾向が認められる．

なる**貫入岩体**（intrusive body）を形成する．しかしながら，周囲の温度が十分に高く，岩石の溶融点温度に近い場合や，マグマが十分に分化し，かつ水に飽和していて溶融点温度が低下した場合などは，マグマの冷却に時間がかかるとともに，周囲の温度も岩石の溶融点温度に近づき，マグマ溜りの周囲において地殻構成岩石の部分溶融や，それとマグマが混合した**ミグマタイト**（migmatite）の形成などが起こる．

マグマ溜りの冷却は貫入岩体の形と密接に関連し，**冷却速度**（cooling rate）は同じ容積の場合，球状の場合は遅く，管状の**火道**（volcanic conduit）や水平に伸びた**岩床**（sheet），あるいは板状で垂直に伸びた**岩脈**（**ダイク**，dike；dyke）の場合は速い．地下で安定的にマグマを維持するには力学的，熱的に球状のマグマ溜りのほうが有利であり，長寿命のマグマ溜りの形態としては，体積に対する表面積の比率の小さな球形，あるいは上下で温度差の少ない扁平な楕円形になる（Gudmundsson, 2012）と思われる．

1.3.3 火成岩体

上部マントルや地殻中で発生したマグマは，地殻中にとどまってさまざまな形態の貫入岩体を形成したり，地表に噴出して火山を形成したりする．マグマ

1.3 マグマの発生，上昇，定置

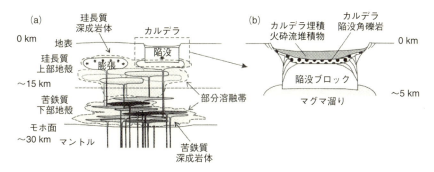

図 1.16 地殻内の大規模珪長質マグマのマグマ供給系（a）とカルデラ構造（b）（下司，2016）
大規模噴火をひき起こすマグマ供給系は，苦鉄質マグマのマントルでの発生と上昇，下部地殻での分化や下部地殻物質の部分溶融による珪長質マグマの形成，生じたメルトの分離，集積，上昇，上部地殻での定置，混合などを経て，大規模噴火とカルデラ形成に至る．

が地表に噴出したものが溶岩であるが，地下に貫入したマグマが冷えて固まると，図1.16に示すように，岩脈や岩床，岩床が成長した円盤状の貫入岩体などが形成される（下司，2016）．マグマは地下深部から割れ目を通って上昇してくる．岩脈（図1.17, 1.18）は地層面を切るような垂直の割れ目に沿ってマグマが貫入し，岩床（図1.19）はマグマが地層面にほぼ平行な水平に近い割れ目に

図 1.17 花崗岩を貫く玄武岩岩脈（福島県，阿武隈山地・川俣）
暗色の玄武岩岩脈には（a）のように急冷周縁相が認められるが，一部でそれらは変形している．

19

第1章　火山学概観

図1.18　ほぼ垂直の割れ目に沿って貫入して形成された平行岩脈群（静岡県，伊豆半島・浮島海岸）
岩脈内でマグマが固結して生じた高温岩石の冷却に伴う体積の収縮によって形成された柱状の割れ目群である柱状節理が，岩脈の伸びに垂直な方向である水平方向に発達している．岩脈の側面には亀甲状の模様（**亀甲状節理**，tortoiseshell joint）が認められる．これらの岩脈群は，この地域に広く分布する鮮新統白浜層群上部の堂ヶ島火山岩類を貫いており，それらの供給岩脈である可能性が高い．

貫入して形成された板状の火成岩体である．岩脈や岩床は火山岩からなることもあるし，**半深成岩**（hypabyssal rock）や深成岩からなることもある．地下深部から上昇してきたマグマがマグマ溜りをつくってゆっくりと固化すると，深成岩からなる貫入岩体が形成される．花崗岩質の貫入岩体には，比較的規模の小さい円盤状のものや円柱状のもの，直径が10kmを超えるような大規模なものがあり，それらはそれぞれ，**ラコリス**（laccolith），**岩株**（stock），**底盤**（バソリス，batholith）とよばれる．それらは，もとは造山帯内部の地下深部で形成されたものである．地下深くにあった花崗岩が，現在は地表に露出しているのは，地盤が隆起してその上の地層や岩石が侵食された結果である．

地殻中に貫入して形成された火成岩体の構造を理解するうえで，火成岩体を取り巻く岩石の構造，火成岩体の形態（外形），母岩の構造と火成岩体の形態との関係，火成岩体の内部構造，火成岩体の内部構造と外形との関係などが重要である．複数の火成岩体が分布している場合，野外での観察によって火成岩相互の接触関係を観察し，両者が漸移しているのか，明瞭な境界面で接し，互いに貫入関係にあるのかによって，岩体間の新旧関係を決める．その場合，境界部分で岩石の性質がその内部と異なり，**急冷周縁相**（chilled margin，図1.20）

1.3 マグマの発生，上昇，定置

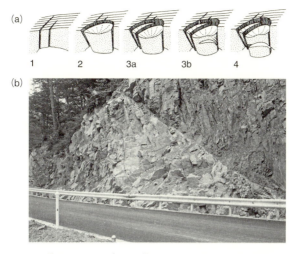

図 1.19 カルデラ陥没ブロック内に形成された円錐状の岩床（愛媛県，石鎚カルデラ）（Yoshida, 1984）

(a) 石鎚カルデラの発達史（Yoshida, 1984）．その 3b のカルデラ陥没ブロック中に生じた円錐状の岩床の写真を (b) に示す．暗色部が天狗岳火砕流堆積物（吉田，1970）で，白い部分がそれを貫く花崗斑岩の岩床である．岩床上盤側の火砕流堆積物が示すひきずり構造（境界面に沿って上方へ引きずられている）から，石鎚カルデラは，(a) の 3b が示すとおり，陥没ブロックの中央側が隆起して生じた再生カルデラであることがわかる．

となっているかどうかなどが，接触関係にある二者の前後関係を決定する際に重要である．そして，岩体の規模も重要な情報である．

冷たい地殻上部の岩石中に高温のマグマが貫入してくると，マグマと接する岩石はその熱で暖められることで温度が上昇し，**変成作用**（metamorphism）を起こす．このようなマグマと接触することで生じる変成作用のことを，**接触変成作用**（contact metamorphism）といい，できた岩石を**接触変成岩**（contact metamorphic rock）という．花崗岩体に接した**砂岩**（sandstone）や**泥岩**（mudstone）などは，その接触部から幅数十〜数百 m にわたって**ホルンフェルス**（hornfels）とよばれる硬くて緻密な変成岩になっていることがある．これは貫入した高温のマグマによって周囲の岩石が接触変成作用を受けたもので，変成の程度は花崗岩体に近いほど著しい．**石灰岩**（limestone）が接触変成作用を受けた結晶質石灰岩（**大理石**，marble）も接触変成岩である．接触変成作用は，**広域変成作用**（regional metamorphism）に比べて，変成作用の起こる範囲が非常に狭い，

第 1 章 火山学概観

図 1.20 花崗閃緑岩（上部）を貫く花崗岩（下部）に認められる，優白質で細粒な流紋岩質の急冷周縁相（愛媛県，石鎚山・面河花崗岩体）

急冷周縁相の存在は，花崗閃緑岩と花崗岩の活動の間に，温度低下を伴うような明瞭な貫入間隙があったことを示唆している．ただし，優白質で細粒な流紋岩質部分が写真の右の方には続いていないことから，この部分自体は，固化が進んだ花崗岩質マグマから貫入面に沿って，残液が絞り出されたものである可能性が高い．

1.4 マグマ溜りと火山活動

1.4.1 マグマ溜りと火道

マグマが地下深部から上昇して，リソスフェア内部の**脆性－延性遷移帯**（brittle-ductile transition zone）を越え，浅部の**脆性領域**（brittle region）に入ってから形成されるマグマの通り道（火道）は，一般に岩脈状に発達すると推定される．これが時間とともに活動が低下し，また，深さが浅くなると，マグマの上昇域が割れ目（岩脈）内に離散的に形成された流れの集中域に収束して，火道が板状から管状になる．その結果，**割れ目噴火**（fissure eruption）から**中心噴火**（central eruption）へと時間変化し，円錐状の火山体を形成するようになる（Bruce and Huppert, 1989；Ida, 1992）．割れ目噴火を起こすマグマの**供給岩脈**（feeder dike）がマグマ量に対して表面積が広いため，熱的に不安定であるのに対して，火道が管状になると周囲と接触する面積が狭くなり，熱的により安定となって，長期間にわたって火山活動を継続することが可能となる．このことは，逆に円錐状の火山の根が必ずしも深部まで管状を保っているとは限らないことを示唆している．

マグマの**噴出率**（eruption rate）は，長期的な平均をとるとどの火山も同じよ

1.4 マグマ溜りと火山活動

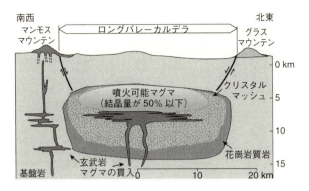

図 1.21 カリフォルニア州，ロングバレー（Long Valley）カルデラ下の地殻断面図とマグマ溜りの構造（Bachmann and Bergantz, 2008）
カルデラ下の 5〜15 km 深度に直径が 20 km を超えるマグマ溜りが存在する．その内部の大部分は結晶が 50%を超えるマッシュ状であるが，マグマ溜り内上部には結晶が 50%以下の地表に噴出可能なメルトチャンバーが存在する（Hildreth, 2004；Hildreth and Wilson, 2007）．

うな値を示し，これは火道の閉塞を防ぐに必要な最小限の供給量に近く（Wadge, 1982），多くの活動的な火山は火道を維持するのに必要なぎりぎりのマグマの供給を深部から受けながら，活動を維持しているといえる．その供給が維持されなければ，火山活動は停止することになる．

　地殻中を上昇してきたマグマは，地表に近づくにつれて浮力中立点に到達して上昇を停止する．浮力を失ったマグマは，そこに滞留してマグマ溜りを形成する（Lister and Kerr, 1991；Ryan, 1993；Gudmundsson, 2012）．地殻上部に形成されたマグマ溜りに地下深部からマグマの供給が続くと，マグマ溜りは成長して，ときに直径が 10 km を超えるマグマ溜り（図 1.21）が形成される．そのマグマ溜りの天井部が破壊されると，**巨大な陥没カルデラ**（collapse caldera）が生じる（Smith and Bailey, 1968；Cas and Wright, 1987）．図 1.22 に，直径 8 km に達する愛媛県，石鎚カルデラの地質図を示す（Yoshida, 1984；吉田ほか, 1993b）．北上山地の花崗岩体でみられるように，コンラッド面より浅部に浮力中立点が位置し，地下数 km から 10 km 前後の深さに直径が 10 km を超える巨大なマグマ溜りが形成された場合，それは円盤状の外形をもつ（ラコリス）と予想される（吉田ほか，1999）．上部地殻内に円盤状の巨大なマグマ溜りが生じるプロセスとしては，地下に形成された岩床に，それと繋がる深部岩脈から継

第 1 章　火山学概観

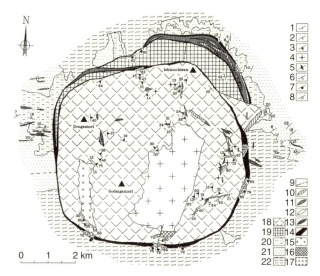

図 1.22　石鎚カルデラの地質図（Yoshida, 1984；吉田ほか, 1993b）
1. 層面, 2. 高野火砕流堆積物中の本質レンズ, 3. 天狗岳火砕流堆積物中の本質レンズ, 4. 水平, 5. 垂直, 6. 貫入性火砕岩中のレンズ, 7. 環状割れ目/断層面, 8. 貫入面, 9. 断層, 10. 花崗斑岩〜細粒アダメロ岩, 11. 花崗閃緑斑岩〜斑状花崗閃緑岩, 12. 流紋岩質岩脈, 13. デイサイト質〜安山岩質岩脈, 14. 少量の流紋岩質岩脈を伴う貫入性火砕岩, 15. 鉄砲石川細粒アダメロ岩岩体, 16. 想思渓斑状花崗閃緑岩体, 17. 坂瀬川斑状花崗閃緑岩〜花崗斑岩岩体, 18. 天狗岳火砕流堆積物, 19. 夜明峠デイサイト, 20. 高野火砕流堆積物, 21. 久万層群, 22. 三波川結晶片岩.

続的にマグマが供給されて，ラコリスに成長する過程が考えられている．また，そのようなラコリスがさらに複数，重複して成長することにより，底盤に発達すると推定される（Jackson and Pollard, 1988；Aizawa et al., 2006）．一般に伸張場では火道が開口しやすいため，大規模なマグマ溜りは水平圧縮応力が小さい伸張場に発達すると考えられているが，地殻浅部でのラコリス状の大規模マグマ溜りの形成には，多数のカルデラが生じている東北日本弧の後期中新世のような中間的な応力場でマグマを上昇させる岩脈と地殻中にマグマを定置・滞留させる岩床を交互に生じるような応力場の転換が起こりやすい場が好都合であったとの考えもある（高橋，1995；佐藤・吉田，1993；三浦・和田，2007；下司，2016）．

　東北日本弧（northeast Japan arc）の後期新生代に生じた多数の陥没カルデ

ラは，地下浅所に直径 10 km を超えるマグマ溜りの存在を示唆しており，しばしば**地震波減衰**（seismic attenuation）域，あるいは地震波低速度域として観測される．ただしほとんどの場合，これらの地震波減衰域では，その一部は反射されるものの S 波が通過していることから，その大部分は固体からなることが予想される．そのような，地殻浅所で地震学的に観測できるマグマ溜りの多くは固化が進行し，おそらく多量の斑状結晶がフレームワーク化して，弾性体として挙動するような状態（**固化フロントの剛体殻**，rigid crust of solidification front）にあると推定される（Marsh, 2009）．この固液からなるフレームワークが，**苦鉄質マグマ**（mafic magma）の注入などの何らかのトリガーにより破壊，あるいは変形すると，粒間のメルトが流動したり，絞り出されて，地表に繋がる火道にマグマを供給するに至り，地表で火山活動が起こることになる（Takeuchi and Nakamura, 2001；Takeuchi, 2004）．

　東北日本弧で**第四紀火山**（Quaternary volcano）を形成している安山岩質マグマは，しばしば，地下の異なる深度に由来する苦鉄質マグマと**珪長質マグマ**（felsic magma）が混合して生じている．珪長質マグマと苦鉄質マグマの**マグマ混合**（magma mixing）については，大きく，珪長質マグマ溜り中に深部から苦鉄質マグマが供給される場合，マグマ溜り中で密度成層の逆転が生じて不安定化した場合，そして，マグマ溜りからマグマが噴出する際の火道上昇中における混合などが考えられている．たとえば，何らかのトリガーで地下深部に位置していた苦鉄質マグマが上昇して浅部にある珪長質マグマ溜りに貫入し，そこでマグマ混合を起こしながら地表に噴出することにより，生じた安山岩質マグマを地表の成層火山に供給することになる．ただし，マグマ混合現象が能動的に噴火をトリガーしたのか，噴火の結果としてマグマ混合が起こったのかを噴出物から識別することは容易ではない（中村，2011）．

　火口につながる火道は，マグマ溜りと地表を結ぶマグマ供給系の最上部を成す．火山噴火現象の理解に不可欠なこの部分をとくにマグマ供給・噴出系（小屋口，2016）とよぶことがある．火道の開口などでマグマ溜りから上昇し，減圧したマグマ中では，水を主とする揮発性成分が過飽和となり，**発泡**（vesiculation）を起こす．水は常圧・室温では液体として存在するが温度が上昇すると沸騰して気体となる．このとき，図 1.23 に示すように，水の臨界点（374℃，219 atm）以下の温度圧力条件下では，急激な密度低下，すなわち体積膨張が起こる　液

第1章 火山学概観

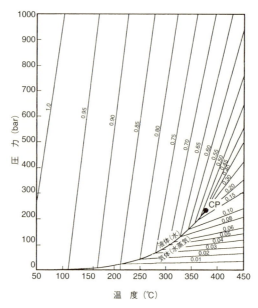

図1.23 水の温度・圧力変化に伴う密度変化と臨界点（CP）（Crawford, 1981；Misra, 2000）
直線に添えた数字は水の密度を示す．水（液体）が水蒸気（気体）になる際に急激な密度低下，体積膨張が起こる．

体であるマグマからの揮発性成分の大規模な発泡（気体の発生）により，マグマが急激に膨張して破砕されると爆発的噴火が起こり，**スコリア**（scoria）や**軽石**（pumice）が形成される．この場合，発泡した揮発性成分がメルトから効率よく分離した場合にはマグマの破砕は起こらず，非爆発的噴火となり，**溶岩流**（lava flow）や**溶岩ドーム**を形成する．火山活動が爆発的（explosive）か非爆発的（effusive）かを支配する要因を明らかにすることは，火山噴火を理解するうえで，きわめて重要な課題であり，後述するとおり，近年多くの研究がなされている．

1.4.2 火山活動と噴火

火山はマグマの噴出口であり，マグマがマグマ供給系を通じて地表に噴出する過程で起こるさまざまな現象を火山活動という．マグマが地下深所から浅所

1.4 マグマ溜りと火山活動

に上昇し，最終的に地表に噴出する現象が**噴火**（火山噴火，volcanic eruption）である．噴火の開始については，マグマ溜りに過剰圧が加わり壁にはたらく引張応力が母岩の破壊強度を超えると開口亀裂が生じて，マグマの上昇が始まると考えられている．浅所へのマグマの上昇に伴って，火山地域では地震，地殻変動，重力変動，熱的変動，地磁気や地電流の変動，地下水やガスの変動などが発生する．そして，地表でのマグマの噴火によって新しい火山が生じ，成長する．火山活動はわれわれの生活に直接関わっているだけでなく，地球の内部を探る窓としても重要である．

マグマ供給系の地表への出口である火山の直下，十数〜数 km の深さには，地表にマグマを供給するマグマ溜りが存在する．たとえば，**有珠火山**（北海道）においては，深さ 10 km と深さ 4 km に異なる組成のマグマで満たされた 2 つのマグマ溜りが存在し，噴火活動時に深部のマグマが浅部のマグマ溜りに注入され，生じた混合マグマが噴出したと考えられている（Tomiya and Takahashi, 1995；2005；東宮・宮城，2002）．また，仙台西方においても，深さ 3〜5 km，15 km 前後，そして 25 km 前後にカルデラ火山のマグマ溜りに由来する深成岩体の存在が推定されている．このうち浅い側の 2 つについては流紋岩質の，深い側の深成岩体については玄武岩質のマグマ溜りに由来すると考えられている（Sato *et al.*, 2002；Nakajima *et al.*, 2006；Yoshida *et al.*, 2014）．図 1.24 に，多様なマグマ溜りが発達する東北日本弧の後期新世代におけるマグマ供給系の時代的変遷を示す（佐藤・吉田，1993）．

圧力の高い地下深所では，溶融珪酸塩からなるマグマは，岩石中の**含水鉱物**（hydrous mineral）などに由来する，水，二酸化炭素，二酸化硫黄（SO_2）などの揮発性成分をメルト中に溶かし込んでいる．とくに地下深所の高圧下では，マグマのメルト中での揮発性成分の溶解度は高く，多くの揮発性成分を溶かし込んでいる．しかし，マグマが地表に近い浅いマグマ溜りに上昇すると，圧力が下がるとともに温度も下がるので，溶融珪酸塩であるマグマ中のメルトに溶けていた揮発性成分の溶解度は小さくなり，飽和濃度を超えた揮発性成分がメルトから分離して発泡が起こる．揮発性成分を溶かし込んでいたメルトから気泡が急激に分離すると，マグマ全体の体積が急激に増大するとともに，それら密度が低い気泡がマグマ溜りの上部に集まり，そこでの圧力を増加させ，周囲の岩石（母岩）を破壊するに至る．マグマ溜り上部の岩石が破壊されて**噴火口**（火

第 1 章 火山学概観

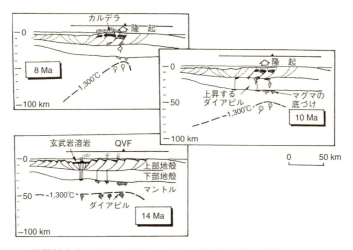

図 1.24 後期新生代の東北日本弧におけるマグマ供給系の変遷（佐藤・吉田，1993）
14 Ma：日本海の拡大が停止した直後，10 Ma：背弧側，最上部マントルの冷却期，8 Ma：東北脊梁地域の隆起運動を伴うカルデラ火山活動の開始期，における東北日本弧でのマグマ供給系の様子をそれぞれ示している．マントル中の破線は 1,300℃ 等温面を示し，マグマのマントル中での部分溶融域の上限を示す．レンズ状〜しずく状に示した部分が部分溶融域〜マグマ溜りを示す．QVF：第四紀火山フロント．黒三角（QVF）をつけた実線は現在の陸域を示す．Ma：100 万年前．

口，crater）が開きマグマにかかる圧力が下がると，マグマの発泡が加速して高温のマグマが急激に地表へと噴出し，噴火（**火山爆発**，volcanic explosion）をひき起こす．発泡により生じた気泡を含むマグマの流れを**気泡流**（bubbly flow）とよび，気泡量が増えてマグマが破砕された状態での流れを**噴霧流**（dispersed flow）とよぶ．両者の中間状態での気液二相流体の流れとして，**スラグ流**（slug flow），**環状流**（annular flow），環状噴霧流，そしてメルトと気相がともに連続したネットワーク状での流れなどがある（Jaupart, 2000；小屋口，2008a）．

気泡流として地表に噴出したマグマは**溶岩流出**（lava effusion）のような非爆発的噴火を起こす．一方，噴霧流として爆発的に火口から放出された火砕物と**火山ガス**（volcanic gas）の混合物は大気を取り込んで，**噴煙**（ash plume；ash cloud）を形成する（図 1.25）．噴煙中では，高温の火砕物や火山ガスが熱的に大気と相互作用して密度変化し，噴煙のさまざまな運動をひき起こす（小屋口，2008a；鈴木，2016）．大気よりも低密度の場合は**噴煙柱**（eruption column）と

1.4 マグマ溜りと火山活動

図 1.25 鹿児島県，桜島火山からの噴煙が拡がる様子を南東から望む
輝石安山岩〜デイサイトからなる桜島火山は，鹿児島湾奥の姶良カルデラの後カルデラ火山に相当し，カルデラの南縁に位置する活火山である．約 2 万年前に活動を始め，まず北岳，そして南岳が南北に連なって生じ，山麓には多数の側火山がみられる．近年の活動は南岳の山頂火口におけるブルカノ式噴火であり，1955 年以降，活発な活動を継続している．

して上昇し，高密度で，上向きの運動量を失った場合は地表の斜面を**火砕流**として流れ下る（図 1.26）．火山噴火には間欠性があり，典型的な複成火山では数分から数年の時間スケールの噴火期間と数十年から数百年以上の**休止期間**（repose period）を繰り返しながら，数万〜数十万年かけて活動が継続する（守屋，1983；小屋口，2016）．噴火期間中での噴火活動の推移には一定の規則性があることが多く，1 回の継続した噴火活動が降下火砕物の噴出に始まり，火砕流を発生して溶岩流の流出で終了するパターンが多くみられ，これを一輪廻の噴火（中村ほか，1963；Eichelberger *et al.*, 1986）とよぶことがある．ただし，火山の噴火活動の推移は単純ではなく，図 1.26 の福島県，沼沢火山のカルデラ形成噴火にみられるように短期間に活動様式が変化することも知られている（山元，1995；2003；増渕・石崎，2008）．

1.4.3 後火山活動

マグマの活動の最終段階では，マグマ中の水の濃集や，周囲の地層中に含まれる水が加熱されて熱水が生じる．地下のマグマがもつ熱エネルギーは，そのような熱水や火山ガスにより，さまざまな経路を通して伝わり，**地熱活動**（geothermal activity）とよばれる活動を火山体の表面にもたらす．火山でしばしば認められる**噴気孔**（fumarole）は火山体内部の熱水や水蒸気，火山ガスが噴出する場

第1章 火山学概観

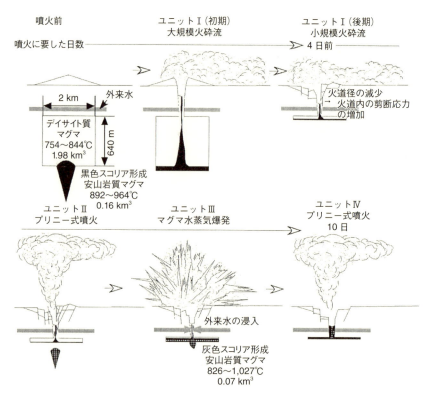

図 1.26 福島県, 沼沢火山 B.C. 3400 年カルデラ形成噴火における噴火の推移（増渕・石崎, 2008）

大規模火砕流（ユニット I, 初期），小規模火砕流（ユニット I, 後期），そしてプリニー式噴火（ユニット II）の活動によって，大量のデイサイト質マグマと黒色スコリアを形成した安山岩質混合マグマが噴出して，カルデラが形成され，同時に破砕帯を通じて火道に外来水が浸入し，マグマ水蒸気爆発（ユニット III）が起こっている．その際にマグマ溜りに注入された灰色スコリアを形成した安山岩質マグマがプリニー式噴火（ユニット IV）を起こして，噴火活動を終了した（増渕・石崎, 2008）．

所であり，代表的な地熱活動のひとつである．火山体は一般にきわめて**透水性**（permeability）が高く，さまざまな**割れ目系**（fracture system）からなる**熱水対流系**（hydrothermal convection system）である**地熱地帯**（geothermal field）が形成されやすい場所であり，熱水対流系は地熱地帯に**熱水変質帯**（hydrothermal alteration zone）を形成する（Meyer and Hemley, 1967）．地熱地帯には，蒸気のみを噴出する**蒸気卓越型**（vapor-dominated）と，噴出する流体に熱水を伴う**熱水**

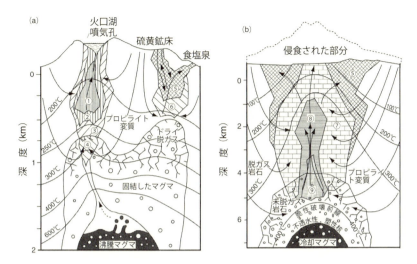

図1.27 火山体の後火山活動による鉱床の形成（Giggenbach, 1997；山田・上中, 2006）．(a) 高酸化硫黄型金属鉱床とそれに関連する変質作用，(b) 低酸化硫黄型金属鉱床とそれに関連した変質作用，を示す概念図．①シリカ鉱物帯，②明礬石帯，③カオリナイト帯，④イライト帯，⑤粘土化変質帯，⑥プロピライト変質帯，⑦層状珪酸塩鉱物変質帯，⑧カリ系変質帯，⑨黒雲母帯．

卓越型（liquid-dominated）とがある．一般に熱水中には多様な金属元素などが溶け込んでおり，それがさらに周囲のより低温の領域に循環して，種々の元素からなる**有用鉱物**（economic mineral）を沈殿して各種の**熱水鉱床**（hydrothermal deposit）を形成する（Sillitoe, 1973）．図1.27に火山体における後火山活動による鉱床の形成に関わる変質作用の模式図を示す（Giggenbach, 1997；山田・上中, 2006）．また，熱水の循環に伴い，マグマ溜りの周囲あるいは上部に位置する母岩は変質作用を受けることになる．ときには高濃度の熱水が海底に噴出し，多くの**金属鉱物**（metallic mineral）を沈殿しながら，流動することにより，**黒鉱**（kuroko, black ore）などの堆積性の鉱床を形成することもある．

1.5 活火山と火山の寿命

1.5.1 活火山

以前は，火山を現在噴火している"**活火山**（active volcano）"，歴史時代に噴火

第 1 章 火山学概観

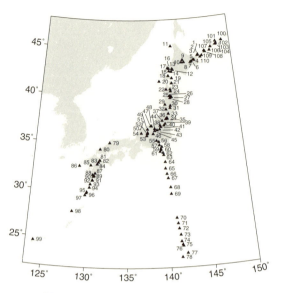

図 1.28 日本列島における活火山の分布

番号は表 1.1 中の番号に対応している．活火山の分布は，千島弧−東北日本弧−伊豆・小笠原弧−マリアナ弧からなる東日本島弧系に沿った東日本火山帯と，西南日本弧−琉球弧からなる西日本島弧系に沿った西日本火山帯に大きく分かれている．

活動記録のある"休火山（dormant volcano）"，そして歴史時代の噴火活動記録がない"死火山（extinct volcano）"に区分していた．しかし，火山の寿命は長く，数百年程度の休止期間の有無はあまり意味がないので，現在では"休火山"や"死火山"の用語はほとんど用いられていない．また，"活火山"の範囲も時代とともに変わり，当初，1974 年に発足した**火山噴火予知連絡会**（Coordinating Committee for Prediction of Volcanic Eruption）が編集した『日本活火山要覧』には，「噴火の記録のある火山及び現在活発な噴気活動のある火山」として 77 火山が掲載されていたが，その後，活火山の定義は「過去およそ 2,000 年以内に噴火した火山及び現在活発な噴気活動のある火山」とされ，1996 年には活火山として 86 火山が認定された．一方，世界の活火山カタログをつくっている**スミソニアン研究所**（Smithsonian Institution）は，**完新世**（Holocene，約 1 万年前〜現在）に噴火した火山を活火山としている．現在は，日本でもこれが採用されており，図 1.28 に示すように，北海道地方（北方領土 11 火山を含む）で

31火山，東北地方で18火山，関東・中部地方で20火山，伊豆・小笠原諸島地域で20火山，中国地方で2火山，九州地方で17火山，沖縄地方で2火山が活火山とされ，その総数は110となっている．

　活火山の定義の変更に伴い，活火山には，現在活動的な火山から長期にわたって静穏な火山まで含まれることになった．そこで，火山噴火予知連絡会では，これらの活火山を過去1万年間の火山の活動度により，ランクA，ランクB，ランクCに区分している（表1.1）．100年の間の活動回数を示す100年活動度指数（5を超える）あるいは1万年の間の活動回数を示す1万年活動度指数（10を超える）がとくに高いランクAには13火山，ランクAを除いて100年活動度指数（1を超える）あるいは1万年活動度指数（7を超える）が高いランクBには36火山，ランクA，B以外の活動度指数が低いランクCには36火山があり，残りの25火山はデータ不足のためランク分けがなされていない．なおこのランク分けは，あくまで過去の火山活動度に基づいたものであり，個々の火山についての噴火の切迫性や社会的要因を考慮した重要性を示すものではなく，そのまま防災上の重要度を示しているわけではない．現在，火山活動域の社会的要因などを加味して重要度の高い火山について優先的に火山観測体制を整備する方向にあるが，これまでの活火山ランクに代わる，地域の社会的要因や噴火の切迫性などを考慮した各火山の定量的な危険度評価などに基づいた新しいランクづけが望まれている（中村，2012）．

1.5.2　火山の寿命

　日本列島の火山の寿命については，一般に数万〜数十万年と推定されている（守屋，1983）．火山の寿命を議論することは難しいが，多くの火山において，地質学的・岩石学的研究からその発達史が検討されており，その多くは60〜50万年以下である（Kimura and Yoshida, 2006）．石塚（1999）や石塚・中川（1999）は，背弧側の成層火山である利尻火山について，認められる十数万年間の火山活動が1つのマントルダイアピル（mantle diapir）の上昇と冷却で説明でき，現在は火山としての生涯を終えている可能性を指摘している．早津（1985）は，中部地方の背弧側に位置し約30万年前に活動を始めた妙高火山の発達史が，長い活動休止期で区分された4つの活動期からなり，各活動期ごとにマグマの組成が玄武岩→安山岩→デイサイトへと変化し，それぞれが標高2,000 mを超え

第1章 火山学概観

表 1.1　日本の活火山リスト（2016 年現在，気象庁）

No.	火山名	英語名	ランク	No.	火山名	英語名	ランク
1	知床硫黄山	Shiretoko-Iozan	B	34	吾妻山	Azumayama	B
2	羅臼岳	Rausudake	B	35	安達太良山	Adatarayama	B
3	天頂山	Tenchozan	-	36	磐梯山	Bandaisan	B
4	摩周	Mashu	B	37	沼沢	Numazawa	C
5	アトサヌプリ	Atosanupuri	C	38	燧ヶ岳	Hiuchigatake	C
				39	那須岳	Nasudake	B
6	雄阿寒岳	Oakandake	-	40	高原山	Takaharayama	C
7	雌阿寒岳	Meakandake	B	41	日光白根山	Nikko-Shiranesan	C
8	丸山	Maruyama	C				
9	大雪山	Taisetsuzan	C	42	赤城山	Akagisan	C
10	十勝岳	Tokachidake	A	43	榛名山	Harunasan	B
11	利尻山	Rishirizan	C	44	草津白根山	Kusatsu-Shiranesan	B
12	樽前山	Tarumaesan	A				
13	恵庭岳	Eniwadake	C	45	浅間山	Asamayama	A
14	倶多楽	Kuttara	C	46	横岳	Yokodake	C
15	有珠山	Usuzan	A	47	新潟焼山	Niigata-Yakeyama	B
16	羊蹄山	Yoteisan	C	48	妙高山	Myokosan	C
17	ニセコ	Niseko	C	49	弥陀ヶ原	Midagahara	C
18	北海道駒ケ岳	Hokkaido-Komagatake	A	50	焼岳	Yakedake	B
				51	アカンダナ山	Akandanayama	C
19	恵山	Esan	B	52	乗鞍岳	Norikuradake	C
20	渡島大島	Oshima-Oshima	B	53	御嶽山	Ontakesan	B
21	恐山	Osorezan	C	54	白山	Hakusan	C
22	岩木山	Iwakisan	B	55	富士山	Fujisan	B
23	八甲田山	Hakkodasan	C	56	箱根山	Hakoneyama	B
24	十和田	Towada	B	57	伊豆東部火山群	Izu-Tobu Volcanoes	B
25	秋田焼山	Akita-Yakeyama	B				
26	八幡平	Hachimantai	C	58	伊豆大島	Izu-Oshima	A
27	岩手山	Iwatesan	B	59	利島	Toshima	C
28	秋田駒ヶ岳	Akita-Komagatake	B	60	新島	Niijima	B
29	鳥海山	Chokaisan	B	61	神津島	Kozushima	B
30	栗駒山	Kurikomayama	B	62	三宅島	Miyakejima	A
31	鳴子	Naruko	C	63	御蔵島	Mikurajima	C
32	肘折	Hijiori	C	64	八丈島	Hachijojima	C
33	蔵王山	Zaozan	B	65	青ヶ島	Aogashima	C

1.5 活火山と火山の寿命

表 1.1 （つづき）

No.	火山名	英語名	ランク	No.	火山名	英語名	ランク
66	ベヨネース列岩	Beyonesu (Beyonnaise Rocks)	-	89	若尊	Wakamiko	-
				90	桜島	Sakurajima	A
67	須美寿島	Sumisujima (Smith Rocks)	-	91	池田・山川	Ikeda and Yamagawa	C
68	伊豆鳥島	Izu-Torishima	A	92	開聞岳	Kaimondake	C
69	孀婦岩	Sofugan	-	93	薩摩硫黄島	Satsuma-Iojima	A
70	西之島	Nishinoshima	B				
71	海形海山	Kaikata Seamount	-	94	口永良部島	Kuchinoerabujima	B
72	海徳海山	Kaitoku Seamount	-				
73	噴火浅根	Funka Asane	-	95	口之島	Kuchinoshima	C
74	硫黄島	Iojima	B	96	中之島	Nakanoshima	B
75	北福徳堆	Kita-Fukutokutai	-	97	諏訪之瀬島	Suwanosejima	A
76	福徳岡ノ場	Fukutoku-Okanoba	-	98	硫黄鳥島	Io-Torishima	B
77	南日吉海山	Minami-Hiyoshi Seamount	-	99	西表島北北東海底火山	Submarine Volcano NNE of Iriomoto-jima	-
78	日光海山	Nikko Seamount	-				
79	三瓶山	Sanbesan	C	100	茂世路岳	Moyorodake	-
80	阿武火山群	Abu Volcanoes	C	101	散布山	Chirippusan	-
				102	指臼岳	Sashiusudake	-
81	鶴見岳・伽藍岳	Tsurumidake and Garandake	B	103	小田萌山	Odamoisan	-
				104	択捉焼山	Etorofu-Yakeyama	-
82	由布岳	Yufudake	C	105	択捉阿登佐岳	Etorofu-Atosanupuri	-
83	九重山	Kujusan	B				
84	阿蘇山	Asosan	A	106	ベルタルベ山	Berutarubesan	-
85	雲仙岳	Unzendake	A				
86	福江火山群	Fukue Volcanoes	C	107	ルルイ岳	Ruruidake	-
				108	爺爺岳	Chachadake	-
87	霧島山	Kirishimayama	B	109	羅臼山	Raususan	-
88	米丸・住吉池	Yonemaru and Sumiyoshiike	C	110	泊山	Tomariyama	-

番号は図 1.28 に対応している．

る円錐火山を造っていること，そして各活動期の後半から休止期にかけては，火山体の大規模な崩壊とそれに伴う岩屑なだれ（3.4.7 項参照）が発生していることを明らかにし，これは同じ場所に深部から 4 回，それぞれ独立したマグマバッチが上昇して形成された "多世代火山（poly-generation volcano）" であり，

第 1 章　火山学概観

単式火山が重なった**複式火山**（composite volcano；multiple volcano）や，一輪廻の噴火が繰り返された**複成火山**（polygenetic volcano）とは異なる概念であると論じている．早津ら（1994）は，南北に連なる飯縄・黒姫・妙高・新潟焼山・斑尾・佐渡山の6火山からなる妙高火山群の多世代火山に関する年代学的研究から，妙高火山群では各世代の主要活動時間（寿命）は3万年前後の場合が多く，5万年を超えるものはないこと，休止期の長さは約1.2万年から約15万年に及ぶことを明らかにするとともに，1代目と2代目の間の休止期間がいずれの火山でも10万年以上と長いのに対して，その後は，後になるほど休止期の長さや各世代の活動開始年代の間隔が短くなる傾向があり，噴出物の量も後の世代ほど少なくなる傾向があることを明らかにしている．彼らはひとつの世代の火山の寿命はおもにマグマ溜りの冷却速度に関係していると考えているが，長谷中ら（1995）は妙高火山群のマグマ進化には，コンラッド面近傍の中深度と火山体直下浅所の2カ所でのマグマ溜りの存在が重要な役割を果たしていると論じている．

　火山岩中の斑晶は，噴火時にはすでにマグマ中に存在していた結晶であり，その形成年代は噴火年代よりも古い．斑晶鉱物が示す年代と噴火年代との差をマグマあるいは斑晶鉱物の**滞留時間**（residence time）という（Costa, 2008；Bachmann, 2011）．斑晶鉱物が示す年代の解釈には注意が必要ではある（東宮，2016）が，大型の**カルデラ火山**（caldera volcano）の形成に関係した大規模珪長質マグマにおける滞留時間は60万～100万年を超える場合がある（Bachmann, 2011；Cooper, 2015；Lipman and Bachmann, 2015；Takehara *et al.*, 2017）．また，後期中新世に形成されたカルデラの地下深部に，いまだに熱水溜りや低速度体が観測される場合も報告されている（Sato *et al.*, 2002）．2011年東北地方太平洋沖地震の際，5百万年前以前の後期中新世に形成された一部のカルデラにおいて，その地下での流体の移動を伴う誘発地震が発生している（Yoshida, K. *et al.*, 2016）．図1.8に示したとおり，含水珪長質マグマの融けだす温度（**ソリダス**, solidus；**固相線**, 4.2.1項参照）は地下15～20 km深度で東北地方脊梁部での地温勾配と交差する．このことは，もし，飽和量に近い水がメルト中に保持されている場合には，地下15～20 km以深に定置した珪長質マグマはソリダス温度を超えていることとなり，そのような中部地殻に定置した大型の珪長質マグマ溜りについては，もし何らかの原因で飽和量の水が長期間にわたって

保持された場合には，数百万年を超える寿命をもったものが存在しうることを示唆している．実際，大規模な深成岩体においては，5〜8百万年を超える活動年代を示すものも報告されている（Miller *et al.*, 2007）．ただし，マグマは地殻内で比較的固化が急速に進行し，結晶量が50〜55％を超えると粘性が増大して，その移動が制限される．そのため，噴火可能な条件にある期間（**急冷期間**，rapid cooling stage）は短く，その後は長い**徐冷期間**（slow cooling stage）が続くと考えられており，地下での固化していないソリダス温度に近いマグマの存在が，そのまま活発な火山活動に繋がるわけではない（Koyaguchi and Kaneko, 2000；小屋口，2008a；Cooper and Kent, 2014）．

背弧側では利尻火山のように比較的閉じたマグマ供給系を想定できることが多いが，マントルの部分溶融域がモホ近傍に想定される火山フロント側の火山では，しばしば，マグマ供給系が新たなマグマの出入りが繰り返される開放系をなしており，個々の火山活動が互いに同期したり，活動が周期性を示したりしている（吉田ほか，1997）．これについては，**地殻応力場**（crustal stress field）などの広域的な力がマグマ供給系の発展に大きな影響を及ぼしている可能性が指摘されている．また，多くの火山において，異なる深度に位置する複数のマグマ溜りの寄与による**混合マグマ**（mixed magma）の形成が指摘されており，火山の寿命の問題を複雑にしている．

冷たい海洋プレートが日本海溝から沈み込む東北日本弧の場合，火山フロント側でのマグマ活動は比較的連続しているのに対して，背弧側での火山活動には明瞭な空間的・時間的ギャップが認められ，しかも背弧側から火山フロント側への火山活動域の経時的な前進が認められている（Kondo *et al.*, 1998；2004；Tamura *et al.*, 2002；山田・吉田，2002）．これについては，沈み込む海洋プレート（**スラブ**，slab）の上部に位置するマントルウェッジ内に分布する低粘性域での小規模対流によって，最上部マントルの温度構造が経時変化し，これによって火山活動がコントロールされ，時空変化しているというモデルも提唱されている（Honda and Yoshida, 2005a；b；Honda *et al.*, 2007）．したがって，火山の寿命に関してはマントル内の温度構造，地殻内に形成されたマグマ供給系の発展様式，そして火山直下に形成され，火山噴火と直結するマグマ溜りの熱的進化など，多くの要因が時間発展しながら関与していると考えられる．

第1章 火山学概観

1.6 多様な火山

　火山地形（volcanic topography；volcanic form）は，マグマの性質，火山の寿命，火口の形態，外来水の有無，基盤地形の形状などにより変化し，さまざまな形態をとる．中村（1975）は，火山を噴火口の形と活動の繰返しの有無により，マグマが円筒状の火道を通って上昇し円形の火口から噴火する中心火山と，マグマが板状の通路（岩脈）を上昇し地表で割れ目状の火口を形成する割れ目火山，そして噴火が1回かぎりの**単成火山**（monogenetic volcano）と同じ火口から噴火を繰り返す複成火山に区分し，これらを組み合わせた火山の分類（単成中心火山，単成割れ目火山，複成中心火山，複成割れ目火山）を示している．火道が円筒状の**中心火口**（central vent）であれば高くそびえる円錐形の火山となり，**割れ目火口**（eruption fissure, fissure vent）であれば長大な火山地形が形成される．火山の噴火が一定期間続くと，その後長い休止期に入ることが多い．長い休止期にはさまれた比較的短い一連の噴火を一輪廻の噴火という．火山の寿命には1回の噴火活動期だけで終わる一輪廻の噴火から，休止期をは

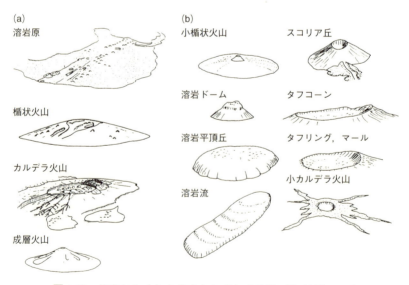

図 1.29　複成火山（a）と単成火山（b）の地形一覧（守屋，2012）

さんで噴火を繰り返す多輪廻の噴火まで多様である．一輪廻の噴火では，小型の単成火山が，多輪廻の噴火では大型の複成火山が形成される（図1.29）．スコリア丘などの単一の火砕丘や溶岩ドームなどの単成火山は，一連の噴火がすむと火道が固結してそれ以上は噴火しないため小型である．また，単成火山の噴火はせいぜい10年ぐらいしか続かない．一方，複成火山は一般に寿命は長く，たとえば**伊豆大島火山**は，最近1万年間に大噴火を何度も繰り返して成長している．活動的な複成火山における噴火の休止期は火山ごとに異なるが，その多くは数十年から数百年であり，伊豆大島火山の場合は平均150年くらいである．守屋（1983）は，日本の第四紀火山を，その発達史に基づいて円錐火山，大カルデラ火山，一輪廻単成火山に分類している（図1.30）．さらに世界の火山を整理して，火山体は単成火山と複成火山，そして1個の複成火山の上に別種の複成火山が形成された重複成火山（火山地域）に区分できるとしている（守屋, 2012）．

　溶岩台地：インドの**デカン溶岩台地**（Deccan plateau；Deccan trap）や北米のコロンビア川台地などの広大な**溶岩台地**（lava plateau）は，短時間に大量の粘性が低い溶岩が大規模な割れ目噴火で繰り返し流れ出たものである．インドのデカン溶岩台地は白亜紀から第三紀初期にかけて玄武岩質マグマが数十回噴出してできたもので，その厚さはボンベイ付近で最も厚く約3,000 m，表面積は約50万 km^2（日本の総面積は37.2 km^2）であるが，形成当時は現在の2倍の面積があったものと推定されている（Aoki et al., 1992）．

　楯状火山：溶岩の流れやすさはマグマの粘性で決まり，粘性が低いほどマグマは流れやすい．複成火山で粘性が低い溶岩が繰り返し大量に流出すると，ハワイ島の**マウナロア**（Mauna Loa）**火山**のような，山腹の傾斜が緩く西洋の楯を伏せたようななだらかな形の**楯状火山**（shield volcano）が形成される．一般に楯状火山を形成するような粘性の低いマグマの活動は，あまり火砕物質を伴わない．ハワイの楯状火山では，山頂から放射状に**火山性地溝**（volcanic rift）である**リフトゾーン**（rift zone）が発達する．このリフトゾーンの山頂から山腹にかけて，一列に並んだいくつかの**側火山**（flank volcano）の**火口列**（crater chain）から溶岩が噴出することがある．これはリフト下に発達する板状の割れ目，すなわち岩脈が地表にまで達し，それに沿って多数の火口が開口して起こった割れ目噴火である．

第 1 章　火山学概観

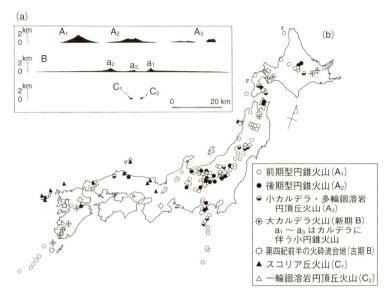

図 1.30　発達史的に分類した日本の第四紀火山の分布図（守屋，1983）

守屋（1983）は，日本の第四紀火山をその発達史に基づいて，円錐火山（A），大カルデラ火山（B 型），一輪廻単成火山（C 型）に分類している．このうち円錐火山には，円錐火山体を形成する第 1 期，円錐火山体頂部が崩壊して馬蹄形カルデラを生じる第 2 期，このカルデラ内に火砕丘が生じ，多くの火砕物を噴出する第 3 期，そして，頂部に小カルデラや溶岩ドームが形成される第 4 期の 4 つの地形発達段階があるとし，第 1 期〜第 2 期を前期，第 3 期〜第 4 期を後期としている．図は守屋（1983）が分類した A 型（A_1：前期型円錐火山，A_2：後期型円錐火山，A_3：小カルデラ火山・多輪廻の溶岩円頂丘火山），B 型（新期 B：大カルデラ火山，古期 B：第四紀前半の火砕流台地），C 型（C_1：スコリア丘火山，C_2：一輪廻溶岩円頂丘火山）の地形的特徴（左上）とその分布を示す．

成層火山：島弧の火山は多様であり，玄武岩質のマグマや流紋岩質のマグマを伴うこともあるが，その多くは安山岩質で活動が爆発的である．そのためやや粘性の高い溶岩流のほか，爆発的噴火で噴出した火砕物の量が多く，それらが交互に層状に積み重なって，しばしば大型の**成層火山**（stratovolcano）をつくる．富士山，浅間山，桜島などがその例である．成層火山では，噴火による山体の成長と休止期における侵食の繰り返しにより，**火山麓扇状地**（volcanic fan）が発達する．ただし，火山体の中心部はおもに溶岩と**火砕岩**（火山砕屑岩，pyroclastic rock）の集積物であり，強固な山体を構成している．火口近傍では，マグマが噴き上げられて生じた可塑性をもつ溶岩片である**スパッター**（spatter）

1.6 多様な火山

図 1.31 成層火山の内部構造（静岡県，伊豆半島，大瀬崎火山）

降下スコリアと，降下スコリアが溶結したアグルチネートの互層．伊豆半島には多数の第四紀火山があるが，半島北西端の大瀬崎周辺で達磨火山や井田火山に覆われて小規模に分布する大瀬崎火山はこの地域の火山のうち分布位置が最下位にあたり，その火山体の全容は不明である．

や**溶岩餅**（driblet），**火山弾**（volcanic bomb）が高温で堆積し，**溶結**（welding）して生じた火砕岩の一種である緻密な**アグルチネート**（agglutinate，岩滓集塊岩）が分布することが多い（図 1.31）．一方，火山麓扇状地はおもに火山噴出物からなる**土石流堆積物**（debris flow deposit；debrite）であるラハール（3.4.8 項参照）の集積体であるが，火山の活動期には山麓部に火砕流や溶岩流も堆積する．その結果，成層火山は緩やかな裾野と傾斜が急な円錐形の山腹からなる特徴的な地形を示すに至る．日本最高峰の富士山は，溶岩流と火砕物とが交互に重なって形成されており，さしわたし 20 km ある．富士山の 864 年の貞観噴火では北西山腹に青木ヶ原溶岩流を流し，1707 年の宝永噴火では放出された**火山灰**（volcanic ash）が江戸にまで達している．

　成層火山は単独で出現する場合もあるが，その多くは妙高火山のように複数の成層火山が集まった火山の複合体をなす場合が多い．そのような大きな成層火山は，同じところから何回も噴火を繰り返して成長する．大きな火山の寿命は数十万年であるが，なかには百万年を超えて噴火を繰り返す火山もある．開析された成層火山では，**放射状岩脈**（radial dike）がみられることがある．この板状の岩脈が地表に達した地点に側火山が形成されるが，それらの多くは単成火山である．富士山では北北西から南南東方向に側火山が多数点在しており，山体もその方向に伸びた形態を示している．このような形態は，この地域の地殻にはたらく北北西−南南東方向のプレート運動に関連した広域の圧縮応力の影響によるものと推定されている．

　溶岩ドーム：粘性の高い溶岩が**火口原**（crater floor）から盛り上がってでき

図 1.32 溶岩ドーム（溶岩円頂丘）の構造断面図（Watts *et al.*, 2002; Hale and Wadge, 2008）
（a）内成ドーム．（b）外成ドーム．図中の矢印は地下からのマグマの供給を示す．

るのが**溶岩ドーム**（lava dome, 溶岩円頂丘）であり，それが尖っている場合は**溶岩尖塔**（lava pinnacle）とよぶ．溶岩ドームには，新しいマグマにより古いマグマが押し広げられて成長する内成ドームと，新しいマグマが古いマグマの上に積み重なることにより成長する外成ドームがある（図 1.32；Watts *et al.*, 2002；Hale and Wadge, 2008）．溶岩ドームの表面では固結した溶岩の破砕（**自破砕**, autobrecciation）が進み，内部には**放射状節理**（radial joint）が発達する．とくに外成ドームでは，その成長に伴い火砕流を繰り返し発生する場合がある．溶岩ドームには単成火山の場合が多いが，図 1.33 には，成層火山の火口内に形成された溶岩ドームの例を示す．

火砕丘：粗粒の火砕物が円錐状に堆積した小型の火山を**火砕丘**（pyroclastic cone）という．噴出物の堆積が進んで山腹斜面の傾斜が安定角（32°）を超えると噴出物は斜面を転動し，斜面角度は一定に保たれる．静岡県の伊豆大室山は直径約 1 km の玄武岩質スコリアからなる**スコリア丘**（噴石丘, scoria cone）である．スコリア丘は日本では成層火山の山腹に側火山として生じることが多い．マグマと外来水が反応して起こるマグマ水蒸気爆発（3.4.5 項参照）においては大量の火山灰が生じて，外側斜面の傾斜が約 20°を超える**タフコーン**（tuff cone）や，扁平で大きな火口をもつ**タフリング**（tuff ring, 火山灰丘）が形成される．スコリア丘や，タフコーン，タフリングも，一般に単成火山である．

マール，爆裂火口：ベースサージ（3.4.3 項参照）を伴うようなマグマ水蒸気爆発や火山ガスの爆発などで，平地にほぼ円形の窪地が生じた場合，これを**マール**（maar）という．マールは一般に単成火山である．マールの場合，火口の周囲にはあまり噴出物が積み重なっておらず，多くはほとんど火口地形だけの火

1.6 多様な火山

図1.33 新潟県, 妙高火山山頂部の東に開いた馬蹄形カルデラ内で中央火口丘を形成する海抜2,454 mの妙高山溶岩ドーム

山であるが, 大きな火口径のものも知られている. 秋田県の目潟はマールの一例である. なお, 山体の一部が火山爆発によって失われてできた窪地を**爆裂火口** (explosion crater) という. 富士山の宝永火口がその例である.

ダイアトリーム：揮発性成分を多く含み発泡したマグマはガスで流動化し, 地下深部から火道の壁を破砕したり摩耗しながら, 高速で爆発的に上昇 (**ガスコアリング**, gas-coring) して, 地表に円形に近い断面をもつ**ダイアトリーム**, diatreme；funnel-shaped breccia pipe) を形成する (Reynolds, 1954；Woolsey et al., 1975). **キンバーライトパイプ** (kimberlite pipe) はその代表例である. キンバーライトパイプは, 地下深部から岩脈〜岩床部, ダイアトリーム部, そして地表に形成されたマール部分からなる. マール部分は火山爆発で生じた皿状の凹地で, 環状に分布する火砕物で囲まれ, その内部には湖成堆積物や沖積層が分布することもある. ダイアトリーム部分は流動化した凝灰質物質が吹き抜けた部分で, 多くの母岩の破片を包有した**火道角礫岩** (conduit breccia) からなり, 後から上昇してきたマグマによる岩脈で切られていることが多い (Best, 2003). **キンバーライト** (kimberlite) はアルカリに富む超苦鉄質の噴出岩であり, 初生的成分を保持する細粒部分と, おもに粗粒の**捕獲結晶** (xenocryst) などからなる斑状の組織を呈する. また, 各種のかんらん岩ゼノリス (2.2.3項参照) を含むことが多く, ときにダイアモンドを含んでいる. 図1.34は, 未固結の火砕流堆積物中に生じた割れ目に沿ってガスが吹き抜け, 流動化して生じた**貫入性凝灰岩** (intrusive tuff) の例である (吉田・竹下, 1991).

北海道の**濁川** (にごりかわ) **カルデラ** (安藤, 1983) は, 地表での直径が約

第1章 火山学概観

 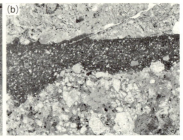

図 1.34 結晶質凝灰岩中に生じた割れ目を充填している細粒の貫入性凝灰岩（愛媛県，石鎚カルデラ）．
(a) 露頭写真，ハンマー右側の暗色部が貫入性凝灰岩岩脈である．(b) 顕微鏡写真．(b) では，細粒の貫入性凝灰岩が周囲の結晶質凝灰岩から圧密作用を受け，左上部にみられるように火炎状構造を呈している．

3 km で，地下には急傾斜で上方に開いた逆円錐状（じょうご型）の構造をもち，その中を著しい撹拌を受けた 50% を超える基盤岩由来の**破砕岩片**（shattered fragment）を含む火山礫凝灰岩〜凝灰角礫岩からなる**火道充填物**（**火道充填堆積物**，conduit-fill）が埋めている（図 1.35）．また，周縁部の基盤岩中や火道充填物中の岩片集中層には，**ジグソー割れ目**（jigsaw crack）状の開口亀裂を凝灰岩などが充填した**砕屑岩脈**（clastic dike）がみられる．このことから，このような構造は地下で起こった爆発的噴火に伴い，熱水対流系により弱化していた基盤岩中にじょうご型の破砕部が生じ，これが本質物質と撹拌されながら火砕流として噴き上がったのち，**フォールバック**（fall-back）して火道充填物が形成されたと推定されている．その後，火道充填物は**脱ガス**（degassing；gass loss）を伴う**圧密**（compaction）により沈降しているが，明瞭な**断層**（fault）は認められない．じょうご型破砕部を構成していた基盤岩の約 70% はカルデラ外に放出されたと推定されることから，この濁川カルデラは基盤岩のじょうご型破砕を伴った火砕流噴出時の火山爆発によって形成されたものであり，上述のマールやダイアトリームと類似のメカニズムで形成された**爆発カルデラ**（explosion caldera）であると考えられている（黒墨・土井，2003）．

カルデラ：カルデラ（caldera）とは火口よりも大きな，ほぼ円形または円弧状の輪郭の火山性凹地形である．火口は一般に直径が 1 km 以下であるが，それに対して，カルデラは直径が 2 km 以上のものをさす（図 1.36）．カルデラとよ

1.6 多様な火山

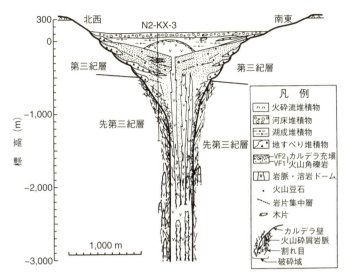

図 1.35 濁川カルデラの模式断面図（黒墨・土井，2003）
濁川カルデラは，約 1.2 万年前の火砕流噴火時に，火道周辺の岩石が破砕されて，多くの砕屑脈や安山岩岩脈が貫入した．ここでは破砕帯の亀裂の一部は開口して熱水の通路となって，カルデラの壁に沿った環状の上昇流をもつ熱水対流域が形成されている．また，カルデラ内浅部に厚い粘土化帯が生じている（土井，2008）.

ばれる火山性凹地形の成因としては，(1) 陥没，(2) 大規模爆発，(3) 侵食，が考えられている．**磐梯火山**などにみられる**馬蹄形カルデラ**（horseshoe-shaped caldera）は大規模な山体崩壊に伴って生じたものである．カルデラの多くは，地下に蓄えられていたマグマの急激な放出に伴う**カルデラ陥没**（caldera collapse）で生じるが，玄武岩質マグマに伴ったものと，珪長質マグマに伴ったものとでは様子が異なる．なお，カルデラ陥没時に**カルデラ壁**（caldera wall）が大規模な斜面崩壊を起こす場合があるが，そのようなカルデラ形成期の火山噴出物である**カルデラ埋積火砕流堆積物**（caldera-filling pyroclastic flow deposit；**イントラカルデライグニンブライト**，intracaldera ignimbrite）と指交するカルデラ壁由来の角礫岩を**カルデラ陥没角礫岩**（caldera collapse breccia）とよぶ（Lipman, 1976）.

カルデラの代表的なものとして，**キラウェア型**（Kilauea type），**クレーターレーク型**（Crater Lake type），**バイアス型**（Valles type）などが知られている．

第1章 火山学概観

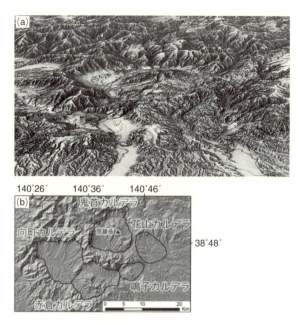

図 1.36 カルデラの例

(a) 鬼首カルデラ（中央，環状の山並とその内側の河川）を南東から望む．手前は宮城県鳴子町（地上開度図：北海道地図株式会社提供（横山ほか，2003））．
(b) 宮城・山形・秋田県境地域におけるカルデラ分布を示す（プリマほか，2012）．
鬼首カルデラは大規模な火砕流を流出し，陥没したのち，その中央（荒雄岳）が盛り上がった直径約 10 km ほどの再生カルデラである．火砕流はカルデラの南東壁（(a) の手前側）を越えて流出し，火砕流台地を形成している．その左側には，鳴子火山から流出した火砕流が同じように分布している．

キラウェア型カルデラは，ハワイのキラウェア火山の山頂にある 3×2 km のカルデラがその代表例であるが，カルデラ直下にあるマグマ溜りを満たしている玄武岩質マグマの一部が，急激にマグマ溜りから地上へ流出したり，地下で岩脈や岩床を通じて周囲に移動することによって地表が陥没して生ずると考えられている．クレーターレーク型カルデラは，大量の珪長質マグマが大型の火砕流および降下火砕物として中央火口から地表に噴出した直後に火口周辺が陥没して生ずるカルデラである．日本に数多く存在する大型のカルデラの多くはこのクレーターレーク型に分類されている．バイアス型カルデラの場合も，火砕流を伴う珪長質マグマの大規模火砕噴火に伴って，地下のマグマ溜りに負圧が

生じて大規模な陥没をひき起こす．この場合，きわめて明瞭な**環状割れ目**（ring fracture）に沿って火砕流が噴出するとともに，その内側ブロックがピストン状に一体となって陥没し，カルデラが形成される．カルデラ陥没量とカルデラ形成噴火の噴出量がほぼ一致していることから，マグマ溜りからマグマが噴出して生じた空間に陥没ブロックが沈降したと推定される（下司，2016）．大規模な火砕流の噴出を伴って生じた地形的凹地である陥没カルデラは，通常，カルデラ埋積火砕流堆積物によって埋められ，その周囲には**火砕流台地**（pyroclastic flow plateau）が発達している．Lipman（1997）は，カルデラをその陥没様式により，**ピストンシリンダー型**（plate/piston cylinder），**ピースミール型**（piecemeal），**トラップドア型**（trapdoor），**ダウンサグ型**（downsag），そして，**じょうご型**（funnel）に分類している．カルデラの形成により生じた凹地の底である**カルデラ原**（カルデラ床，caldera floor）に水が溜まると，十和田湖や支笏湖のような**カルデラ湖**（caldera lake）を生じる．

1.7　火山学の研究手法

1.7.1　地質学，岩石学，地球化学的手法

　火山の地質学的研究の基本は詳しい野外観察である．これを通して，過去に形成された噴出物の種類や分布，火山体の形成過程を調べて火山地質図を作成する．そして，噴出物の特徴とともにその厚さや拡がりを復元して，それらの噴出物をもたらした噴火の順序，規模や**噴火様式**（eruption style）を調べ，個々の火山体特有の活動様式とその変遷（活動史）を明らかにする．これが**火山災害実績図**（disaster map）となる．それらの情報をもとに火山ハザードマップ（8.4.2項参照）が作成され，火山災害の防災・減災に活用される．マグマが固結して生じた火山噴出物については，顕微鏡や電子顕微鏡による組織観察や各種の分析技術を駆使した岩石学的手法により，それらマグマの起源，生成条件，分化過程，噴火過程，そして固結過程などを調べ，個々のマグマの成因を明らかにする．また，広域テフラ（3.3.7項参照）などとの層序関係や黄土の堆積速度に基づいたレスクロノメトリー法による年代の推定に加え，**放射性元素**（radioactive element）や**同位体比**（isotope ratio）を用いて，噴火の絶対年代を決定すると

ともに，マグマの**起源物質**（source material）を検討する．さらに近年の噴火ダイナミクスに関する物質科学的研究の進展（伴，2011；中村，2011；鈴木，2016）に伴い，地層として残された噴出物（**火山層序**，volcano stratigraphy）から，過去に発生した多様な噴火のダイナミクスに関する情報を得て，噴火様式の推移や分岐（bifurcation）をもたらすメカニズムの解明が進められている．

　岩石の組織解析や化学分析にあたっては，試料採取の段階から注意が必要である．とくに重要な組成データを必要としている場合，**変質作用**（alteration）や**風化作用**（weathering）を受けていない新鮮な岩石を採取することが基本となる．一般に火成岩は，それが形成された条件とは異なる条件下におかれ，地表では変質作用や風化作用を受けて，本来の組成と比較してその化学組成や同位体組成が変化している可能性がある．変質作用とは，火山岩がその固結後に高温のガスや熱水（hydrothermal water）と反応して，**初生鉱物**（primary mineral）が**緑泥石**（chlorite）や**蛇紋石**（serpentine）などの**二次鉱物**（secondary mineral）に変化することをいう．また，常温に近い温度では，高温で安定であった初生鉱物が低温で安定な**炭酸塩鉱物**（carbonate mineral），**粘土鉱物**（clay mineral），含水鉄酸化物などに置き換わる風化作用を受けることがある．火山岩を採取して，それを形成したマグマの性質について検討しようとする場合，変質作用や風化作用の影響を受けて，組成が変化したような試料を分析すべきではない．良いデータをとるには，野外でいかに新鮮な岩石を採取するかがとても重要となる．さらに，噴火ダイナミクスなどを検討するための試料採取にあたっては，適切な採取位置を決定し，網羅的採取を行って代表的試料を選択するという手順があるが，対象とする火山活動様式や対象範囲・スケール，そして解明したい事象ごとに，野外ならびに室内作業にあたっての注意すべき点がある（嶋野，2006；鈴木，2016）．

　岩石の分析にあたっては，分析データの**正確度**（accuracy）と**精度**（precision）が問題となる．この場合の正確度とは，分析データが真の値にどの程度近いかの尺度であり，精度は複数回の分析における再現性の高さを表す尺度である．良い分析データは，繰返し分析の精度が良く，得られた結果の正確度が高いデータである．岩石の化学分析には，岩石全体を粉末にしたり溶融させて均質化してから分析する**全岩分析**（bulk-rock analysis）と，岩石のさまざまな組織（2.7節参照）を観察しながら，その一部分を分析する**局所分析**（partial analysis）と

1.7 火山学の研究手法

がある．前者は岩石の基本的な特徴を把握するために必要であり，後者は岩石が形成されたプロセスやメカニズムをより詳しく検討する際に有効である．現在，その含有量が 0.1 wt％を超える珪素，チタン（Ti），アルミニウム（Al），鉄，マンガン（Mn），マグネシウム（Mg），カルシウム（Ca），ナトリウム（Na），カリウム，リン（P），水素（H）などの**主成分元素**（major element）の酸化物濃度，それより濃度の低い**微量元素**（trace element）濃度，安定・放射性同位体比のほか，酸化還元状態，結晶構造や格子欠陥，化学結合状態などさまざまな性質について定量分析やイメージングが可能となっており，近年の分析技術の進歩は著しい．火山噴出物の物質科学的な研究はこれらの技術的な進歩とともに歩んできたといっても過言ではない．ときには，いろいろなかたちで自ら分析技術の開発に携わる必要が生じることもある．技術の発達を活用するためには，技術革新の状況を把握し迅速に取り入れること，それを十分に活かすことができる総合的な知識と見通しをもつことが重要である．

岩石の全岩分析法にはさまざまな方法がある．かつては湿式法による岩石の分析が行われていたが，現在ではさまざまな機器を用いた機器分析法が主体となっている．湿式法での分析では一般に岩石試料を溶液にし，沈殿反応や酸塩基反応などを利用してその含有量を決定する．機器分析法としては，原子吸光光度分析法，蛍光 X 線分析法，誘導結合プラズマ質量分析法などが用いられる．基本的には各自が分析したい元素の種類によって分析方法を選択することになる．岩石の成因や性質をより詳しく知るためには，全岩分析とともに局所分析が有効である．とりわけ電子線マイクロアナライザー（EPMA）は，1970 年代以降に急速に普及し岩石学に格段の進歩をもたらした．現在でも，鉱物やガラスの分析に必要不可欠な装置であり，さらに空間分解能の高いもの（FE-EPMA）も現れている（Blundy and Cashman, 2008）．ほかに，微量元素や同位体組成を分析するレーザーアブレーション誘導結合プラズマ質量分析法（LA-ICPMS）や，二次イオン質量分析法（SIMS；SHRIMP），鉱物の多形（結晶構造）などが決定できる顕微ラマン分光分析法，揮発性成分の分析に用いられる顕微フーリエ変換赤外分光光度計（FT-IR）などが用いられる．

岩石の構造や組織は従来，岩石を切断して作製した岩石薄片や研磨片を用いた実体顕微鏡や偏光顕微鏡，電子顕微鏡などによる二次元観察が主であり，二次元断面の制限（cut-section effect）下で，形状観察や体積比，数密度，サイ

ズ分布が測定されてきた．電子顕微鏡の二次電子像などで試料形状を三次元観察はできたが，内部構造を含めた三次元データの取得は難しかった．近年，高分解能マイクロ X 線 CT（computed tomography）法の技術革新により，微細な発泡組織などの三次元観察が可能となり，放射光施設を用いて空間分解能が 0.5 μm を切る三次元画像も取得できるようになってきた．マイクロ X 線 CT 法や設置型 X 線 CT 撮影装置を，初期条件や境界条件を制御した実験生成物に適用した研究も進展している．

　活動中の火山における噴火活動の推移を把握するうえで，マグマの爆発性，活動度や温度と密接な関係がある火山ガスなどの揮発性成分の分析は重要である（風早・森，2016）．ただし，火山から発生するガスの多くは有毒で，その採取と分析にあたっては注意が必要である．このような地球化学的観測においては，紫外線相関スペクトロメーター（COSPEC）などの多様な**リモートセンシング**（**遠隔探査**，remote sensing）手法が活用されている．火山体を構成する岩石は，一般に高い孔隙率を有しているため，火山は固有の水系を発達させている．とくに水蒸気爆発やマグマ水蒸気爆発などの発生予測には，個々の火山における水系の構造（**帯水層**，aquifer）を理解し，地下水の分布を把握する**陸水学**（hydrology）的観点も重要となる．

1.7.2　地球物理学的手法

　地球物理学的手法には，**地震学**（seismology），**測地学**（geodesy），**電磁気学**（electromagnetism），**熱学**（thermology）などの多様な研究手法があるが，近年は，人工衛星を活用した**干渉合成開口レーダー**（Interferometric Synthetic Aperture Radar：InSAR）などのリモートセンシングも，広く活用されている．火山体の内部構造やその地下深部の地質構造を明らかにして，火山体地下でのマグマプロセスを理解するために，多くの火山で自然地震や**人工地震**（artificial earthquake）を用いての屈折法，反射法，トモグラフィ法などを用いた研究が進められている．それらの探査の結果，火山体直下ではしばしば地震波速度の高速度の異常とそれを取り囲む低速度域が認められ，それぞれ火山体浅部に貫入してきた岩株〜岩脈群と，それらに貫かれた火山噴出物であると考えられている．また，火山体の近傍には地震波の反射面が観測されることが多いが，それらは物性が大きく異なる物質境界の存在を示している．しばしば認められる

S 波反射体（S-wave reflector）については，火山体中あるいはその近傍にマグマ，熱水，ガスなどの**火山性流体**（volcanic fluid）からなる層があることを示唆している．これらの火山性流体を含んだ領域は，岩石に対して密度が低いため地震波速度が遅くなり，低速度異常域として観測される．

火山体浅部の低速度異常域はそこでの熱水やガスの存在を示唆し，火山体内部の高速度異常体より深い深度に分布する低速度異常域はマグマの存在を示唆していると解釈されることが多い．マグマ溜りはマグマ供給系のなかで最も重要な構造であり，その描像は地球物理学的観測のなかで，最も重要なターゲットのひとつである．地震波は流体で充填されたマグマ溜りを通過する際に，速度が低下するとともに減衰を起こす．したがって，火山体深部で地震波の低速度域や減衰域を探索することは，地表の火山体から地下深部に位置するマグマ溜りに至る火道域の構造を把握するうえで重要である．一方，マグマ溜り周辺の母岩はマグマからのさまざまな影響を受けて強度を下げ，火山性地震（5.3 節参照）が発生しやすくなっていると考えられる．したがって，火山性地震の発生場所とその空白域を探すことは，マグマ溜りの領域を認定する際に重要である．

日本では，地震学的な観測や地殻変動観測に基づいて，鬼首，伊豆大島，桜島，浅間山，雲仙岳などで火山体下のマグマ溜りの位置が推定されている．さらには，P 波速度（V_p），S 波速度（V_s）ならびに V_p/V_s の分布から，火山体周辺に分布する流体の性質を検討したり，構成岩石を推定することも試みられている．そして，火山周辺で発生する火山性地震などの自然地震を解析して，その発生数や震源の時間変化などを噴火予知に役立てる研究も進められている．

マグマ溜りのマグマは，図 1.37 に示すように，浮力や壁岩からの封圧によって地殻内を上昇し，爆発的あるいは非爆発的な噴火活動をひき起こす．その際に火山体周辺で生じる**地殻変動**（crustal deformation）は，**水準測量**（leveling），距離測量，傾斜や伸縮などの連続観測や，人工衛星を活用した GNSS 観測（5.4 節参照）や InSAR などにより，詳細に，しかもほぼリアルタイムに把握することが可能となってきている．これらの測地学的手法により火山体周辺における物質移動現象などを捕捉し，火道流モデルや噴煙モデルなどと統合できれば，噴火予知や火山の活動推移の予測に有用な情報となる（青木，2016；小屋口，2016；鈴木，2016）．

重力データは，カルデラ構造などの解明に大きな役割を果たすとともに，カ

第 1 章 火山学概観

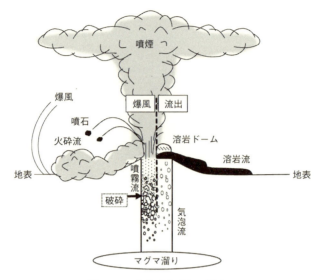

図 1.37　火山噴火現象の模式図
マグマ溜りのマグマは浮力や壁岩からの封圧によって地殻内を上昇する．火道が開口し，地下のマグマ溜りからマグマが火道を上昇する際，含まれる H_2O や CO_2 などの揮発性物質が発泡し，気泡が生じる．気泡が生じてそれがメルト中に少量分散している状態から気泡の比率が上がると，大きな浮力を獲得する．火道中のマグマから系外に脱ガスが起こらず，さらに気泡の比率が増して気泡間のメルトの膜が薄くなり，メルトの破砕が始まると，マグマの流動様式が気泡流から噴霧流に遷移し，噴火様式が非爆発的な活動から爆発的な活動へと変化する．

ルデラタイプの分類に**重力異常**（gravity anomaly）のタイプが参照されることもある．火山噴出物を主体とする火山本体に対して，基盤をなす岩石は一般に高密度を示すことから，重力構造に基づいて陥没カルデラの環状構造を認定する試みもなされている．また，重力の精密測定技術が進んだことから，火山体周辺の地下での物質移動によって生じる微小な重力変化を観測することも可能となってきている．

　プロトン磁力計などを活用した全磁力観測（5.5 節参照）や**地磁気**（geomagnetic field）の変化，磁束密度の観測などの電磁気学的手法により熱の上昇を伴うマグマの上昇を**帯磁**（magnetization）状態の変化などの**磁気異常**（magnetic anomaly）変動により捕捉することが可能である．リモートセンシングなどを活用した火山地域の広い範囲での表面温度の変化や地中温度観測，そして噴煙活動などの分布域の変動を熱学的手法で観測することも，火山体表面への高温

マグマの接近を把握するうえで重要である．また，最近では，宇宙線の一種で透過力の強い**ミューオン**（muon，ミュー粒子）を利用して火山体内部の密度分布を求めることも可能となっている（Tanaka *et al.*, 2007a；b）．

　火山の内部構造はそのタイプにより異なるが，侵食による開析が進んで内部構造が観察可能な火山についての地質調査，掘削による直接的な構造調査などに加えて，以上のような地震波，地殻変動，重力，電磁気，そして宇宙線などを駆使した火山構造調査を進めることにより，しだいにその詳細が明らかとなってきている．これらの最新技術を用いた観測は，火山内部での岩脈や岩床の形成と関係したマグマや火山性流体の動きを直接把握することに繋がり，きわめて重要である．

　近年はとくに噴火過程についての理解が進み，物理モデルに基づく種々の数値シミュレーションを用いて，マグマの上昇，発泡，脱ガス，結晶化の過程や噴煙の挙動，噴火の開始条件，爆発性の理解，そして，噴火の推移予測などが検討されている．その場合に，マグマや火山ガス，それが固結した岩石に関する地震波速度，密度，粘性率，浸透率，拡散係数といった各種の物性値が重要であり，多様な条件下でのそれらの測定ならびに測定技術開発も進められている．

第2章 火成岩と火山岩

2.1 はじめに

　地殻を構成する元素は，多い順に酸素，珪素，アルミニウム，鉄，カルシウム，ナトリウム，カリウム，マグネシウムなどである．地殻を構成する岩石をつくっている鉱物は，原子またはイオンが規則正しく立体的に配列している結晶であり，鉱物の種類ごとに一定の物理的・化学的性質をもっている．最も多い元素である酸素と珪素を主体とする化合物のことを**珪酸塩**（silicate）という．地殻を構成する鉱物の大部分は，珪酸塩鉱物からなる．鉱物の数は多数に及ぶが，そのうち主要な岩石を構成する鉱物を**造岩鉱物**（rock-forming mineral）とよんでいる．表 2.1 に代表的な造岩鉱物の名称とともに，その化学組成，結晶系，そして密度を示す．

　地表に噴出するマグマの大部分は，造岩鉱物である珪酸塩鉱物の溶融で生じた**珪酸塩メルト**（silicate melt）であるが，まれに**炭酸塩メルト**（carbonate melt；**カーボナタイト**，carbonatite）や**硫黄メルト**（sulfur melt）の噴出が観察されている．地球上でカーボナタイトマグマが噴出する場所は限られており，珪酸塩メルトに比べて，地表に噴出した量では圧倒的に少ない．しかし，地球内部には地表への噴出量から単純に想像される以上に多量に存在しているという考えもある．また**硫化物メルト**（sulfide melt）が，液相不混和現象によって珪酸塩から**離溶**（exsolution）して独立した相を形成することがある．初期地球の金属核形成時には，**金属メルト**（metallic melt）が大量に存在したと考えられて

表 2.1 代表的な造岩鉱物の化学組成,結晶系と密度

鉱物名	化学組成	結晶系	密度
カンラン石	$(Mg, Fe)_2SiO_4$	斜方晶系	3.27〜4.37
斜方輝石	$(Mg, Fe)SiO_3$	斜方晶系	3.2〜3.9
普通輝石	$Ca(Mg, Fe)Si_2O_6$	単斜晶系	3.2〜3.4
普通角閃石	$(Ca, Na)_{2\sim3}(Mg, Fe, Al)_5Si_6(Si, Al)_2O_{22}(OH)_2$	単斜晶系	3.0〜3.4
ザクロ石	$(Mg, Fe)_3Al_2(SiO_4)_3$	等軸晶系	3.5〜4.3
石英	SiO_2	六方晶系	2.65
カリ長石	$KAlSi_3O_8$	単斜晶系	2.57
斜長石	$CaAl_2Si_2O_8 \sim NaAlSi_3O_8$	三斜晶系	2.62〜2.76
白雲母	$KAl_2(AlSi_3O_{10})(OH)_2$	単斜晶系	2.76〜2.88
黒雲母	$K(Mg, Fe)_3(AlSi_3O_{10})(OH)_2$	単斜晶系	2.8〜3.2
磁鉄鉱	Fe_3O_4	等軸晶系	5.18
スピネル	$MgAl_2O_4$	等軸晶系	3.5〜4.1
チタン鉄鉱	$FeTiO_3$	六方晶系	4.7
燐灰石	$Ca_5(PO_4)_3(F, Cl, OH)$	六方晶系	3.15〜3.20

いる.これらも広い意味ではマグマに含められる.ごくまれには,硫黄メルトを主成分とするマグマが噴出する場合もある(たとえば,北海道硫黄山やチリ北部のラスタリア(Lastarria)火山).しかし,硫黄のマグマは地下で長年にわたり火山ガスから析出した硫黄の溶融によるもので,局所的・一時的なものであると考えられている.

2.2 火成岩

2.2.1 火成岩の構成鉱物

鉱物の性質は,化学組成だけでなく結晶構造によっても異なる.火成岩を構成する鉱物の大部分は**珪酸塩鉱物**(silicate mineral)であり,1つの珪素を4つの酸素が取り囲んでいる四面体(**SiO_4 四面体**, silica tetrahedron)の繋がりがその骨組みとなっている.SiO_4 四面体のつながり方はその結晶の形や性質にも表れてくる.たとえば,**黒雲母**(biotite)は隣合う SiO_4 四面体が酸素を共有して平板状に繋がっている.この平板は層状に重なっているが,層の間は結合力が弱く,薄くはがれやすい.このように結晶面が一定の方向に沿って割れる

ことを劈(へき)開(cleavage)といい,黒雲母のような性質を1方向の劈開をもつという. 角閃石(amphibole)や黒雲母は結晶構造中に水を含み,含水珪酸塩(hydrous silicate)とよばれる. カンラン石,輝石,角閃石,黒雲母は,鉄とマグネシウムをさまざまな割合で含んでおり,一括して苦鉄質鉱物(mafic mineral,あるいは有色鉱物)といわれる. これに対して,石英(quartz)や斜長石(plagioclase),カリ長石(potash feldspar)は珪素を多く含むので珪長質鉱物(felsic mineral,あるいは無色鉱物)といわれ,鉄とマグネシウムをほとんど含まない. 苦鉄質鉱物は密度が大きく,珪長質鉱物は密度が小さい. 火成岩を構成する鉱物は,カンラン石,輝石,角閃石,黒雲母,斜長石やカリ長石などの長石(feldspar),ネフェリン(nepheline,かすみ石)やリューサイト(leucite,白榴石(はくりゅうせき))などの準長石(feldspathoid; foid),石英,鉄酸化物(iron oxide)などの主要鉱物と,燐灰石(apatite),ジルコン(zircon)などの副成分鉱物からなる. 副成分鉱物は含有量が少なく,出現頻度も低いものの,一部の微量元素の含有量が高く,岩石学的な議論の際には重要な役割を果たすことがしばしばある.

2.2.2 珪酸塩鉱物の構造と元素のイオン半径

岩石を構成する結晶の構造は,それを構成する元素の性格,とくにその大きさ,すなわちイオン半径(ionic radius)に大きく左右される. 図2.1に各元素のイオン半径と電荷を示す. 性格的に似通った元素はこの図中で近い所に落ちる. 珪酸塩鉱物における原子間の結合の様式は必ずしも単純なものではないが,Si–O の結合はほぼイオン結合した酸素化合物と見なすことができる. イオン結合においては,各イオンはその周囲をそれとは逆の電荷をもったイオンに取り囲まれる. 2価の陰イオンである酸素は他の陽イオンに対して十分に大きく,また地殻においては容量的に 90% 以上を占める. したがって,地殻において他の元素は大部分を占める酸素の粒間を埋めていると見なすことができる. 珪酸塩鉱物の基本構造はこの酸素と他の陽イオンとのパッキング(充填,packing)の仕方で定まり,それは両者の間の半径比で決まる(剛体球モデル,rigid sphere model). 半径比の大きさにより,ある元素の周りに酸素が何個配列するか,すなわち配位数(coordination number)が決まる(Mason, 1966). 多くの陽イオンは予想されるある特定の配位数のみをもつが,ある場合,たとえばアルミニ

2.2 火成岩

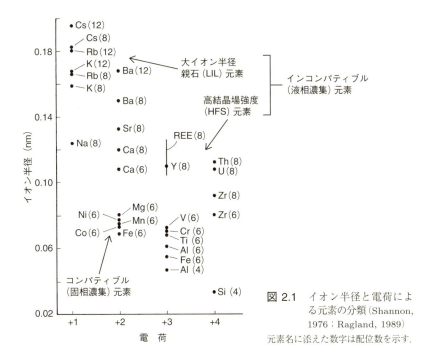

図 2.1 イオン半径と電荷による元素の分類 (Shannon, 1976；Ragland, 1989)
元素名に添えた数字は配位数を示す．

ウムのような半径比が 4 配位と 6 配位の境界に近い値をとる元素については，天然でこの両者が観察される．配位数はその鉱物の生成条件と密接な関連を有しており，たとえばアルミニウムはより高温で生成された鉱物中では 4 配位をとり，一方，より高圧下で生成した鉱物中では 6 配位をとる傾向がある．ある元素の配位数が異なるとイオン半径も変化する．図 2.1 の各元素の横に示した数値が配位数であり，同じ元素の場合，配位数が大きいとイオン半径も大きくなる．

天然の珪酸塩鉱物における SiO_4 四面体とその周囲の元素との間の結合は，基本的にはイオン結合と見なせる．これらの鉱物の構造はかなり複雑であるために，その構造の中には種々の配位数をもった多面体，すなわち，陽イオンが入る場所（サイト）が存在する．鉱物ごとに特有の陽イオンサイトの組合せをもつことになり，これがその鉱物特有の地球化学的特性として表れる．結晶のように規則正しいものではないが，珪酸塩メルトもその組成に対応する鉱物に近い構造をもつことが知られている．つまり鉱物やメルトは，その構造の中にそ

の化学組成によって定まる陽イオンのための特有のサイトをもっている．もし各サイトを占めている陽イオンとほとんど同じ電荷とイオン半径をもった元素があれば，その元素はたやすくそのサイトで元の陽イオンと置き換わる（置換する）ことができる．それに対して，置き換わろうとする元素が元の元素とあまりにもイオン半径が異なる場合には置換が困難であったり，少量しか置換できなかったりする．電荷が異なる元素が置き換わる場合には，電荷のバランスを保つために別の元素と対になって置き換わったり，空格子を形成したりする．

玄武岩質マグマがゆっくり冷えるにつれて鉱物が次々と晶出するが，通常，晶出する鉱物と残りの液（メルト）の組成は異なるため，**残液**（residual liquid）の性質も次々と変化していく（Bowen, 1928）．SiO_4 四面体の骨組みの間は Mg^{2+} や Fe^{2+}，Ca^{2+} などの金属イオンによって結びつけられている．これらの金属イオンは，その鉱物が結晶したときの温度や圧力によって，いろいろな割合で入れ替わる．このように，結晶構造は同じだがイオンの割合，つまり化学組成が連続的に異なる割合をとることができるものを，溶液の溶媒中に自由な割合で溶質が溶け込む様子と似ているので，固体の溶液，すなわち**固溶体**（solid solution）とよぶ．カンラン石，輝石，角閃石，黒雲母，斜長石など，石英以外のおもな造岩鉱物は固溶体である．たとえば，カンラン石には Mg^{2+} と Fe^{2+} がいろいろな割合で入っており，$(Mg, Fe)_2SiO_4$ と表現される．

2.2.3 火成岩：火山岩と深成岩

マグマが固結して生じた**火成岩**は，ふつう数種類の鉱物で構成されている．マグマの冷却とともに，融点の高い鉱物が最初に結晶化（晶出）し，最も融点の低い鉱物が最後に晶出する．したがって，初期のマグマから晶出した鉱物は，他の鉱物に邪魔されずに自由に成長できるので，その鉱物本来の結晶面がよく発達したかたちをとる．これを**自形**（euhedral；idiomorphic）という．しかし，マグマの温度が下がって，より融点の低い別の鉱物が晶出するときには，すでに結晶している鉱物により成長が阻害されるため，本来のかたちをとることができず，鉱物の隙間を埋めるようなかたちをとることが多い．部分的に自由な成長を妨げられた場合を**半自形**（subhedral；hypidiomorphic），最後に結晶化し，すでに成長した鉱物の粒間を埋め，鉱物本来のかたちをとれない場合，その形態を**他形**（anhedral；xenomorphic）という．

2.2 火成岩

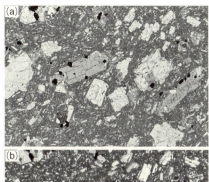

図 2.2 偏光顕微鏡で見た火山岩の斑状組織（青森県，八甲田火山，赤倉岳カルクアルカリ系列単斜輝石斜方輝石安山岩）
（a）平行ポーラー（次ページ参照）下での観察では，斑晶として，斜長石（白色部），輝石（灰色部），鉄鉱（黒色部）が，微斑晶やクリスタライトと暗色ガラスからなる石基中に散在している．
（b）直交ポーラー下で観察したもの．横幅は約 1 cm である．
八甲田火山は青森県の中央に位置し，成層火山群（南八甲田火山群），カルデラを伴う大規模火砕流堆積物，後カルデラ火口丘群（北八甲田火山群）からなる．

　マグマにおいては晶出した鉱物とメルトが共存していることが多い．そうしたおかゆのようなマグマ（**マッシュ状マグマ**，mushy magma）が，地下浅所への貫入や地表への噴出に伴い急激に冷やされてできた火山岩は，通常，揮発性成分の発泡で生じた気泡とともに，地下深部のマグマ溜りなどですでに晶出していた大きい自形結晶（**斑晶**，phenocryst）と，地表付近で急速に結晶化した細かい鉱物やガラスの部分（**石基**，groundmass）からなる．そのような火山岩の組織を**斑状組織**（porphyritic texture，図 2.2）という．まれに斑晶を欠き，**無斑晶質**（aphyric）のことがあるが，それは岩脈の縁辺相や**組成累帯**（compositional zoning）した溶岩の基底部など，特別な場合に限られる．これに対して，地下深部で徐々に冷却するマグマでは，各造岩鉱物は十分に大きく（数 mm～数 cm 大）成長できるので**等粒状組織**（equigranular texture）をもつ深成岩となるが，その深成岩を形成したマグマプロセスによってその組織は変化する．マグマが地下浅所に岩脈などの形態で貫入し，低温の母岩中で冷やされると斑晶と完晶質等粒状の基質からなる半深成岩が形成される．安山岩質の半深成岩をひん岩，玄武岩質のものを輝緑岩という．深成岩のなかには，同じ特徴をもつ岩石が数十 km，ときには数百 km の拡がりをもった大きな岩体（底盤）として分布する

第 2 章　火成岩と火山岩

図 2.3　多量の角がとれた花崗岩質礫を含む安山岩質火道角礫岩（秋田県，男鹿半島，赤島）

ものもある．マグマが地下から上昇する過程で，**火道壁**（conduit wall）や地表で母岩や露岩を取り込んだ場合，これらを**外来岩片**（ゼノリス，xenolith）とよぶ（図 2.3）．生成深度が深い火山岩中には，まれにマントルや地下深部に由来する外来岩片（ノジュール，nodule）が含まれることもあり，地下深部の情報をもたらす貴重な試料となる．

2.3　火成岩の鉱物組成と化学組成

2.3.1　火成岩の鉱物組成と色指数

　岩石名をつける際，**鉱物組合せ**（mineral assemblage）はきわめて重要な情報である．基本的には，命名しようとする岩石の薄片を作製し，これを**偏光顕微鏡**（polarizing microscope）などで観察して構成鉱物を決定する．鉱物は**複屈折**（birefringence）を示すが，その大きさは結晶内を光が進む方向により変化する．これを**異方性**（anisotropy）という．偏光顕微鏡では，光の振動方向が直交する上下 2 枚の**偏光板**（polarizer）で挟んだ回転するステージ上にそのような異方性をもった鉱物の薄片を置き，方位による複屈折の変化などから鉱物を鑑定する．この状態での観察を**直交ポーラー**（crossed polars）といい，偏光板を下の 1 枚のみ，あるいは振動方向を平行にしての観察を**平行ポーラー**（parallel polars）という（図 2.2 参照）．平行ポーラーでの観察は通常光での観察と変わらないが，直交ポーラーでの観察では鉱物のもつ複屈折の大きさによりさまざまな**干渉色**（interference color）が現れ，ステージを回転して鉱物の方位を変化

2.3 火成岩の鉱物組成と化学組成

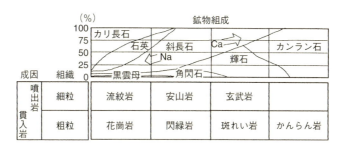

図 2.4 火成岩の分類と鉱物組成の変化

させると干渉色が変化する．異方性がなく複屈折をもたない鉱物や非晶質のガラスは，直交ポーラーでの観察では下から入った光がすべて上の偏光板でカットされるので真っ暗にみえる（図 1.2 参照）．

火山岩の場合は，肉眼で個々の鉱物を識別することが可能な斑晶鉱物と，そのマトリックスをなす石基鉱物の組合せを決める必要がある．岩石を構成する鉱物の量比（**モード組成**，modal composition）を決定する際にしばしば参照図と照らし合わせて，おおよその量を求めることがある．また，正確なモード組成の測定には，顕微鏡下で試料を縦横に一定間隔で移動できるメカニカルステージを使用して，グリッド（方眼）の交点にある鉱物を数えるポイントカウンター法や，後方散乱電子像をもとに画像解析の手法で量比を求める方法などがある．得られたモード組成（容量％）は，火成岩の分類にあたって最も重要なデータとなる．

岩石は，鉱物の組合せ（**鉱物組成**，mineral composition）に応じて特徴的な化学組成を示す．火成岩は，深成岩や火山岩といった分類だけでなく，鉱物組成と化学組成により，苦鉄質鉱物の多い順に大きく，**超苦鉄質岩**（ultramafic rock），**苦鉄質岩**（mafic rock），**中間質岩**（intermediate rock），**珪長質岩**（felsic rock）に分類されている．苦鉄質，中間質，**珪長質**（felsic）の火山岩をそれぞれ**玄武岩**（basalt），**安山岩**（andesite），**流紋岩**（rhyolite）といい，深成岩はそれぞれ**斑れい岩**（gabbro），**閃緑岩**（diorite），**花崗岩**（granite）という（図 2.4）．安山岩〜流紋岩を，安山岩，**デイサイト**（dacite，石英安山岩），流紋岩に細分する場合もある．

珪長質鉱物は透明，白色，灰色など，色調が薄い鉱物が多い．このため，苦鉄

質岩，中間質岩，珪長質岩になるにつれ，黒色味が弱くなり，白色味が強くなる．岩石に含まれるカンラン石，輝石，角閃石などの苦鉄質鉱物（有色鉱物）の量（モード組成）を百分率（容量％）で表したものを**色指数**（color index）といい，火成岩の特徴を記載する際や分類するときのひとつの目安になっている．色指数が100～60の場合を**優黒質**（melanocratic），60～30を**中色質**（mesocratic），そして30～0を**優白質**（leucocratic）とよび，このうち100～90をhypermelanicとよぶこともある．色指数が70％を超える岩石は**超塩基性岩**（ultrabasic rock），70～40％の岩石を**塩基性岩**（basic rock），40～10％の岩石を**中性岩**（intermediate rock），10％以下の岩石を**酸性岩**（acidic rock）とよぶ場合もあるが，それぞれ超苦鉄質岩，苦鉄質岩，中間質岩，珪長質岩の表記のほうが望ましい．

2.3.2 火成岩の化学組成とハーカー図

日本列島およびその周辺には，マグマが固結して生じた多様な火山岩が分布する（図2.5, Kuno, 1966；Miyashiro, 1972）．それらのうち代表的な第四紀玄武

図2.5 日本列島とその周辺に分布する第四紀玄武岩のタイプ（Miyashiro, 1972；Yoshida et al., 1982）
1：ソレアイトとカルクアルカリ岩が共存，1'：ソレアイトが主で，少量のカルクアルカリ岩を伴う．2：カルクアルカリ岩が主，3：アルカリ岩とカルクアルカリ岩が共存，4：アルカリ岩が主．RI：利尻火山，JJ：済州火山，IW：岩手火山，ODZ：隠岐島後，JB-1：北九州アルカリ玄武岩．

岩の化学組成を表2.2に示す（Yoshida et al., 1982）．これらの玄武岩は，海溝からの距離とともにその化学組成が系統的に変化する傾向がある．火成岩はその化学組成によって分類されることが多いが，岩石の分類にしばしば用いられる**組成変化図**（variation diagram）には直交座標系の変化図，三角図，規格化図などがある．直交座標系の変化図では一般に組成を百分率で表現するのに対して，三角図などでは組成を比率で表現することになる．火山岩については，しばしば主成分元素，とくにSiO_2を横軸にとった**ハーカー図**（Harker diagram）とよばれる組成変化図が用いられ，これを使って岩石相互の関係，つまりその類似性や違いを調べたり，岩石の**分化**（differentiation）のパターンを検討することが多い．図2.6に安達太良火山噴出物のハーカー図（藤縄ほか，1984）を示す．SiO_2は，火山岩に最も多く含まれているが，超苦鉄質岩から珪長質岩へと濃度が増加する．それとともにFeOやMgOは減少し，K_2Oは増加する．これは超苦鉄質岩がSiO_2に乏しくMgO，FeOに富む苦鉄質鉱物を多く含むのに対し，珪長質鉱物である石英や長石はSiO_2やアルカリに富むためである．

2.3.3　熱力学と相平衡関係

マグマは地球を構成する岩石の溶融により生じる．岩石は鉱物の集合体であるが，それら鉱物や岩石が関係する種々の現象は基本的には物理化学の法則に支配されている．そのなかでも，**熱力学**はいろいろな相の中での原子やイオンの配列の様子を，温度，圧力，化学組成といった外部の物理的・化学的条件に関連づけるものであり，鉱物や岩石の生成環境，条件を理解するうえで重要である．

鉱物や岩石からなる系は，通常1つあるいは複数の相からなる．この系のすべての相の組成を表すのに必要な独立の化学種を成分といい，各相の組成を記述するのに必要な最小数を用いる．系の成分変化に伴う組成の違いは，鉱物の安定関係に密接に関連している．そこでたとえば，圧力を一定として組成の変化が相の安定関係（**相平衡**，phase equilibrium）に及ぼす影響を，温度-組成図などの**相平衡図**（phase diagram）を用いて検討する．さらに圧力を変化させた高温高圧溶融実験によって，さまざまな系の広い温度・圧力条件下での相平衡関係を明らかにすることにより，多様な岩石についてその溶融関係を検討することが可能となる．これが，**火成岩成因論**（petrogenesis）の基礎となる．図

第2章 火成岩と火山岩

表2.2 日本列島とその周辺に分布する第四紀玄武岩の化学組成（Yoshida et al., 1982）

	IW-35	IW-40	RI-1	RI-2	JB-1	ODZ-1	ODZ-2	JJ-NW	JJ-KY	コンドライト **	
(wt%)										(ppm)	
SiO_2	51.09	50.19	51.27	53.28	52.18	44.77	51.37	49.13	49.45		
TiO_2	0.78	0.80	1.34	2.55	1.34	2.52	2.35	2.38	2.70	Ti	720
Al_2O_3	18.23	19.33	18.42	13.39	14.53	16.88	17.01	14.58	16.93		
Fe_2O_3	2.22	2.64	3.36	3.39	2.31	2.78	3.84	1.98	4.77		
FeO	7.55	7.09	4.76	9.60	6.02	6.58	4.84	8.89	6.76		
MnO	0.16	0.19	0.14	0.21	0.15	0.14	0.16	0.15	0.17	Mn	2,590
MgO	6.91	6.17	5.52	3.07	7.74	8.81	2.96	8.43	4.90		
CaO	10.68	10.57	9.40	6.03	9.24	8.50	5.93	8.89	7.67		
Na_2O	1.96	2.14	4.14	5.23	2.80	3.45	4.19	3.31	3.60		
K_2O	0.15	0.19	0.60	1.55	1.44	1.77	3.63	1.38	1.48	K	480
H_2O^+	0.30	0.45	0.15	0.46	0.97	2.31	1.05	0.23	0.26		
H_2O^-	0.04	0.46	0.09	0.19	0.97	0.65	1.48	0.15	0.15		
P_2O_5	0.09	0.07	0.34	0.88	0.26	0.63	0.93	0.48	0.67		
計	100.16	100.29	99.53	99.83	99.95	99.79	99.74	99.98	99.51		
100%に再計算したデータからの計算値											
SI	37.21	34.34	30.59	13.64	38.55	38.12	15.51	35.43	23.30		
FeO*	9.57	9.53	7.84	12.76	8.26	9.38	8.54	10.71	11.15	Fe	219,000
FeO*/MgO	1.38	1.53	1.41	4.12	1.05	1.03	2.81	1.27	2.26		
Na_2O+K_2O	2.11	2.34	4.77	6.84	4.33	5.40	8.04	4.71	5.13		
Na_2O/K_2O	13.07	11.26	6.90	3.37	1.94	1.94	1.15	2.40	2.43		
100%に再計算したデータからのCIPWノルム組成（2.3.5項参照）											
Q	3.73	2.92	-	0.29	1.12	-	-	-	0.76		
or	0.89	1.13	3.57	9.24	8.68	10.83	22.04	8.19	8.83		
ab	16.61	18.22	35.28	44.62	24.17	18.77	36.44	28.12	30.74		
an	40.57	42.84	30.12	8.55	23.29	26.17	17.40	20.93	25.90		
ne	-	-	-	-	-	6.16	-	-	-		
diwo	4.98	3.95	6.10	6.60	9.08	5.46	2.76	8.43	3.37		
dien	2.89	2.29	4.31	2.72	6.11	3.92	1.96	5.21	2.30		
difs	1.85	1.47	1.26	3.92	2.29	1.05	0.57	2.74	0.81		
hyen	14.35	13.17	6.19	4.99	13.56	-	3.00	0.66	10.02		
hyfs	9.21	8.46	1.81	7.18	5.07	-	0.87	0.35	3.55		
fo	-	-	2.34	-	-	13.14	1.84	10.66	-		
fa	-	-	0.75	-	-	3.89	0.59	6.18	-		
mt	3.22	3.85	4.91	4.96	3.42	4.16	5.73	2.88	6.98		
il	1.48	1.53	2.56	4.88	2.60	4.94	4.59	4.54	5.17		
ap	0.21	0.16	0.79	2.06	0.61	1.52	2.22	1.12	1.57		
norm Px	33.28	29.34	19.67	25.41	36.11	10.43	9.16	17.39	20.05		
norm Pl	57.18	61.06	65.40	53.17	47.46	44.94	53.84	49.05	56.64		
Px/Pl 比	0.58	0.48	0.30	0.48	0.76	0.23	0.17	0.35	0.35		
Al_2O_3/TiO_2	23.41	24.31	13.74	5.25	10.82	6.70	7.23	6.13	6.28		
CaO/Al_2O_3	0.59	0.55	0.51	0.45	0.64	0.50	0.35	0.61	0.45		

2.3 火成岩の鉱物組成と化学組成

表 2.2 （つづき）

	IW-35	IW-40	RI-1	RI-2	JB-1	ODZ-1	ODZ-2	JJ-NW	JJ-KY	コンドライト**
(ppm)										
Ce	5	5	22	82	64	73	186	61	53	0.976
Co	36	30	33	31	41	43	13	38	46	550
Cr	138	73	152	23	424	275	34	254	43	3,460
Nb	1	2	7	18	39	53	89	40	43	0.44
Ni	79	51	64	14	137	219	5	70	64	12,100
Rb	5	2	9	28	41	57	85	22	27	1.94
Sc	27	26	27	43	31	35	30	26	49	8.5
Sr	281	276	409	233	430	691	757	396	514	14
Y	13	15	27	72	24	28	41	26	27	2.6
Zn	80	91	109	146	89	-	124	-	170	460
Zr	25	27	126	497	133	208	406	203	205	6.7
Rb/Sr	0.018	0.007	0.022	0.120	0.095	0.082	0.112	0.056	0.053	0.139
K/Rb	249	789	553	463	298	267	364	525	458	247
Zr/Nb	25.00	13.50	18.00	27.61	3.41	3.92	4.56	5.08	4.77	15.23
Y/Nb	13.00	7.50	3.86	4.00	0.62	0.53	0.46	0.65	0.63	5.91
Zr/Y	1.92	1.80	4.67	6.90	5.54	7.43	9.90	7.81	7.59	2.58
Ti/Zr	187	178	64	31	62	75	36	71	80	107
Sc/Zr	1.08	0.96	0.21	0.09	0.23	0.17	0.07	0.13	0.24	1.27
Ti/Sc	173	184	300	358	265	445	484	551	333	85

IW：岩手火山，RI：利尻火山，JB-1：北九州アルカリ玄武岩，ODZ：隠岐島後，JJ：済州火山．
* FeO：全鉄量．
**Leedy コンドライト組成（2.4.1 項参照）．

2.7 にソレアイト質玄武岩の無水と含水系の相平衡図を示す（Green, 1982）．

2.3.4 相平衡図と反応原理

　マグマの結晶作用を議論する際，最も重要なのは相平衡図である．相平衡図はある温度圧力条件下で，**ギブスの自由エネルギー**（Gibbs free energy）または化学ポテンシャルが最小である相を示した図であり，それぞれの物理化学条件下で安定な相を図示したものである．Bowen（1928）は珪酸塩鉱物の溶融実験を行い，1920 年代に**反応原理**（reaction principle）を提唱した．マグマは地殻の中を上昇し，より温度の低いところに貫入することにより結晶作用が進行する．マグマから晶出する鉱物は温度の低下とともに変化する（図 2.8）が，そ

第 2 章 火成岩と火山岩

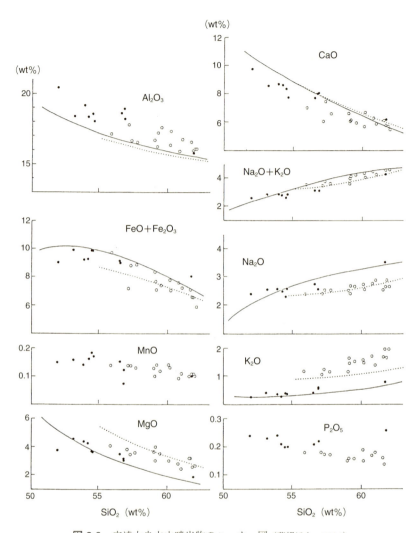

図 2.6 安達太良火山噴出物のハーカー図（藤縄ほか，1984）

安達太良火山は，福島県の脊梁山地に位置し，北から箕輪山，鉄山〜安達太良山，和尚山がほぼ南北に並ぶ．ここでは脊梁山脈の多くの第四紀火山同様，低アルカリソレアイト系列岩とカルクアルカリ系列岩が共存している．黒丸：低アルカリソレアイト系列岩，白丸：カルクアルカリ系列岩．三角で示したデータは，ICP 発光分析法による結果を示す．実線：那須火山帯北帯の低アルカリソレアイトの平均組成変化トレンド，点線：那須火山帯北帯のカルクアルカリ系列岩の平均組成変化トレンド．

2.3 火成岩の鉱物組成と化学組成

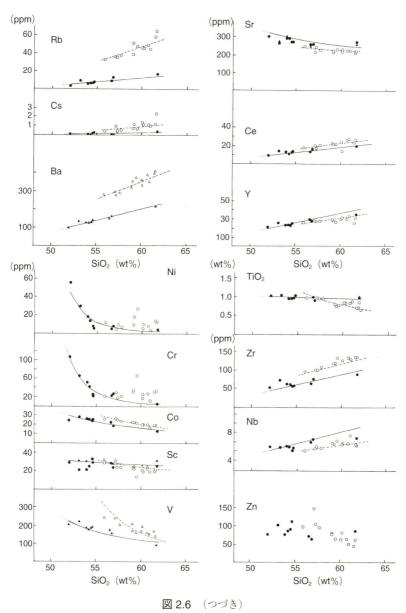

図 2.6 (つづき)

これらの微量元素についてのハーカー図中に示された実線と破線は，それぞれ低アルカリソレアイトとカルクアルカリ系列岩の組成変化トレンドの回帰線である．

第 2 章　火成岩と火山岩

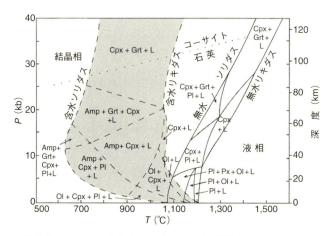

図 2.7　玄武岩質マグマの無水と含水条件下での相平衡図（Green, 1982, Best, 2003）
実線は無水条件下でのリキダス，ソリダスと相境界，点線と網かけで示した領域は水に飽和した条件下でのリキダス，ソリダスと相境界を示す．無水の場合，圧力が増加するにつれて斜長石とカンラン石が不安定になり，輝石やザクロ石が安定になる．含水条件下では，この傾向に角閃石が加わり，溶融温度がマントル最上部にあたる 10 kbar 前後において 600℃近くまで低下する．L：液相, Ol：カンラン石, Px：輝石, Pl：斜長石, Cpx：単斜輝石, Grt：ザクロ石, Amp：角閃石．

れに伴いメルトの組成も変化して，一般には苦鉄質なマグマからより珪長質なマグマに分化していく．玄武岩質マグマから最初に結晶化するカンラン石はやがてメルトと反応して輝石となり，次に輝石はメルトと反応して角閃石となる．さらに角閃石はメルトと反応して黒雲母を形成する．この過程でメルトの組成も大きく変化していく．一方，カルシウムに富む斜長石（**灰長石**，anorthite, $CaAl_2Si_2O_8$）とナトリウムに富む斜長石（**曹長石**，albite, $NaAlSi_3O_8$）の固溶体である斜長石もメルトと反応して自らの組成が変化するとともに，メルトの組成を変化させる．こうしたプロセスのことを，Bowen は反応原理とよんだ．鉱物の結晶化に伴ってメルトの組成が変化する現象を**結晶分化作用**（crystallization differentiation）というが，Bowen は反応原理に従ってマグマ組成と異なる組成の結晶が晶出し，これがマグマから分別することにより玄武岩質マグマから安山岩質マグマや流紋岩質マグマが形成されると考えた．このような結晶分化作用はとくに**分別結晶作用**（fractional crystallization）とよばれる．Bowen の反応原理は，物理的原理に基づく単純明快なものであったため，その後も長い間

2.3 火成岩の鉱物組成と化学組成

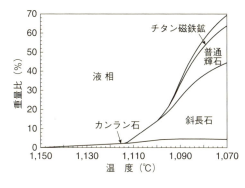

図 2.8 玄武岩質マグマの冷却に伴う晶出相とその量比の変化 (Kuritani *et al.*, 2010)

枕形溶岩流の初期メルト組成に対して, adiabat_1ph モデル (Ghiorso and Sack, 1995; Asimow and Ghiorso, 1998; Smith and Asimow, 2005) を使用して求めた図.

大きな影響を与え続けた. 現在では, 高圧を含むさまざまな条件下での研究が進み, すべての玄武岩質マグマが Bowen の示した順序で結晶作用を行うわけではないことが明らかにされている. たとえば圧力が増加すると, カンラン石の初相領域が減少して斜方輝石の初相領域が拡がり, カンラン石と斜方輝石の相関係が包晶反応系から共融系に変化するため, カンラン石と斜方輝石からなる岩石の部分溶融で最初に生じるメルト組成のシリカ (SiO_2) 含有量が低下する. また, 低圧下でカンラン石とともに早期に晶出していた斜長石が圧力の増加とともに輝石やスピネルに遅れて晶出するようになり, これが残液の組成に影響する (Kushiro, 1978; Osborn, 1979).

2.3.5 火成岩のモード組成とノルム組成

岩石は鉱物の集合体である. ここで, 分化前のマグマ中のある元素の濃度を y とし, そのマグマから晶出した鉱物 ($1 \sim n$) の量比をそれぞれ $b_1 \sim b_n$, 元素濃度を $X_1 \sim X_n$, それらと平衡に共存する残液の量比を b_L, 元素濃度を X_L とすると, 次式が成立する.

$$y = b_1 X_1 + b_2 X_2 + \cdots + b_n X_n + b_L X_L \tag{2.1}$$

あるいは,

$$y = \sum_{i=1}^{n} b_i X_i + b_L X_L \tag{2.2}$$

なお,

$$b_1 + b_2 + \cdots + b_n + b_L = 1 \tag{2.3}$$

である．

　この関係から，相平衡図などに基づいて，マグマの**結晶作用**（crystallization）に伴う残液の組成変化や**集積岩**（キュームレイト，cumulate）の組成変化を検討することができる．残液の量がゼロの場合，すなわち固結した岩石の場合，この式は岩石を構成する鉱物の重量比と**全岩組成**（bulk-rock composition：wt %）との関係を示す．したがって，岩石を構成する個々の鉱物の化学組成と密度がわかっていれば，それらの鉱物の容量%（モード組成）から岩石全体の組成を推定したり，それらと全岩組成からガラス質の**石基組成**（groundmass composition）を計算することができる．また，全岩主成分組成を用いて，**標準鉱物**（ノルム鉱物，normative mineral）組成をもった鉱物の量比（**ノルム鉱物組成**，normative mineral composition）を計算することができる．表 2.2 に示した CIPW ノルム組成がその一例で，CIPW はノルム計算の方法を提案した 4 人（Cross, W., Iddings, J. P., Pirsson, L. V., Washington, H. S.）の頭文字をとった表記である．

2.4　固液間での分配係数とマグマの組成変化

2.4.1　元素の分配係数

　岩石や鉱物中に 0.1% 以下しか含まれていない元素を，通常，微量元素とよぶ．微量元素のマグマ中での挙動を議論し，マグマの生成過程や結晶分別作用を検討する際に，しばしば各鉱物中での元素含有量をマグマ中の元素含有量で規格化した**分配係数**（distribution coefficient：K_D）が用いられる．K_D は鉱物に入りやすい元素については高い値をとり，逆に鉱物にはあまり入らず残液中に濃集する元素については低い値をとる．一般にマグマから晶出する鉱物は 1 種類ではない．マグマから晶出した鉱物が多数（n 個）ある場合，固相全体の分配係数（D）は，次の式を用いて個々の鉱物（i）の分配係数（K_{D_i}）とその量比（W_i）から求められる．

$$D = \sum_{i=1}^{n} W_i K_{D_i} \tag{2.4}$$

　平衡共存する鉱物中とマグマ中とで濃度が変わらない元素の分配係数は 1 である．分配係数が 1 より大きな元素はマグマの結晶分別作用において固相に濃

集することから，**コンパティブル元素**（適合元素，compatible elemet；**固相濃集元素**）とよばれ，一方，分配係数が 1 より小さい元素については**インコンパティブル元素**（不適合元素，incompatible element；**液相濃集元素**）とよばれる．カンラン石や輝石に入りやすいニッケル，クロム（Cr），コバルト（Co）などのコンパティブル元素は結晶分化作用の進行とともにマグマから減少していき，それらに入り難いインコンパティブル元素であるカリウムやルビジウム（Rb）は結晶分化作用の進行とともに液相に濃集する傾向を示す．インコンパティブル元素は，さらにイオン半径が大きいために結晶から排除されて液相に濃集する**大イオン半径親石元素**（large-ion lithophile element：LILE；**LIL 元素**）と，電荷が大きいために結晶から排除されて液相に濃集する**高結晶場強度元素**（high field strength element：HFSE；**HFS 元素**）に区分される．LIL 元素が変質作用において移動しやすいのに対して，HFS 元素は比較的，変質作用において動き難い傾向がある．図 2.9 に鬱陵島火山岩におけるこれらの元素の **SI**（Solidification Index，**固結指数**：$100\,MgO/(MgO + FeO + Fe_2O_3 + Na_2O + K_2O)$）を横軸にとったときの挙動と鉱物の晶出との関係を示す．途中から晶出する鉱物に選択的に取り込まれる元素は図中で山型の変化トレンドを示す．

微量元素のうち**希土類元素**（rare earth element）は，そのイオン半径によって LIL 元素的な挙動を示す**軽希土類元素**（light rare-earth element：LREE；ランタン（La）〜ユウロピウム（Eu））と HFS 元素的な挙動をとる**重希土類元素**（heavy rare-earth element：HREE；ガドリニウム（Gd）〜ルテチウム（Lu））からなり，岩石学的検討にはたいへん有用な元素グループである．また，ユウロピウムが斜長石に選択的に濃集し，ザクロ石に重希土類元素が濃集するなど，その分配係数は鉱物ごとに特徴的なパターンを示しており，結晶分化作用や部分溶融過程を評価する際にたいへん役に立つ．希土類元素組成について検討を進める場合は，しばしばその岩石中での組成を標準コンドライト組成（表 2.2）で規格化した，**コンドライト規格化パターン**（chondrite-normalized pattern）が用いられる．この場合，通常，左側に軽希土類元素，右側に重希土類元素をそのイオン半径の順に並べて示す．

2.4.2 マグマの組成変化

分配係数は，岩石が融けてマグマが生じる場合，あるいはマグマから固相が

第 2 章 火成岩と火山岩

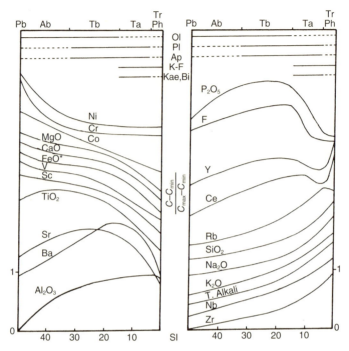

図 2.9 アルカリ玄武岩系列における結晶分化に伴う全岩組成の変化（金ほか，1985）
直線のうち，実線は鉱物の出現範囲，点線は出現する場合があることを示す．曲線は，各元素についての最大組成差（$C_{max} - C_{min}$）を 1 に規格化した組成変化曲線．SI の減少とともに固相濃集元素は減少し，液相濃集元素は増加する．途中から晶出相に取り込まれる元素は途中にピークをもつ．C_{max}：最大濃度，C_{min}：最小濃度
Pb：ピクライト玄武岩，Ab：アルカリ玄武岩，Tb：粗面玄武岩，Ta：粗面安山岩，Tr：粗面岩，Ph：フォノライト，Ol：カンラン石，Pl：斜長石，Ap：リン灰石，K-F：カリ長石，Kae：ケルスート閃石，Bi：黒雲母．$FeO^* = FeO + 0.9 Fe_2O_3$，T.Alkali $= Na_2O + K_2O$．

晶出して結晶分化作用を行う場合の，マグマの組成ならびにその変化を考える場合に重要な意味をもつ．

Ⓐ 部分溶融

この場合，生じるマグマ（その量比を F とする）と，融け残りの固相（その量は $1 - F$）との間に化学平衡が成り立っていれば，分配係数の定義から次の関係が成立する．

$$分配係数 (D) = \frac{鉱物中の濃度 (C_S)}{マグマ中の濃度 (C_L)} \tag{2.5}$$

さらに，**質量保存の法則**（law of conservation of mass）から次式が成立する．

$$\text{起源物質中での濃度}\,(C_0) = (1-F)C_S + FC_L \tag{2.6}$$

これらの関係から，

$$\frac{C_L}{C_0} = \frac{1}{F + D - FD} \tag{2.7}$$

が得られる．

❸ 結晶分別作用

結晶のマグマからの分離を伴う固化の場合，平衡に共存するのは晶出した固相と液相との境界部だけと考えることができる．液相の量を F，分配係数を D とすると，固相の量が x から $x + \mathrm{d}x$ に増加したとき，次式が成り立つ．

$$D = \frac{C_{Sx+\mathrm{d}x}}{C_{Lx+\mathrm{d}x}} \tag{2.5}$$

$$C_{L^x} \times F = C_{L^{x+\mathrm{d}x}}(F - \mathrm{d}x) + C_{S^{x+\mathrm{d}x}} \times \mathrm{d}x \tag{2.8}$$

これらの式を解くと，

$$\log \frac{C_L}{C_0} = (D-1)\log F \tag{2.9}$$

が得られ，結晶分別作用によって生じる液相の組成（C_L）と最初の液相の組成（C_0）との関係は次式のようになる．

$$\frac{\text{液相の組成}(C_L)}{\text{最初の液相の組成}(C_0)} = F^{D-1} \tag{2.10}$$

図 2.10 に示すように，マントルの部分溶融によりマグマが発生する場合，分配係数が小さい液相に濃集する元素については，低い部分溶融度では非常に高い濃度を示すことになる．そして部分溶融の程度（F）が増加するとともに濃度は急激に低下していき，最終的には，F が 1 ですべてが溶融し，C_L は C_0 と等しくなる．逆に結晶分化作用においては，固化の進行に伴い液相に濃集する元素の濃度は急激に増加していく．

2.4.3 結晶分化作用，同化作用，マグマ混合

地表に噴出した玄武岩質マグマからは，最初に 1,200℃ くらいでカンラン石が，それに続いて斜長石や輝石が晶出し，さらに鉄鉱物や燐灰石の晶出が続い

第 2 章　火成岩と火山岩

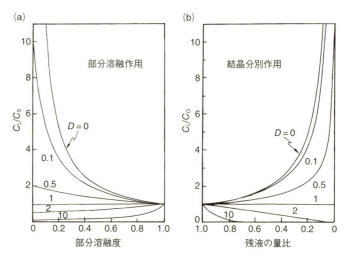

図 2.10　部分溶融作用（a）と結晶分別作用（b）における元素の挙動（Cox et al., 1979；Ragland, 1989）
D は分配係数である．C_S は起源物質中での濃度，C_0 は初生マグマ中での濃度，そして C_L はメルト中での濃度を示す．

て，950℃前後で固結することが実験的に示されている．また，汎用熱力学的岩石学モデル（MELTS, pMELTS, Rhyolite-MELTS）などを用いて広い温度圧力範囲で平衡共存する結晶とメルトの組成変化を追跡し，検討することが可能である（Ghiorso and Sack, 1995；Asimow and Ghiorso, 1998；Ghiorso et al., 2002；Smith and Asimow, 2005；Gualda et al., 2012）．図 2.8 にモデル計算で得られた玄武岩質マグマの低圧下での冷却に伴う晶出相とその量比の変化の一例を示す（Kuritani et al., 2010）．**含水マグマ**（hydrous magma）が地下深部で固結する場合，最終的には珪長質なマグマとなり，地殻中部の条件下では 620℃前後まで固結温度（ソリダス）が低下するが，圧力の低下とともに固結する温度は 900℃以上まで上昇する（図 2.11）．したがって，地殻深部で発生した含水マグマの多くは，上昇に伴い水を分離するとその深度で固結してしまい，そこで高温の深成岩体となると推定される．そのような高温の深成岩体は，より深部から上昇してきた，より高温で揮発性成分に富んだ玄武岩マグマによって容易に再溶融を起こし，両者が混合したマグマがより浅部に上昇して噴火を起こす場合があると考えられる．島弧–海溝系の地下では上昇する玄武岩質マグマ

2.4 固液間での分配係数とマグマの組成変化

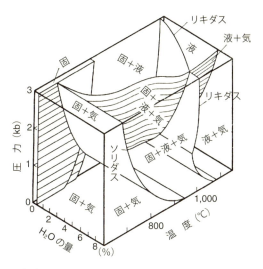

図 2.11 岩石−水系の P–T–X_{H_2O} 図（Robertson and Wyllie, 1971；荒牧, 1978）
固：固相，液：液相，気：気相．

が周囲の岩石を溶かし込むことにより安山岩質マグマに変化したり（**同化作用**，assimilation），深部に由来する玄武岩質マグマと浅部のマグマ溜りで分化により形成されたデイサイトや流紋岩質マグマが混合して安山岩質マグマが生じたり（マグマ混合）するようなことも起こっている．また，大陸地殻には多量の花崗岩が存在するが，分別結晶作用の最後にできると予想される流紋岩質マグマの量はそれほど多くはなく，玄武岩質マグマから分別結晶作用で生じた流紋岩質マグマが地下深部で固結するだけでは，大陸地域に広く分布する花崗岩の量を説明できない．このことから，底盤を構成するような大規模な花崗岩質マグマについては，深部から上昇してきた玄武岩質マグマによって加熱された下部地殻の部分溶融によっても生じていると考えられている．変化に富んだ鉱物組成や化学組成を示す多様な火成岩は，こうしたさまざまな地殻内プロセスがマグマの上昇中やマグマ溜りで起こり，その結果生じたものと考えられている．

　花崗岩類には，しばしば優黒質な苦鉄質岩が包有されるが，そのなかには地下に滞留していた花崗岩質マグマ中に注入され，冷却・固結した苦鉄質マグマに由来する**苦鉄質火成包有岩**（mafic magmatic enclave：MME）が認められる（Wiebe, 1996；Collins, 1996；吉倉・熱田, 2000）．苦鉄質火成包有岩の多くは数

十 cm～数 m のレンズ状～楕円形をなし，ときに花崗岩マグマに由来する捕獲結晶を含み，それらが斑状を呈する**捕獲結晶斑状組織**（xenoporphyritic texture）を示すことがある．その場合，苦鉄質マグマは，より粘性が高く低温の花崗岩質マグマ中に生じた割れ目に岩脈状に貫入するとともに，それが急冷したのちに生じた**破断**（fracture）に沿って，貫入された周囲の花崗岩質マグマに由来する優白質の分化物（逆流脈，back vein）が貫入して**マグマ混交**（magma mingling，組成が大きく異なるマグマが密接に共存していたこと）を示す構造（**分断岩脈**，disrupted dike；**包有岩岩脈**，enclave dike）や組織（straddling crystal/bridging crystal，境界部で両マグマにまたがる結晶；mantled quartz ocelli，玄武岩マグマに取り込まれて融食され反応縁を生じた花崗岩質マグマ由来の眼斑状石英）が残される．これらの組成が大きく異なるマグマが 1 枚の**破断面**（fracture surface）を相前後して貫くと**複合岩脈**（composite dike）が，地表に流出すると**複合溶岩**（composite lava）が形成される．共存するマグマの温度が高く，それらがマグマ混合によって混ざり，**混成作用**（hybridization）が進行して均質化すると，安山岩組成の閃緑岩～花崗閃緑岩などの**混成岩**（hybrid rock，ハイブリッド）が形成される．

2.4.4　同位体組成

　マグマの起源や形成過程を議論する際，上記した主成分元素組成，微量元素組成とともに各種の**同位体組成**（isotopic composition）が重要な役割を果たす．同位体には**安定同位体**（stable isotope）と放射性同位体があるが，放射壊変しない安定同位体の場合，存在比の微小変化から環境変化を検討する際に活用され，放射性同位体はしばしば岩石の年代測定や起源物質の判定に用いられる．一般に同位体組成はマグマの生成と進化の問題，結晶化の温度の推定などに活用される．安定同位体のうち，**酸素同位体**（oxygen isotope：$\delta^{18}O$）は結晶化の際に，メルトと鉱物間で**同位体分別**（isotopic fractionation）が起こり，しばしば**地質温度計**（geothermometer）として活用されている．放射性同位体においては，放射性壊変によって生じた娘核種が，親核種の量に従って時間とともに増加するので，それらの量比を求めて**放射年代**（radiometric age）を決定することができる．測定可能な時間スケールは核種ごとに異なる．放射性元素濃度の異なる複数の岩石や鉱物を用いて，それらを含む火成岩体の年代を**アイソク**

ロン法（isochron method）で決定することができる．また，同位体比はマグマの起源物質を推定する際に重要で，異なるテクトニクス場から産する玄武岩を識別することに用いられることもある．また，ベリリウム（^{10}Be）などの**宇宙線生成同位体**（cosmogenic isotope）は，沈み込み帯における海洋堆積物成分の島弧マグマへの寄与を見積もる際などに活用される．

2.5 火山岩の分類

2.5.1 火山岩の分類方法

火山岩には，マグマの起源物質の違いやマグマ発生後の分化経路などの違いによって，さまざまな鉱物組成，モード組成，化学組成をもったものが存在する．それらの火山岩は野外での**産状**（mode of occurrence），岩石組織，そして岩石の化学組成やノルム組成によって分類される．火成岩の分類には，しばしばモード組成比に基づいた三角図が用いられる．しかしながら火山岩の場合には，石基部分が細粒でモード組成を決定することが難しいこと，また，しばしば石基に組成が不明なガラスを含むことから，全岩組成からノルム鉱物（CIPW ノルム）組成を計算して，分類図（IUGS 規約）にプロットすることが多い（Streckeisen, 1976；Le Maitre, 2002）．いずれの場合も苦鉄質鉱物の量に基づいて，苦鉄質鉱物が 90% を超える岩石については超苦鉄質岩用の分類図を，90% 以下の場合には石英，斜長石，**アルカリ長石**（alkali feldspar），準長石の比率を用いた分類図を使用して岩石名を付ける．表 2.3 に構成鉱物の種類と量による火山岩の分類を示す（都城・久城, 1975）．

2.5.2 岩石系列

主成分組成のうち総アルカリ（$Na_2O + K_2O$）量は，岩石成因論上，重要な指標であり，この総アルカリ量と SiO_2 量に基づいた火山岩の分類法（TAS 法）がしばしば用いられる．この TAS 法に基づいて，アルカリの多い**アルカリ岩系**（alkaline rock series）とアルカリに乏しい**非アルカリ岩系**（subalkaline rock series）が区分される（図 2.12）．Kuno (1966) は東北日本弧の火山をそのアルカリ量によって，**アルカリ玄武岩**（alkali basalt），**高アルミナ玄武岩**（high-alumina

第2章 火成岩と火山岩

表 2.3 火山岩の分類 (都城・久城, 1975)

	苦鉄質火山岩	中間質火山岩	珪長質火山岩	
苦鉄質鉱物の容積%	70	40	20	
長石	Ca に富む斜長石	中性の斜長石	Na に富む斜長石,カリ長石	
			斜長石 > カリ長石	斜長石 < カリ長石
長石とシリカ鉱物を含む	玄武岩	安山岩	デイサイト	流紋岩
長石	Ca に富む斜長石	中性—Na に富む斜長石,カリ長石	Na に富む斜長石,カリ長石	
長石に富むがシリカ鉱物も準長石も含まない	玄武岩	粗面安山岩 ミュージアライト	粗面岩	
準長石を含む	ベイサナイト カンラン石ネフェリナイト カンラン石リューシタイト メリリタイト	テフライト ネフェリナイト リューシタイト	フォノライト	

色指数で,苦鉄質火山岩,中間質火山岩,珪長質火山岩に三分されるおのおのの群は,さらに珪長質鉱物の種類によって,長石とシリカ鉱物を含む場合(ソレアイト系列,カルクアルカリ系列),長石に富むがシリカ鉱物も準長石も含まない場合(ソレアイト系列やアルカリ系列の一部),そして準長石を含む場合(アルカリ系列)に,三分される.

basalt) およびソレアイト (tholeiite) の三玄武岩帯に分けている (図2.13). これらは火山フロントに平行に帯状配列している. 非アルカリ岩系はさらに, 分化において鉄量が増加するソレアイト岩系 (tholeiitic rock series; ソレアイト系列, tholeiitic series) と, 鉄量は増加せず SiO_2 が増加するカルクアルカリ岩系 (calc-alkali rock series; カルクアルカリ系列, calc-alkali series) に分けられるが, Kuno (1953) は非アルカリ岩系の火山岩を, 石基にピジョン輝石 (pigeonite) を有するピジョン輝石質岩系 (pigeonitic rock series, P シリーズ) と, シソ輝石 (hypersthene) を有するシソ輝石質岩系 (hypersthenic rocks series, H シリーズ) に分類し, その後, ピジョン輝石質岩系, シソ輝石質岩系をそれぞれソレアイト岩系ならびにカルクアルカリ岩系に相当するとした (Kuno, 1959). 図 2.14 にソレアイト (ピジョン輝石質) 岩系 (TH) とカルクアルカリ岩系 (シソ輝石質) 岩系 (CA) の判別図を示す. さらに Sakuyama (1981) は, 非平衡斑晶組合せと逆累帯した苦鉄質鉱物斑晶をもつ火山岩を R タイプ, それらをもた

2.5 火山岩の分類

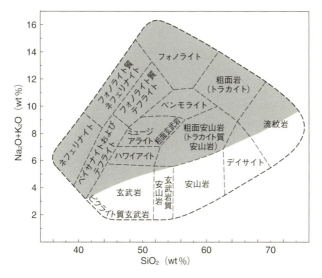

図 2.12 火山岩の分類 (Cox *et al.*, 1979；藤井, 2003)
点線内の火山岩の組成領域のうち，網かけ部分がアルカリ岩系の領域で，かけていない部分が非アルカリ岩系の領域である．

ない火山岩をNタイプと名づけ，前者はシソ輝石質岩系に，後者はピジョン輝石質岩系にほぼ対応していることを示し，前者の一部は後者のマグマ混合により形成されうると論じている．

　これらの**岩石系列**（rock series）は，早期晶出相や分化物の鉱物組合せと密接

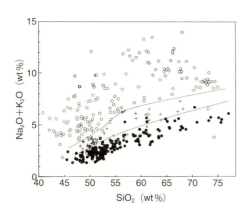

図 2.13 アルカリ–シリカ図におけるアルカリ玄武岩系列，高アルミナ玄武岩系列，ソレアイト系列の境界線 (Kuno, 1966)
白丸：アルカリ玄武岩系列岩，＋：高アルミナ玄武岩系列岩，黒丸：ソレアイト系列岩

第 2 章 火成岩と火山岩

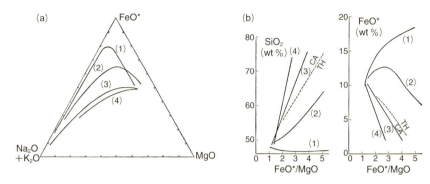

図 2.14 ソレアイト（ピジョン輝石質）系列岩とカルクアルカリ（シソ輝石質）系列岩（都城・久城, 1975）
(a) MgO–FeO^*($FeO+0.9\,Fe_2O_3$)–Na_2O+K_2O（MFA）図. (b) ソレアイト系列とカルクアルカリ系列の FeO^*/MgO の減少に伴う組成変化. (1) はスケルガード貫入岩体におけるマグマの組成変化トレンド，(2) と (3) は，それぞれ，伊豆箱根地域のピジョン輝石質（ソレアイト）系列岩とシソ輝石質（カルクアルカリ）系列岩，(4) は天城山のシソ輝石質（カルクアルカリ）系列岩の組成変化トレンドを示す（Kuno, 1968）. $FeO^* = FeO + 0.9\,Fe_2O_3$.

に関連している．地球上に分布する最も重要な苦鉄質火山岩である玄武岩は，ノルム鉱物組成比に基づいてプロットされる．カンラン石（Ol）-透輝石（diopside：Di）-シソ輝石（Hy）-石英（Qz）-ネフェリン（Ne）-斜長石（Pl）図において，3つのグループに区分される（図 2.15）．このうち，ノルム鉱物としてネフェリンを含む玄武岩をアルカリ玄武岩，ノルム鉱物として石英を含む玄武岩を**石英ソレアイト**（quartz thleiite），そしてネフェリンも石英もともに含まない玄武岩を**カンラン石ソレアイト**（olivine tholeiite）とよぶ（Yoder and Tilley, 1962）．この区分は，**シリカ飽和度**（degree of silica saturation）に基づいた岩石区分に対応し，石英ソレアイトは岩石中に石英または他の**シリカ鉱物**（silica mineral）を含む"シリカに過飽和な岩石"であり，ノルム鉱物として準長石が算出されるアルカリ玄武岩は，"シリカに不飽和な岩石"である．シリカ鉱物，ネフェリン，カンラン石のいずれも含まないおもに輝石や長石からなる岩石は"シリカに飽和した岩石"とよばれる．このことは，玄武岩マグマにおいてカンラン石，透輝石，斜長石がつくる相境界が熱的障壁となってシリカに過飽和な石英ソレアイトとシリカに不飽和なアルカリ玄武岩を分けており，少なくとも地殻浅所では，互いに分化作用によっては生じることができないことを意味している．

2.5 火山岩の分類

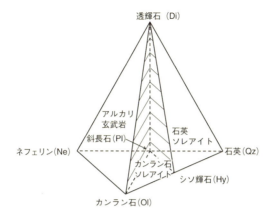

図 2.15 ノルム鉱物組成による玄武岩の分類（Yoder and Tilley, 1962；都城・久城, 1975）
全岩組成からノルム鉱物として石英が算出されるものは石英ソレアイト，ネフェリンが算出されるものはアルカリ玄武岩，そして石英もネフェリンも算出されず，カンラン石～単斜輝石（透輝石）～斜方輝石（シソ輝石）～斜長石の領域（斜線部分）内にプロットされるものをカンラン石ソレアイトに区分する．高圧になるとカンラン石と斜方輝石の関係が包晶反応系から共融系に変化し，さらに斜長石の安定領域が狭まるため，低圧下ではカンラン石と斜長石の結晶分化作用によって石英ソレアイト質になっていたカンラン石ソレアイト質マグマが，高圧下では輝石を主とする結晶分化作用によってアルカリ玄武岩質となる．

珪長質岩については，アルミナの飽和度（Al_2O_3/K_2O+Na_2O+CaO）に基づいた分類がなされることがある．K_2O+Na_2O+CaO に対して Al_2O_3 が多く，ノルム鉱物で**コランダム**（corundum）が算出される岩石を**パーアルミナス**（peraluminous），ノルム鉱物で灰長石（An），曹長石（Ab），カリ長石（Or）が算出される岩石を**メタアルミナス**（metaluminous），ノルム鉱物として，**アクマイト**（acmite）が算出される岩石を**パーアルカリック**（peralkalic）とよぶ．Gill (1981) は，全岩化学組成を用いて TiO_2 が 1.75% 以下の安山岩（$SiO_2=53\sim63\%$）を orogenic andesites と名づけ，それらをカリウム量（K レベル）で，**低カリウム系列**（low-K series），**中間カリウム系列**（medium-K series），**高カリウム系列**（high-K series）に三分している（図 2.16）．また，彼は個々の火山における K レベルと，カルクアルカリ，ソレアイト両岩系を識別するのに，$SiO_2=57.5\%$ における平均 K_2O 量と FeO^*/MgO 比（Miyashiro, 1974）を用いている．なお，高カリウム系列よりカリウムの高いものは，**ショショナイト系列**（shoshonite

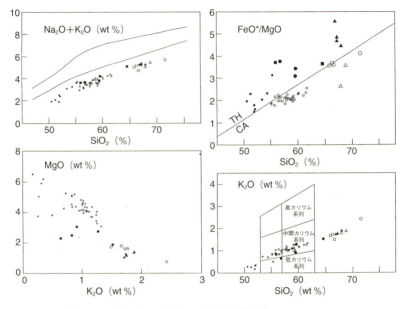

図 2.16 高原火山噴出物の地球化学的特徴（伴ほか，1992）

高原火山は，栃木県北部の火山フロント上の第四紀安山岩質成層火山である．この火山でも他の東北日本弧の火山フロント上の火山と同様に，ソレアイト系列岩とカルクアルカリ系列岩が共存している．ただし，本火山では，近接する那須火山や男体火山と同じく，ソレアイト系列安山岩とカルクアルカリ系列安山岩との間にカリウム量に違いがなく，ともに中間カリウム安山岩に分類される点が，より北側に位置する安達太良火山などで，両者に明瞭なカリウム量の差（ソレアイト系列安山岩＝低カリウム安山岩；カルクアルカリ系列安山岩＝中間カリウム安山岩）が認められる点で異なっている．
・：ソレアイト系列（Ol(±)Hy(±)Aug 玄武岩），●：ソレアイト系列（Ol(±) Hy Aug 安山岩），■：ソレアイト系列（Aug Hy 安山岩），▲：ソレアイト系列（Qz(±) Hy Aug デイサイト），o：カルクアルカリ系列（Ol(±)Qz(±)Hy Aug 安山岩），□：カルクアルカリ系列（Hy Aug デイサイト），△：カルクアルカリ系列（Ho Aug Hy Qz デイサイト），○：軽石流中の軽石（Hy Aug デイサイト），＊：溶岩中に包有される苦鉄質包有物．

series）とよばれることがある．

2.6 マグマの物性

2.6.1 マグマの密度と粘性

珪酸塩メルトの密度はその組成やおかれた温度・圧力条件で変化するが，ほ

2.6 マグマの物性

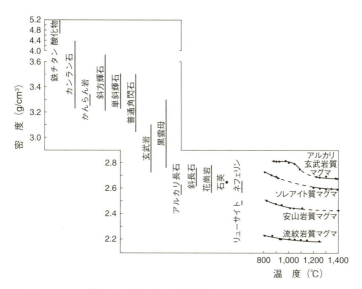

図 2.17 マグマと主要鉱物の密度とその温度変化（Murase and McBirney, 1973；Best, 2003）

ほ2.2〜2.8 g/cm³程度の値を示す（図2.17）．自然界ではこれにさらに結晶や気泡が加わるため，マグマの流動，変形様式は多様なものとなる．マグマは完全なニュートン流体ではなく非線形な挙動を示すが，その流動特性はほぼ粘性率で表現することが可能である．**剪断応力**（shear stress）と**ひずみ速度**（strain rate）の比で定義される粘性率は，原子どうしの結びつきの強弱に依存し，メルトの粘性はその構造に支配されている．珪酸塩メルトは，酸素と珪素，アルミニウムの連鎖でその骨格が形づくられ，その隙間にそれ以外の金属イオンが分布しており，その構造は**架橋酸素**（bridging oxygen），**非架橋酸素**（nonbridging oxygen），**網目形成酸化物**（network former；SiO_2, Al_2O_3），そして**網目修飾酸化物**（network modifier；CaO, MgOなど）からなる．珪素の少ない玄武岩質マグマでは珪素と酸素の連鎖が短く，原子どうしが動きやすいのに対して，珪素が増加すると珪素と酸素の連鎖が相互に連結して**ネットワーク構造**（network structure）が形成されるため，原子どうしの移動が困難となる．その結果，一般に珪素の多い珪長質マグマは，玄武岩質マグマに対して高い粘性率を示すようになる．粘性の単位はPa s（パスカル・秒）で表され，数値が大きいほど粘

第 2 章 火成岩と火山岩

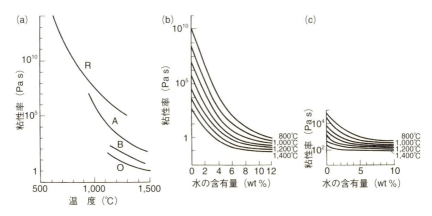

図 2.18 マグマの温度,含水量と粘性率との関係(Murase, 1962;Murase and McBirney, 1973;井田,1995)
(a) マグマの粘性率とその温度依存性(Murase and McBirney, 1973). R:流紋岩質マグマ,A:安山岩質マグマ,B:ソレアイト玄武岩質マグマ,O:アルカリカンラン石玄武岩質マグマ.
(b) 流紋岩質マグマの粘性率に対する水の効果(Murase, 1962).
(c) 玄武岩質マグマの粘性率に対する水の効果(Murase, 1962).

りが強い.玄武岩質マグマでは 10^2 Pa s 程度であるが,流紋岩質マグマになると増加して 10^{10} Pa s 前後かそれ以上になり,10^{12} Pa s を超えることがある.

一般に粘性の高い珪長質マグマ中の場合でも,水の含有量が増えるとヒドロキシ(OH)基が酸素の架橋構造を切るため,メルトの粘性は低下する.また,温度が高くなると原子どうしの結合が弱くなり,粘性は低下する(図 2.18).マグマの力学的な振舞いを左右する最も重要な性質が粘性であり,部分溶融メルトの分離,マグマの上昇,貫入,噴出,そして結晶化にも大きな影響を及ぼす.粘性は,マグマの組成や温度とともに,結晶や気泡の含有量によっても変化する(図 2.19).一般に結晶量が増加すると粘性は上がるが,気泡の存在は低剪断速度下では粘性を増加させ,高剪断速度下では粘性を低下させる.火山体斜面などで粘性の高いメルトが後続部から押されて変形した場合,変形速度が速いと,流動によってひずみを解消できずに割れ破壊をひき起こす.温度の低下に伴い粘性が増加して固体として挙動するようになることを**ガラス転移**(glass transition)とよぶが,これは粘性がほぼ 10^{12} Pa s になる温度で起こる.図 2.20 にメルト(液体),過冷却液体,ガラス,そして結晶の間の関係とガラス転移点を示す(谷口,2001).マグマの温度がガラス転移点に近い場合,わずかな温度

2.6 マグマの物性

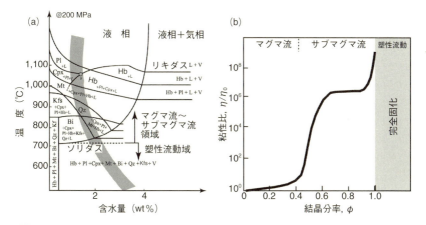

図2.19 圧力200 MPaにおける花崗閃緑岩–水系の相平衡図 (a) とマグマの固化の進行に伴う粘性変化 (b) (Robertson and Wyllie, 1971；Lejeune and Richet, 1995；Blenkinsop, 2000；Usui et al., 2006)

(a) 灰色の帯が含水花崗閃緑岩メルトの温度–含水量変化経路の1例を示す．含水メルトから晶出した斜長石 (Pl)，単斜輝石 (Cpx)，角閃石 (Hb) がフレームワークを形成して，**マグマ流** (magmatic flow) から**サブマグマ流** (submagmatic flow) 領域に遷移して粘性が上昇する．
(b) マグマ流領域はマグマの結晶分散部に相当し，サブマグマ流領域のうち粘性が急激に増加している領域はマッシュ状部に，粘性比が 10^6 を超えてほぼ一定になった状態が剛体殻部に相当する．さらに結晶化が進行すると剛体化したフレームワークの粒間に，磁鉄鉱 (Mt)，黒雲母 (Bi)，石英 (Q_z)，カリ長石 (Kfs) などの後期晶出相が晶出する．完全に固化したのちも，圧縮応力下で塑性流動 (solid-state flow) しながら，斜長石の双晶ラメラに沿って，針状の磁鉄鉱が離溶する (Usui et al., 2006)．

低下で塑性変形 (粘性変形) から**脆性破壊** (brittle failure) の条件に遷移する．また温度が一定でも，ひずみ速度の増加で塑性変形から脆性破壊に移行する．さらに気泡にかかる過剰圧の増加も破壊強度を低下させる．マグマがガラス転移点を超えて脆性破壊すると地震が発生するが，推定される地震の規模は実際に火山地域で観測されるマグマの破壊によると思われる地震の規模と調和的なものである (Tuffen et al., 2003；Tuffen and Dingwell, 2005)．

ある系に濃度勾配がある場合に，より濃度が低い側に原子が移動する現象を拡散という．拡散速度は系の粘性と密接な関連があり，粘性同様，温度の効果が大きく，水などの揮発性成分が含まれると原子は移動しやすい．拡散速度は移動する原子の半径が小さいほど，また価数が小さいほど速い．各温度に対して拡散係数が得られている場合は，ある距離を原子が拡散するのに必要な時間

第 2 章　火成岩と火山岩

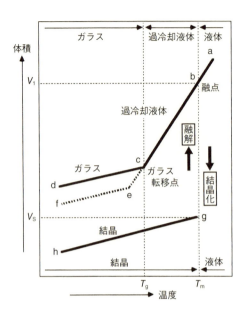

図 2.20　ガラスを形成しうる物質の圧力一定下における体積–温度関係（谷口，2001）
結晶は温度が上昇すると，体積が h から融点での g まで増加する．融点（T_m）で結晶が融解して液体になるとき，体積は g（V_s）から b（V_l）にジャンプする．さらに過熱すると液体の体積は b から a へと増加する．逆に，体積 a の液体が冷却すると体積は b まで低下し，徐冷によって融点で結晶化すると体積は g となり，その後，温度低下とともに h へと体積が減少する．
それに対して体積 a の液体が急冷した場合，原子の再配列が間に合わず，融点下で過冷却液体となり c あるいは e のガラス転移点（T_g）まで温度低下したときガラス状態となり，その後は体積減少率が結晶と同じ程度になる．T_g は冷却速度により少し変化し，過冷却度が大きいほどより高温でガラス（非晶質）化する．

を計算することができることから，メルトや斑晶の冷却時に凍結された濃度勾配（拡散プロファイル）は，火山岩の熱史の解明によく利用される（Nakamura, 1995a；b；Costa and Morgan, 2011；Tomiya et al., 2013）．

2.6.2　マグマの結晶化に伴う物性の変化

　一般にマグマという場合には，流動するという概念を伴うことが多い．しかしマグマ中に含まれる結晶の量が多くなると，マグマ全体としての粘性が急激に上昇してレオロジー的には固体に近い振舞いをする．このように，"マグマ"のさす状態は非常に幅が広いが，一般にはマグマ溜りにおいて結晶を伴わないメルトが占める領域はそれほど広くないと推定されている（Sinton and Detrick, 1992；Nakagawa et al., 2002；Bachmann and Bergantz, 2008）．多くのマグマ溜りで想定されている結晶量と粘性が非常に高い状態の固体とメルトが共存する状態をさす場合には，たんに"マグマ"というよりも，"大部分が結晶化したマグマ"，"マッシュ状マグマ"などと，注釈を付けるほうが誤解が少ない．結晶とメルトが共存する状態の岩石を**部分溶融体**（partially molten rock）といい，

2.6 マグマの物性

とくにマグマの発生領域に対して用いられることが多い．たんにマグマといった場合に，結晶量が何％程度までをよぶのか，あるいは部分溶融体とよばれる状態は結晶量が何％までか，明確な定義は今のところ存在しない．ここで用語法にこだわるのは，完全なメルトから完全な岩石に至るまで，その中間状態で粘性をはじめとするさまざまな物性が大きく変化することが広い意味での火山現象の複雑性や多様性を生む大きな原因となっており，またそれを理解することが火山現象を解明する鍵となっているからである．

2.6.3 結晶分化作用と重力分化作用

玄武岩質マグマの場合，温度がリキダス（liquidus，液相線）から低下して結晶度（crystallinity）が25％を超えると結晶どうしが接触をはじめ，55％を超えてソリダス（固相線）に近づくと粘性が急激に増加することから，Marshらは，玄武岩質マグマの状態をその結晶度に従ってリキダス以上の温度にあるメルト部（無結晶マグマ，crystal-free magma），結晶度が25％以下の結晶分散部（suspension zone），結晶度が25〜55％のマッシュ状部（mush zone），そして結晶度が55％以上の剛体殻部（rigid crust）に区分している（図2.21；Marsh, 1996；2009）．また，晶出した結晶が互いに接触していない結晶分散部と接触が始まるマッシュ状部との境界（結晶度約25％に相当）のうち，上部を捕獲フロント（capture front），下部を沈積フロント（accumulation front）とよんでいる（中川，2008）．

マグマから結晶が晶出すると残液の組成が変化する．したがって，温度低下に

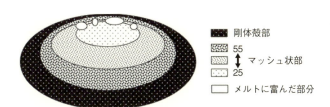

図2.21 マッシュ状マグマ溜りの構造（Marsh, 1996；中川，2008）

最外殻は，結晶量が55％以上の剛体殻部からなり，その内側に結晶量が25〜55％のマッシュ状部がある．メルトに富んだ部分は，マグマ溜り上部にポケット状に分布する（マグマポケット，magma pocket）と考えられる（中川，2008）．

第2章 火成岩と火山岩

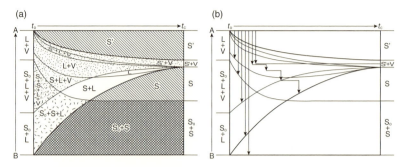

図 2.22 岩床状マグマ溜りに蓄えられたマグマの空間的・時間的変化様式に関するモデル (a) とマグマ溜りからのマグマの絞出し方 (b, 絞出しステップ)
(吉田, 1975；吉田ほか, 1993b)

横軸は時間で，岩床状マグマ溜りに斑晶 (S_o：同源早期晶出結晶，アンテクリスト，antecryst) と気泡 (V) をもったメルト (L) が定置した時間 (t_o) から固結するまでの時間 (t_c) を示す．縦軸 (B→A) は，岩床の基底から最上部までの位置を示す．貫入し，定置したのちに晶出して，下部に集積した結晶が S，上部に捕獲された結晶が S'，残液を L で示す．(b) 中の矢印が絞出しステップを示し，縦方向の矢印はある時点での噴出深度範囲を示し，横線は時間の経過を示している．

伴い，マグマ溜りの壁からソリダス温度部が内側に移動することにより，残液は時間とともに組成を変化させる（図 2.22）．そのようなマグマ溜りからメルトを抽出する場合，得られるメルト組成は時間と絞出し深度に依存して変化し，多様なマグマを地表に供給することになる．さらに，晶出する結晶はそれを晶出したメルトと組成が異なると同時に，その密度も異なっている．マグマが重力場にあることによって起こる分化作用を**重力分化作用** (gravitational differentiation) という（図 2.23）．一般にマグマは斑状結晶やときに気泡を含んだ状態でマグマ溜りに入ってくる．その場合，メルトに対して密度が高い結晶は沈み，密度が低い結晶や気泡は浮上することにより，重力分化作用が進行する．その結果，図 2.22 (a) に示すように珪長質の含水マグマでは結晶は時間とともに沈んで，沈積相を生じ，気泡は上昇してマグマ溜り上部に揮発性成分が濃集することになる．

半径 r，密度 d_C の球が密度 d_M，粘性 η の液体中を沈降する速度 V（**沈降速度**, settling velocity）は，重力加速度を g とすると，次式で表される．

$$V = \frac{2r^2(d_C - d_M)g}{9\eta} \tag{2.11}$$

2.6 マグマの物性

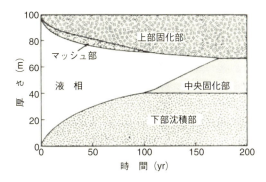

図 2.23 温度が0℃の母岩中に貫入した厚さ100 mの岩床状マグマ溜りの冷却に伴う内部構造の時間変化の一例（Worster et al., 1990）
計算に用いた系は透輝石–灰長石系である．岩床の上面から冷却するマグマ溜りの冷却においては対流が重要な役割を果たしている．岩床の上部と下部には固相からなる部分が時間とともに発達するが，上部の殻部はマグマの冷却で厚くなり，下部には重力で沈降した輝石が堆積して集積岩となる．冷却の初期にはマッシュ状部が天井部に発達し，時間が経つと透輝石と灰長石の共融液からの固化が進行する．

図 2.24 に Fujii（1974）による山形県，青沢粗粒玄武岩におけるカンラン石の重力分化作用による岩床内でのモード組成変化とモデル計算例を示す．両者はほぼ一致し，いずれの場合も壁部では急冷により貫入時のモード組成が保持され，岩床冷却中の重力分化作用によりカンラン石の濃集が岩床下半部中央で起こり，岩床上半部ではカンラン石がしだいに減少する変化を示す．

系外からマグマ溜りにもち込まれた結晶の重力分化作用と，マグマ溜りでの冷却に伴う結晶分化作用は，図 2.22（a）に示すようにしばしば同時に進行する．図 2.25 は静岡県みかぶ帯の粗粒玄武岩岩床における全岩組成変化を示す．この岩床での組成変化トレンドは，岩石系列の境界線にほぼ平行な部分とアルカリが急激に増加する部分からなる．この組成変化に基づいて岩床内での分別鉱物を計算した結果を図 2.26 に示す．岩床下部では**スピネル**と**単斜輝石**（clinopyroxene）が算出されるのに対して，それより上位では分別相はカンラン石と斜長石のみとなる．未分化な玄武岩質マグマは，低圧下ではスピネル＋カンラン石＋斜長石の晶出からカンラン石＋斜長石，そしてカンラン石＋斜長石＋単斜輝石の晶出へと晶出相を変化させる．しかし，図 2.27（b）に示すように，圧力が増加するとスピネルと単斜輝石の安定領域が拡がり斜長石の安定領域が狭まる結

第 2 章 火成岩と火山岩

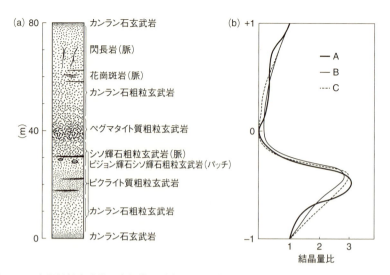

図 2.24 青沢粗粒玄武岩の内部構造（a）と貫入後，しだいに冷却して固化していく岩床中でカンラン石が沈降した場合の重力分化作用の例．（b）青沢粗粒玄武岩でのカンラン石斑晶のモード組成（A）とカンラン石–メルト系でのモデル計算例（B では初期温度が 1,100℃, C では初期温度が 1,125℃, 固化終了温度はいずれも 950℃）（Fujii, 1974）

（b）の縦軸は岩床内の高度を示し，0 が中央部で，+1 は最上部，−1 は基底部を示す．横軸は，メルト中の結晶量比で，1 が貫入時の結晶量を示す．いずれの場合も，壁部では急冷により最初のモード組成値（1）を示し，岩床全体の冷却時には，岩床の下部中央で最大 3 倍のカンラン石斑晶の濃集を示す．岩床の初期温度が高いほど，重力分化作用は進み，中心部の上部でカンラン石が減少し，下部の中央部以下でカンラン石の量が増える．

果，高圧下では玄武岩質マグマからスピネル＋カンラン石，スピネル＋カンラン石＋単斜輝石と晶出し，温度が低下してから斜長石が晶出する．みかぶ帯の粗粒玄武岩が示す組成変化トレンド（図 2.27（a））は岩床下底から 15 cm で折れ曲がっており，それより下位ではより深部の高圧下で晶出していたスピネルと単斜輝石がカンラン石とともに岩床の下部へと沈降することにより重力分化作用を生じ，それより上位では現在の浅い貫入深度でカンラン石と斜長石の結晶分化作用が起こったことを示唆している．

粘性の高い珪長質マグマでの斑晶の沈降速度は遅く，重力分化作用による斑晶の集積はあまり期待できないが，実際には大規模な一連の珪長質火砕流堆積物において顕著な斑晶鉱物量の変化が認められることがある．これについてはマ

2.6 マグマの物性

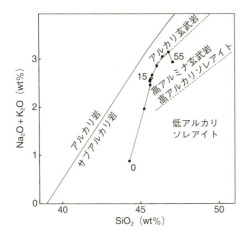

図 2.25 みかぶ帯の粗粒玄武岩岩床における結晶分化作用（吉田ほか，1984）
みかぶ帯は，西南日本外帯の三波川変成帯と秩父帯北帯との境界に帯状に分布し，ジュラ紀以降に形成された低変成度の苦鉄質火山岩類や苦鉄質〜超苦鉄質深成岩類を主とする地帯である．図中の数字は岩床基底からの距離（cm）．組成変化トレンドは，アルカリが異常な変化を示す最上部を除くと，アルカリ岩系と非アルカリ岩系の境界線（Irvine and Baragar, 1971；Kuno, 1966）にほぼ平行な岩床上部と，アルカリが急激に増加する岩床基底部からなる．

グマ溜りの側壁に沿った結晶作用によって低密度の分化物が形成され，このメルトがマグマ溜り中を対流するという**対流分別作用**（convective fractionation）が提案されている（Sparks *et al.*, 1984；Baker and McBirney, 1985）．また，フレームワーク化した結晶粒の間隙に残液が分布するマッシュ状マグマでは，フレームワークにかかる外圧の増加や狭い通路への貫入によって粒間のメルトが

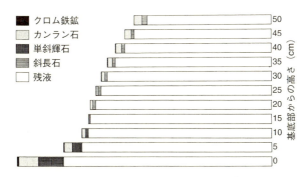

図 2.26 みかぶ帯の粗粒玄武岩岩床における結晶分化作用（吉田ほか，1984）
分析値から求めた 5 cm ごとの組成間で計算した分別相とその量は，基底部 15 cm まではスピネル（クロム鉄鉱）と単斜輝石が算出されるのに対して，それより上部ではかんらん石と斜長石のみとなり，前者は貫入時の斑晶鉱物であったことを示唆している．おそらく，斑晶としてスピネル（クロム鉄鉱），単斜輝石，カンラン石斑晶を伴ったほぼ 15 cm レベルの組成をもったマグマが深部から上昇してこの岩床を形成し，この場でのカンラン石と斜長石の結晶分別により岩床上部にみられる組成変化を生じたと推定される．

第 2 章　火成岩と火山岩

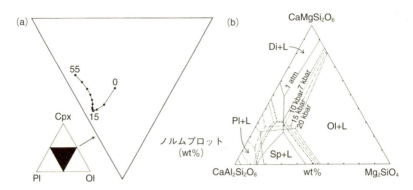

図 2.27　みかぶ帯の粗粒玄武岩岩床における結晶分化作用（吉田ほか，1984）
(a) 岩床にみられる組成変化トレンドをノルムカンラン石（Ol）–単斜輝石（Cpx）–斜長石（Pl）系にプロットした図．岩床内の各深度での組成を示す黒点に添えた数字は，岩床基底からの距離（cm）を示す．組成変化トレンドは斑晶としてスピネル（Sp），単斜輝石，カンラン石斑晶を伴った 15 cm レベルの組成をもったマグマが深部から上昇して，斑晶を下部に濃集しながらこの岩床を形成し，この場でのカンラン石と斜長石の結晶分別により岩床上部にみられる組成変化を生じたと推定される．
(b) 単斜輝石（Di：ダイオプサイド：$CaMgSi_2O_6$）–カンラン石（Ol：フォルステライト：Mg_2SiO_4）–灰長石（Pl：アノーサイト：$CaAl_2Si_2O_8$）系での圧力の変化（20 kb〜1 atm）に伴うリキダス境界の移動を示した相図（Presnall $et\ al.$, 1978）．この相図からも，より高圧下でスピネル，単斜輝石，カンラン石を晶出していたマグマが低圧下にもたらされると，カンラン石と斜長石を結晶分別して，その結果，V 字形の組成変化経路が生じることが示唆される．L：メルト．

クリスタルマッシュ（crystal mush）から分離して系外に移動する**絞出し作用**（filter pressing）が，マグマの分化を起こす原因のひとつに挙げられている．

2.7　火成岩の組織と構造

　一般に顕微鏡下で観察可能な鉱物粒子などが示す微細な構造を**組織**（texture）とよび，野外の露頭で観察されるサイズの幾何学的パターンを**構造**（structure）とよぶ．火山岩の組織や構造の観察からしばしば，その形成過程の考察がなされる．一般にマグマの急激な固化によって形成される火山岩には斑晶から石基ガラスに至るさまざまな粒度，結晶度の物質が含まれ，多様な組織や構造を示す（図 2.28）が，それらを形成するに至るプロセスもさまざまであり，組織や構造の理解は火山岩の形成過程を理解するうえで重要な情報となる．火山岩の斑

2.7 火成岩の組織と構造

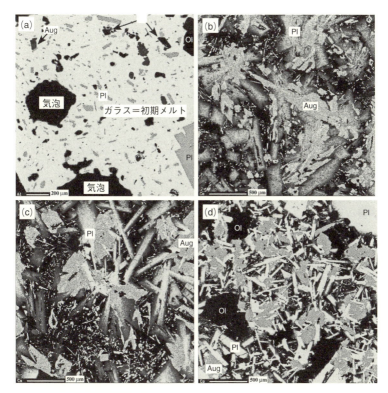

図 2.28 玄武岩質溶岩流の組織と EPMA による面分析結果（北海道，利尻火山，沓形溶岩）（Kuritani et al., 2010）
(a) 溶岩流基底部の急冷溶岩，(b) セグリゲーションレイヤー，(c) セグリゲーションシリンダー，(d) 溶岩流本体．
Ol：カンラン石，Pl：斜長石．Aug：普通輝石．

晶は，地下深部でのマグマプロセスを理解するうえで重要である．それら斑状の結晶を包有した**流動マグマ**（viscous magma flow）中では，結晶粒はその形態に従って**面構造**（foliation）や**線構造**（lineation）などの**定向配列**（preferred orientation）を示すことがある．また複数の密度の異なる結晶を含む場合は，それらの間で重力分化作用が起こり，ときにはマグマ溜り中に鉱物モード組成の異なる**層状構造**（layering）や縞状〜レンズ状の**シュリーレン**（schlieren）が形成される．ただし，層状構造を解釈する際，結晶はその種類によって核形成速度や成長速度が異なることに注意する必要がある．また細かく発達する輝石と

晶洞

図 2.29 愛媛県,石鎚カルデラの中央部で火砕流堆積物を貫く面河渓岩体の壁部にみられるルーフペンダントと晶洞

マグマ溜り内で発泡があったことを示している.現在は空洞である晶洞の壁には水晶が成長している.カルデラ陥没ブロックに由来する多様な岩片(ルーフペンダント,暗色の礫状部分)の多くは角がとれており,マグマ溜り最上部〜肩部での破砕と発泡に続いて,流動化が起こったことを示唆している.

斜長石の互層については,**共融点**(eutectic point)近傍で交互に起こる過冷却と結晶の成長に伴う潜熱の放出によるとする考えもある.マグマは固化するときの**過冷却度**(degree of supercooling)などの条件により核形成速度や結晶成長速度が変化し,さまざまな結晶形態,粒径,**結晶化度**(crystallinity,結晶/ガラス比)の火山岩を生じる.とくに減圧過程では,メルトから多数の気泡が析出し,それが固結した深成岩中の**空洞**(cavity),**晶洞**(druse)や火山岩中の**気孔**(vesicle;孔隙,pore)となる(図 2.29).マグマが発泡しながら急激に火道を上昇する際には,気泡が伸びて繊維状となったり,多量の気泡を内包したメルトが**マグマ破砕**(6.2.3 項参照)を起こして大量の火砕物を生じる場合がある.火山岩の野外観察においては,マグマの流動に伴って形成された**流理構造**(flow structure),**縞状構造**(banded structure)や**流動褶曲**(flow fold),流動しながら冷却固結することで生じる自破砕構造,そして固結後の冷却時に生じる各種の**節理**(joint)などをみることができる(図 2.30).流紋岩の流理構造は,発泡度やマイクロライトなどの結晶量が異なる縞からなる.マグマの流動や破断に伴って生じる流理はしばしば褶曲しており,マグマの脆性的な破壊と粘性変形が繰り返されたことを示唆している(Gonnermann and Manga, 2005).

2.7 火成岩の組織と構造

図 2.30 1 枚の流紋岩にみられる縞状の流理構造 (a) と自破砕構造 (b)

秋田県，男鹿半島，真山流紋岩の露頭．褶曲した流理が発達する部分は酸化して赤色を呈するが，その延長上の自破砕構造が発達した部分には緑色の変質部分を伴う．1 枚の陸上溶岩の一部が水域に流入した結果，生じた岩相変化であると思われる．

2.7.1 結晶の核形成と成長

火成岩中の結晶の形成には，**核形成**（nucleation）過程と**結晶成長**（crystal growth）過程が寄与している（Brandeis and Jaupart, 1987）が，このうちの核形成には**均質核形成**（homogeneous nucleation）と**不均質核形成**（heterogeneous nucleation）とがある．均質核形成は，温度・圧力の変化や発泡に伴う組成変化などにより駆動された，メルト中の不規則に配列したイオンの揺らぎから始まり，**胚芽**（embryo，エンブリオ）とよばれる再溶融する段階を経て，ある大きさ（**臨界核**，critical nucleus）に達した時点で安定化して**核**（nucleus）となる．マグマの**過冷却**（supercooling）は核形成の駆動力として重要であるが，過度の過冷却は拡散を阻害して核形成を抑制し，最終的にはガラス化に至る（図 2.31）．また**核形成速度**（nucleation rate）は鉱物種で異なり，鉄チタン酸化物やカンラン石，輝石のほうが長石や石英より大きい．したがって，鉱物間の**粒径**（grain

第 2 章　火成岩と火山岩

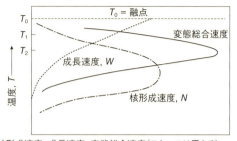

図 2.31　相変化の進行における変態総合速度の温度変化（Swanson, 1977; Kirkpatrick et al., 1979; Abe et al., 1991）

相変化は，条件変化に伴い新しい相が安定になることで始まるが，その過程は核の形成とその成長に分けられる．この過程は，熱エネルギーにより乗り越えられるべき障壁をもつ熱的活性化過程である．溶液から結晶が成長する場合における核形成速度（N）は，融点から温度が低下して，過冷却度 ΔT が増加すると，最初は ΔT のある臨界値に達するまでは非常に小さい．ΔT がある臨界値（最大過冷却度）に達すると，温度低下に伴う自由エネルギー低下量の増大に伴って核形成速度は急増する．その後，更なる温度低下によって，今後は拡散の活性化エネルギーが大きくなり，核形成速度はふたたび小さくなる．その結果，核形成速度は，融点のかなり下のところに極大値をもつ温度変化を示す．一方，生じた核の成長速度は温度の低下とともに，アレニウス（Arrhenius）の関係に従って減少する．その結果，総合的な変態（相変化）速度は，核形成速度よりも少し高温側に極大値をもつ温度変化を示すことになる．融点に近い温度では少数の核をもとに粗粒の結晶が形成される．温度が下がると核形成速度は大きいが成長速度（W）が小さいため，細粒の多数の結晶が生じる．そして，さらに過冷却度が大きくなると相変化自体が抑制され，ガラス化してしまう．

size）の違いに基づいた議論には注意が必要である（Lofgren, 1983）．

　メルト中により高温で晶出した結晶や，マグマ溜り周辺の部分溶融した母岩から溶け残った**残留結晶**（restite crystal），あるいは火道で**外来結晶**（xenocryst）などを取り込んだ結果として既存の鉱物が存在する場合，これらが**種結晶**（seed crystal）となってその表面で不均質核形成を起こすことがある．不均質核形成は均質核形成に比較してより小さい過冷却度で核が安定化する．また，揮発性成分がメルトから分離して生じた気泡の表面で不均質核形成を起こすこともある．

2.7.2　過冷却度と結晶形態の変化

　結晶の核は安定化したのち成長するが，成長の速度にも過冷却度が影響し，一般には過冷却度が大きいほど**成長速度**（growth rate）は速くなる．ただし，大きくなりすぎるとメルト中での**拡散速度**（diffusion rate）が低下し，成長速度

2.7 火成岩の組織と構造

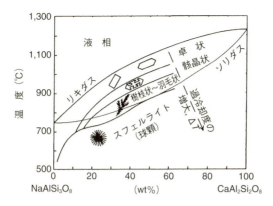

図 2.32 灰長石（$CaAl_2Si_2O_8$）-曹長石（$NaAlSi_3O_8$）-水系において異なる過冷却度で結晶成長させた斜長石の形態の変化（Lofgren, 1971；1974；1980；Best, 2003）

図中の破線の矢印の方向へ過冷却度（ΔT）は増加する．斜長石の形態は，過冷却度が大きくなるとともに卓状から，骸晶状，樹枝状，球顆状へと変化する．

は低下してしまう．一般には1時間に数℃といった速度で穏やかに冷えた溶岩中では**卓状**（tabular）の自形結晶が形成され，冷却速度が1時間に数十℃の速さになると外形が保たれながらも中空（hollow）となった燕尾状（swallowtail）～**骸晶状**（skeletal），そして**樹枝状**（dendritic）～羽毛状（feathery）の急冷晶（quenched crystal）が生じる．そして，1時間に数百℃の速さで冷却された場合には，長石やシリカ鉱物が放射状に発達した**球顆**（スフェルライト，spherulite）や中空状の球顆であるリソフィーゼ（lithophyse）が生じたり，結晶が成長せずにガラス化してしまう（Hammer and Rutherford, 2002）．図2.32に斜長石における過冷却度と**結晶形態**（grain shape；morphology）の変化との関係を示す（Lofgren, 1971；1974；1980）．

過冷却は，マグマの温度が地表への噴火に伴い急激に低下するような場合のほかに，マグマが地下深部から火道に沿って浅所へ急激に断熱上昇して減圧脱水することによるリキダス，ソリダス温度の上昇によっても起こる．この場合，過冷却度の大きさは減圧量や減圧速度とともに増加する（Cashman, 2004）．過冷却度の大きさを同一にした冷却結晶化実験と減圧結晶化実験において過冷却度が小さい場合は両者の実験産物に差はないが，過冷却度が大きくなると冷却結晶化では温度低下に伴う元素拡散速度の低下が著しいため，温度低下を伴わな

い減圧結晶化に対して核形成速度の低下が認められている（Shea and Hammer, 2013）．

2.7.3 斑晶にみられる累帯構造，包有物，反応組織

　高温のマグマが地殻内に形成されたマグマ溜りに上昇し冷却されることにより，斑晶となる結晶が晶出する．カンラン石や輝石，斜長石などの固溶体をなす鉱物では，より高温の条件下ではよりマグネシウムやカルシウムに富んだ結晶が最初に晶出し，温度の低下に伴い，より鉄やナトリウムに富んだ組成に変化する．これらの結晶が晶出に伴いマグマ溜りの底などに沈積すると，そこには組成が系統的に変化する集積岩が形成される．先に晶出した結晶の表面に連続的に同一の鉱物が晶出し，大きくなると粗大な斑晶鉱物が形成される．そのような斑晶鉱物の**累帯構造**（zonal structure）は，マグマ溜り内での条件変化や関与したマグマの熱履歴などを知る手だてとなる（Takebe and Ban, 2015）．図 2.33 は長野・岐阜県境の焼岳火山，中尾火砕流堆積物中の岩片にみられる多様な斑晶組織を示している（Ishizaki, 2007）．中心部に高温で安定な組成がみられ，縁部により低温で安定な組成がみられる場合，これを**正累帯**（normal zoning）しているといい，その逆の場合を逆累帯しているという．**逆累帯構造**（reverse zoning）はしばしば，マグマ混合の証拠とされる．ほかに，**波動累帯構造**（oscillatory zoning）や**砂時計構造**（hourglass structure）などが知られている．斑晶中にはしばしば，早期晶出相や成長中に表面に付着した結晶，そして急速な成長時に取り込んだマグマに由来するガラスなどの**包有物**（inclusion）が認められる．これらの包有物は斑晶成長時の情報を得る際に有用であり，また包有物と母結晶にみられる組成累帯は時間スケールの解析に活用できる（Nakamura and Shimakita, 1998；Takabe and Ban, 2015）．図 2.34 は多様な斑晶組織と全岩組成変化に基づいて推定された焼岳火山，中尾火砕流堆積物のマグマ供給系進化モデルを示す（Ishizaki, 2007）．

　火山岩にはときに，そのマグマに直接由来する斑晶（あるいは**オートクリスト**，autocryst）のほかに，一部が溶解された結晶が認められる．このような結晶は，マグマ起源物質の融け残り部分に由来する**起源物質由来結晶**（inherited crystals from source），マグマ溜り周辺の母岩から取り込まれた結晶（外来結晶）や，一連の活動のなかで先行してマグマ溜りに注入されたマグマに由来する結

2.7 火成岩の組織と構造

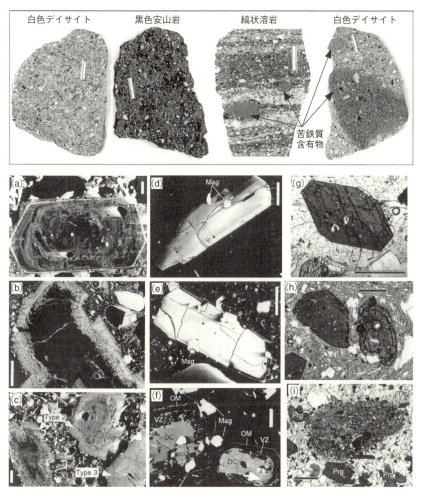

図 2.33 長野・岐阜県境の焼岳火山,中尾火砕流堆積物中の岩片にみられる多様な斑晶組織 (Ishizaki, 2007)

(a) 暗色のナトリウム質コアと淡色のカルシウム質リムをもつ中性長石質の 1 型斜長石斑晶,(b) スポンジ状リムをもつ 2 型斜長石,(c) 包有岩中に共存する 2 型と亜灰長石質の 3 型斜長石,(d) 自形の 1 型斜方輝石,(e) 逆累帯した 2 型斜方輝石,(f) 2 型斜方輝石,(g) 自形を示す 1 型角閃石,(h) 共存する 1 型と分解した 2 型角閃石,(i) 包有岩中の 2 型角閃石.Mag:磁鉄鉱,DC:鉄に富んだコア,VZ:バーミキュライト帯,OM:オーバーグロース部,Prg:パーガス閃石.岩石の写真中のスケールバーは 2 cm を示し,偏光顕微鏡写真 (a)〜(i) 中のスケールバーは 100 μm を示す.

第 2 章 火成岩と火山岩

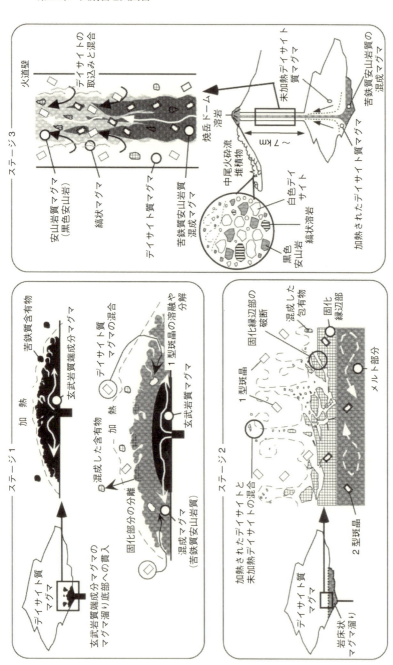

図 2.34 長野・岐阜県境の焼岳火山。中尾火砕流堆積物が示すマグマ供給系の進化モデル (Ishizaki, 2007)

中尾火砕流堆積物中には、マグマ混合をあまり示さない白色斑状デイサイト、非平衡斑晶をもつ白色斑晶質デイサイトと黒色安山岩質混成岩からなる縞状溶岩、非平衡斑晶をもつ玄武岩質安山岩組成の包有岩、マグマ混合を示さない玄武岩質安山岩の5種類の岩片が認められる。図はこれらの形成過程を示し、ステージ1では、玄武岩質マグマがデイサイト質マグマ溜り中に供給されてマグマ混合を起こす。ステージ2ではデイサイト質マグマが再加熱され、それに続くステージ3では、下位の苦鉄質マグマの固結部を破壊してマグマ混合する。マグマの火道に沿った上昇と、火道内でのマグマ混合が進行し、火砕流の噴出に至る。

晶（同源早期晶出結晶；アンテクリスト，antecryst）が，後から注入された，より分化した残液中でメルトと非平衡となった場合や，マグマ混合に伴いより高温のメルトに取り込まれた結晶などに認められる（Miller et al., 2007）．その結果，カンラン石や石英が不安定となって結晶の一部が融け，本来の自形性を失って融食形を呈するに至る．外来の石英結晶が石英に不飽和な玄武岩質マグマに取り込まれた場合などには，石英捕獲結晶が**融食**（corrosion）を受けるとともに，メルトと反応してその周囲に微細な輝石集合体からなる**反応縁**（reaction rim）が形成される場合（mantled quartz ocelli）がある（図 2.33 参照）．地下深部で形成された斑晶鉱物が含水鉱物の場合，減圧条件下では斑晶鉱物が不安定となり，無水鉱物の集合体が斑晶鉱物の周囲に形成されることがある．角閃石斑晶には，しばしばそのようにして生じた**オパサイト縁**（opacite rim）が発達している．

2.7.4 石基組織

深成岩が粗粒であるのは，弱い過冷却条件下での核形成と，生じた少数の核からの結晶成長の結果である．地下で徐冷した完晶質の粗粒玄武岩では多数の短冊状斜長石からなる**客晶**（chadacryst）が，輝石からなる**主晶**（oikocryst）に包有された**オフィティック**（ophitic）あるいは**ポイキリティック**（poikilitic），輝石が斜長石の一部だけを包み込んだ**サブオフィティック**（subophitic），そして斜長石が完全に輝石に含まれた**ポイキロフィティック**（poikilophitic）といった組織が発達している．結晶の成長は周囲のメルトからの必要な元素の拡散によって持続する．メルト中での元素の拡散速度が十分に速くない場合には，成長する結晶の周囲に**組成境界層**（compositional boundary layer）が出現する．この組成境界層の形成は境界層での液相濃集元素の増大を生じて，一部の斑晶にみられる**組成累帯構造**（compositional zoning）の原因となることがある．

火山岩の石基組織は多数の**マイクロライト**（microlite，微晶）で特徴づけられる．多数の細粒結晶の形成は，強い過冷却条件下での多数の核形成とその後の抑制された結晶成長によるとされている．石基組織は**完晶質**（holocrystalline）な場合でも，顕微鏡下でも個々の鉱物を識別できない**隠微晶質**（cryptocrystalline）から，おもに長石からなるマイクロライトが不規則に分布した**フェルティ**（felty, 毛せん状）〜平行に配列した**ピロタキシチック**（pilotaxitic，マイクロライトが斜

第 2 章　火成岩と火山岩

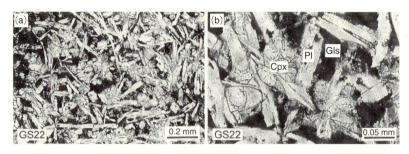

図 2.35　偏光顕微鏡（平行ポーラー下）で見た四万十帯玄武岩の石基組織（麻木・吉田, 1998）
四万十帯は西南日本の太平洋岸に帯状に分布する地帯であり，白亜系の北帯と第三系の南帯からなる．写真の玄武岩は上位にアンバーの発達した白亜系の海底溶岩流である．この玄武岩は比較的，急速に成長した石基鉱物からなり，ガラス基質（Gls）に囲まれて斜長石（Pl）と単斜輝石（Cpx）の急冷晶が発達した半晶質石基組織をもつ．(a) 結晶粒間の暗色部がガラス部分．(b) に示すとおり斜長石は骸晶状で，単斜輝石は放射状を呈している．

長石）や**粗面岩状**（trachytic，マイクロライトがアルカリ長石），ネットワーク状の斜長石と粒状の輝石からなる**間粒状**（intergranular）と結晶の粒度はさまざまである．また，ガラスの量も**半晶質**（hypocrystalline），**ガラス質**（glassy）あるいは**完ガラス質**（holohyalline）へと増加し，それに伴い粒間に埋間状にガラスをもつ**インターサータル**（intersertal，埋間状），ガラスが繋がった**ハイアロオフィティック**（hyaloophitic），ガラス中にマイクロライトが分散する**ガラス基流晶質**（hyalopilitic），そして特徴的な割れ目（**真珠岩様割れ目**，perlitic crack）が発達したガラス質の**真珠岩状組織**（perlitic texture）などを呈する．図 2.35 は少し急冷した玄武岩溶岩で，ガラスや急冷晶からなる石基組織を示す．

　火山岩の**石基組織**（groundmass texture）は，火道における発泡，脱ガス，結晶化を含む**冷却史**（cooling history）を理解するうえで重要な情報となる（鈴木, 2006；2008；2016）．火山岩において，重要な構成要素が**火山ガラス**（volcanic glass）である．メルトはしばしば高い過冷却度の下で急冷することによって**非晶質**（amorphous）のガラスとなる．ガラスは軽石やマグマの水冷自破砕で生じた**ハイアロクラスタイト**（hyaloclastite）の主要な構成要素である．ガラスは流紋岩質の場合が多いが，流紋岩は一般に高粘性で結晶化が妨げられ，ガラス質となり，**黒曜石**（オブシディアン，obsidian）や**真珠岩**（パーライト，perlite）などとなる．生じたガラスは準安定な非常に粘性の高いメルトと見なすことが可能で，

一般に時間とともにより安定な状態に変化し，それに伴ってガラスの水和やガラスが透明性を失う**失透**（**脱ガラス化作用**，devitrification）が進行する．このときの水和を受けた部分（水和層）の厚さは時間の関数であることから，水和層の厚さを用いて噴出年代の推定がなされることがある．失透はガラスが結晶化することによって起こり，一般には球顆や**マイクロスフェルライト**（microspherulite）からなる**球顆状**（spherulitic）～**マイクロスフェルリティック**（microspherulitic）組織や，微細な長石と石英がモザイク状に発達する**フェルサイト質組織**（felsitic texture）が生じる．玄武岩質ガラスでは，水和と失透の進行によって鉄酸化物，粘土鉱物，**沸石鉱物**（**ゼオライト鉱物**，zeolite mineral）の混合物である**パラゴナイト化**（palagonitization）が進む．沸石鉱物，**方解石**（calcite），**オパール**（opal）などの低温で生じる二次鉱物が，熱水活動などを通して火山岩中の**球状**あるいは楕円体状孔隙を満たし，**杏仁**（きょうにん）（アミグデュール，amygdule）を形成する場合がある（**杏仁状組織**，amygdaloidal texture）．また，ガラス化した火山岩も，よく観察すると**微斑晶**（microphenocryst）や微細なマイクロライト，**クリスタライト**（crystallite，**晶子**）が含まれているのが普通である．溶岩流の冷却は，表面の空気に触れた部分が最も過冷却度が大きく，内部になると熱伝導率が小さいためにゆっくりと冷え，より過冷却度の小さい組織を示すのが一般的である．

　一般には，マグマが地下深部から地表に急激に噴出する過程では過冷却度（**過飽和度**，degree of supersaturation）がつき，その間に微斑晶やマイクロライトが晶出する．含水マグマでは，地殻上部の圧力条件下では圧力が低下するとリキダスとソリダスの温度が上昇する．そのため，火道を高速で上昇するマグマはほとんど温度が低下せずに，減圧と脱水により過冷却（過飽和）となり（Cashman, 1992），温度がメルトのガラス転移点以上であれば（Couch et al., 2003），マイクロライトが晶出する（図2.36）．石基マイクロライトの減圧脱水結晶作用については，**一段減圧**（single-step decompression：SSD），**多段減圧**（multi-step decompression：MSD），**連続減圧**（continuous decompression：CD）による減圧結晶化実験と理論に基づき，**マグマの上昇速度**（magma ascent rate）などを見積もる有力な手法となっている（鈴木，2006；2016；Noguchi et al., 2006；2008a；b；Rutherford, 2008；Brugger and Hammer, 2010；中村，2011）．

第 2 章 火成岩と火山岩

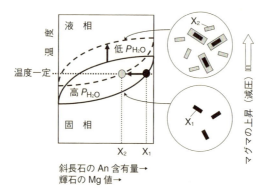

図 2.36 含水二成分固溶体の相平衡図とマイクロライトの減圧脱水結晶化（中村，2011）
相図中のリキダスとソリダスループのうち，実線は深部でのマグマ中の水の分圧（P_{H_2O}）が高い状態を，破線はマグマの上昇に伴う減圧と脱水で水の分圧が低下した状態を示す．マグマの急激な上昇により，マグマの温度は変化せずに過飽和度（過冷却度）がつき，低圧側で安定なマイクロライトが晶出する．

2.7.5 フローマーカーと流動ファブリック

石基を構成する微細な結晶，とくに**針状**（acicular），**柱状**（columnar），**卓状の結晶**（**クリスタルフローマーカー**，crystal flow marker）は，しばしば溶岩流などの流動の影響を受けて，その結晶配列の方位が線状に配列したり，面状に配列したりすることがある（Best, 2003）．そのような**流動ファブリック**（flow fabric）は，とくに流紋岩などの粘性の高いマグマが流れる際に，流速に関する明瞭な勾配があると顕著に現れる（図 2.30 参照）．これを利用して溶岩流や貫入体の移動方向を推定することが可能となる．流紋岩などに発達する流理構造は石基鉱物の配列や偏在のみでなく，結晶度や気泡分布の不均質性も伴うことが多く，粘性の高いメルトの流動中での弱面の形成やそれに伴う結晶や揮発性成分の**開口割れ目**（tensile crack）への**偏析**（segregation），それによって生じる温度分布の不均質性などが，顕著な流理形成の要因であると推定される．

2.7.6 結晶サイズ分布と組織解析

岩石の組織とは，岩石中の鉱物粒子の形状，サイズ，配列のしかた，相互の位置関係など，幾何学的特徴の総体をさす．**岩石組織**（rock fabric）は岩石形成

2.7 火成岩の組織と構造

図 2.37 みかぶ帯，集斑状ピクライト玄武岩中のカンラン石（白色部）の自形斑晶
一部に骸晶状のものも認められる．カンラン石斑晶の粒間の暗色部が石基ガラス部で，暗灰色部には輝石の急冷晶が認められる．

の一連の過程の結果であり，そこには岩石のでき方に関する情報が含まれている．通常，深成岩が**等粒状**（equigranular）を呈し，火山岩が**斑状**（porphyritic）を呈するのに対して，粒度が粗粒から細粒へと連続的に変化する場合を，**シリイット組織**（seriate texture）とよぶ．シリイット組織はその形成に，より複雑なプロセスが関与したことを示唆している．斑晶は地下深部のマグマ溜りから運ばれたと一般には考えられるが，火道においてもマグマの上昇とそれに伴う発泡によってリキダスが上昇して急激に結晶が成長し，斑状結晶となることがある．斑晶にきわめて富んだ組織は**集斑状**（glomeroporphyritic）とよばれる．図 2.37 にカンラン石斑晶が集斑状組織を呈する**ピクライト質玄武岩**（picritic basalt）を示す．すでに述べたとおり，斑晶などの結晶の外形や形態はマグマの冷却速度や過飽和度と密接に関係している．

岩石の組織情報のなかで最も数値化しやすいものに，結晶の**数密度**（number deisity）や**結晶サイズ**（crystal size）がある．火山岩を構成する斑晶・石基の**結晶サイズ分布**（crystal size distribution：CSD）は，火山岩の**結晶化過程**（crystallization process）を検討する際にしばしば活用される（Hammer, 2008）．とくに石基マイクロライトのような重力分化作用が無視できる場合は，結晶数密度や結晶サイズ分布とマグマの冷却速度や過飽和度を関連づけたモデルや減圧結晶化実験などに基づき，マグマの上昇過程などを検討することができる．結晶サイズが大きくなるほど，結晶数は指数関数的に減少することから，横軸に結

晶サイズ，縦軸に結晶数密度の対数をとったとき，結晶サイズ分布はほぼ直線で表され，結晶の滞留時間が短いほどその傾斜は急になる（Marsh, 1988；1998）．**霧島火山**における 2011（平成 23）年の新燃岳噴火では，火口に近い深度での発泡・脱ガスによる急冷で，石基マイクロライトの晶出に遅れて幅 2 μm 以下の石基ナノライト（nanolite）が晶出しているが，ナノライトが示す傾斜はマイクロライトの傾斜より急であり，より滞留時間が短かったことを示している（Mujin and Nakamura, 2014）．それぞれ爆発的噴火と非爆発的噴火で生じた火砕物と溶岩は，異なる石基結晶度-数密度トレンドを描くことが知られており，両者の間の火道上昇過程の違いを明瞭に反映している（Martel and Poussineau, 2007）．

気泡の数密度やサイズ分布についても実験や理論に基づき，その減圧発泡過程を検討できる可能性がある（Yamada *et al.*, 2005；2006；Toramaru, 2006）が，結晶とは異なり気泡の場合は合体や分裂，開放系脱ガスや圧密などの影響を受けるため，最終的な噴出物の気泡組織から減圧発泡過程の全体像を復元することはやさしくない（嶋野，2006；Yoshimura and Nakamura, 2008）．組織解析にあたっては，結晶形態，結晶化量（結晶モード組成），結晶数密度，結晶サイズ分布や結晶の組成累帯（固溶体組成）などの岩石組織の観察，記載結果などに基づいて，その組織が形成された過程を検討し，時間発展を解釈する．解釈された組織の時間変化，時間発展に基づいて，組織を形成した現象のダイナミクスについてモデル化を行う（Toramaru *et al.*, 2008；中村，2011；鈴木，2006；2016）．

2.8　ソレアイト岩系とカルクアルカリ岩系

2.8.1　ひとつの火山に共存するソレアイト岩系とカルクアルカリ岩系

東北日本弧の第四紀火山においては，火山フロントから背弧側へと分布するソレアイト岩系，高アルミナ玄武岩系，アルカリ玄武岩系のいずれの岩系の玄武岩が活動する地帯においても，カルクアルカリ岩系の岩石を伴っている．表 2.4 に，東北日本弧の火山フロントから背弧側にかけて分布するソレアイト岩系，高アルミナ玄武岩系，カルクアルカリ岩系の火山岩についての $SiO_2 = 50$，

2.8 ソレアイト岩系とカルクアルカリ岩系

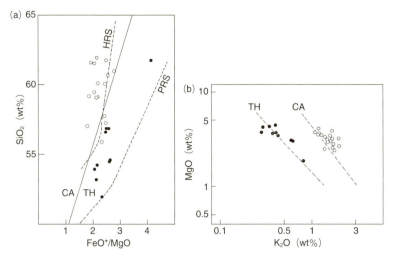

図 2.38 安達太良火山噴出物におけるソレアイト系列岩（TH）とカルクアルカリ系列岩（CA）の区分（藤縄ほか，1984）
(a) の実線は，ソレアイト系列岩（TH）とカルクアルカリ系列岩（CA）の境界（Miyashiro, 1974）を示す．(b) の破線はソレアイト系列（TH）とカルクアルカリ系列（CA）の，(a) の破線は P シリーズ（PRS）と H シリーズ（HRS）の組成変化トレンドを示す．プロットされたデータは安達太良火山噴出物の組成で，黒丸はソレアイト系列岩，白丸はカルクアルカリ系列岩である．

55，60％ に規格化した化学組成を示す（Yoshida and Aoki, 1985）．ソレアイト岩系とカルクアルカリ岩系の岩石は，MFA（MgO–Total FeO–Na$_2$O+K$_2$O）図，FeO*/MgO–SiO$_2$ 図（Miyashiro, 1974），MgO–K$_2$O 図（Masuda and Aoki, 1979）などで識別される．ここで，FeO* は FeO+0.9 × Fe$_2$O$_3$（wt％）のことで，Total FeO ともいう．図 2.16 に高原火山の例を，図 2.38 に安達太良火山の例を示す．ひとつの火山でソレアイト岩系とカルクアルカリ岩系が共存している場合，両者には図に示すように明瞭な全岩化学組成の差が認められるとともに，一般に，前者は後者に比べて，より高いリキダス温度，より低い水含有量と**酸素分圧**（oxygen partial pressure, **酸素フガシティー**, oxygen fugacity：f_{O_2}）を示す．

2.8.2 両岩系の岩石組織や斑晶モード組成にみられる違い

同一火山に相伴うソレアイト系列とカルクアルカリ系列の間には，顕著な岩

第 2 章　火成岩と火山岩

表 2.4　東北日本弧の SiO_2 で規格化した火山岩組成

名称	C-60	T-60	C-60	C-60	C-55	C-60	T-60	C-55	C-60
場所	118	119	120	122	123	123	142b	142b	142b
TVG(km)	330	300	295	285	285	285	280	280	280
(wt%)									
SiO_2	60.00	60.00	60.00	60.00	55.00	60.00	60.00	55.00	60.00
TiO_2	0.98	0.95	1.01	0.89	0.86	0.75	1.00	0.77	0.83
Al_2O_3	17.01	16.72	16.37	15.51	18.36	17.10	16.03	17.37	15.98
Fe_2O_3	3.14	3.81	3.57	2.45	4.36	3.42	2.67	0.79	2.49
FeO	3.88	3.80	4.05	5.06	4.47	3.69	6.25	9.71	5.27
MnO	0.19	0.17	0.15	0.12	0.15	0.14	0.16	0.15	0.13
MgO	2.56	2.45	2.76	3.88	3.81	2.73	2.60	5.37	4.01
CaO	6.27	6.55	6.54	7.01	7.53	6.68	6.70	9.11	7.02
Na_2O	3.59	3.47	3.26	2.51	2.74	3.24	3.50	2.63	2.85
K_2O	1.49	0.86	1.19	1.51	0.50	0.76	0.81	0.70	1.13
P_2O_5	0.21	0.22	0.19	0.15	0.15	0.16	0.15	0.06	0.11
計	99.32	99.00	99.09	99.09	97.93	98.67	99.99	99.98	99.99
(ppm)									
Sc	14.4	22.6	21.2	24.9	24.8	18.5	27.3	22.0	23.16
Cr	9.1	11.5	-	80.5	60.5	37.6	5.9	270	93.8
Co	8.6	13.3	18.7	25.5	25.2	16.8	19.8	31.8	23.9
Ni	1.3	5.0	-	34.0	28.3	15.8	6.5	62.9	33.7
Zn	67	88	-	74	82	78	108	62	79
Rb	21.0	9.8	26.3	52.5	8.3	13.3	20.4	21.6	32.3
Cs	0.63	0.1	0.41	3.34	0.65	0.58	1.39	1.61	1.19
Sr	444	318	294	214	280	269	275	228	233
Ba	306	429	316	287	316	498	209	142	249
La*	-	8.03	10.8	-	-	-	8.23	2.55	8.67
Ce	23.3	22.1	24.2	20.7	11.3	15.0	15.2	16.1	18.9
Ce*	-	26.3	29.1	-	-	-	22.1	23.3	25.6
Sm*	-	5.03	4.19	-	-	-	3.88	2.08	3.63
Eu*	-	-	1.52	-	-	-	1.40	0.33	0.90
Tb*	-	1.38	0.93	-	-	-	0.72	0.55	0.74
Yb*	-	4.67	2.97	-	-	-	2.96	-	2.36
Lu*	-	0.62	0.54	-	-	-	0.41	0.24	0.37
Y	29.1	36.4	30.0	24.5	18.0	23.8	28.3	22.7	27.9
Nb	3.1	6.0	5.8	4.2	2.9	3.4	3.46	3.22	5.3
Hf*	-	-	3.56	-	-	-	2.37	1.72	3.03
Zr	92.4	113	142	119	61.3	80.8	84.5	86.2	111
U*	-	0.12	0.65	-	-	-	0.56	1.00	0.95
Th*	-	1.00	3.15	-	-	-	2.05	2.69	3.41

* 放射化分析結果.
各元素濃度は, $SiO_2 = 50, 55, 60\%$ での値に規格化した値である.
火山岩の岩石系列　T：ソレアイト系列, C：カルクアルカリ系列, HA：高アルミナ玄武岩系列.

2.8 ソレアイト岩系とカルクアルカリ岩系

(Yoshida and Aoki, 1985)

名称	T-50	T-60	C-55	C-60	C-55	C-60	C-55	HA-50	C-55	C-60
場所	143	143	143	143	145	145	146	147	147	154b
TVG(km)	290	290	290	290	325	325	380	390	390	305
(wt%)										
SiO_2	50.00	60.00	55.00	60.00	55.00	60.00	55.00	50.00	55.00	60.00
TiO_2	0.87	0.95	0.50	0.68	0.85	0.74	0.67	1.03	0.83	0.95
Al_2O_3	19.32	16.69	16.18	15.81	18.72	16.88	20.25	17.18	16.93	15.56
Fe_2O_3	2.38	3.96	2.26	3.09	1.96	2.32	3.29	2.43	2.35	2.62
FeO	7.06	5.64	8.05	5.42	5.62	4.46	2.58	6.07	4.46	5.18
MnO	0.16	0.14	0.15	0.12	0.10	0.11	0.15	0.19	0.17	0.10
MgO	6.65	2.30	5.64	4.00	4.28	2.72	3.69	8.18	5.08	3.74
CaO	10.82	7.06	9.60	7.16	7.72	6.11	8.57	9.73	7.85	7.02
Na_2O	2.28	2.82	2.21	2.60	2.80	3.35	2.79	2.51	2.84	2.56
K_2O	0.22	0.64	0.53	0.99	0.97	1.39	1.14	1.24	2.05	1.10
P_2O_5	0.10	0.15	0.08	0.12	0.14	0.21	0.46	0.22	0.22	0.12
計	99.86	100.35	100.20	99.99	98.16	98.29	98.59	98.78	97.78	98.95
(ppm)										
Sc	30.3	24.0	25.4	21.7	24.7	19.8	10.3	26.9	27.0	19.1
Cr	72.8	25.0	126	65.2	79.8	46.9	35.2	276	179	42.9
Co	36.6	22.8	32.2	25.0	26.1	15.3	15.6	33.8	27.3	24.9
Ni	47.1	9.7	48.5	26.9	34.5	6.2	21.6	137	67.1	26.9
Zn	84	91	82	71	60	71	89	75	87	72
Rb	2.0	10.5	12.6	26.2	20.3	24.1	53.9	41.6	65.5	31.8
Cs	0.08	0.25	0.42	0.65	0.84	1.17	1.37	1.32	3.89	2.13
Sr	281	244	236	216	392	347	895	534	472	250
Ba	327	340	206	248	492	466	699	897	1,135	252
La*	3.65	8.10	5.70	8.90	12.0	16.6	23.8	22.5	21.6	6.77
Ce	6.03	15.3	10.6	19.0	24.7	33.8	41.2	27.8	45.1	16.3
Ce*	12.4	26.3	18.4	27.9	29.5	45.6	54.9	46.7	44.9	20.9
Sm*	1.91	4.08	2.55	3.59	3.34	5.62	5.55	4.75	4.61	3.48
Eu*	0.82	1.18	0.79	1.02	1.38	1.91	1.76	1.12	1.24	1.03
Tb*	0.35	0.80	0.38	0.70	0.64	1.09	0.79	-	-	-
Yb*	1.54	3.40	2.04	3.08	2.08	3.77	2.98	2.63	2.51	3.07
Lu*	0.25	0.52	0.34	0.48	0.39	0.61	0.47	0.40	0.38	0.39
Y	16.1	33.0	16.9	27.6	25.0	39.2	25.7	20.2	25.2	28.9
Nb	1.7	3.6	2.7	4.08	3.70	5.48	3.70	1.76	6.20	2.24
Hf*	0.84	2.02	1.80	2.82	2.61	3.80	2.98	-	-	-
Zr	35.1	84.4	70.2	113	103	157	105	60.4	86.8	114
U*	0.14	0.49	0.68	0.95	0.98	1.24	1.27	-	-	1.00
Th*	0.43	1.65	1.84	3.16	3.47	3.89	5.51	-	-	3.31

場所:118:沼沢,119:猫魔,120:磐梯,122:吾妻,123:蔵王,142b:岩手,143:八幡平,145:森吉,146:寒風,147:目潟,154b:八甲田.
TVG:日本海溝からの距離.

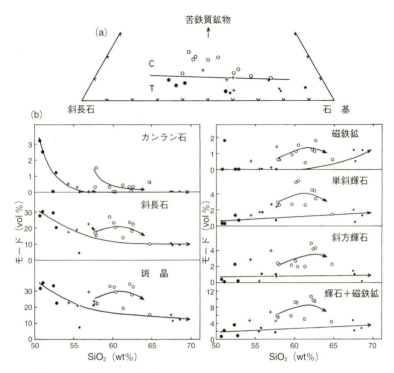

図 2.39 八幡平火山噴出物の SiO_2 量と斑晶量の関係（吉田ほか，1983）

1.2万年前ころに活動を始めた八幡平火山群は，ソレアイト系列岩とカルクアルカリ系列岩が共存する東北日本弧火山フロントの代表的な火山のひとつである．八幡平火山噴出物にはソレアイト系列岩とカルクアルカリ系列岩があるが，そのほかに両者の中間的な性質を示すサブオーディネイトソレアイト（Kawano et al., 1961）がみられる．ソレアイト系列岩（T）とカルクアルカリ系列岩（C）との間には明瞭な斑晶モード組成差があり，苦鉄質鉱物–斜長石–石基三角図上で明瞭に区分できる（a）．SiO_2 量に対して斑晶量をとった図（b）でも両者のトレンドは異なっており，いずれの図でもカルクアルカリ系列岩のほうが斑晶量に富んでいる．

●：ソレアイト質玄武岩〜玄武岩質安山岩，◆：ソレアイト質安山岩，◼：ソレアイト質デイサイト，＋：サブオーディネイトソレアイト，○：カルクアルカリ安山岩．

石組織や斑晶モード組成の違いがある．図 2.39 に岩手県，八幡平火山噴出物における SiO_2 量と斑晶モード組成の関係を示す（吉田ほか，1983）．図 2.40 と図 2.41 はいずれも岩手火山の火山岩であるが，前者はソレアイト系列に属する玄武岩で，斑晶の自形性が高く，石基の結晶度が良い．後者はカルクアルカリ安山岩で，斑晶のサイズや形態は多様であり，石基の結晶度は悪い．一般的傾向として両者の間には斑晶モード組成に差があり，ソレアイト系列に対してカル

2.8 ソレアイト岩系とカルクアルカリ岩系

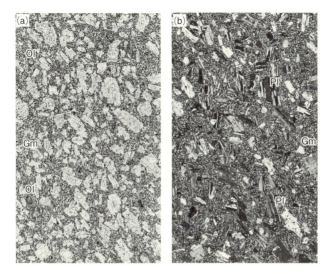

図 2.40 偏光顕微鏡で見たソレアイト系列に属するカンラン石玄武岩（岩手県，岩手火山・薬師岳）

岩手火山には，一部にカルクアルカリ系列に属する安山岩～デイサイトが認められるが，噴出物の大部分はソレアイト系列に属する玄武岩～安山岩である．平行ポーラー (a) 下で白く，直交ポーラー (b) 下で白黒の縞（双晶）が発達しているのが斜長石 (Pl) 斑晶で，その粒間を細粒結晶からなる暗色の石基 (Gm) が埋めている．カンラン石 (Ol) は平行ポーラー下で粒状を呈し，屈折率が高いため灰色を示している．ソレアイト系列の玄武岩は，このように著しく斜長石斑晶に富んでいる．

クアルカリ系列は同じ SiO_2 値で比較した場合，斑晶，とくに苦鉄質斑晶が多い傾向がある．両者の間には，全岩組成と石基組成との関係にも違いが認められる．図 2.42 に示すように，北八甲田火山におけるカルクアルカリ岩系の全岩組成変化のトレンドは，斑晶と石基組成を結んだ線が示すトレンドに近いのに対して，ソレアイト系列の全岩組成変化のトレンドは，斑晶と石基組成を結んだ線が示すトレンドと大きく斜交している．表 2.5 は，北八甲田火山での全岩組成が描くトレンドを説明する分別鉱物を最小二乗法（Wright and Doherty, 1970）で求めた結果である（佐々木ほか，1985）．これらの結果は，一般に高温で**含水量**（water content）が少ないとされるソレアイト系列と，より低温で含水量に富むとされるカルクアルカリ系列のマグマプロセスに大きな違いがあることを示唆している（吉田，1989）．

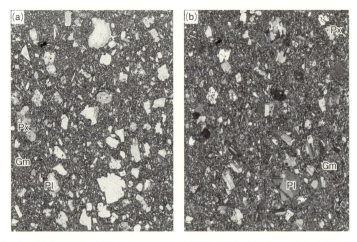

図 2.41 偏光顕微鏡で見たカルクアルカリ系列に属するカンラン石含有斜方輝石単斜輝石安山岩(岩手県,岩手火山,雫石)

斜長石(Pl)斑晶は,平行ポーラー(a)下で白く,直交ポーラー(b)下で白黒の縞(双晶)が発達している.斜長石斑晶の粒間を細粒結晶とガラスからなる暗色の石基(Gm)が埋めている.平行ポーラー下で屈折率が高いため灰色を示しているのが,輝石(Px)を主とする苦鉄質鉱物の斑晶である.横幅は約 1 cm.カルクアルカリ系列の安山岩はソレアイト系列に比べて,斜長石斑晶に対する苦鉄質鉱物斑晶の比率が高いのが特徴である.

2.8.3 複数の岩石系列の共存とその成因

ひとつの火山で相伴うソレアイト岩系とカルクアルカリ岩系の成因については,(1)これらが同じ初生マグマに由来するが,結晶分化作用やそれに伴うマグマ混合などの二次的な地殻内作用の違いで生じた,(2)これらは同じ起源物質の異なる深さあるいは部分溶融条件下で生じた別の初生マグマに由来する,あるいは(3)これらは異なる起源物質に由来する,といったさまざまな考えがある.これらの起源物質の違い,分別結晶相の違いやマグマ混合の有無は複合しうるので,これらの個々の効果を分離することは容易ではないが,個々の火山について詳細な検討と議論がなされている.

また,先に示したソレアイト岩系=ピジョン輝石質岩系(P シリーズ)=N タイプ,カルクアルカリ岩系=シソ輝石質岩系(H シリーズ)=R タイプ,という関係も,必ずしもつねに成り立つものではない.たとえば,図 2.43 に妙高火山群溶岩の化学組成と結晶分化作用による組成変化トレンドおよび**苦鉄質端**

2.8 ソレアイト岩系とカルクアルカリ岩系

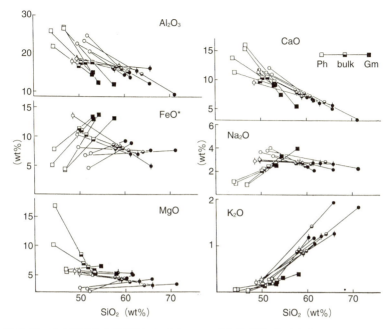

図 2.42 北八甲田火山噴出物におけるソレアイト系列岩(四角)とカルクアルカリ系列岩(丸に棒:タイプ1, 丸:タイプ2)の斑晶, 全岩, 石基組成の関係 (佐々木ほか, 1985)

北八甲田火山は, 八甲田カルデラ形成後にできた高田大岳などからなる後カルデラ火口丘群である. 図には全岩(bulk)組成と, 斑晶組成(Ph), 石基組成(Gm)を線で結んで示している. タイプ1は低斜長石/輝石斑晶型カルクアルカリ岩, タイプ2は高斜長石/輝石斑晶型カルクアルカリ岩である. ソレアイト系列岩の石基組成が鉄に富んでいるのに対して, カルクアルカリ系列岩の残液は著しくカリウムに富む傾向がある. とくにソレアイトにおいて, 全岩組成が示す変化と斑晶と石基を結んだタイラインとの食い違いが顕著である.

成分(mafic end member)と珪長質端成分(felsic end member)の混合線を示す(長谷中ほか, 1995). 図に示すとおり, 妙高火山群では苦鉄質端成分マグマの結晶分化作用で形成されたPシリーズNタイプに伴って, それを端成分とするマグマ混合で生じたと推定されるシソ輝石質岩系(Hシリーズ)が産するが, それにはNタイプとRタイプのいずれもが認められる.

第2章 火成岩と火山岩

表 2.5 北八甲田火山群を構成するソレアイト系列岩とカルクアルカリ系列岩の全岩組成変化を説明する結晶分別相の計算結果（佐々木ほか，1985）

	親マグマ*	娘マグマ*	残差二乗和	カンラン石	単斜輝石	斜方輝石	磁鉄鉱	斜長石	残液量
1	TH 1-1	TH 1-2	0.0169	4.53	-	-	-	-	95.47
2	TH 1-2	TH 1-3	0.0289	4.73	-	-	-	5.07	90.32
3	TH 1-3	TH 1-4	0.4318	5.55	-	-	-	6.96	87.46
4	TH 1-1	TH 1-3	0.0249	8.76	-	-	-	4.23	87.08
1	CA 55	CA 56	0.0064	3.39	2.97	-	-	7.58	86.07
2	CA 56	CA 58	0.0088	5.08	4.13	-	-	11.91	78.75
3	CA 58	CA 60	0.0008	3.55	2.62	-	0.27	9.96	83.51
4	CA 60	CA 62	0.0007	-	1.49	3.51	0.93	10.09	83.99
5	CA 62	CA 64	0.0143	-	0.40	2.90	0.71	9.40	86.51
6	CA 64	CA 65	0.0137	-	-	1.22	0.29	4.84	93.59

TH 1-1：49.51，TH 1-2：49.54，TH 1-3：51.21，TH 1-4：52.76（SiO_2 wt%）．CA55：SiO_2 wt%が 55.00．他も同様．*TH:ソレアイト系列，CA:カルクアルカリ系列．
ソレアイト系列岩の全岩組成変化経路はカンラン石，あるいはカンラン石＋斜長石の分別で説明できるが，この変化経路は斜長石に富んだ斑晶と石基を結んだ線とは大きく斜交する．カルクアルカリ岩の組成変化経路は基本的には現在含まれている斑晶鉱物の分別で説明できるが，算出される分別相の量比と斑晶モード組成との間には差がある．

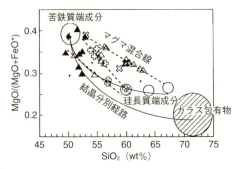

図 2.43 妙高火山群溶岩の化学組成（長谷中ほか，1995）
妙高火山群の火山噴出物は，その鉱物学的特徴と化学組成から，P シリーズ N タイプ玄武岩，H シリーズ N タイプ安山岩，そして H シリーズ R タイプ安山岩に三分できる．妙高火山（黒三角：P シリーズ N タイプ，⊗：H シリーズ N タイプ，白三角：H シリーズ R タイプ），黒姫火山（黒ダイヤ：P シリーズ N タイプ，✛：H シリーズ N タイプ，白ダイヤ：H シリーズ R タイプ），小さい＋：飯縄火山．実線は結晶分化経路を，点線は白丸で示した端成分マグマの混合線を示す．斜線の丸はガラス包有物の組成を示す．P シリーズ N タイプ玄武岩の組成はほぼ結晶分化経路にのり，H シリーズ N タイプ安山岩，H シリーズ R タイプ安山岩へと，珪長質端成分がより分化したマグマとの混合線に重なる傾向を示す．マグマ混合の苦鉄質端成分はいずれも P シリーズ N タイプ玄武岩の未分化端成分にほぼ一致している．

第3章 火山の噴火と噴出物

3.1 はじめに

　火山活動は多岐にわたるが，最も目をひくのは噴火活動であろう（図 3.1）．火山の噴火は，高温のマグマが地下十数〜数 km にあるマグマ溜りから地表まで移動し，噴出・堆積する過程で起こるさまざまな現象である．日本には地球全体の約 10 分の 1 の火山が集中している．気象庁が活火山としている火山数は国内に 110 もある（表 1.1 参照）ので，日本ではいろいろなタイプの噴火が頻繁

図 3.1　ハワイ島，キラウェア（Kilauea）火山の山頂部にある 3 × 2 km のキラウェアカルデラ中に形成された直径約 800 m のハレマウマウ（Halemaumau）火口（ピットクレーター）

このカルデラで代表されるキラウェア型カルデラは，玄武岩質の楯状火山に特徴的なカルデラである．山腹のリフトゾーンからの溶岩の流出や岩脈・岩床としてマグマが周囲に移動するなどの結果，山頂直下のマグマ柱が低下して陥没カルデラが形成される．キラウェアカルデラ内に形成されたこの大型のピットクレーター（陥没によって生じた火口）内には，噴火のたびに一時的な溶岩湖が形成される．2012 年時点では溶岩湖は固結し，内部から噴気が出ている

に起こっている．現在も**桜島火山**では活発なブルカノ式噴火（3.3.5 項参照）が続いており，**西之島火山**では火山島の成長が続いている．また，2014 年の**御嶽火山**で起こった**水蒸気爆発**（phreatic explosion）による**水蒸気噴火**（phreatic eruption）では 60 人あまりの犠牲者がでている．2011 年 2 月には霧島火山の新燃岳で，2004 年 9 月には浅間火山で爆発的噴火が頻発した．2000 年には有珠火山の山麓部でマグマ水蒸気噴火が発生し，**三宅島火山**では山頂部でカルデラ形成を伴う噴火が起こった．また，1991〜95 年の 5 年もの間，雲仙火山の普賢岳では溶岩ドーム噴火が起こり，火砕流が頻発した．1980 年代には三宅島や伊豆大島で，溶岩を噴き上げる噴火が発生している．伊豆半島東方沖では海底で火山爆発が起こり，新たな火山（手石海丘）が形成された．1970 年代には**秋田駒ヶ岳火山**で**ストロンボリ式噴火**（Strombolian eruption）が発生し，御嶽火山や**鳥海火山**でも水蒸気爆発などが起こっている．「日本は火山国である」といわれるように，いろいろな噴火が数年に 1 回は発生している．

　20 世紀最大といわれる噴火は，1991 年にフィリピンのピナツボ（Pinatubo）火山で発生した（Newhall and Punongbayan, 1996）．この 5 km^3 を超える火山灰を噴出した**プリニー式噴火**（プリニアン噴火，Plinian eruption）によって，新たに直径 2 km の火口が形成された．世界の注目を集めた大噴火としては，米国の**セントヘレンズ**（St. Helens）火山の 1980 年の噴火がある．この火山は富士山のような美しい成層火山であったが，5 月 18 日，マグニチュード 5 の地震を契機に山体の北部が崩壊し，馬蹄形のカルデラを形成する大噴火を起こした．引き続き噴出した火山灰は成層圏まで達した．**水底カルデラ**（subaqueous caldera）からなるインドネシアの**クラカトア**（Krakatau）火山の約 36,000 人の犠牲者をだした 1883 年噴火では，山体のほとんどが噴き飛ばされ，大津波が発生したことが知られている．1783 年に起こったアイスランドの**ラカギガル**（Lakagigar）火山の大溶岩流噴火は，大量のマグマを長期間にわたり噴出したために，ヨーロッパで夏に雪が降り，フランス革命の引き金になったといわれている．また，ミノア文明の崩壊の主因といわれる**サントリーニ**（Santorini）火山の噴火は，地中海に大津波を起こし，モーゼのエジプト脱出の際の海が割れる話のもととなったのではないか，という説もある．

3.2 火山の噴火

3.2.1 噴火の駆動力とトリガー

　火山噴火はマグマが地表面に到達することによって生じる現象である．マグマは，一般には密度が周囲の岩石の密度よりも小さいため，地殻内部で上昇するための浮力を得ることができる．圧力の高い地殻深部では，マグマ中のメルトに水や二酸化炭素などの揮発性物質が溶け込んでいる（図 3.2）が，マグマが上昇し周囲の岩石から受ける圧力が下がってくると，メルト中に溶け込んでいられなくなり，気泡として分離する（**減圧発泡**, decompression vesiculation）．噴出した火山弾や溶岩などには小さな気孔が無数に開いているが，これはその名残である．この減圧発泡のメカニズムにより，マグマは上昇すればするほど密度が小さくなり，より大きな浮力を獲得するので，固い地殻を突き抜けて上昇することが可能となる．さらに，メルトに溶け込んでいた揮発性物質は，発泡によって急激に体積を百倍から千倍以上にも増やすので，地表に達すると高速で噴出（爆発）する．

　玄武岩質マグマは高温で粘性が低く，揮発性成分の含有量は，珪長質マグマに比較して少ない．そのため玄武岩質マグマ中では，揮発性成分の発泡と生じた気泡のメルトからの離脱が円滑に進み，その結果，マグマの地表への噴出は，**溶岩噴泉**（lava fountain）や割れ目火口からのカーテン状の溶岩の流出などに

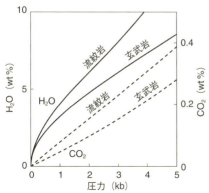

図 3.2 H_2O（実線）および CO_2（破線）のマグマへの溶解度

玄武岩質マグマへの溶解度は 1,200℃，流紋岩質マグマへの溶解度は 800℃（H_2O, CO_2 ともに同じ温度）で，飽和圧力を Newman and Lowenstern（2002）を用いて計算．

よって比較的穏やかに進行する．一方，安山岩質マグマは粘性が高く，マグマの上昇速度は遅く，圧力の減少も緩やかとなり，減圧や温度低下に伴う発泡自体が起こりにくくなって，過飽和状態となる．しかし，ある限界深度でいったん急激な相変化，すなわち**発泡現象**（vesiculation）が始まると，大量の火山ガスがいっせいに放出されて，圧力が高くなった大きな気体の塊が火道内に生じて急激な圧力増加を起こし，爆発的な噴火を生じると考えられている．さらに，粘性が高い**デイサイト質マグマ**（dacitic magma）や流紋岩質マグマでは比較的多くの揮発性成分が含まれ，減圧条件下で発泡すると水を失ったメルトの粘性は急激に増加する．そのため，大きな気体の塊を形成せずにマグマの中に微細な気泡が生じて，そのまま溶岩ドームを形成したり，あるいは火道におけるマグマ全体の膨張と密度の低下に伴うマグマの急激な上昇に伴ってマグマの破砕が進行し，大量の軽石や火山灰を火口から噴出させて爆発的な噴火に至る．

　火山噴火の駆動力のうち，内因性のものとしては，浮力，結晶分化作用と発泡現象，マグマの固化の進行につれて起こる二次的な沸騰現象（**二次沸騰**, second boiling），そして冷却し分化して地殻中に滞留しているマグマに高温の苦鉄質マグマあるいは珪長質マグマが注入されるといったものがある（Sparks et al., 1977；Tait et al., 1989；Tomiya and Takahashi, 1995；Eichelberger et al., 2000；Takeuchi and Nakamura, 2001；Takeuchi, 2004；Suzuki et al., 2013）．そのほかに外的な要因として，**広域応力場**（regional stress field）の変動や火山体の崩壊，地震の発生，そして高温のマグマが冷たい水と接触することなどがトリガーとなって噴火が起こる（小山・吉田，1994；小山，2002；Walter et al., 2011；東宮，2016）．地殻内では数百万年に及ぶ長期間にわたって，ソリダス温度に近い結晶化の進んだマッシュ状～剛体殻化したマグマ溜りが維持されると推定されている．そのようなマグマ溜りに由来すると考えられる大規模な噴火活動が知られており，そのようなマグマの**再流動化**（remobilization）には高温の玄武岩質マグマの役割が重要視されている．島弧で活動する玄武岩質マグマには5％に及ぶ水が含まれており（Kuritani et al., 2013；2014），これがマッシュ状マグマに浸透（gas percolation）して加熱するといった考えや，マッシュ下部に密度成層したのち，**流動相**（mobile layer）が発達し，マッシュ状部とオーバーターンして混合するといった考えなどが提案されている（Koyaguchi and Kaneko, 2000；Bachmann and Bergantz, 2004；2006；Burgisser and Bergantz, 2011；

3.2 火山の噴火

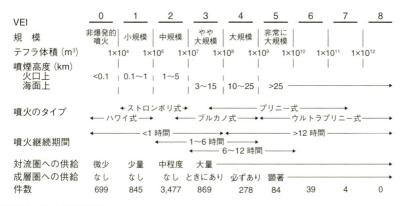

図 3.3 火山爆発指数（Newhall and Self, 1982；Simkin and Siebert, 1994；宇井，1997b）

Tomiya et al., 2013；下司，2016).

3.2.2 噴火の規模とエネルギー

大量のマグマが溶岩や火砕物として堆積するだけでなく，マグマ中の揮発性成分がマグマから分離して火山爆発を起こすことが多い．そのため，噴火の規模の評価には，個々の噴出物の体積や質量と単位時間あたりの噴出量である噴出率といった爆発の強度を合わせて評価する必要がある（Wilson et al., 1978）．プリニー式噴火のような爆発的な噴火では，噴出量と噴出率はおおむね比例関係にあるが，爆発をほとんど伴わない噴火も存在する．1回の噴火の噴出物の量に基づいた噴火規模の指標としては，VEI（Newhall and Self, 1982）と噴火マグニチュード（早川，1993）がある．世界中の活火山の噴火をまとめているスミソニアンカタログ（Simkin et al., 1981）で使用されている**火山爆発指数**（Volcanic Explosivity Index：VEI）は火山噴火の規模を表す尺度としては最も普及している（図 3.3）．VEI は，爆発的な噴火によって生じた火砕物の体積から噴火規模を段階別に分類しており，噴出量 10^4 m^3 以下を VEI = 0, 1,000 km^3 ($= 10^{12}$ m^3) 以上を VEI = 8 として，この間を 1 から 7 までの 7 段階に分けている．なお，**噴煙柱到達高度**（height of eruption column）は噴出率と密接な関連をもつことから，噴煙柱到達高度や噴火の様式も判断基準として考慮し，噴出量が 10 倍増えるごとに指数は 1 段階上がる．噴火タイプとの対応は，ハワイ式（VEI = 0

第 3 章 火山の噴火と噴出物

〜1)，ストロンボリ式（VEI = 1〜2），ブルカノ式（VEI = 2〜4），プリニー式（VEI = 3〜7），ウルトラプリニー式（VEI = 5〜8），となっている．地質時代の噴出物などは，噴火タイプはわかっても噴煙柱到達高度は不明なので，噴出物の体積のみから VEI を決めることが多い．この場合 VEI は噴出量（単位 km^3）の常用対数から 4 を引いた値となる．地震のマグニチュードと同様に，VEI と噴火発生回数の対数との間にも直線的な対応関係（べき分布）が認められ，大規模な活動ほど低頻度となる．世界の活火山の噴火頻度は，VEI = 2〜3 が数十年に一度，VEI = 4〜5 が数百年に一度，そして VEI = 6 以上は数千年に一度程度である（De la Cruz-Reyna, 1991）．過去 1 万年間に，VEI = 8 の噴火は 1 回も発生していないが，それ以前の噴火としてはイエローストーン（Yellowstone）火山の約 220 万年前の噴火（Morgan *et al.*, 1984；Smith *et al.*, 2009）や，インドネシア・スマトラ島のトバ（Toba）火山の 74,000 年前の噴火が知られている（Chesner and Rose, 1991；Self and Blake, 2008）．また，過去 1 万年間に，VEI = 7 の噴火はインドネシア・タンボラ（Tambora）火山の 1815 年噴火など，世界で 5 回発生しており，日本では約 7,300 年前の鬼界カルデラの噴火がそれにあたる（町田・新井，1978；Maeno and Taniguchi, 2007）．

このように VEI は噴煙の高度や火砕噴出物の総量の対数に比例する量であり，火山爆発や噴火の規模を表す指標である．この VEI は火山が噴煙を上げているときに発生する噴火微動源の強度などと一定の関係があり（Suzuki and Kasahara, 1979），噴火微動（6.5.1 **B** 項参照）の発生過程が火山物質の噴出過程と密接な関連があることを示唆している．また，火口のごく浅部での微動活動が深さ数 km に位置する**火山性圧力源**（volcanic pressure source）の活動と相関していることが知られており，比較的速い時間スケールで火口と地下のマグマ溜りが，両者を繋ぐ火道を通して，互いに影響を及ぼしている機構が存在していると考えられている．

火砕物の体積に基づいて噴火規模を区分する VEI では，溶岩流しか噴出しない**ハワイ式噴火**（Hawaiian eruption）などは，たとえ規模が大きくとも VEI = 0 となってしまう．それに対して，溶岩流なども含めた総噴出量（m：重量 kg）に基づいて算出されるのが**噴火マグニチュード**（eruption magnitude）M であり，

$$M = \log m - 7 \tag{3.1}$$

で表される．溶岩や溶岩ドームの噴出量は，一般に噴火前の地形と噴火後の地形を比較して，地形変化量から求める．雲仙普賢岳で 1991～95（平成 3～7）年にかけて山頂に形成された溶岩ドームは，成長と崩壊を繰り返しながら一部は火砕流となって斜面を流下し，山麓に堆積した．この噴火の噴出量の測定は，空中写真測量による等高線図の作成，50 m メッシュデータの読取り，データ入力と差分計算という手順でなされている．その結果は，**DRE**（Dense Rock Equivalent）換算で約 2.011×10^8 m^3 であり，そのうち火砕流堆積物が約 1.683×10^8 m^3 に達している（千葉ほか，1996；長岡ほか，1996）．2011（平成 23）年の霧島火山新燃岳噴火では，溶岩ドーム形成前後に撮像された多数の SAR 画像から溶岩ドーム体積の時間変化を求め，溶岩噴出量と噴出率を決定するとともに，溶岩ドームの膨張と周辺部の沈降が浅部マグマ溜りからのマグマの流出によるものであることを明らかにしている（Ozawa and Kozono, 2013；Kozono *et al.*, 2013；Miyagi *et al.*, 2014）．

　爆発的噴火の直後に，おもに火口の風下側に堆積した**降下火砕物**（**降下火山砕屑物**，pyroclastic fall）の堆積量を計測することは，噴火の規模を求め，噴出率を知るうえで重要な情報となる．降雨による土石流（3.4.9 項参照）への対策にあたっても重要であるため，雨が降る前に緊急に実施されることが多い．降下火砕物の量を求めるには，まず樹木などで覆われていない平坦な場所を選び，矩形範囲の火山灰をチリトリとほうきなどで採取する．これを乾燥・秤量して単位面積あたりの重量を求め，**等重量線図**（isopress map）を作成する．量が多い場合は重量ではなく層厚を測定し，**等層厚線図**（isopack map）を作成する．この場合，**降下火砕堆積物**（volcanic fall deposit）の厚さは堆積後の圧密作用で変化することに留意する必要がある．一般に，降下火砕物は**従表面被覆**（マントルベッディング，mantle bedding）し，その層厚は火口からの距離とともに薄くなる傾向があり，指数関数的に減少するが，等層厚線図は風下方向にやや伸びた楕円をなすことが多い（図 3.4）．噴出物の体積は，この等値線を使って計算する（千葉，2009）．降下火砕物の等層厚線で囲まれた面積と層厚との間には一定の関係があり，両対数グラフ上で傾き -1 の直線にほぼ平行になる．このことから，1 本の等層厚線図から降下火砕物の体積を求める経験式が提案されている．

第 3 章　火山の噴火と噴出物

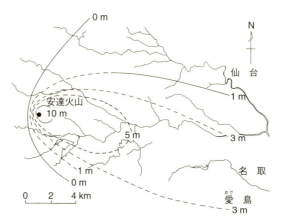

図 3.4　宮城県，仙台西方に位置する安達火山から噴出した安達–愛島軽石の等層厚線図（Kanisawa and Yoshida, 1989）
黒丸が安達火山の火口部である．

$$V = 12.2TA \tag{3.2}$$

ここで，V は降下火砕物の体積，T は層厚（単位 m），A は面積（単位 km^2）である（Hayakawa, 1985）．

　VEI も噴火マグニチュードも，噴出物の量に基づく噴火規模の指標である．しかしながら，爆発的な噴火活動には，マグマに由来するメルトや固体部分のほかに，マグマに由来する火山ガスや高温の火山物質に熱せられて気化した地下水や火砕物に取り込まれた空気などが重要な役割を果たしており，ときにはほとんど噴出物を伴わない VEI = 0 の噴火活動で，火山体が崩壊する場合も知られている．したがって，将来的には，噴火活動に関与した熱的ならびに力学的エネルギーの総量を噴火規模の指標とすることが望まれる．また，火山活動を地球深部に由来する熱エネルギーの拡散・分配過程として総合的に理解することも重要であろう．火薬などの爆発で生じる衝撃クレーターの直径は火薬量と関係し，爆発により放出される物質の量が増えるとクレーターサイズが大きくなる．同様の関係は火山活動で生じた火口直径と噴出物量との間にも認められるが，マグマ噴火，マグマ水蒸気爆発，衝撃クレーターの順に同じ噴出量に対して火口の直径が大きくなる傾向がある（Sato and Taniguchi, 1997）．

3.2 火山の噴火

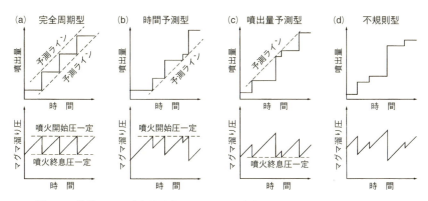

図 3.5 積算マグマ噴出量階段ダイアグラムと鋸ダイアグラム (小屋口, 2016)
時間に対して積算マグマ噴出量をとった階段図には, 完全周期型 (a), 時間予測型 (b), 噴出量予測型 (c), そして不規則型 (d) がある (小山・吉田, 1994). 噴出率がマグマ溜りの圧力 (噴火開始圧力と噴火終息圧力) で決まると考えると階段ダイアグラムと鋸ダイアグラムの関係は上のようになる (小屋口, 2016).

3.2.3 火山活動の時間変化

噴出率は一連の噴火においてもパルス状に変化することがある. 噴火活動において噴火の勢いがしだいに低下した場合, その開始から活動低下までの経過をひとつのフェーズとよぶが, それで活動が終息する場合もあるし, 次のフェーズに移ることもある. より長い火山活動の時間変化を概観するために, 個々の火山噴火の規模を噴出物の体積で表し, その累積を縦軸に, 時間を横軸にとった図 (Nakamura, 1964) を**噴出量累積階段図**, あるいは**積算マグマ噴出量階段ダイアグラム** (cumulative pattern of magma discharge) とよび, 縦軸にマグマ溜り圧をとった図を鋸ダイアグラムとよぶ (図 3.5, 小屋口, 2016). この図は, **火山噴火予知** (prediction of volcanic eruption) を検討するうえで重要なものであるが, 小山ら (小山・吉田, 1994;小山, 2009) は, この階段図を, (a) 活動の休止期間が直前の噴火の噴出量に比例する時間予測型, (b) 噴出量が直前の活動休止期間の長さに比例する噴出量予測型, (c) 活動休止期間と噴出量がいつも同じ完全周期型, そして (d) 活動休止期間と噴出量がいつも一定していない不規則型, の4つに分類している. 噴火間隔と噴出量との関係から, 長期的な平均噴出率を求めることができる. 日本の火山の平均噴出率はほぼ $10^6\,\mathrm{m^3/yr}$

であるが，十和田カルデラなどのカルデラ火山や富士山の活動はこの平均的な噴出率を上回っている（小屋口，2008a；b）．

小山・吉田（1994）は，噴出率が変動する原因として，深部からのマグマ供給率の変動，地殻応力場の変化，マグマ溜りでの物性の変化，マグマが上昇しながら地表に到達しない場合などを挙げている．東北日本弧の後期新生代の火山活動には，縁海の拡大に伴う**伸張応力場**（extensional stress field）での大量の玄武岩溶岩の海底火山活動から，**中間的な応力場**（neutral stress field）での多数のカルデラ火山の形成，そして強い東西性の**圧縮応力場**（compressive stress field）の下での安山岩質成層火山体の形成という，大きく3つのステージが認められる．これらの火山活動の間には明瞭な噴出率の変化があり，岩脈群を火道とする伸張応力場での海底火山活動の噴出率は，中間的な応力場での，地殻内に大規模なマグマ溜りを形成したカルデラ火山の活動に対して2桁大きく，強い圧縮応力場でのパイプ状の火道で維持されたと推定される安山岩質火山活動は，カルデラ火山の活動に対して噴出率が数倍大きい．つまりこれらの火山活動の間には，その当時の広域応力場の変化を反映した平均的な噴出率に明瞭な違いが認められる．伸張場での火山活動に際しても，その間に強い伸張場がはたらき堆積盆が急激に沈降した時代と，おそらく伸張場のはたらきが弱まり堆積盆の沈降が停止した時代があり，堆積盆の沈降が停止した時代には火山活動域が縮退している（Yoshida et al., 2014）．このことは，マグマを上昇させる火道の形態やその開口，閉口が広域応力場に支配され，それに伴い，マグマの噴出率が大きく変動したことを明瞭に示している．

3.2.4　噴火の推移と継続時間

活火山の活動は，静穏期，マグマ蓄積期，噴火期に分けることができる．マグマ蓄積期にはマグマ溜りへのマグマの注入に伴う山体膨張や，浅部へのマグマ移動に伴う火山性地震の発生や火山性ガスの放出などを伴う地殻変動が起こる．噴火期には地下でのマグマ輸送に伴う低周波地震，傾斜ステップ，火山ガス放出量や成分の変化，マグマ噴出に伴う山体収縮などが起こる．また，静穏期にマグマの冷却，熱水や火山ガスの放出によると思われる山体収縮が観測されることもある（青木，2016）．噴火期における噴火活動は開始してから終了するまで同じ活動が継続するとは限らない．とくに規模の大きな噴火の場合は時

3.2 火山の噴火

間の経過とともに噴火の様式が変化するのが普通である．火山噴火は火口が開いてマグマを放出する現象であり，火口の開口時と開口後で噴火様式が変化するとともに，噴出物の噴出率や**噴出速度**（muzzle velocity）の時間変化に伴って噴火様式も変化する．たとえば，典型的な一輪廻の噴火においては，小規模な水蒸気爆発で噴火が始まり，その後，水蒸気爆発を繰り返して噴煙が成層圏に達するような大噴火となり，同時に火砕流が発生するなどして，活動のクライマックスを迎えることがある．このクライマックス期の活動ののち，比較的静穏な溶岩ドームの成長が続き，しばらくしてその成長が終わって噴火活動が終息する（宇井，1997b；Nakada et al., 1999；小屋口，2008a）．このような噴火活動の時間的変遷の好例が，ピナツボ火山における1991〜93年に及んだ噴火である（Newhall and Punongbayan, 1996）が，個々の火山については過去の噴火推移を詳細な地質学的調査などにより明らかにすることが重要である．

　噴火継続時間（eruption continuance time）の定義は，個々の火山爆発に対する場合と，一連の噴火活動に対する場合とがある（中田，2009）．個々の火山爆発は通常，数秒程度から長くても数時間程度で収まる．一般には，噴火の継続時間とは一連の噴火活動に要した時間をさすことが多い（小屋口，2008a）．セントヘレンズ火山で1980年5月18日に発生した爆発的噴火では，まず地震によって**山体崩壊**（large-scale mountain collapse）が起こり，その後，数十秒間で山体が3度にわたって連続的に崩壊した．これによって地下のマグマが爆発を起こして火山灰の噴煙が立ち上がり，約15分後にはこれが成層圏に達した．噴煙柱をつくる噴火活動は約9時間継続している．また，この噴火に先立って，3月末から水蒸気爆発が繰り返し起こっている．そして山体崩壊後，5月25日，6月12日にも噴煙柱を出す活動があり，引き続いて火口内に溶岩ドームがゆっくり成長する活動が1986年10月まで続いている．この場合，噴火の継続時間は6年7カ月に及ぶ．一方でイタリアのストロンボリ（Stromboli）火山では，数十分おきに火山爆発が起こっている．全世界での噴火データ統計によると，噴火の継続時間はまれに1万日を超える場合もあるものの，10〜100日の場合が多く，世界で起こった3,211件の噴火開始と終息の記録がある噴火活動の平均値は7週間である（Simkin and Siebert, 1994）．このうち，半分以上が2カ月以内にその活動を終えている．また，セントヘレンズ火山のように，活動の最盛期の長さは，活動の継続時間に比較してはるかに短いのが普通である．活動

的な火山でみられる噴火と噴火の間の間隔にはばらつきが大きく，規則性を見出すことは難しいが，世界の噴火データの統計によれば1～10年間隔で噴火を繰り返す火山が多い．日本の一部の火山では，ある程度，噴火間隔に規則性らしきものがみられることがある．有珠山の1769～1977年の間の活動では31～57年間隔で6回の噴火が，三宅島では1469～1940年の間に42～66年間隔で10回の噴火が，1940年以降は20年程度の短い間隔で噴火が繰り返されている．そして，雲仙普賢岳では溶岩ドームの成長と火砕流の発生を伴う噴火活動が，最近2万年間に4,000～5,000年程度の間隔で5回起こっている（宇井，1997b；中田，2009）．

3.2.5　噴火の終息

　佐藤ら（2015）は，噴出率がゼロになることを噴火の停止と定義し，噴出率を左右する因子であるマグマ溜りの過剰圧，マグマの粘性係数，マグマ含水量，火道有効断面積と噴出率の関係を論じている．そして，火道開口後の噴火に伴う過剰圧（弾性エネルギー）の解消，発泡・脱ガスや結晶化に伴う粘性の増加，含水量の低下，火道壁の崩落やマグマの冷却・固化による塞栓，溶岩ドームの成長に伴う荷重圧の増加などが噴出率を低下させるとしている．たとえば，火道内の壁に平行な粘性流体の流れである**ポアズイユ流**（Poiseuille flow）では噴出率はマグマの粘性係数に逆比例し，**噴火可能マグマ**（eruptible magma）の粘性係数は10^6 Pa s 以下とされている（Takeuchi, 2011）．また，円筒状火道中のマグマの流れをポアズイユ流で近似した場合，流量は円筒半径の4乗に比例し，火道の有効半径は噴出率に大きく影響する．巨大カルデラ噴火の場合，陥没ブロックがマグマ溜りの底や，**噴火不能マグマ**（non-eruptible magma）の層に達して，噴火可能マグマがなくなった時点で噴火は終わると考えられる（Marti et al., 2000；Bachmann et al., 2007；佐藤ほか，2015）．このように，噴火活動の終息はマグマ溜りの過剰圧の解消や，発泡・脱ガスの進行に伴う粘性増加・含水量低下によるマグマの供給率の低下，マグマ貫入・供給構造の閉塞などによると考えられるが，地下でのマグマ供給系の構造やマグマの状態とその変化を正確に把握することは現時点では難しい（岡田・宇井，1997）．したがって，火山防災上，噴火の終了時期がわかっている2,000例以上の火山活動例に基づいて出された，「初期の爆発でもう最悪は終わったと思うな．最悪がくるまで何日

3.2 火山の噴火

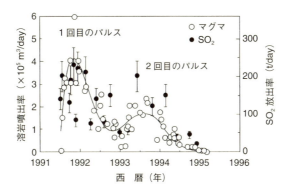

図 3.6 雲仙普賢岳噴火における溶岩噴出率と SO_2 放出率の時間変化 (Nakada et al., 1999b；篠原, 2005)
横軸に西暦年を示し, 縦軸に雲仙普賢岳でのマグマ噴出率と SO_2 放出率を示す.

も何カ月も前兆があるほずだと思うな」(Simkin and Siebert, 1984) という火山活動に関する警句は重要である.

噴火は1回の爆発だけではなく, 複数回の爆発の繰返しや, 異なるタイプの爆発などが複合して起こる. したがって, 噴火の終息を見極めることは容易ではない (中田, 2009). 伊豆大島・三原山火山の1986年の噴火では, **山頂火口** (summit crater) とカルデラの内外にできた割れ目から噴火が起こっている. その活動の1年後には, 火口に溜まっていた溶岩が地下に引き戻されるときに爆発が繰り返し発生している. この**溶岩の引戻し**(ドレイン・バック, drain back)は, 噴火後, 山頂付近で観測されていた重力の顕著な減少に対応している. 1991年に始まった雲仙普賢岳の噴火では, 2回の噴出率のピークをもつ (図3.6) が, 1995年2月に溶岩ドームの成長が止まり, 同時に火山ガス放出, 地震, 地殻変動がほとんど収まっている (Nakada et al., 1999a；Maeda, 2000；篠原, 2005). このように, 噴火の終息に際しては, 噴出物の放出の停止に伴い, 噴火中に観測されたさまざまな観測量が平常時の状態に戻るのが普通である. これらの噴火に伴う現象は, 地下浅所に位置するマグマ溜り中のマグマがひき起こした一連の活動であると理解されている (中田, 2009).

一方, 地下深部から火山下のマグマ溜りへ, 新たなマグマが供給されているために, 噴火活動が長期化していると考えられる場合がある. 噴煙柱の一部が繰り返し崩落して発生するスフリエール型火砕流 (3.4.2項参照) で知られるカ

リブ海の**スフリエールヒルズ**（Soufriere Hills）火山では，1995年7月から火山活動が始まり，その後も噴火が継続中である．その特徴は，マグマを放出する時期が十数カ月の休止期間をおいて，これまでに3回繰り返されたことである．この火山では噴火の休止期間においても火口から多量の火山ガス（とくに二酸化硫黄（SO_2））の放出が観測され続けていたために，噴火活動は終息していないと判断されている（中田，2009）．

3.3　噴火の様式

3.3.1　分類法

　噴火には，溶岩を流出するもの，火砕流を伴うもの，軽石や火山灰を放出するものなどがある．そのような噴火様式の多様性は，マグマ溜りからのマグマの上昇過程で決定されると考えられている（Eichelberger et al., 1986；Jaupart and Allegre, 1991；Woods and Koyaguchi, 1994；Jaupart, 1998；鈴木，2006）．マグマ溜りから山頂や山麓にある火口まで通じるマグマの通り道が火道である．噴火が発生していない静穏期には，火口は前の噴火で放出された噴出物で塞がれ，その隙間を通って火道から水蒸気，二酸化硫黄や硫化水素（H_2S）などの火山ガスが地表に流出していることが多い．マグマの成分には，これらの，水や二酸化炭素，塩化水素（HCl），二酸化硫黄，硫化水素などの揮発性成分が含まれている．マグマの温度はおよそ600〜1,300℃である．マグマの温度が高いほど粘性は低くなり，マグマ内の珪酸（SiO_2）の量が多いほど，マグマの粘性は高くなる．マグマの組成により噴火のタイプが異なるが，本質的な原因はマグマに溶け込んでいるさまざまな揮発性成分であり，そのほとんどは水である．マグマ中の揮発性成分の含有率と，これらマグマの温度と珪酸含有率とが，火山噴火のタイプに多様な変化をもたらしている（図3.7）．SiO_2の少ない玄武岩質マグマは粘性が低く，噴火は比較的穏やかであるが，安山岩質マグマはSiO_2が多く，粘性が高い．マグマの結晶分化作用に伴って，結晶にはあまり含まれない揮発性成分がしだいに増加してくるため，溶岩の噴出が激しく爆発的になる．SiO_2が最も多い流紋岩質マグマでは，多量の軽石を噴出する．

　火山噴火は，噴出物を供給したマグマのもつ熱エネルギーが火山爆発をひき

3.3 噴火の様式

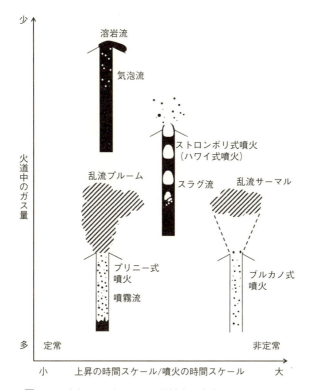

図 3.7 噴火タイプによる流動様式の変化（小屋口，1995）

噴火タイプを分ける噴火のメカニズムは，気液 2 相流の構造と流れの定常性により，図のように整理できる．気液 2 相流は火道中のガス量が増えるにつれて，気泡流から噴霧流に変わる．また，噴火の時間スケールに対して上昇の時間スケールが小さいと流れは定常流となり，上昇の時間スケールが大きくなると噴火は非定常的な現象となる．

起こす力学的エネルギー（重力ポテンシャルエネルギーと運動エネルギーの和）に変換される現象であるといえる．爆発的噴火で堆積した降下火砕物の調査によって，降下火砕堆積物の層厚や粒径分布が得られる．この降下火砕堆積物の粒径分布（**破砕度**，fragmentation：F%）と分布面積（**分散度**，dispersal：$D\,\mathrm{km}^2$）から，Walker（1973）は**爆発的噴火の噴火様式**（explosive eruption style）を分類している（図 3.8）．破砕度 F は，降下火砕物の最大の厚さの 10 分の 1 の厚さの降下火砕物分布主軸上の地点での直径 1 mm 以下の粒子の占める割合（wt%）であり，分散度 D は，最大の厚さの 100 分の 1 の厚さの等厚線に囲まれた面積

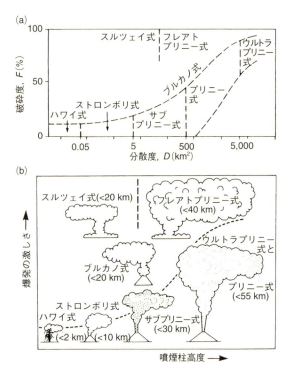

図 3.8 降下火砕物の分散度（D）と破砕度（F）の関係および噴煙の高さと爆発の激しさとの関係に基づいた噴火形式の分類図（Walker (1973) に Cas and Wright (1987) が加筆；鈴木，1995；宇井，1997b）.

（km^2）である（宇井，1997b）．破砕度 F はほぼ爆発の激しさに，分散度 D は噴煙柱高度に関係する．多量の火砕物を放出するプリニー式噴火は，細粒の火砕物を広範囲に降下させるのに対して，溶岩を主体とするハワイ式噴火は，粗粒の火砕物を狭い範囲に放出する．Walker (1980) は，**爆発的噴火**（explosive eruption）を特徴づける要因として，強度，規模，激しさ，散布力，破壊力を挙げている．このうち強度は単位時間あたりの噴出率，規模は総噴出量，激しさは火砕物の噴出速度に関係する噴出時の運動量で飛散した噴出物の分布面積，散布力は降下堆積物の分布面積すなわち噴煙の拡大率であり，破壊力は噴火による被害を尺度としている．

3.3.2 割れ目噴火

広域な割れ目から粘性の低い流動的な溶岩を大量に流出する火山活動を，アイスランド型の割れ目噴火といい，アイスランドの玄武岩によく認められる活動である．玄武岩質マグマは高温で流動性に富み，しばしば大量に噴出する．大規模な割れ目から大量の玄武岩マグマが流れ出す噴火を玄武岩質**洪水噴火**（flood eruption）という．現在，洪水噴火はまれであるが，地質時代にはきわめて大規模な洪水噴火が起こったことを，広大な溶岩台地の存在から知ることができる．

3.3.3 ハワイ式噴火

マグマの粘性が低く揮発性成分に乏しいと噴水のような溶岩噴泉が生じ，流動性が高い溶岩が流出する．こうした噴火様式はソレアイト質玄武岩からなるハワイの火山でよくみられるのでハワイ式噴火という．小さい割れ目から玄武岩質マグマを噴き上げる溶岩噴泉は，ハワイ島キラウエア火山の例が有名で，溶岩噴泉から流れ出した溶岩は火口に**溶岩湖**（lava lake）をつくっている．日本では，伊豆大島，三原山の 1986 年の噴火がハワイ式噴火の例である．伊豆大島（1986 年）や三宅島（1983 年）の噴火で割れ目からの溶岩噴泉の例がみられる．ハワイ・キラウエア火山の噴火は，大量の玄武岩質溶岩が火口から溶岩噴泉として，あるいは亀裂からカーテン状に噴出する高温で活動的な溶岩流が特徴的である．最近数十年は数年ごとに溶岩を噴出している．割れ目噴火で溶岩片からなるスパッターが溶岩湖の周囲に累積すると**スパッターランパート**（spatter rampart, **溶岩餅塁壁**）が形成される．割れ目火口や溶岩湖から流れ出した溶岩は十数 km 離れた海にまで達する．キラウエア火山の山頂直下のマグマ供給系についてはその構造が明らかにされており，マグマはハレマウマウ火口直下 3〜7 km 深度に達したのち，東西リフトゾーンへ溶岩が供給される様子が震源と隆起パターンの移動で追跡されており，噴火の正確な予知が可能となっている（Koyanagi et al., 1976；Tilling et al., 1987）．ハワイ式噴火の D は $0.05\,\mathrm{km^2}$ 未満，噴煙柱の高さは 2 km 未満である．

3.3.4 ストロンボリ式噴火

イタリアのストロンボリ火山でよく発生する噴火様式で，ハワイ式より少し

図3.9 秋田駒ヶ岳（秋田・岩手県境）

秋田駒ヶ岳火山では，1970〜71年に南部カルデラ内の女岳山頂でストロンボリ式噴火が起こり，長さ約500mの溶岩流が形成された．写真中の黒い部分がそのときに流下した溶岩流である．

流動性の低いマグマが間欠的に小爆発を繰り返し，スコリアや火山弾を火口周辺に放出して火砕丘を形成したり，マグマ供給量が多いときは溶岩を流出したりする．ストロンボリ式噴火では，放出されるスコリアの大部分は火口の近傍に堆積するため，火口縁の外側に落下したスコリアは斜面を転動して定置する．そのため生じるスコリア丘の斜面は**崖錐**（talus）斜面で，裾野をひかない．スコリア丘の内部は空隙率が高く，表面流水がなく，侵食されにくいので元の地形が保持されやすい．日本では秋田駒ヶ岳の1970年の噴火がその一例である（図3.9）．D は $0.05 \sim 5\,\text{km}^2$ で，噴煙柱高度は $10\,\text{km}$ 未満である．

3.3.5 ブルカノ式噴火

安山岩質マグマでは，玄武岩質マグマに比べてマグマの粘性が高くなり，揮発性成分の含有量も増加する．この場合は爆発的な噴火が間欠的に起こり，火山灰や**火山岩塊**（volcanic block）が放出されるとともに，**桜島火山**の昭和溶岩や浅間火山の鬼押出し溶岩流（図3.10）のような粘り気の高い厚い溶岩が流出する．浅間山，阿蘇山，桜島（図3.11）などは安山岩質で，平常は噴煙が少ないが，時々激しい爆発が起こり，大噴煙は成層圏に達する．噴火の際には強い空気振動（5.7節参照）や，火口周辺に大小の溶岩の塊である**噴石**（cinder；ejected block）や火山弾を放出するため，火口近傍ではこれらによる犠牲者が出る可能性がある．こうした噴火様式は，イタリアの**ブルカノ**（Vulcano）**火山**でよくみられるので，**ブルカノ式噴火**（Vulcanian eruption）という．ブルカノ式噴火は，おもに安山岩質マグマを噴出する火山にみられる噴火である．この場合，たとえば前回の噴火ののち，固結した溶岩などで塞がれた火口（蓋）が大きな過剰圧

3.3 噴火の様式

図 3.10 ブロック溶岩（群馬県，浅間火山）
写真は浅間火山の 1783（天明 3）年の噴火で形成されたブロック溶岩である鬼押出し溶岩の表面の様子を示す．

の発生を可能にする．これが深部のマグマから分離したガスの圧力などで破壊され，生じた急激な減圧がマグマの発泡を促して，火山灰，火山岩塊，火山弾などを爆発的に放出する．なお，噴火を生じるマグマ溜りの過剰圧は 10～20 MPa 程度とされている（Tait *et al.*, 1989）．これらの活動に続いて溶岩の流出やまれに火砕流の発生が続く場合もある．ブルカノ式噴火でみられる爆発的な噴火と非爆発的な噴火の周期的な発生については，粘性の高いマグマの**固着すべり**（stick-slip），**栓**（viscous plug）の形成と加圧破壊，浸透率の減少と加圧破壊，高粘性マグマが上昇する際に起こる火道壁での**摩擦すべり**（frictional sliding）から**粘性流**（viscous flow）への周期的な変化などが考えられている（Melnik and Sparks, 1999；Tuffen *et al.*, 2003；Iverson *et al.*, 2006；Lensky *et al.*, 2008；Okumura and Sasaki, 2014；Otsuki *et al.*, 2015；Okumura *et al.*, 2010；2015）．溶岩の粘性がもっと高くなると，流れないで火口付近に盛り上がった，雲仙普賢岳や昭和新山のような溶岩ドームが形成される．雲仙普賢岳の 1990～95 年噴火では，生じた溶岩ドームの崩落によるメラピ型火砕流（メラピ型熱雲）が数千回にわたって発生しているが，このような溶岩ドーム崩落型火砕流の発生を伴う噴火様式は**メラピ式噴火**（Merapian eruption）ともよばれる．

3.3.6 プリニー式噴火

粘性が高く揮発性成分にも富むマグマが盛大に発泡して連続的に噴出すると，噴煙が 1 万 m を超える上空まで立ち上がり，大量の火山灰や軽石が放出される．上空の風に流され，たなびいた噴煙からは火山灰や軽石が雨のように地表に降下

第 3 章 火山の噴火と噴出物

図 3.11 鹿児島湾北部に位置する桜島火山を南西側から望む
始良カルデラの後カルデラ火山である桜島火山は,約 2 万年前に活動を始めた輝石安山岩〜デイサイト質の成層火山である.現在も南岳の山頂火口でブルカノ式の爆発的噴火が続いている.

し,降り積もる(降下火砕堆積物).こうした噴火様式は,このタイプの噴火をイタリアのベスビオ(Vesuvius)火山で最初に体験し記載したローマ時代の学者である Plinius の名前をとって,プリニー式噴火という.D は $500 \sim 5{,}000 \, \mathrm{km}^2$ である.プリニー式噴火は,ブルカノ式噴火の大規模版ともいえ,1 回の噴火の継続時間が長く,火砕物(おもに火山灰)と火山ガスが高速で噴出される.噴出物は成層圏まで到達する場合があり,この噴煙柱が崩壊して,巨大な火砕流を発生させる場合がある.図 3.12 はマグマが発泡しながら火道を上昇してプリニー式噴火に至る場合の概念図を示す(小屋口,2008a).プリニー式噴火では,発泡開始後も初期の揮発性成分量を保持したままマグマが高速で上昇し,マグマの流れは気泡流から噴霧流に遷移して爆発的噴火をひき起こす.しかし,火道が狭いなどの理由で,マグマの流動(火道流)によってより大きな剪断ひずみが発生する条件下では,低い発泡度(vesicularity)でも,気泡の変形合体と気泡連結によるフラクチャーネットワークの形成により浸透率の増加が起こるため,浸透流脱ガスが効果的に進行して非爆発的な噴火となる(Eichelberger et al., 1986;大瀧,2006;Ida, 2007;Okumura et al., 2009;2012).また,発泡した気泡が上昇途中で火道壁に沿って,あるいは火道外へ脱ガスした場合(図 3.13)も,マグマは気泡流として噴出し,溶岩ドームなどを形成するに至る(Stasiuk et al., 1996;中田,2003).一方,溶岩ドームの活動から爆発的噴火への急激な遷移を示すようなケース(図 3.14)も観察される.この場合は,溶岩ドームの崩落による大規模な減圧や,火道の拡大による噴出速度や噴出率の増大などが

3.3 噴火の様式

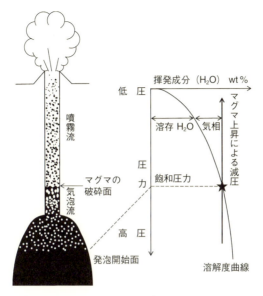

図 3.12 爆発的噴火において発泡しつつ火道を上昇するマグマの概念図（小屋口，2008a）
マグマは，メルト中に溶存する水の飽和圧力以下の浅所まで上昇すると発泡を始め，さらに低圧下に上昇すると気泡流から噴霧流へと変化し，爆発的な噴火を起こす．

寄与した可能性が考えられる．

　ベスビオ火山の噴火では，2日間ほどで大量の軽石や火山灰が火口から空中高く噴出され，高温・高速のガス流である火砕サージ（3.4.3項参照）が先行し，その後，降下火砕物（テフラ，3.5.1項参照）が風下に降下して，南東側山麓に位置していたポンペイの町を全滅させた．最近では，1980年のセントヘレンズ火山（VEI = 5）や1991年のピナツボ火山の噴火（VEI = 6）がその例である．セントヘレンズ火山では，大きな山体膨張ののち，山体崩壊で噴火が始まった．フィリピンのルソン島に位置するピナツボ火山では1991年に600年ぶりの噴火があったが，これは20世紀最大の噴火であり，最初の噴火による噴煙は高度7,000 mに達し，その後，19,000 m，さらには24,000 mに達した．これに伴った火砕流は山頂から4 km先まで流れた．この大噴火では，確率系統樹（8.4.4項参照）を導入した火山活動評価に基づく警戒体制が機能して，事前に6万人が避難し，それによって数万人の人命が救われた（Punongbayan et al., 1996）．

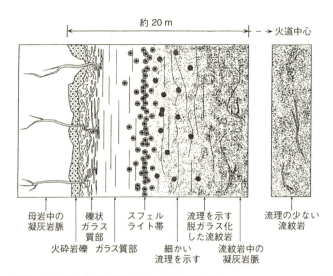

図 3.13 母岩への脱ガスを示す構造をもった火道の例（Stasiuk et al., 1996；中田, 2003）米国，ニューメキシコ州，ムルクリーク（Mull Creek）火道の断面を示す．火道から母岩に向かって凝灰岩の岩脈（tuffisite）が貫入している．また，火道壁には火砕岩が発達している．このことから，火道壁に沿った脱ガスや母岩側への脱ガスがあったことが示唆される（中田, 2003）．

サブプリニー式噴火（subplinian eruption）は，噴火現象そのものはプリニー式と同じで，より規模が小さい噴火（分散度，$D = 5 \sim 500\,\mathrm{km}^2$）で，一方，プリニー式のうち規模が大きい噴火（$D > 5{,}000\,\mathrm{km}^2$）を**ウルトラプリニー式噴火**（ultraplinian eruption）とよぶ．浅間火山天明噴火ではプレクライマックス期での断続的なサブプリニー式噴火からクライマックス期でのプリニー式噴火への移行が知られている（Yasui and Koyaguchi, 2004）．これについては，飽和状態にあったマグマ溜りがマグマの噴出によって減圧され，その結果，マグマ溜り全体の減圧発泡に至った結果であると考えられている（佐藤・中村, 2009）．

3.3.7　カルデラ噴火と巨大噴火

珪長質マグマの VEI が 5 あるいはそれ以下の噴火では，陥没カルデラは形成されないことが多いが，VEI が 7 を超える大規模火砕噴火では，ほぼ例外なく陥没カルデラが形成されている．そして，地殻中部に伏在する大規模珪長質マグマ溜りに由来するカルデラ噴火においては，通常，最初にプリニー式噴火が起

3.3 噴火の様式

図3.14 海底における火山活動：溶岩ドーム噴火から爆発的噴火への推移を示唆する露頭断面（静岡県，西伊豆・白浜層群）
成層した凝灰岩層の中に2層の水中火砕流堆積物を挟む．下位の暗色のスコリア流の基底には急冷組織をもつ火山岩塊が多数認められ，爆発的なスコリア流の発生に先行して，非爆発的な溶岩ドームが形成されていた可能性（たとえば，小屋口（2008a））を示唆している．これらの上位には，より規模の大きな水中火砕流（写真上部）が活動している．スコリア流の下位の地層にはコンボリューション（convolution）が発達し，スコリア流の噴出に先行した地震動などがあった可能性を示唆している．

こり，それに続いて大規模火砕流の活動とカルデラ陥没が同時に進行するが，先行するプリニー式噴火を伴わない場合もある（Geshi *et al.*, 2014；下司，2016）．マグマ溜りは，最初のプリニー式噴火あるいは火砕流噴火で減圧して，天井部が重力不安定となって環状割れ目に沿って沈下し（吉田，1970；Yoshida, 1984；Komuro, 1987；Acocella, 2007）．マグマの気泡流と噴霧流の遷移位置がマグマ溜り上部に達して，**広域テフラ**（widespread tephra）（図3.15）を形成するような大量の火山灰や軽石が一度に大量に噴出する（町田・新井，2003；Tatsumi and Suzuki, 2014）．その結果，地下のマグマが急激に失われるため，噴出と並行して地表が陥没し，火山性の凹地形であるカルデラが形成される．岩床が成長して形成されたラコリス状のマグマ溜りでは，広域応力場やマグマの過剰圧により天井の肩部で応力集中が起こり，円錐形割れ目（**円錐形岩床**, cone sheet）が生じ，そこに沿ったマグマの流出により過減圧が発生してカルデラ陥没に至ると考えられている（Anderson, 1936；Gudmundsson and Nilsen, 2006；Aizawa *et al.*, 2006）．また，アナログ実験（Komuro, 1987；Acocella, 2007）などから，カルデラ噴火ではマグマ溜りの減圧で生じる環状割れ目（**環状岩脈**, ring dike）が外側に傾斜しているため，陥没ブロックの沈下により火道断面積が拡大して

第3章 火山の噴火と噴出物

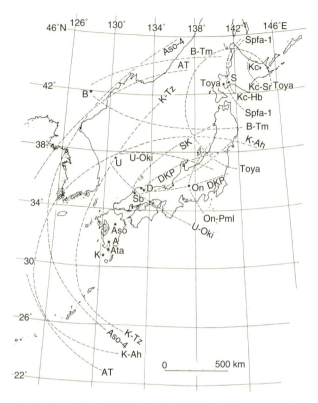

図3.15 日本列島およびその周辺地域の第四紀後期の広域テフラの分布（Machida, 1991；町田・新井，1992）
肉眼で認定できるおよその外縁を破線で示す．給源火山・カルデラ：Kc（クッチャロ），S（支笏），Toya（洞爺），On（御嶽），D（大山），Sb（三瓶），Aso（阿蘇），A（姶良），Ata（阿多），K（鬼界），B（白頭山），U（鬱陵島）．テフラ名：AT（姶良 Tn），Aso-4（阿蘇 4），K-Ah（鬼界アカホヤ），K-Tz（鬼界葛原），B-Tm（白頭山苫小牧），U-Oki（鬱陵隠岐），SK（三瓶木次），DKP（大山倉吉），On-Pm1（御嶽第 1），Toya（洞爺），Spfa-1（支笏第 1），Kc-Hb（クッチャロ羽幌），Kc-Sr（クッチャロ庶路）．

マグマ噴出率が大きくなると考えられている（佐藤ほか，2015；下司，2016）．これに対して，吉田（吉田，1970；Yoshida，1984；吉田ほか，1993b）は，石鎚カルデラにみられる環状割れ目が内側傾斜あるいは垂直に近いこと，ならびに割れ目に沿って貫入性凝灰岩が厚く発達していることから，マグマの過剰圧で生じた内側に傾斜した高角の円錐形割れ目に沿って流動化した火砕物が噴出

することにより，割れ目が侵食され，拡大（ガスコアリング）して大量の火砕物を噴出し，カルデラ陥没が進行したと論じている．

大規模火砕流によって高温で大量の噴出物をもたらす**カルデラ噴火**（caldera-forming eruption）には，VEIが8に達するきわめて大規模なものもある．約74,000年前のインドネシア，トバ火山の噴火では，約 $2,800\,\mathrm{km}^3$ の噴出物を放出して長径約 $100\,\mathrm{km}$ にも及ぶカルデラが形成され，インドに至るほどの広範囲の環境を一変させ，多くの生物を死滅させたとされている（Self and Blake, 2008）．また，米国のコロラド高原にある第三紀ラガリータ（La Garita）カルデラのフィッシュキャニオン（Fish Canyon）火砕流は，総量が $3,000\,\mathrm{km}^3$ に達すると推定されている（Self and Wright, 1983）．これらのVEIが8（噴出物重量が $10^{15}\,\mathrm{kg}$ あるいは発泡した火砕物の体積が $1,000\,\mathrm{km}^3$ を超える規模）に達する大規模な火砕流を放出してカルデラを形成する流紋岩質マグマの噴火を**巨大噴火**（supereruption）あるいは流紋岩質洪水噴火とよぶことがある．

カルデラの中や縁には，**中央火口丘**（central cone）などの溶岩ドームや火砕丘，小型の成層火山が形成されることがある．大型の珪長質カルデラのなかには陥没後，カルデラ床の中心部にマグマが貫入して隆起した**再生ドーム**（resurgent dome）をもつものがあり，**再生カルデラ**（resurgent caldera）とよばれる（Smith and Bailey, 1968）．再生カルデラの存在は，カルデラ形成後も大型の珪長質マグマ溜りにはマグマが残留していることを示唆しており，噴火規模が大きく，サイズの大きなカルデラほど，噴火後のマグマ溜りに残留しているマグマ量が大きいとする推定（Geshi et al., 2014）と調和的である．大量の大規模火砕流を噴出したカルデラ火山地域の地下には，総噴出量の10倍以上の底盤が伏在するとする，重力異常と地質構造からの推定もある（Lipman and Bachmann, 2015）．

島弧での海底火山の大規模な噴火では，軽石質の堆積物が噴火口の周辺に大量に堆積する（Fiske and Matsuda, 1964）．中新世の石材として有名な**大谷石**（Oya stone）などはその例であり，同時期に活動し，広く分布する**軽石凝灰岩**（pumice tuff）は，変質しておもに鉄に富んだモンモリロナイトなどからなる緑色の軽石で特徴づけられ，しばしば**緑色凝灰岩**（グリーンタフ，green tuff）とよばれている（島津，1991）．

3.4 噴火とそれに関連した現象

噴火のメカニズムは，マグマの温度と SiO_2 成分や揮発性成分の量，メルトと結晶や気泡の比率，そしてそれらによって変化する粘性などのマグマ物性によって変化し，噴火のタイプは多岐にわたる．陸上での火山活動については，通常，火砕物の降下作用，火砕流，そして溶岩流の3つの噴火様式に区分されることが多い．表 3.1 でそのような3つの噴火様式によって生じた陸上火山噴出物の性質を比較して示す（中村ほか，1963）．

3.4.1 噴煙柱

火道内部でのマグマの急激な発泡と破砕により発生するプリニー式噴火では，火口から上方へ爆発的に放出された噴煙（ガス推進域, gas-thrust region）は，高温の噴煙中に乱流（turbulent flow）の渦によって取り込まれた空気が火砕物に加熱されて熱膨張することによって全体の密度が低下し，獲得した浮力によって大気中を上昇（対流域, convective region）し，その後，高層で噴煙より周囲の大気の密度が低くなると，噴煙は浮力を失い，浮力中立点で水平方向へと拡散（傘型域, umbrella region）し，傘型噴煙となる（図 3.16）．風の影響が強い場合には，噴煙は浮力中立点で風下側へ流され水平拡大噴煙が伸びる．一般に，この噴煙柱の大部分は対流域が占めるが，噴煙柱の規模は火口からの火砕物の噴出率によって決まる．溶岩流に対して，火砕物からなる噴出物のほうが爆発

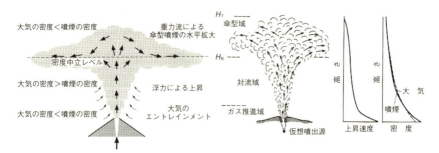

図 3.16 噴煙柱の模式図（Sparks, 1986；鈴木, 1995, 鈴木・井田, 2008；小屋口, 2005）
H_T：噴煙の上昇速度がゼロになる高さ，H_B：噴煙の浮力がゼロになる高さ（密度中立レベル）．

3.4 噴火とそれに関連した現象

表 3.1 3 つの噴火様式，降下火砕物，火砕流，溶岩流によって形成される陸上火山噴出物の性質の比較（中村ほか，1963；荒牧，1995a）

		降下火砕堆積物	火砕流堆積物	溶岩流
噴火様式	火口を離れるときの状態	破片状の液体ないし固体．高温なこともある	激しく攪乱された，高温の破片とガスの集合体	高温の粘性流体．本質的に連続
	堆積直前の移動状態	空中を降下する（ふつう終端速度に達する）	地表に沿う流れ．見かけ粘性は溶岩のほうが大きい	
			粉体の流れ（一部乱流，一部層流）	主として粘性流体の層流
堆積物の性質	分布 平面形	一輪廻の堆積物以下の単位では，火口を長軸の一端近くにもつ比較的簡単な形．長円形の場合が多い	原地形の起伏に支配され，一定の形を示さない（おもに谷を埋める）	
	断面	原地形に沿い，ほぼ一様に堆積	上限は緩傾斜の直線に近く，下限は原地形に沿う	
	層厚の変化	火口から遠ざかるに従い，指数関数的に薄くなる	変化は不規則．原地形の凹部を埋め立てた部分で厚い	末端では急に薄失する
			同化学組成の溶岩より，厚さに対する水平的拡がりが大きい	
	成層状態	2 つ以上の単層からなることが多く，この場合は明瞭な成層構造を示す	1 flow unit 内では無層理（ときに foreset bedding や imbrication あり）．2 flow units 以上からなる場合でも不明瞭．冷却に伴い cooling unit ごとに溶結，収縮，再結晶などにより帯状配列が生じ成層構造が顕著になることが多い	flow unit の上部と下部に，破砕されたり多孔質になったりする部分ができる．流理構造が見えることもある
	粒度組成	火口から遠ざかるに従い急激に細粒になる	火口から離れるに従い小さくなるが，その傾向は本質礫（軽石，スコリア）では軽度．重い（類質〜異質）礫について顕著	塊状．一連で砕屑物の構造なし．ただし，周縁部を除く
	分級	比較的よい	悪い．つねに相当量の火山灰を含む	
	構成物質の円磨度	小（角ばっている）	火口から遠ざかるに従い大きくなる	
	溶結作用	まれ．火口近くの小範囲	まれでない．cooling unit により著しく差がある	
	二次噴気孔	まれ	一般的	
	構成物質の孔隙率	大 ←——————————————————————→ 小		
一噴火輪廻中の噴出の順序		1	2	3

的になるのは，火砕物のほうが溶岩流に対して表面積が大きく，マグマと空気との接触面積が大きいため，噴出時の単位時間あたりの大気への熱供給量が多くなり，大気が獲得する力学的エネルギーが大きくなるためである．気体の体積がマグマ体積の75%を超えると，マグマは爆発的に噴火する．マグマの爆発的噴火に必要な気体の量は，その組成や温度にもよるが，約0.1〜数wt%程度である（Sparks, 1978；1986；Sparks et al., 1997；小屋口，2008a；鈴木，2016）．

3.4.2 火砕流

火砕流（pyroclastic flow）は，膨張する高温の火砕物とそれが発する火山ガス，そしてそれらに取り込まれた大気の混合物がさまざまな濃度や速度で地面に沿って流下する現象をさす．火砕流の内部では岩塊どうしの衝突による破砕と細粒粒子の生成や火山ガスの放出が続く．このような火砕流とその堆積物には大きく分けて，**イグニンブライト**（ignimbrite）ともよばれ，しばしば溶結凝灰岩となる狭義の"火砕流"，**熱雲**（nuee ardente）あるいは**ブロックアンドアッシュフロー**（block-and-ash flow）などの"岩塊火砕流"，そして，低密度の粉体の高速の流れである"火砕サージ"の3種類のタイプに区分される（Schmincke, 2004）．また火砕流には規模の異なるいろいろなタイプがある（図3.17）．荒牧（1979b）は，火砕流をその規模により，小規模火砕流（0.01 km³以下），中間型火砕流（0.1〜1 km³内外），そして大規模火砕流（10 km³以上）に区分している．また，小規模火砕流は発泡度が低く，溶岩ドームの一部が爆発して発生する**プレー型**（Peléean type pyroclastic flow；explosive dome collapse），溶岩ドームの一部が重力で崩落して発生する**メラピ型**（Merapi type pyroclastic flow；gravitational dome collapse），噴煙柱が崩れて発生する**スフリエール型**（Soufriere type pyroclastic flow；eruption column collapse）といった熱雲やブロックアンドアッシュフローが含まれ，大規模火砕流は発泡度が高い火砕物のプリニー式噴火を伴う火砕流からなり，通常カルデラ形成を伴うとしている．図3.18に雲仙普賢岳のメラピ型火砕流の流走中の内部構造，速度構造，そして堆積物の構造を示す（藤井・中田，1993）．火砕物がおもにスコリアの場合を**スコリア流**（scoria flow），軽石の場合を**軽石流**（pumice flow），そして，火山灰の場合を**火山灰流**（ash flow）とよぶ．ほとんどの10 km³を超える大規模な火砕流堆積物は珪長質の火山灰流堆積物である．火砕流は噴火のなかでも最も危険な噴火

3.4 噴火とそれに関連した現象

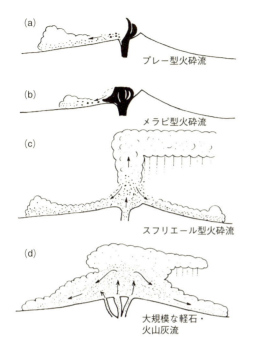

図 3.17 火砕流のいろいろ（勝井，1976）
プレー型火砕流（a）は，成長中の溶岩ドームが爆発を起こして発生したと考えられている．それに対してメラピ型火砕流（b）も成長中の溶岩ドームの一部が重力的に不安定になり，崩れるときに破砕して発生する火砕流である．スフリエール型火砕流（c）は，火砕物をいったん上空に噴き上げてから崩落したり，火口から火砕流が直接噴きこぼれるようにして発生する．これら小規模な火砕流は熱雲とよばれることもある．大規模な軽石流や火山灰流（d）は一般にカルデラを伴う（宇井，1997a）．

である．溶岩流からは逃げる場所さえあれば歩いて難を避けることができるが，ときに秒速 30 m を超えて 100 m に達する高速で流下する火砕流とそれに伴う火砕サージ（早川，2008）の到達域内から，その発生後に脱出することは難しい．

　安山岩質〜流紋岩質マグマは多くの水分を含んでおり，噴火の際，急に圧力が下がって発泡し，マグマが破片化して火口から噴出することが多い．マグマがちぎれちぎれになり，破片化した火砕物が大量に放出されるが，空中高くには吹き飛ばされず，空気と火砕物質が入り混じって，全体として山腹を急速に流れ下るのが狭義の"火砕流"である．このような，火口から上昇し，**噴煙柱崩壊**（column collapse）型の火砕流を生じた噴煙柱の上部の低密度部を構成する灰かぐらは，さらに上昇して降下テフラ（3.5.1 項参照）を形成するが，その量はときに火砕流堆積物に匹敵し，しばしば地層中で有効な時間を示す尺度である**鍵層**（key bed）となることが知られている（町田・新井，1976；Sparks et al., 1977）．また，火砕流の水平方向への流れが鉛直方向への上昇に変化し，**傘型雲**（umbrella cloud）を生じることが観察されている．これは高温の火砕流が

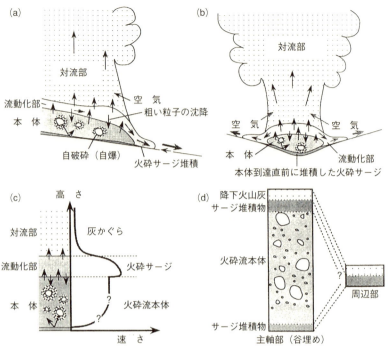

図 3.18 雲仙普賢岳火砕流の流走中の構造（藤井・中田，1993）
流走方向の内部構造断面（a），流れに直交する方向での内部構造断面（b），速度構造（c），そして堆積物の構造（d）を示す．流走中の火砕流は，火砕流本体，火砕サージ（流動化部），灰かぐら（対流部）の3つの部分からなる．

流れるのに伴って周囲の空気を加熱し，浮力を得て発生する．重力ポテンシャルを原動力として流れる**密度流**（density flow）である高温火砕物の表面から立ち上がる傘型雲は，ときに火口から直接上昇する噴煙柱よりも高くまで上昇することがある．これらの火砕流に伴って形成された降下テフラを**コイグニンブライト降下火山灰**（co-ignimbrite ash fall）とよぶ．

熱雲あるいはブロックアンドアッシュフローなどの"岩塊火砕流"は，溶岩ドームあるいは火山斜面上の高温の溶岩流の一部が崩落して発生する**ドーム崩落**（dome collapse）型の小規模火砕流である．このときの崩落は，溶岩自体の自爆，重力，地下水（帯水層）と溶岩の接触といった原因で起こる．形成される堆積物は，淘汰の悪い火山灰の基質中にさまざまな粒径の緻密で角ばった火

3.4 噴火とそれに関連した現象

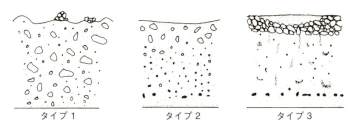

図 3.19 火砕流堆積物の特徴を示した断面スケッチ（Wilson, 1980；早川，1995）
火砕流中でのガスの上昇速度が遅いタイプ 1 ではほとんど分級作用が起こらない．ガスの上昇速度が速くなると分級作用が起こり，軽石は上部に，岩片は下部に移動する（タイプ 2）．そして，さらにガスの上昇速度が速くなると分級作用の進行とともに，多数のガス抜きパイプなどの偏析構造が発達する（タイプ 3）．図中の黒い部分は岩片を示し，白抜き部は軽石を示す（早川，1995）．

山礫（volcanic lapilli）や火山岩塊が乱雑に混ざった構造をもち，火山岩塊には放射状の**冷却節理**（cooling joint）が認められることがある．

火砕流は，その堆積物の数十％増程度のわずかに膨張した高密度の状態では，地表をはうように**層流**（laminar flow）として流れる．そのため，ときに火山から数百 km も離れた地点まで軽石片や**岩片**（rock fragment；lithic fragment；clast）を運ぶことができる（早川，2008）．高密度であるため，流れの中で粒子の重さやサイズの違いによって起こる**分級作用**（sorting）が効果的にはたらかずに流れが停止するため，堆積物の分級が悪く，塊状の堆積物をつくる．凝集性のない固体粒子層中で流体が上に向かって流れるとき，粒子層に及ぼす流体の抵抗力がその粒子層の重さと釣り合っている場合，この固体粒子層は**流動化状態**（fluidized state）にあるという．火砕流は 1 atm のガスで流動化されやすいサイズの粒子を多く含み，しかも高温で水分による凝集が起こらないため，**流動化現象**（fluidization）を起こしやすい流れである．固体粒子からなる層が流動化すると**降伏強度**（yield strength）が著しく低下し，完全に流動化したときには固体粒子の荷重が流体により完全に支持されるため，降伏強度がほとんどゼロになる．火砕流の場合はさまざまな大きさの粒子を含むので，特定の大きさの粒子のみが流動化する**部分流動化現象**（partial fluidization）が起こる．この火砕流の中を上昇するガスの速さの違いにより，火砕流を分類することができる（図 3.19；Wilson, 1980）．岩塊火砕流などでは流れの中を上昇するガスの流速は遅く，流動化による降伏強度の低下はほとんど起こらず，分級作用が阻害

第 3 章　火山の噴火と噴出物

図 3.20　火砕流堆積物中に発達した脱ガスパイプ（和歌山県，熊野市鬼ガ城・熊野酸性岩体）
熊野酸性岩体は，紀伊半島南東部に位置する中新世珪長質火成岩体である．この岩体は溶岩，溶結凝灰岩，花崗斑岩などからなるが，熊野市鬼ガ城にみられる凝灰岩には，火砕流堆積物に特徴的な構造が発達している．写真では多数の脱ガスパイプが上下方向にのびている．

される．ガスの流速が大きくなり火砕流の流れが少し膨張するような場合には，重力の作用で軽い発泡した岩片に対して重く緻密な**石質岩片**（lithic clast）が下に沈む**級化構造**（grading）が生じる（図 3.19 のタイプ 2）．軽石質火砕流の多くはこのタイプである．火砕流中でガスが速く上昇し，構成粒子の大部分が流動化するような場合には，火砕流の降伏強度が著しく低下し，堆積物は急斜面にはほとんど残らなくなる．大規模な軽石質の火砕流である軽石流にはこのタイプが多く，軽石流堆積物内での圧密で堆積物中に取り込まれたガスが上方へ抜ける際に，気体の流れが離散的に集中して起こる**チャネリング**（channeling）によって生じた**脱ガスパイプ**（**ガス抜けパイプ**，gas escape pipe）などの**偏析構造**（segregation structure）が発達する（図 3.20，図 3.19 のタイプ 3 も参照）．含まれる気体の量が多く，密度が 1 より小さくなって湖面上や海面上を流れた火砕流も知られている．

　火砕流の流れは，頭部，腹部，尾部からなる（図 3.21；Wilson and Walker, 1982；Wilson, 1985；早川, 1995；2008）．流れの前面から大量に空気を取り込む頭部では乱流運動により激しい流動化が起こり，重い岩片からなる塊が形成される．これが火砕流から急速に沈降して堆積すると，岩片を主とする**グラウンドレイヤー**（ground layer）ともよばれる**グラウンドサージ堆積物**（ground surge deposit）を形成する．また，火砕物が前面にジェットとして放出されると，細粒

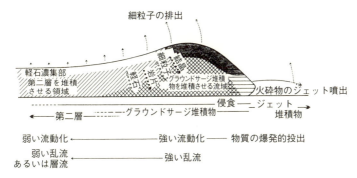

図3.21 ニュージーランド，タウポ（Taupo）火砕流の中で起こったと考えられるプロセスを示した模式図（Wilson, 1985；早川, 1995）

部を失ない軽石に富む**ジェット堆積物**（jetted deposit）が堆積する．これらは，火砕流堆積物の最下層を構成し，**第一層**（グラウンドサージ堆積物；layer 1）とよばれる．腹部では，頭部に比べてガス流速が遅く，弱い流動化しか起こらず，ここでは火砕流堆積物の大部分を占める火山灰を主体とする基質中に軽石や岩片が散在する**第二層**（狭義の火砕流堆積物；layer 2）が形成され，第一層を覆って堆積する．腹部中で部分的に流動化が激しかった場所ではチャネリングが発生し，脱ガスパイプが形成される．頭部や腹部の上面から細かい粒子が排出され，これが大気と混合して希薄な**灰雲**（ash cloud，灰かぐら）が生じるが，これは第二層の上にゆっくりと降下し，**第三層**（layer 3）とよばれる薄層として堆積する．第三層は，さらに**火山灰雲サージ堆積物**（ash cloud surge deposit；layer 3a）とその上部の**火山灰雲降下火砕堆積物**（ash cloud fallout deposit；layer 3b）に区分される（Sparks, 1976；鹿野ほか，2000；小屋口，2008a）．

3.4.3 火砕サージとブラスト

火砕サージ（pyroclastic surge）は火砕物と空気や火山ガスの混合物からなる，気体含有率が高い低密度流体の地表に沿った高速な流れであり，火砕流や岩塊火砕流に先行あるいは伴って発生する高温の**グラウンドサージ**（ground surge）や火山灰雲サージ，マグマ水蒸気爆発や水蒸気爆発で，垂直に上昇する噴煙柱の基部から地表に沿って周囲に環状に拡がる低温の**ベースサージ**（base surge）などがある．雲仙普賢岳の1991年噴火では，流下中の火砕流本体の上部に高温

第3章 火山の噴火と噴出物

図 3.22 ハワイ，オアフ島・ダイアモンドヘッド（Diamond Head）火山
マグマが地下水と接触して起こった水蒸気爆発により形成されたタフリング（火山灰丘）であるダイアモンドヘッド火山の中腹でみられる，薄い流動単位が成層した淘汰の悪い火砕サージ堆積物．ここでは，白い方解石脈が発達している．

の火山灰と気体からなる低密度の火砕サージ（流動化層）が生じている．その温度は100〜345℃で，その中の火山灰粒子の温度は，崩落を起こした溶岩ドーム内部の温度に近い660℃以上であった（谷口ほか，1996）．火砕サージは火山体の崩壊に伴う岩屑なだれに伴って発生することもある．火砕サージ堆積物は，地形に沿って低い場所に積もり，塊状のこともあるが，通常，成層しており，多数の**ラミナ**（葉理，lamina）からなる．それぞれのラミナは薄くて，**低角斜交葉理**（low-angle cross lamina）からなる**デューン構造**（dune structure）と**正級化葉理**（normal grading lamina）を示すことが多い．また，粒子どうしの衝突があると粒径のより大きい粒子ほど，圧力の低い表面に速やかに移動する**バグノルド効果**（Bagnold effect）や，小さい粒子が大きい粒子間を下方に移動する**動的ふるい効果**（kinetic sieving effect）などがはたらく条件下では，**逆級化**（inverse grading）構造が生じる．図3.22に，マグマ水蒸気爆発で生じたタフリングにみられる薄い**流動単位**（フローユニット，flow unit）が成層した淘汰の悪い火砕サージ堆積物を示す．火砕サージのうち，きわめて破壊力の大きな火山灰に乏しい高速度の**火山粒子流**（volcanic grain flow）を**ブラスト**（blast）とよぶことがある．ブラストのなかには，噴出物の混合物が火口から低角度で弾頭的に噴射して地面に沿って拡がる**テフラジェット**（tephra jet）が知られているが，マグマと水の相互作用で起こる場合に，基盤岩などの石質岩塊を多く含

3.4 噴火とそれに関連した現象

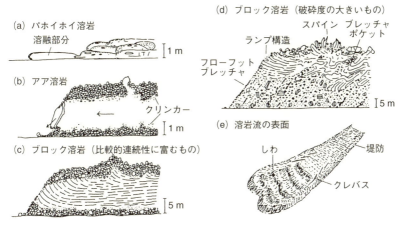

図 3.23 溶岩流の内部構造を示す模式断面図と表面の特徴（b,c：Macdonald, 1972; a,d,e：荒牧，1979a に加筆）

む岩屑ジェット（debris jets）が発生することもある．そのような岩屑ジェットは，しばしば周囲の岩石や樹木などに**擦痕**（scratch）や**衝突痕**（impact mark），**衝撃割れ目**（impact crack）などの**衝突構造**（impact structure）を残す．

火砕サージは破壊力の強い，きわめて危険な噴火現象であり，雲仙普賢岳を含め人的噴火災害の多くがこれらの火砕サージとそれに伴う熱風によって起こっている（Schmincke, 2004）．火砕サージは非常に薄いわずかな堆積物しか残さない場合も多く，それらは風や降雨によって失われやすい．火砕サージによる大規模な森林破壊も地質学的証拠はほとんど残さない．そのため火砕サージやブラストの発生を地質学的に認定して，その頻度や被害状況を正しく評価することが難しく，防災上注意が必要である（宇井，1997c）．

3.4.4 溶岩流と溶岩ドーム

地表に出たマグマやそれが冷え固まってできた岩石のことを溶岩という．溶岩が粘性流体として，火口から低い側へと流れると溶岩流や溶岩ドームが形成される．固結した溶岩の最大の厚さを溶岩の長さで割った**アスペクト比**（aspect ratio）が 8 分の 1 以下であれば溶岩流とよび，8 分の 1 を超えれば溶岩ドーム（溶岩円頂丘）という．溶岩はマグマの性質や定置環境によって，図 3.23 に示

第3章　火山の噴火と噴出物

図 3.24　ハワイ・キラウェア火山の溶岩流，パホイホイ溶岩

すように，さまざまな内部構造をもった溶岩流を形成する．このような溶岩流の構造変化はマグマの粘性や揮発性成分量と関係が深い．SiO_2 成分の多いマグマのほうが粘性が高く，流れにくい．また粘性は温度の低下や揮発性成分の減少とともに急激に増大する．溶岩流が流れた方向は，**溶岩しわ**（lava wrinkle）や**ランプ構造**（ramp structure），**溶岩堤防**（lava levee），**クレバス**（crevasse），そして**溶岩フロント**（lava flow front）などの形態や方位から判断される．

　溶岩流の表面形態は，マグマの温度や組成で変化する粘性，熱伝導率や，その流速の違いで変化する．噴出時の溶岩の温度は 800～1,200℃ 程度であるが，一般に玄武岩の溶岩は流紋岩などの溶岩と比べて温度が高く，SiO_2 成分が少ないため粘性が低く，薄い溶岩流となる．そして噴出率が高く，短時間にたくさん流出するときは広く，また遠くまで流れ，溶岩台地などをつくる．玄武岩の**陸上溶岩**（subaerial lava）には，**表面構造**（surface structure）が異なる 2 種類の溶岩，**パホイホイ溶岩**（pahoehoe lava；図 3.24，図 3.23（a）も参照）と**アア溶岩**（aa lava；図 3.25，図 3.23（b）も参照）とがある．高温の玄武岩溶岩が陸上で急冷すると，滑らかで丸みのある黒光りのする表面（**パホイホイ表面**，pahoehoe surface）をもち，そこに活動の様子を**波状**（billowy），**縄状**（ropy wrinkle）やしわ状（corrugation）の**構造**として残したパホイホイ溶岩となる．その先端には表面のみが固結した舌状の小規模な**溶岩ローブ**（lava lobe）である**パホイホイトゥー**（pahoehoe toe）が形成され，さらにその一部が破れて，前面に新鮮な溶岩が流出して新しいトゥー（**溶岩舌**，lava tongue）をつくる．このようにパホイホイ溶岩は先端部で溶岩本体からいくつもの溶岩ローブを枝

150

3.4 噴火とそれに関連した現象

図 3.25 アア溶岩の表面（岩手山，焼走り溶岩）

分かれさせながら前進することが多いが，噴出率が高い場合には広く平板状に拡がって**シート状溶岩**（sheet lava）となる．図 3.26 に玄武岩溶岩流にみられる表面構造および内部構造を示す（荒牧・宇井，1989）．溶岩表面には**チュムラス**（tumulus），**プレッシャーリッジ**（pressure ridge），**ブリスター**（blister）や**スクイーズアップ**（squeeze-up），**溶岩樹型**（lava tree mold）などが発達し，基底には**気泡シリンダー**（vesicle cylinder）や**パイプ気孔**（pipe vesicle），大型の**スパイラクル**（spiracle）などが認められる．スパイラクルは溶岩流が浅い水域などに流入した際の水蒸気爆発による**爆裂孔**（explosion crater）で，しばしばフォールバックからなる**充填堆積物**（infilling）で埋められている．キラウェア火山などでは，溶岩流の内部が下流側へ流出して生じた**溶岩トンネル**（lava

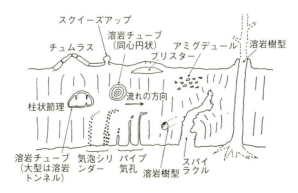

図 3.26 玄武岩質溶岩流にみられる種々の構造（荒牧・宇井，1989）

第3章　火山の噴火と噴出物

表3.2　代表的な3つの溶岩流であるパホイホイ溶岩，アア溶岩，ブロック溶岩と水底の枕状溶岩の特徴（荒牧，1979a；1995bに加筆）

環　境	陸　上			水　底
名　称	パホイホイ溶岩	アア溶岩	ブロック溶岩	枕状溶岩
溶岩の組成	玄武岩質	玄武岩質，安山岩質	玄武岩質，安山岩質，デイサイト質，流紋岩質	玄武岩質（安山岩質，デイサイト質）
平均の厚さ	0.2～数 m	1～十数 m 以上	10～数十 m 以上	数 m 以上
流下速度	最大 40 km/h 以上	数 km/h 以下	遅い	不明（遅い）
表面の特徴	平滑でガラス質．丸味を帯びた扁平な袋状，板状，縄状，ローソクの滴状など	粗く，小さいとげが密集して，凹凸に富む．ガラス質だが多孔質で砕けやすい．クリンカーの集合からなる	平滑な破断面からなる多面体の集合．厚い溶岩流の場合は岩塊の直径も大きくなる	丸味を帯びた袋状または円筒状の団塊の集合．一部破砕する場合も多い
内部の構造	上表面から下底面まで連続．上部に気泡濃集．一部ブリスター，溶岩チューブ，溶岩トンネルを生成．気泡は円形に近い	上表面と下底面はクリンカーの集合からなる．中央部は連続的で，厚い場合には柱状節理を示す．気泡は楕円形や変形したものが多い	上表面と下底面は多面体の岩塊の集合からなる．中央部は連続的で，厚い場合には柱状節理を示す．気泡は不規則な形を示す	枕状団塊とその隙間を埋める細粒物質の集合からなる．細粒物質は火山灰や非火山性堆積物で，その量は大きく変化する．各団塊の直径は数十 cm～数 m のものが多い．団塊はパホイホイ溶岩の袋に似て互いに連続することが多い．表面はガラス質，中心部は放射状，同心円状の割れ目が発達する
温度・粘性	高い・低い	中間・中間	低い・高い	高い・低い（場合が多い）
溶岩流の長さ/厚さ	50～1,000 以上	10～500	8～100 厚い溶岩流（8 以下は溶岩ドーム）	不　明

tunnel）や小型の**溶岩チューブ**（lava tube）が多く発達している．このトンネル内には，**溶岩鍾乳石**（lava stalactite）や**溶岩石筍**（lava stalagmite）などが認められる．　パホイホイ溶岩が徐々に冷えて粘性が増加すると，表面が粗く，がさがさとしたこぶし大の破片（**アアクリンカー**，aa clinker）で覆われたアア溶岩となる．図3.25は，岩手山の北東山腹の噴火割れ目から1732（享保17）年

3.4 噴火とそれに関連した現象

図 3.27 デイサイト質溶岩の柱状節理（宮城県，七ヶ宿，材木岩）

に噴出した焼走り溶岩（土井，2000）の表面に発達するアアクリンカーである．陸域を流れる高温の苦鉄質溶岩の表面は，しばしば空気中の酸素と反応して**高温酸化**（high-temperature oxidation）し，**赤鉄鉱**（hematite）を生じて赤くなる（**表面酸化**，reddish top）．パホイホイ溶岩の厚さは 30 cm～数 m 程度のものが多く，アア溶岩になると数～十数 m と厚くなる．どちらも速く流れ，ときには時速数十 km にも達する（表 3.2）．

一般に溶岩流の内部は一様で，マグマ固結後の冷却中に柱状や板状の割れ目が規則的に生じていることが多い．これらの冷却節理は割れた岩石の形によって**柱状節理**（columnar joint），**板状節理**（platy joint）とよばれている（図 3.27）．ただし，陸上で活動した厚い玄武岩質溶岩流において，下部から上部へと多孔質下底部，下部柱状節理発達部（**コロネード**，colonnade），**湾曲節理**（curved joint）などの不規則節理発達部（**エンタブレチュア**，enntablature），上部柱状節理発達部，多孔質最上部という内部構造が認められることもある．玄武岩に対して粘性が高い安山岩～流紋岩の溶岩はしばしば，節理が発達した溶岩の**塊状部**（massive part）あるいは塊状溶岩（massive lava）の縁辺に，平滑な破断面で囲まれた数十 cm 以上の大きな岩塊が重なる**ブロック表面**（block surface）をもつ．これが**ブロック溶岩**（block lava）である．岩石の熱伝導率は低いため，噴出した溶岩の表面が冷えて固結しても，内部は冷えずに長期間，未固結状態を維持できる．その結果，溶岩流の固結した表皮が内部の未固結部の流れに引きずられ自破砕して岩塊（ブロック）を生じ，この岩塊が溶岩流の先端から基底に落下しながら前進する．これらの溶岩流を覆う流動時の自破砕で生じた角礫

第 3 章 火山の噴火と噴出物

図 3.28　安山岩溶岩流の塊状部と上部クリンカー部（秋田–山形県境，鳥海山）

を**流動角礫岩**（flow breccia）あるいは**クリンカー**（clinker；図 3.28）とよび，ブロック溶岩や溶岩ドームの表層の角礫が裾野に転動して崖錐状に堆積したものを**転動角礫岩**（rolling breccia）とよぶ．安山岩質のブロック溶岩の流れが時速 2～3 km を超えることはまれで，人の歩く速さよりはるかに遅く，これらの溶岩流で人命が失われる可能性は低い．ただし，その流れによって森林，田畑や家屋は焼かれ，道路は埋まってしまう．一般に，粘性の高い溶岩ほど溶岩ドームとなりやすいが，粘性が高くてもマグマの噴出率が大きい場合は，厚い溶岩流を生じる．また，溶岩の流れ方はその場所の地形によっても大きく変化し，たとえば，急な斜面上に噴出した溶岩は，粘性が高く，供給量が少なくても，溶岩ドームにはなりにくい．粘性が高いために溶岩が噴出口から盛り上がって溶岩ドームとなったのが，北海道有珠火山の昭和新山や長野・岐阜県境の焼岳火山である．昭和新山の溶岩ドームは，1945 年に畑地を突き破ってデイサイト質溶岩が盛り上がってできた，比高 260 m，さしわたし 300 m の溶岩ドームである．

　溶岩流は気泡や斑晶を有するメルトの流れで，流れが止まった後も上流側から力を受けたり，内部で結晶化や**遅延発泡**（delayed vesiculation）を伴いながら斑晶や気泡の移動が起こり，ときには気泡中や割れ目に残液が浸出する（gas filter pressing；Anderson *et al.*, 1984）．利尻火山の沓形溶岩流（図 3.29）では，溶岩流の定置後に生じた多様な分化体がみられる（図 3.30；吉田ほか，1981，図 3.31；Kuritani *et al.*, 2010）．沓形溶岩流の溶岩本体では，気泡が基底の急冷部を除いて上方へ移動して濃集するとともに，カンラン石や斜長石斑晶の沈降が認められる（図 3.32）．ただし，青沢ドレライトでのカンラン石の重力分化

3.4 噴火とそれに関連した現象

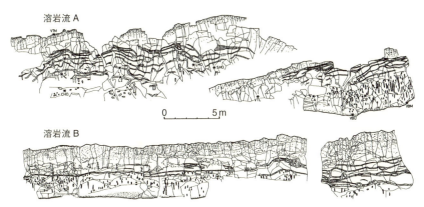

図 3.29 2枚の利尻火山・沓形溶岩流の内部構造のスケッチ（吉田ほか，1981）
比較的厚いパホイホイ溶岩として流動したアルカリカンラン石玄武岩からなる沓形溶岩流には，一部に多様な分化体からなる内部構造が発達している．沓形溶岩流を構成する溶岩流の厚さは数十cmから十数mに及ぶ．このうち，2m以下の溶岩流やタング（舌状体）には，レイヤーもシリンダーもみられないが，2〜4mのものにはレイヤーが普通にみられる．ごくまれに厚さ2〜4mの溶岩流にシリンダーのみがみられることもあるが，溶岩流の厚さが4〜7mに達するとレイヤーとシリンダーの両方が発達している．この場合もレイヤーのみがみられシリンダーがないものもあるが，これは溶岩流のうち，より末端に近い場合である．これらの分化体が発達する場所では，溶岩流表面にチュムラス群が発達しており，これらの溶岩流が窪地に溜まり，上流側から押される状況にあったと判断される．図中の記号は図3.30，図3.32中の記号に対応．

作用（図2.24）に比較して斜長石は中心部に多く，カンラン石は下方でより濃集する傾向があるので，両者の密度差と粒度差がこの分布パターンに影響している可能性がある．沓形溶岩流に発達するセグリゲーションレイヤー（vesicle sheet）とセグリゲーションシリンダー（vesicle cylinder）は，溶岩本体（host lava）とは明瞭に異なる，より分化した組成を示し，それぞれ独自のトレンドを描いている（図3.33）．レイヤーは溶岩流基底部の急冷相が示す初期メルト（initial melt）からのカンラン石，斜長石，普通輝石の分別による，TiO_2 や K_2O が増加し，MgO が減少するトレンドを描き，下位のものほど分化が進んでいる．一方，シリンダーは下位から上位へとレイヤーと同様に CaO や Al_2O_3 が減少しているが，それに対して MgO は増加している．このことは，小型のカンラン石斑晶が気泡や残液とともに，おもに斜長石と普通輝石結晶がつくるマッシュ状ネットワーク構造からチャネリングを起こして分離したシリンダー中に抽出されたことを示している（図3.34）．沓形溶岩流の地表での冷却に伴う分化作

第3章 火山の噴火と噴出物

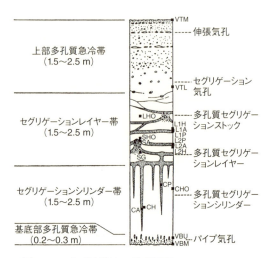

図 3.30 沓形溶岩流の模式断面（吉田ほか，1981）

溶岩流をその内部構造の発達状態により，上部多孔質急冷帯，セグリゲーションレイヤー帯，セグリゲーションシリンダー帯，そして基底部多孔質急冷帯に4分できる．溶岩流内部構造としては，気孔，多孔質セグリゲーションレイヤー，多孔質セグリゲーションストック，多孔質セグリゲーションシリンダー，そして節理が発達している．気孔には大小2種類あり，数 mm を超える大きな気孔は溶岩流内での分布は一様ではない．一方，1 mm 以下の小さい気孔は溶岩流内に比較的均質に分布している．基底部にはパイプ気孔が発達するのに対して，上部には溶岩表面に平行に伸びた伸張気孔が層状に配列する場合がある．セグリゲーションレイヤーは，溶岩流中に生じた破断面に沿って分化生成物が絞り出されたものである．分化生成物が気孔を充填したセグリゲーション気孔も認められる．溶岩流の下半部には暗色パイプ状の分化体であるセグリゲーションシリンダーが発達している．セグリゲーションレイヤー発達部には多孔質集斑状部に無斑晶部が重なるセグリゲーションストックがみられることがある．

用についての進化モデルを図 3.35 に示す（Kuritani et al., 2010）．図中の実線は温度構造を示し，破線は結晶度を示す．時間とともに溶岩流の上下から温度が低下し，それに伴って溶岩流の結晶化が進行して固化フロントが溶岩流内部へと移動する．結晶化が進んだマッシュ状部分に分化体が生じ（図 3.35 (d)），その組成は後から結晶化した溶岩流内部ほど，より分化した組成を示す．沓形溶岩流でのこのような多様な分化体は，おそらく溶岩流の定置後 20 日程度で形成されたと推定される（Kuritani et al., 2010）．

3.4.5 マグマ水蒸気爆発と水蒸気爆発

マグマは地表付近の外来水と作用して，その重量の 3～4 分の 1 程度の水を

3.4 噴火とそれに関連した現象

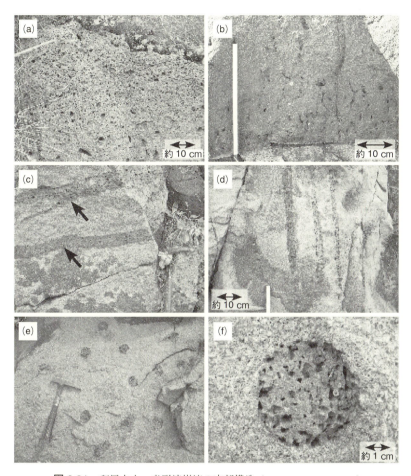

図 3.31 利尻火山・沓形溶岩流の内部構造（Kuritani *et al.*, 2010）
(a) 溶岩流上部の気泡が発達した急冷部，(b) 溶岩流基底部のパイプ気孔が発達した急冷部，(c) 溶岩流の表面に平行な割れ目にメルトが浸出して生じたセグリゲーションレイヤー（vesicle sheet），(d) 気泡がメルトを伴ってパイプ状に上方へ移流して生じたセグリゲーションシリンダー（vesicle cylinder），(e) 溶岩流下部の水平断面にみられる多数のセグリゲーションシリンダーが発達した様子，(f) セグリゲーションシリンダーの拡大断面．斑晶に乏しく，結晶度が低い．

蒸発させることができる．高温のマグマと外来水が直接触れると，水が急激に気化して体積が膨張し，爆発が起こることがある．これを**マグマ水蒸気爆発**（phreatomagmatic explosion）による**マグマ水蒸気噴火**（phreatomagmatic

第3章 火山の噴火と噴出物

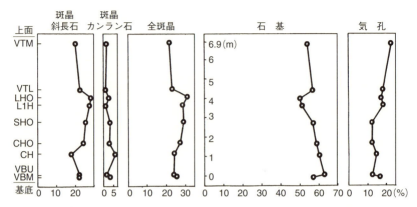

図 3.32 沓形溶岩流本体の内部における斑晶,石基,気泡のモード組成変化(吉田ほか,1981)

沓形溶岩流は多孔質暗灰色で,斑状粗粒のアルカリカンラン石玄武岩からなる.この溶岩流は多量の斜長石と少量のカンラン石の斑晶をもち,石基には,斜長石,普通輝石,鉄鉱(おもにイルメナイト,ときに磁鉄鉱),アノーソクレースおよび燐灰石が認められる.斑晶は上部および下部で少なく,中央で多い.ただし,カンラン石は下部で多い傾向がある.気孔は最下部で多いのを除くと,単調に上方へ向かって多くなっている.石基は溶岩流表面部では細粒骸晶状の微斑晶が多くのガラスを伴っているが,溶岩本体内部では粗粒間粒状組織を呈し,石基粒度の最大部は溶岩流の中央より下側にある.図中の記号は図 3.29,図 3.30 中の記号に対応.

eruption)という(Waters and Fisher, 1971).爆発と噴火を区別せずにマグマ水蒸気爆発ということも少なくない.マグマ水蒸気噴火の同義語として**スルツェイ式噴火**(Surtseyan eruption)が用いられることがあるが,これは多量の湖水や海水が低粘性のマグマと接触して起こる分散度は大きくないが破砕度は大きく,**ジェット状弾道放出**(コックステイルジェット,cocks' tail jet)がみられるような爆発的な活動のみに限定することもある.高粘性のマグマが多量の水と接触し,噴火がより爆発的となってプリニー式噴火に匹敵する高い噴煙柱を形成した場合,これを**フレアトプリニー式噴火**(phreatoplinian eruption)という.なお,約 150 人が犠牲となった**タール**(Taar)**火山**の 1965 年噴火では,当初の割れ目火口からのストロンボリ式噴火が,火口が湖につながることでマグマ水蒸気爆発へと移行して,高さ 15 km を超える噴煙柱が上昇するとともに,その基底部から地表に沿って最大到達距離が 4 km に達する 100℃以下の低温のベースサージが繰り返し発生している.1952 年の第 5 海洋丸が遭難した明神礁(現在の水深は 43 m)の噴火についても,ベースサージの発生によるものと考

3.4 噴火とそれに関連した現象

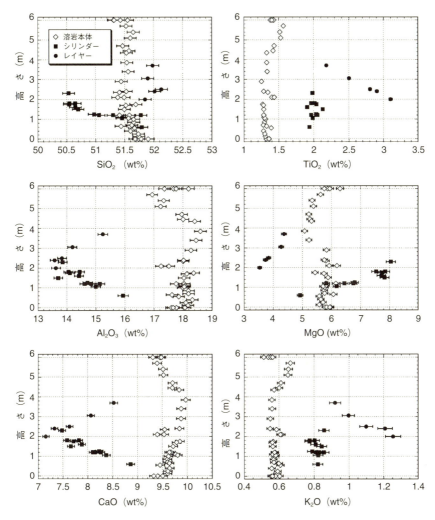

図 3.33 沓形溶岩流の溶岩本体と分化体の溶岩流内での組成変化（Kuritani et al., 2010）

えられている（中村，1966；宇井，1997c）．

マグマが外来水と作用した場合，マグマの量に対して水の割合が非常に多い場合や，水の割合が非常に小さい場合は爆発は大きくならない．そして水の量比がマグマの量に対して 0.3 くらいのときに最も大きな爆発が発生する．水の

159

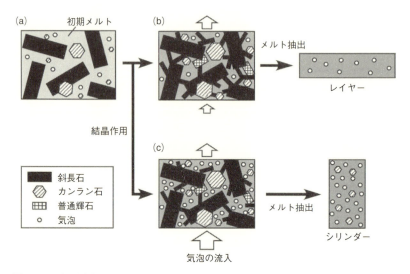

図 3.34 沓形溶岩流におけるセグリゲーションレイヤーとシリンダーの形成モデル（Kuritani *et al.*, 2010）
レイヤーは溶岩本体のカンラン石，斜長石，普通輝石斑晶からなるマッシュ状ネットワーク（b）から残液が溶岩流中に生じたシート状の割れ目に浸出した結果であり，シリンダーは，斜長石，普通輝石と大型のカンラン石斑晶がつくるマッシュ状ネットワーク構造（c）から，小型のカンラン石斑晶と残液が気泡とともに分離し，シリンダー状のパイプに沿って上昇した結果であると推定される．

量比が 0.1 以下の場合は，普通のストロンボリ式噴火などが起こり，火砕丘が生じる．また，量比が 0.1 より増えるにつれて大きな爆発が起こり，火口周辺にタフリングやマールが形成されたり，破砕された火道中の岩片や火道壁を構成していた火山岩の岩片が放出されて，火口周辺に**爆発角礫岩**（explosion breccia）を堆積する．また，溶岩トンネルから流出した溶岩が海水と接触してマグマ水蒸気爆発を起こすと**水冷スパッター**（water-chilled spatter）を噴き上げ，**ホーニト**（hornito；**スパッター丘**，driblet spire；spatter cone）を形成することがある．水が圧倒的に多くなると，**枕状溶岩**（pillow lava）を形成するような活動に変化する（Wohletz and McQueen, 1984）．

マグマの熱が間接的に地下水温度を上昇させると，火山体内部に滞留していた地下水が気化して生じた水蒸気と既存の岩石が粉砕されて生じた火山灰が爆発的に放出される水蒸気爆発が発生することがある．この場合，熱源となった

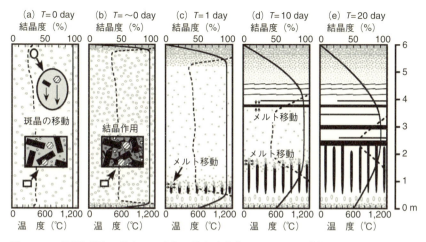

図 3.35 沓形溶岩流の地表での冷却に伴う分化作用についての進化モデル（Kuritani *et al.*, 2010）

詳細は本文参照．

マグマ物質の放出は伴わず，噴火の規模もマグマ水蒸気爆発よりも一般に小さい．山頂でのマグマ噴火に先行して水蒸気爆発，マグマ水蒸気爆発が起こることもある．水蒸気爆発とマグマ水蒸気爆発を区別することは難しいが，噴出物中の新鮮なマグマが**急冷**（quenching）されて生じた**火山ガラス片**（volcanic glass shard；図 3.36）や熱水変質を受けた岩石に由来する変質鉱物の有無などで判別する．

3.4.6　噴気現象

火山から噴出するガスのおもな成分は水蒸気であるが，二酸化炭素，硫化水素，二酸化硫黄なども含まれている．火山ガスは，噴火口や噴気孔などから火山活動を通して長期間継続して放出されることが多い．火山は，噴火に際して短時間に大量のエネルギーを放出するが，その大部分は高温の噴出物による熱エネルギーである．火山からの熱エネルギーの放出は，火山が活動的でない状態でも継続している．また，マグマが地殻内を上昇すると，マグマからの熱は地表に伝わって，噴火前に地熱活動が活発化することがある．この場合，熱はマグマ自体から直接もたらされる場合もあるが，火山ガスやそれに熱せられた地下

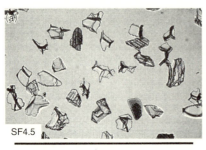 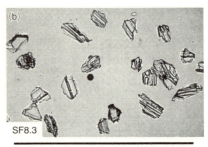

図 3.36 福島県，浜通り地域に分布する鮮新統大年寺層に挟在する広域テフラを構成する火山ガラス（長橋ほか，2004）

SF4.5 (a) は中部山岳地域を給源とする Znp-Ohta テフラ層に，SF8.3 (b) は新潟地域に分布する Ymp テフラに対比される．コイグニンブライト・アッシュと推定される (a) には，バブル（泡）型の気孔の接合部を示すY字状，あるいは平板状の火山ガラスが多く認められる．(b) には，軽石型のうち繊維状の火山ガラスが多く認められる．いずれも，珪長質の高粘性マグマに由来する火山ガラスであることを示唆している．

水によって地表に運ばれる場合もある．マグマからの熱の移動で**火口底**（crater floor）の温度が上昇した場合，高感度カメラでこれを直接とらえることが可能である．また，火山の噴火前に噴気孔での噴気の活発化，草木が枯れるなどの地熱活動異常域の拡大などが起こることが知られている．このような地熱活動の活発化は目視でもとらえることが可能であり，一般住民から関係機関への情報提供が噴火予知につながったケースもある．

3.4.7　山体崩壊と岩屑なだれ

同一の火口から繰り返して起こる噴火により，大きな円錐形の山体が形成されたのち，活動が弱まって侵食が進んだり内部の変質が進行したりすると，山体が力学的に不安定になる場合が多い．このような不安定化した火山体が，その後の噴火や地震に伴って大規模に崩壊することがある．この現象を**山体崩壊**（sector collapse）といい，水蒸気爆発や粘性の高いマグマの貫入，地震などで火山体の不安定な部分が崩壊して発生する．このような乾燥した低温の**粉体流**（particulate flow）を**岩屑なだれ**（debris avalanche）とよび，その堆積物を**岩屑なだれ堆積物**（debris avalanche deposit）という（宇井・荒牧，1983）．山体崩壊は円錐形成層火山の発達史のなかで普遍的に起こる現象であるが，ひとつ

の成層火山での発生頻度はおそらく1万年に1回程度と見積もられている．ただし，低温の岩屑なだれ堆積物は軟弱で山麓に広く拡散するため，この発生頻度は過小評価されている可能性がある（宇井，1997c）．岩屑なだれによる山体崩壊にあたって，既存の火山体内部の成層構造などをある程度残しつつ山体が流下することがある．最終的に流動を停止した位置に巨大なブロックが残っている場合，これを**流れ山**（hummocky hill）とよぶ．岩屑なだれ堆積物は，**岩屑なだれブロック**（debris avalanche block；**巨大岩塊**，megablock）と**岩屑なだれ基質**（debris avalanche matrix）という2つの異なる岩相から構成されている．岩屑なだれブロックは火山体の崩壊によって地すべり運動で運ばれた火山体の破片であり，これが流れ山をつくる．一方，岩屑なだれ基質は岩屑なだれの流動中に，岩屑なだれブロックの一部がほぐれて互いに混合したものである．岩屑なだれのブロックと基質との間には**ジグソー角礫岩**（jigsaw breccia）が認められることが多い（宇井，1997b；鹿野ほか，2000）．通常，山体崩壊を起こした火山体の反対側は残存して，馬蹄形の崩壊地形（馬蹄形カルデラ）を生じる．山体崩壊が起こると，火山体の一部をなしていた岩石や土砂（岩屑なだれブロック）が破砕しながら，火砕流と同様に高温の空気とともに猛スピードで谷を流れ下る．そして，崩壊物が海中になだれ込むと**津波**（tsunami）を発生させる．

3.4.8　火山泥流（ラハール）

火山泥流（volcanic mud flow）は，噴火が直接または間接の引き金となって，火山噴出物もしくは火山体が侵食されて生じた土砂が，何らかの原因で供給された水と混合して流下する現象である．火山泥流には，火山活動によって直接ひき起こされる一次泥流と，火山活動と関係なく発生する二次泥流がある．火山泥流の下流では，砂と土砂の**固液混相流**（solid-liquid multiphase flow）であるという点で土石流と同様の流れとなる．そのような流れの堆積物をインドネシアでは**ラハール**（lahar）とよんでいたことから，それが国際的に用いられるようになった．火山泥流には，山体崩壊で生じた流れに河川などから大量の水が供給されたような場合，噴火に伴って火口湖が決壊して泥流となった場合，そして高温の噴出物が積雪や氷河を融かして泥流となった場合，山腹に堆積していた火砕物が多量の降雨で泥流となった場合などがある．火山泥流堆積物はその堆積域の地形や発生規模により岩相は多様であるが，やや円磨された礫を含

むさまざまな火砕物の集合体で，火砕流や岩屑なだれによる堆積物よりも淘汰がよい．通常，時速数十kmで河川を流下する火山泥流の密度は水より大きくて破壊力が大きいため，河岸を削ったり，橋などの構造物を破壊しながら平野部で氾濫を起こして，火山麓扇状地を発達させる（宇井，1997b）．火山泥流は頻繁に起こる現象ではないが，長い期間を考えると，同じ火山において繰り返し火山泥流が発生している場合が認められる．また一般には，火山泥流のほうが土石流より規模が大きい傾向がある．

3.4.9 土 石 流

土石流（debris flow）は，山腹や谷底の土砂や礫が，集中豪雨などで一気に流れ下る現象である．土石流の流速は規模によって異なるが，ときに時速20～40kmに達することがある．土石流は明瞭な流れの先端部を有し，土砂や礫が流れの全体にわたって水と一体化し，一気に流れ下る．シルトや粘土粒子などの微細な土砂を高濃度に含む流れの場合には，泥流とよぶこともある．図3.37に，斜面上の凝灰質砂泥が水を含んで剪断強度が低下した結果，発生した流れの堆積物の様子を示す．

土石流には，外部からの水の供給によって谷底の堆積物が侵食されて，流水と流砂が高濃度に混合されて生じる場合，崩壊土砂がそれ自体が含んでいた水の作用を受けて，あるいは外部から供給された水と混合して生じる場合，天然ダムの決壊による場合などがある．いずれの場合も，土石流を構成する水と土砂の量，そして土石流という流下形態を維持するのに必要な**河床勾配**（river bed gradient）がその発生条件となる．一般には，土石流は河床勾配が15°以上の渓流上流域で発生し，勾配が2°までの間に停止ないし堆積するとされている．図3.38に**地すべり**（landslide）の発生域，移送域，堆積域に生じた変形構造（大八木，2007）の様子を示す．

火山噴火は，火山灰の降下や火砕流の発生により，火山体とその周辺域に大量の土砂を供給する．これによって土石流の材料となる侵食を受けやすい土砂の量を増やすことになり，さらに，元の山地斜面が有していた**浸透能**（infiltration capacity）を低下させる（水山，1997）．その結果，降雨時に直接流出する水量が増加して，噴火前にはあまり土石流が発生していなかった場所で，頻繁に土石流を発生させることになる場合が多い．土石流防止策としては植生の回復が

3.4 噴火とそれに関連した現象

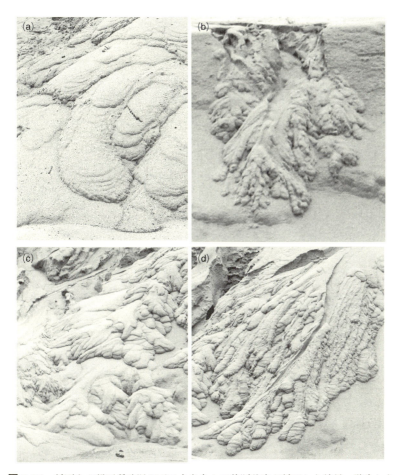

図 3.37 斜面上の凝灰質砂泥が雨で水を含んで剪断強度が低下した結果，発生した流れの堆積物

(a)〜(d) に砂泥の粒度，含水量，流速などが異なると思われる例を示す．これらの堆積物において先端は舌状を呈し，末端は自然堤防（natural levee）状の高まりをもつ．1 つの流れがしばしば先端部で複数の舌状体に分岐している．表面にはときに下流側へ湾曲したしわが認められる．

有効である（宇井，1997c）．土石流は他の火山噴火現象と異なり，マグマの活動が終息した後もしばらく継続して地域の復興を妨げることになるが，土石流の発生要因は噴火の終息後，しだいに弱まる．

第3章　火山の噴火と噴出物

図3.38　斜面上の凝灰質砂泥が雨で水を含んで剪断強度が低下した結果，発生した地すべり堆積物

地すべりの発生域には滑落崖や側方崖が発達し，移動体表面には下流側へ湾曲したしわが発達し，複数の流れを識別できる．堆積物の先端部には末端隆起や末端崖 (depositional edge) が認められ，リッジ状 (先端部で盛り上がっている地形) をなしている (大八木，2007).

3.5　火山噴出物

　火山の噴火によって地表に運び出された物質を**火山噴出物**（volcanic product）という．火山噴出物には火山ガス，溶岩，火砕物がある．溶岩はマグマが地表に出てきたもので，流動体の状態でも固結した状態でもともに溶岩とよぶ．火砕物は，火山の噴火に伴って溶岩や山体の一部が飛散したものである．液体として噴出する溶岩が空中に飛び出してひきちぎられたり，砕けたりすると，特定の形態をもつ火山弾（**紡錘状火山弾**, spindle bomb；**パン皮状火山弾**, bread-crust bomb；**カリフラワー状火山弾**, cauliflower bomb；**リボン状火山弾**, ribbon bomb；**牛糞状火山弾**, cow-dung bomb など）や不特定の形態をもつ火山岩塊，発泡したスコリアや軽石，そして細かな火山灰などが形成される．火口から上昇し，上空の風に流され，たなびいた噴煙からは火山灰や軽石が雨のように地表に降下し，降下火砕堆積物となる．また，高温の火山灰，スコリアや軽石などを含んだ噴煙が地表に沿って流れ下ると火砕流となり，**火砕流堆積物**（pyroclastic flow deposit）が形成される．

3.5 火山噴出物

3.5.1 火山砕屑物と火山砕屑岩

　火山噴出物の多くは**火山砕屑物**（pyroclastic material，略して**火砕物**）からなる．火砕物は火山活動に伴って生じた細かい結晶や結晶片，急冷してガラス化したメルトの破片，そして火山岩片やさまざまな起源の石質岩片（**多源岩片**，polymictic clast）から構成される**砕屑物**（clastic material）である（図 3.39）．岩片（clast）は起源によって**本質**（essential），**類質**（accessory），**異質**（accidental）と区分されるが，その判別はやさしくない．多孔質で見かけ密度が小さく，白色から灰色のものは軽石，黒色～暗褐色のものはスコリアとよばれる．安山岩やデイサイト，流紋岩質マグマの噴出物は軽石になりやすく，玄武岩質マグマではスコリアとなりやすい．図 3.40 にスコリア層に重なる軽石層を示す．ただし，安山岩にはしばしば軽石とスコリアがあり，注意が必要である．また，爆発的な噴火で形成された，とくに安山岩質の軽石のなかには，黒白の成分が異なる縞が発達した**縞状軽石**（banded pumice）を含むことがある．これらについては，異なる組成のマグマが混合することによって形成されたと考えられている．マグマがどのようにして火砕物になるかは，噴火現象を理解するうえできわめて重要な課題である（荒牧・宇井, 1989）．一般には，揮発性成分を有したマグマが地下から上昇して，減圧条件下で発泡して生じた気泡の過剰圧がメルトの破壊強度を上回る場合や気泡の充填率（発泡度）が 70% を超えた場合，マグマの破砕が起こる（気泡体積分率条件，Verhoogen, 1951；Sparks, 1978；Spieler *et al.*, 2004）と考えられるが，充填率が 80% を超える軽石も存在している．**レティキュライト**（reticulite）あるいは**スレッドレーススコリア**（thread-lace scoria）

図 3.39　さまざまな起源の岩片を包有する結晶質凝灰岩（愛媛県，石鎚カルデラ・関門）

細粒の火山灰からなる基質の中に，多くの結晶片とともに火山岩や凝灰岩の岩片が散在している．

第 3 章　火山の噴火と噴出物

図 3.40　降下スコリア層に重なる降下軽石層（岩手県，岩手火山）

とよばれる粘性の低いマグマに由来する火山ガラス片は網の目状のガラスからなり，きわめて高い気泡充塡率のもとで生じたことを示している．

　マグマが地表近くまで上昇し爆発的噴火をすると，火山灰などが噴出する．また，溶岩が粉砕されてガスとともに流れ下る火砕流もある．これらは火山岩と堆積岩の両方の性質を有している．火山岩塊や火山弾などの比較的大きなものは火口周辺に降下し，火山灰のような細かな火山噴出物はしばしば遠くまで風で運ばれる．火砕物とは火山活動によって火口から噴出され，地表に堆積した破片状の固体物質の総称である．とくに空中を飛んで地表に堆積した火砕物を**テフラ**（tephra，降下火砕物）あるいは**降下テフラ**（tephra fall）とよんでいる．これらの降下火砕堆積物や火砕流堆積物は，給源である火口からの距離に応じた岩相変化を示す．**給源近傍相**（proximal facies）では堆積物の粒径や層厚が大きく，**給源遠方相**（distal facies）になると小さくなる．火砕流の給源近傍相には密度が高く粗粒の石質岩片が濃集した**沈滞角礫岩**（ラグブレッチャ，lag breccia）がみられることがある．これらの火砕物の分類は，粒径，外形（内部構造），発泡の有無などに基づくのが一般的である．

3.5.2　粒径に基づく分類

　火砕物は一般には，その粒径によって細かいほうから 2 mm 以下の火山灰，2〜64 mm の粒子からなる火山礫，そして 64 mm を超える粒子を構成する火山岩塊，火山弾に区分される（表 3.3）．細粒の火山灰は，粒径が 2 mm 以下から非常に細粒なものまで変化に富む．そのため，火山砂，**火山シルト**（volcanic silt,

3.5 火山噴出物

表 3.3 火山砕屑物と火砕岩の分類（荒牧，1979b）

	火山砕屑物 pyroclastic material		
粒子の直径	粒子が特定の外形や内部構造をもたないもの	粒子が特定の外形（構造）をもつもの	粒子が多孔質のもの
>64 mm	火山岩塊（volcanic）block	火山弾 volcanic bomb 溶岩餅 driblet スパター spatter ペレーの毛 Pele's hair ペレーの涙 Pele's tear	軽石 pumice スコリア（岩滓）scoria
64〜2 mm	火山礫 lapilli		
<2 mm	火山灰（volcanic）ash		
	火山砕屑岩 pyroclastic rock		
>64 mm	火山角礫岩 pyroclastic breccia [細粒基地をもつもの 凝灰角礫岩 tuff breccia]	凝灰集塊岩 agglomerate アグルチネート （岩滓集塊岩） agglutinate	軽石凝灰岩 pumice tuff スコリア凝灰岩 scoria tuff [いずれも細粒基地をもつ]
64〜2 mm	ラピリストーン lapillistone [細粒基地をもつもの 火山礫凝灰岩 lapilli tuff]		
<2 mm	凝灰岩 tuff		

Wentworth and Williams（1932），久野（1954）の分類を Fisher（1961；1966）に従って修正（荒牧，1979b）.

16 分の 1〜256 分の 1 mm），**火山粘土**（volcanic clay）などと細分してよぶこともある．火山灰や火山礫などの**火山砕屑粒子**（volcaniclast）が堆積して**火山砕屑堆積物**（volcaniclastic deposit）となり，凝固すると凝灰岩（tuff）や凝灰角礫岩（tuff breccia），**火山角礫岩**（volcanic breccia）などの火砕岩（火山砕屑岩）となる．また，それらが高温状態で堆積した場合には溶結して，**溶結凝灰岩**（welded tuff）やアグルチネートを形成する．なお，火山砕屑堆積物の崩壊や削剥などでほぐされた火山砕屑粒子（**砕屑粒子，epiclast**）が二次的に再堆積したものは**火山砕屑物起源の堆積物**（epiclastic deposit）として区分されることもあるが，初生の**火砕粒子**（pyroclast）に由来する**火砕堆積物**（pyroclastic deposit）や**自破砕岩片**（autoclast）からなる**自破砕堆積物**（autoclastic deposit）などの火山砕屑堆積物との区別は難しい場合もある（Fisher, 1966；庫野ほか，2000）．

通常の**堆積物**（sediment；deposit）を構成する二次的な砕屑粒子は一般に角がとれ**円磨**（rounding）され，さまざまな**円磨度**（roundness，角礫，亜角礫，亜円礫，円礫，超円礫）を示す．

火山砕屑岩（略して火砕岩）の分類も火砕物の区分に対応するように，おもに構成物質の粒径に基づいて行われる（表 3.3）．それらは，粗粒なほうから火山角礫岩，**ラピリストーン**（**火山礫岩**，lapillistone），凝灰岩の3つに大別される．さらに火砕岩を構成する粗粒の岩片に対して，その粒間を構成する細粒の基質の割合が多くなると凝灰角礫岩，**火山礫凝灰岩**（lapilli tuff）などとよばれる（Fisher, 1961；1966；Fisher et al., 1984）．火砕流堆積物は，粒度構成では凝灰角礫岩に分類されるものが多い．これらの堆積物のうち，火山弾が含まれるものは**凝灰集塊岩**（**アグロメレート**，agglomerate）として区別される．火山弾の多くは火口近くに落下するため，凝灰集塊岩は火口近傍堆積物の証拠のひとつとなる．また，**溶結火砕岩**（welded pyroclastic rock）であるアグルチネートも火口周辺に分布が限られる．溶結後にふたたび溶岩のように流動変形したものを**流動溶結火砕岩**（rheomorphic welded pyroclastic rock）とよぶ．火砕岩からは，噴火した火山のマグマの性質や噴火の様子を知ることができる．

3.5.3 外形や内部構造に基づく分類

外形や内部構造に基づく分類では，スパッター，火山弾などがある．スパッターは高温で低粘性の溶融物質であり，着地したときに偏平な形態となる．火山弾は 64 mm 以上の大きさの特殊な形態をもつ噴出物であり，紡錘状火山弾とパン皮状火山弾が代表例である．玄武岩質マグマの噴火（とくにストロンボリ式噴火）では，紡錘状火山弾が放出される．一方，パン皮状火山弾は，安山岩質マグマ〜流紋岩質マグマ程度の比較的粘性の高いマグマで発生するブルカノ式噴火で形成されやすい．パン皮状火山弾は，外側は緻密な急冷相（**ガラス質殻**，glassy crust）に覆われているが，内部は気孔に富み，**多孔質**（vesicular）となっている．このほか，パン皮状火山弾に似ているが，内部が発泡していない緻密な岩塊をジョインテッドブロック（jointed block）とよぶが，これは溶岩ドームが崩壊したときなどに形成される．地表にぶつかったときの衝撃によって節理面が大きく開いてパン皮状にみえることが多い．図 3.41 は，下位の凝灰質堆積物を**偽礫**（rip-up clast）としてもつ水中火砕流堆積物中に落下し，**急冷**

3.5 火山噴出物

図 3.41 水中火砕流堆積物の岩片や軽石が濃集した部分にみられる周囲に急冷縁を発達させた水冷火山弾（伊豆半島・堂ヶ島）

伊豆半島の白浜層群上部に分布する堂ヶ島火山岩類中には，水中火砕流に由来すると推定される鮮新統天窓洞軽石凝灰岩部層が分布する．この凝灰岩部層は厚さ 40 m ほどの 3 枚の軽石凝灰岩層からなるが，写真はそのうちの 1 枚のなかの下部に高温で着底した水冷火山弾のひとつである（小山・新妻, 2006）．

縁（quenched rim）を発達させた**水冷火山弾**（water-chilled bomb）の例（伊豆半島・堂ヶ島）である．

3.5.4 運搬様式と堆積構造

上記以外に，運搬様式に基づく分類法があり，それぞれ**堆積構造**（sedimentary structure）が異なる．砕屑物の運搬様式は，それ自体の重力で移動する**重力流**（mass flow），媒質により底面に沿った滑動，転動，跳動で運ばれる**掃流**（traction），そして懸濁状態で運ばれる**浮流**（suspension）に区分できる．一般に堆積面上の粒子は表面の局所的凹凸に応じたさまざまな条件で静止しているが，それらの粒子に対して媒質の流れがはたらくと不安定になり，流速が臨界剪断速度を超えると粒子は滑動や転動により移動しはじめる．流速が増えるにつれて転動に対して跳動で移動する粒子が増え，さらに懸濁により運ばれる粒子の割合が増加する（Abbott and Francis, 1977；小屋口, 2008a）．火砕流堆積物が重力流，サージ堆積物が掃流，そして空気中や水中での降下火砕堆積物が浮流による堆積物である．掃流の堆積物には，しばしば**覆瓦構造**（インブリケーション，imbrication）が認められる．浮流の堆積物である降下テフラは旧地形を従表面被覆して堆積するが，火砕流は低地を埋め立て，堆積物の上面が平坦

図 3.42 強溶結した阿蘇カルデラの火砕流堆積物
黒いレンズ状部は軽石を構成するガラスがつぶされて形成された部分．多数の岩片や結晶片が溶結した火山灰中に散在している．軽石に由来するレンズ状部は，その周囲の基質部に対して一般に結晶含有量が少ないことから，基質部ではガラスに由来する細粒の火山灰が灰かぐらとして失われ，その結果，レンズ状の軽石に比較して結晶質となっていると考えられている．

な地形を形成する（Wright *et al.*, 1980）．火砕流堆積物の規模が大きくなると，小さな起伏を覆って，複数の流動単位や**冷却単位**（クーリングユニット，cooling unit）からなる火砕流台地を形成する（Smith, 1960）．高温状態を保持したまま堆積した場合，厚い堆積物の下部〜中央部付近が荷重で塑性変形して高密度の溶結凝灰岩が形成される．溶結凝灰岩にはしばしば孔隙率の高い軽石が高温での堆積作用に伴う圧密で扁平につぶされた**圧密軽石**（collapsed pumice）である**ガラス質レンズ**（fiamme）をもつ**ユータキシティック組織**（eutaxitic texture：図 3.42）が発達したり，上部弱溶結帯の孔隙に捕捉された気相から結晶が晶出（**気相晶出**，vapor phase crystallization）したりする．とくに強く溶結した部分では，基質の脱ガラス化や**微文象組織化**（granophyric crystallization）が認められることがある．

　降下火山灰（ash fall）や**降下軽石**（pumice fall）などの降下テフラは，運搬の過程で分級されるため，1回の噴火で放出された火砕粒子が落下し地表や水底にそのまま定置した**降下堆積単位**（フォールユニット，fall unit）内では，粒径のそろった淘汰された堆積物となる．角張った粗い粒子からなる**岩片支持**（clast support）の**降下軽石堆積物**（pumice fall deposit）などでは粒子の間に大きな空隙が残り，透水性がよく，保水性の悪い堆積物となる．そして，降下テフラは一般に非常に崩れやすい．一方，**基質支持**（matrix support）の火砕流堆積物は，流動中の円磨で角がとれた軽石や岩塊とその細粉（火山灰）の混合物であり，火砕岩片に対して火山灰からなる基質部分の占める割合が高く，淘汰が悪い．そのため，堆積物としては降下テフラに比べて保水性に富み，崩れにく

3.5 火山噴出物

図 3.43 仁科層群一色（いしき）玄武岩類に属する枕状溶岩（静岡県，西伊豆町）
一色玄武岩類は中新世前期，仁科層群の最下位を構成している．海底での溶岩の活動によって生じた枕状ローブが積み重なった．これらの枕状溶岩には二次鉱物に充填された多数の気孔がみられる．枕状ローブの垂れ下がり（sag）から上下判定が可能である．

いという特性を有している．しかしながら，シラスなどの火砕流堆積物の非溶結部分は一般に地盤強度が弱く，台風や集中豪雨時に表流水や地下水により斜面災害などの崩壊が発生しやすい．

3.5.5 海底火山噴出物

中央海嶺などで活動している海底火山の構造を理解し，形成過程を詳細に研究するには，今のところ**オフィオライト**（ophiolite）岩体や隆起した海洋島における露頭観察が中心となるが，島弧でも海底火山噴出物がしばしば認められる（McPhie *et al.*, 1993; 山岸，1994：鹿野ほか，2000）．水底で形成された溶岩（**水底溶岩**，subaqueous lava）は，その表面形態の違いにより，**水底パホイホイ溶岩**（subaqueous pahoehoe lava；Lonsdale, 1977）と**水底ブロック溶岩**（subaqueous block lava；Kano *et al.*, 1991）に分類される．水底ブロック溶岩は久野（1968）の**水中自破砕溶岩**（subaqueous autobrecciated lava）に対応する用語である．玄武岩質の水底パホイホイ溶岩では，**シート状溶岩**（sheet lava；シートフロー，sheet flow）から**枕状ローブ**（pillow lobe）が分枝して枕状溶岩（表 3.2，図 3.43）が形成される．なお，水底ブロック溶岩に**二次冷却節理**（secondary cooling joint）などが生じて溶岩本体から分離した岩塊が枕状を呈するに至ったものを**偽枕状岩塊**（pseudopillow；rounded block）とよぶことがある．水底では水圧で発泡が抑制されるため，多孔質な**アア表面**（aa surface）をもった**水底アア溶岩**（subaqueous aa lava）の分布は浅海に限られ，その例は多くない．溶岩や岩脈が**水冷収縮破壊**（cooling contraction granulation）すると**賽の目状**

第 3 章　火山の噴火と噴出物

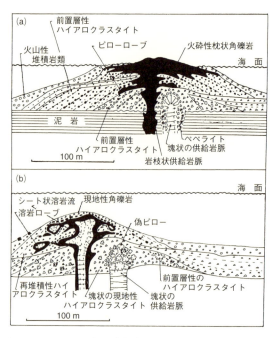

図 3.44　ハイアロクラスタイトと供給岩脈((地独)北海道立総合研究機構提供；Yamagishi, 1987)
(a) 岩脈状の火道から海底に噴出し，水冷自破砕作用を受ける溶岩ローブ.
(b) 供給岩脈とその周辺の現地性ハイアロクラスタイト，それらが海底で運搬され再堆積したハイアロクラスタイト.

節理（dice-like joint）などが生じ，さらにこの開口割れ目である**節理面**（joint surface）に沿って破砕する．生じた岩片からなる岩石をハイアロクラスタイトとよぶ（図 3.44）．これには，水底ブロック溶岩の流動角礫岩，枕状溶岩の**枕状角礫岩**（pillow breccia），**水冷自破砕**（water chilled autobrecciation）した貫入岩体縁辺の**角礫岩**（ペペライト，peperite），溶岩流基底部に発達するスパイラクルを充填した角礫岩などが含まれる．これらの**現地性ハイアロクラスタイト**，*in situ* hyaloclastite）に対して，二次的に再堆積したものを**再堆積性ハイアロクラスタイト**（resedimented hyaloclastite）とよぶことがある（Yamagishi, 1987；鹿野ほか，2000）．

　海底火山の大部分は，主として水底パホイホイ溶岩の一種である枕状溶岩か

3.5 火山噴出物

図 3.45 海底火山活動によって形成されたハイアロクラスタイト（静岡県，仁科・白浜層群）
中新世後期から鮮新世にかけて形成された白浜層群中の安山岩質ハイアロクラスタイトである．基質部も安山岩質岩片と同じ帯磁率を示し，両者の組成が異ならないことを示唆している．写真下部は溶岩が水冷破砕を受けながら流れて形成されたハイアロクラスタイトである．その上位には，それらが二次的に運搬され成層して生じた多数の安山岩片を有する砂岩層からなる堆積性ハイアロクラスタイトが重なる．

らなるが，しばしば放射状節理や**同心円状節理**（concentric joint）をもつこの枕は，厚さ数 mm のガラス質の急冷縁に包まれた直径数十 cm で長さ数 m 程度のチューブ状に伸びた枕状ローブの断面である．この枕状ローブは成長に伴い急冷したガラス質殻に縦断拡大割れ目，横断拡大割れ目，放射状拡大割れ目などの**拡大割れ目**（spreading crack）をつくりながら分枝して前進する．枕状溶岩からなる海底火山は，短い割れ目火口や中心火口からの溶岩の噴出で形成される．その基底部には主供給チューブがあり，火山体の成長に従って溶岩チューブの径が小さくなる傾向がある．最後には，溶岩が水冷収縮破壊して生じたハイアロクラスタイト（Yamagishi, 1979；山岸，1994）が火山体の表面を覆う（図3.45）．海底火山で噴出する溶岩の多くは枕状溶岩として流出するが，海底溶岩の 20～30％ はシート状溶岩として流出している．両者に組成差はなく，認められる形態の違いは噴出率の違いに関係し，噴出率が高い場合はシート状溶岩が，噴出率が低い場合には枕状溶岩が形成されると考えられている（Ballard et al., 1979）．一般にシート状溶岩は，一連の噴火活動の初期から主期に，比較的なだらかな火山体を形成する．そして，枕状溶岩からなる火山は噴火活動の終息期を特徴づけている．深海での火山活動では一般に圧力が高く，マグマに溶けて

図 3.46 凝灰岩を覆った水底火砕流堆積物（男鹿半島・潮瀬ノ岬）
下位の凝灰岩には，火砕流堆積物から受ける荷重で塑性変形して生じた荷重痕の一種である火炎構造が認められる．

いる揮発性成分が発泡できないと考えられているが，二酸化炭素はマグマに溶けにくく，深海においても気泡を形成することが可能である．

　海底などの水底に堆積した火砕物起源の**火山砕屑重力流堆積物**（volcaniclastic gravity flow deposit）の成因を特定することは容易ではない．**水底噴火**（subaqueous eruption）で生じた噴煙柱の水中での崩壊や，陸上で発生した火砕流の入水，水面上に降下あるいは浮上した火砕物の重力不安定などで生じた，気体または水と火砕物との混合流体が水底を流れる**水底火砕流**（subaqueous pyroclastic flow；Cas and Wright, 1987；鹿野ほか，2000）では，その前面で水を取り込みながら流れて**岩屑流**（debris flow）や**混濁流**（turbidity current）に変化したり，崩壊する噴煙柱に水を取り込んで混濁流となり，火山砕屑堆積物を形成する．二次的に再移動した**タービダイト**（turbidite）などの**水底重力流堆積物**（subaqueous gravity flow deposit）との識別には，高温の乾いた軽石や**脱ガス構造**（gas escape structure），**溶結構造**（welding structure），**水冷破砕**（water-shattering；water-brecciation）粒子，**火山灰付着火山礫**（armored lapilli），**着弾垂下構造**（サグ構造，sag structure）などの存在が指標となる．水底火砕流堆積物は陸上の火砕流堆積物より淘汰がよく，その上部では通常，再堆積作用による**級化層理**（graded bedding）が発達している．水底火砕流堆積物中などに閉じ込められた間隙水の流体圧（**間隙水圧**，pore-water pressure）が圧密などで増加すると，周囲の堆積物を破断して通常は上方の低圧側へと移動して脱水作用が起こる．堆積物の破断によって生じた**脱水脈**（water-escape vein）や脱水

岩脈（water-escape dike）では，割れ目に沿った間隙水の流れによって砕屑物やその破片が運ばれ，しばしば粒径の大きな砕屑粒子や破片がこれらの脈や岩脈中に残される．図 3.46 に水底火砕流堆積物の一例（秋田県，男鹿半島）を示す．火砕流（火砕サージ；鹿野ほか，2011）が凝灰岩を覆っているが，火砕流の荷重により凝灰岩は塑性変形して**荷重痕**（load mark）の一種である**火炎構造**（flame structure）が認められる．噴火で放出された火砕物が直接，水底に堆積した**水底降下火砕堆積物**（subaqueous pyroclastic fall deposit）を再堆積性のものと区別する場合は，火砕物の同源性や水冷破砕粒子の存在，そして淘汰がよく，円磨されていないことなどが指標となる（鹿野ほか，2000）．堆積時や堆積直後の未固結の降下火砕堆積物は不安定で，上位層からの荷重や地震動などで液状化〜流動化し，変形して層内で褶曲構造（**コンボリュート構造**，convolute structure）などを生じることがある．

第4章 マグマプロセスとマグマの成因

4.1 はじめに

　マグマの性質は，すでに述べたとおり，結晶化の進行に従って大きく変化する．また，マグマの地下での移動，上昇にあたっては，結晶の存在とともにマグマ中の気泡をつくる揮発性成分とメルトとの関係も重要である．マグマは地下深部から上昇して地表に近づくと，発泡，脱ガスして火山ガスを発生する．ただし，火山で採取されたガスの同位体比から判断すると，多量に含まれる水蒸気や二酸化炭素の多くは，マグマが地下深部から運んできたものではなく，地表近くで二次的に取り込まれたものである．揮発性成分のマグマへの溶解度は圧力に強く依存するため，圧力が低下すると急激に低下する．また，その溶解度は，温度がメルトの**リキダス温度**（liquidus temperature）から**ソリダス温度**（solidus temperature）に近づくと，マグマの結晶化の進行とともに，やはり急激に低下する（Maaløe and Wyllie, 1975）．その結果，結晶化を始めたマグマが温度低下しながら地表に近づくと，マグマ中に溶け込んでいた揮発性成分は急激な溶解度の低下により，メルトからの離溶，すなわち発泡を起こす．揮発性成分は発泡すると体積が著しく増加するために，発泡したマグマ全体の急激な上昇や，マグマの爆発的な噴火現象をひき起こすことになる．

　揮発性成分，とくに含水量は圧力と密接に関係している（図4.1）．近年，ガラスや鉱物，岩石中の含水量の精密測定が可能となったことから，地殻浅部に位置するマグマの定置深度は，石基ガラスや斑晶中のメルト包有物に含まれる水の濃

4.1 はじめに

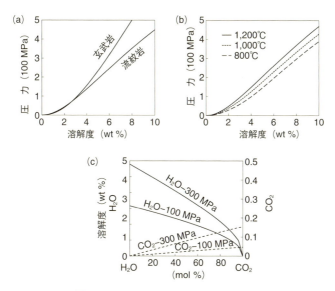

図 4.1 マグマへの揮発性成分の溶解度
（a）1,100℃における玄武岩質と流紋岩質メルトへの水の溶解度の圧力変化，（b）流紋岩質メルトへの水の溶解度の温度による変化，（c）玄武岩質メルト中の水と二酸化炭素の溶解の相互作用と圧力効果を，Newman and Lowenstern (2002) によって計算した結果を示す．

度と水の飽和溶解度から高精度で見積もることが可能となってきた（Newman and Lowenstern, 2002；Liu *et al.*, 2005；Wade *et al.*, 2008）．とくに軽石の石基ガラスの含水量はマグマが破砕して急冷した時点の含水量を表すと考えられ，これからマグマ破砕深度を正確に見積もることが可能となる（中村，2011）．ただし，マグマ溜りでマグマが揮発性成分に飽和しているとは限らず，また，とくに苦鉄質マグマでは二酸化炭素濃度が高い可能性もある．二酸化炭素はメルト中の濃度がわずかでも水の飽和溶解度を低下させるので，注意が必要である（Okumura and Hirano, 2013；Yoshimura and Nakamura, 2013）．しかし，数km 以浅では，島弧マグマは通常，揮発性成分に飽和しており，珪長質マグマ中の二酸化炭素含有量は低いので，水の分圧がほぼ全圧に等しいと考えてもあまり問題はない（中村，2011）．

水も，メルト，マグマ，各種の融体も，力学的には流体であるが，固体地球科学で流体といった場合には，しばしば狭義にこの水を主成分とした相をさす

179

場合が多い．常圧下で液体の水を加熱すると，一定の相境界温度において気体に変化するが，**臨界点**（critical point）を超える温度圧力条件下では温度上昇に伴い液体が連続的に密度変化して，気体へと変わる．また，珪酸塩からなる系では，**第2臨界点**（second critical point）とよばれる温度圧力が存在し，水を主成分とした流体と珪酸塩メルトとが混和して1相となる温度圧力範囲が存在する．この場合，水がたくさん溶け込んだ珪酸塩メルトと，珪酸成分がたくさん溶け込んだ水（**超臨界水**，supercritical water）との区別がなくなる．以下では，これらの多様なマグマプロセスと，さまざまなテクトニクス場で形成されるマグマの成因について概観する．

4.2 マグマの状態とマグマプロセス

4.2.1 部分溶融体からのメルトの分離

Ⓐ 粒間でのメルトの発生

溶融実験などに基づく岩石学的研究では，マントルの部分溶融度はたかだか数十％，多くの場合には数％以下であると考えられている．そのような少量のメルトが最終的にはマグマ溜りを形成し，ときに無斑晶質のマグマの噴出に至る．発生したマグマが部分溶融体から分離し，集合，上昇して噴火に至る過程は，火山現象の根幹をなす問題である．地球深部にある多結晶体岩石の部分溶融は，局所的にみると結晶粒間から開始する．マグマ発生領域の岩石は通常，複数の相からなる共融系なので，鉱物の内部ではなく，他の相と接した状態で共融系を形成している粒間のソリダス温度が最も低いからである．**粒界拡散**（grain boundary diffusion）が速い結晶粒間には，同じ鉱物に挟まれた粒界にも**共融メルト**（eutectic melt）が速やかに分布する．

Ⓑ メルトの連結と二面角

マントルでのかんらん岩の部分溶融で生じるメルトは，最初は鉱物の**粒界**（grain boundary）に生じる．生じた粒間メルトの連結性は，**界面張力**（interfacial tension，単位面積あたりの**界面エネルギー**，interfacial energy）によって決まるメルトの**平衡形状**（equilibrium form）と，**メルト分率**（melt fraction，部分溶融度）とによって決定される．平衡形状は，2つの結晶相とメルトから

4.2 マグマの状態とマグマプロセス

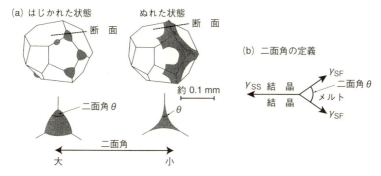

図 4.2 部分溶融マントルの結晶粒界におけるメルトの存在状態 (a) と二面角 θ の定義 (b) を示す (Watson and Brenan, 1987: 小屋口, 2008a)

なる**三重点** (triple point) における 3 種類の界面張力の釣合いによって決定される. この, メルトが 2 つの鉱物の粒界と組織平衡に達したときの液相がなす角を, **二面角** (dihedral angle) または**ぬれ角** (wetting angle) (図 4.2) という. 部分溶融状態にあるマントルを構成する岩石からのメルトの移動を検討する際, この二面角は重要である. ここで単純化して, 結晶は 1 種類のみを考え, 界面張力は等方的であると仮定し, 結晶どうしの間の界面張力を γ_{SS}, メルト–結晶間の界面張力を γ_{SF} とすると, これら 3 つの力の釣合いを表す式は以下のようになる.

$$\gamma_{SS} = 2\gamma_{SF} \cos \frac{\theta}{2} \tag{4.1}$$

この式中の θ が二面角であり, 固体粒間の界面張力と固体–メルト間の界面張力の相対的な大小関係を表すパラメーターである. 二面角が 60° よりも小さい場合には, メルトが無限少量でも存在すれば, 結晶の稜の部分を通じて**連結したネットワーク** (connected network) が形成される. 二面角が 60° よりも大きい場合には, メルトの**体積分率** (volume fraction) に応じて, 連結したネットワークが形成されはじめる流体量が変化する. 二面角が大きいほど, 必要な体積分率は大きくなる (Laporte and Provost, 2000). 実験によればカンラン石と玄武岩質メルト系での二面角は 60° より小さく, 部分溶融状態にあるマントルかんらん岩から玄武岩質マグマが効率的に分離できることが予想されている.

部分溶融体におけるメルトの連結性は, マントルの**電気比抵抗** (electric resis-

181

第4章 マグマプロセスとマグマの成因

tivity）観測結果を解釈するための必要性から検討が始まった（von Bargen and Waff, 1986）．**比抵抗**（resistivity）の大きい，すなわち，**電気伝導度**（electric conductivity）の低い物質（**絶縁体**, insulator）の中に，比抵抗の小さい物質が連続的に存在すると，たとえその量が少なくても岩石全体の比抵抗を大幅に下げることになるからである．その後，McKenzie らによるダイナミックなマグマ生成モデル（たとえば，McKenzie and Bickle, 1988）のなかに組み込まれ，マグマ成因論に大きな変革がもたらされることになった．以上のような議論は珪酸塩メルトに限らず，超臨界水（CO_2/H_2O 流体）や**金属硫化物メルト**（metal sulfide melt）など，地球内部に存在する流体に関して成り立つことがわかり，多数の二面角の実験データが蓄積されるようになった．

● メルトネットワークの確立と浸透流によるメルト移動

　発生したメルトは，一般に共存する結晶相とは密度が異なり，とくに発生したマグマが噴火可能な上部マントル上部以浅の圧力では，通常，メルトのほうが密度が小さいため，浮力をもつ．しかし，発生したメルトがその浮力によって部分溶融体から分離上昇できるかどうかは，**粒間メルト**（interstitial melt）の**連結性**（connectivity）に大きく依存する．メルトが連結できず孤立した滴の状態では，周囲の鉱物からなる**固体マトリックス**（solid matrix）の粘性が高く，浮力も分散するため，事実上分離は起こらない．

　しかし，部分溶融度が増加するなどして結晶粒間のメルトどうしが繋がり，**メルトネットワーク**（melt network）をつくると，メルトの移動経路が確立されてメルトは鉱物粒間を浸透流として移動できるようになるとともに，浮力も深さ方向に積分され，上昇の駆動力として効果的にはたらくようになる（McKenzie, 1984）．ただし，静止した状態のマントルを構成する岩石から浮力のみで粒間メルトを集積して部分溶融液を分離することは，二面角が小さい場合でも難しい．一般には，火山活動が盛んなプレート発散境界やプレート収束境界では，マグマの部分溶融が対流するマントル上昇流のなかで起こっており，対流に伴ってメルト周辺の固体マトリックスが圧密を受けるとともに鉱物の定向配列が進行し，その結果，部分溶融メルトが効果的に絞り出され，アセノスフェア最上部にマグマプールを形成することができる（Ribe, 1987）．

● ダイアピル，岩脈，マグマソリトン

　マグマ発生域の上盤をなすリソスフェアを構成するマントルや下部地殻は力

4.2 マグマの状態とマグマプロセス

学的には**延性領域**（ductile region）にある．リソスフェア基底部に集積したマグマの量が増えると，マグマはダイアピル状に高温を保持しながら，**延性的な**（ductile）リソスフェア中を上昇することが可能となる．また，何らかの作用で延性的なリソスフェアに**水圧破砕**（hydrofracturing）による割れ目が形成されれば，その割れ目に沿ってマグマが侵入し，上方へと岩脈状に上昇することが可能となる．マグマ量に対して表面積の広い板状の通路は，マグマの冷却や広域応力場の影響で容易に閉じることができる．それに対して板状の割れ目中に生じたマグマ流量の多い部分は，時間とともにマグマ量に対して表面積の小さな管状の火道へと進化し，地下深部からの安定的なマグマの供給路となる．間欠的に噴火するマグマに対応して，マグマの通路の拡大部がマグマといっしょに上昇するモデルを考えることができる．**非線形現象**（nonlinear phenomenon）にみられる孤立した波動を**ソリトン**（soliton）とよぶが，マグマの上昇に**マグマソリトン**（magma soliton）が関与している可能性がある（Whitehead, 1986）．ただし，粘性率が高いリソスフェアにおいて，マグマの上昇にマグマソリトンが関与している可能性は高くない（小屋口，2008a）．

4.2.2　第 2 臨界点

第 2 臨界点は組成依存性が大きいが，主成分の単純系における実験では最上部マントル程度の温度圧力条件で現れる（Bureau and Keppler, 1999）．日本列島下のように年齢が古く温度の低い海洋地殻が沈み込むスラブにおいて，含まれる角閃石が**脱水反応**（dehydration reaction）を起こしている条件では，第 2 臨界点が存在することの意義のひとつは，相の数が減少することによって**含水系でのソリダス**（wet solidus）が定義できなくなることである．第 2 臨界点に達していない圧力条件では，水を含む系においてソリダス温度以下では固体と水を主成分とする流体相が共存する状態にある．これがソリダス温度を超えると，新たにメルト相が発生して 3 相が共存することになる．しかし，第 2 臨界点を超える圧力条件下では，固相と共存していた流体相が連続的に珪酸塩メルト成分に富んでいくだけで，相数の変化を伴うソリダス温度が存在しなくなる．第 2 臨界点に関する重要なポイントの第 2 は，第 2 臨界点を超えた**超臨界流体**（supercritical fluid）とその直前の珪酸塩メルト，あるいは水を主成分とする流体（これは臨界点を超えた超臨界流体である）との性質は連続的に変化

183

第4章 マグマプロセスとマグマの成因

し,**相転移**(phase transition)が起こる場合のように不連続に変化するわけではない,ということである.第2臨界点に向けて,メルトと流体を境する領域である**ソルバス**(solvus,**固相分離**)領域がだんだん狭くなっていき,両者の化学組成が近づいていくからこそ臨界点が現れる.ただし,系によって,もしソルバス領域の形状が上底の広い台形をしており,わずかな温度上昇幅で混和が起こるような場合には,結果的に第2臨界点付近で急激な流体の性質の変化がみられることになるかもしれない.

第2臨界点の圧力は,ナトリウムなどのアルカリ金属元素をはじめとする副成分の効果で大きく低下する(Bureau and Keppler, 1999).さらに,花崗岩とほぼ同じ鉱物組成をもち,長石と石英の**文象構造**(graphic texture)で特徴づけられる**巨晶花崗岩**(ペグマタイト,pegmatite)の構成鉱物に含まれる**流体包有物**(fluid inclusion)に関する最近の研究では,リチウム,ホウ素(B),リンなどの,いわゆる**フラックス元素**(flux element)が多量に存在すると,第2臨界点の圧力と温度はそれぞれ 0.1 GPa, 700℃程度と,上部地殻の条件まで大きく低下してくるらしい(Thomas et al., 2005).また,このようなフラックス元素に富んだ多成分系では,3相共存状態も含む多様な**不混和領域**(immiscibility gap)が存在するようで,流体相の相関係はかなり複雑であるらしい.もしも有用元素をはじめとした微量元素の分配挙動が大きく異なるならば,このような相関係を明らかにする地球化学的な重要性は大きい.

ここで用語法についてさらに補足をしておく.一般に,固体または気体の物質が液体の**溶媒**(solvent)に溶け込むことを**溶解する/溶ける**(dissolve)といい,温度が上昇したり圧力が低下して固体が液体になることを**融解(溶融)する/融ける**(melt)という.水に食塩が溶ける現象は**溶解**(dissolution)であり,1 atm 下で 801℃まで温度を上げると食塩は**融解**(melting)する.温度の上昇や圧力の低下によって岩石からメルトが発生する場合には,"融解"という.ただし食塩の例と異なる点は,岩石を構成する鉱物の大部分は固溶体であり,固溶体の融解(溶融),または**共融系**(eutectic system)にある2種類以上の鉱物の化学反応によって発生したメルトは,一般にもとの鉱物とは化学組成が異なるという点である.なお,**包晶反応系**(peritectic reaction system)にある**斜方輝石**(orthopyroxene)は温度上昇により融けて,カンラン石とメルトに分解するが,この反応は**分解溶融**(incongruent melting)とよばれる."融体"とよく似

た用語に，"融液"がある．一部の分野では，1 atm, 801℃で共存する食塩結晶とそのメルトや，あるいは0℃での水と氷の関係のように，**化学平衡**（chemical equilibrium）にある固体とまったく同じ化学組成をもつ液体を"融液"と定義して，組成が異なる場合に"**溶液**（solution）"と定義する場合が多い．この定義に従えば，岩石や固溶体鉱物の部分溶融が進行する過程は，もとの固体と溶け込む先の液体とが異なる組成をもつという点で，"融液"ではなく"溶液"が発生していることになる．岩石の"融解"とほぼ同義に用いられる語として，"**溶融**（melting）"という語も普遍的に使用される．含水系でのソリダスが定義できない第2臨界点を超えた領域で，温度圧力が変化して岩石中の固相と共存する流体相の化学組成が珪酸塩成分にだんだんと富んでいく過程では，融解と溶解の区別もまたつけることができなくなる．

4.2.3 マグマの上昇と蓄積

マグマの上昇機構（mechanism of magma ascent）は，マグマと地殻の密度や粘性，地温勾配，地殻構造などに規制される．マグマの上昇は基本的には浮力によることから，マグマとその周囲の地殻の密度差は，最も重要な上昇の駆動力となる．マグマが珪長質な場合，斑れい岩質の下部地殻ではマグマは十分な浮力を得ることができるが，上部地殻に入ると密度差は小さくなり浮力中立点で上昇を停止する．ただしマグマが多量の苦鉄質鉱物を包含し，マグマ全体の密度が高いと浮力中立点の深度は深くなる．一方，既存の割れ目に沿って地下深部からマグマが急激に上昇するような場合には，マグマの上昇が揮発性成分の発泡を伴い，キンバーライトのように火砕物となって爆発的に地表に放出されることとなる．

マントルや下部地殻は基本的には力学的に延性領域にあり，そこでのマグマの浮力による上昇はダイアピル状の上昇機構になる．上部地殻，とくに**地震発生層の下限**（cutoff depth of seismogenic layer）を越え脆性領域に入ると，マグマの上昇は地殻中に広域応力場に支配されて発達する割れ目系を利用してなされる．また，マントルや下部地殻においても，マグマの貫入により流体が母岩に侵入して高い**間隙流体圧**（pore-fluid pressure）が発生するような条件があると，水圧破砕などにより岩石が破壊されて，マグマの通路となる割れ目系が形成されると考えられ，火山下の地殻下部で発生する**深部低周波地震**（deep low-frequency

第4章 マグマプロセスとマグマの成因

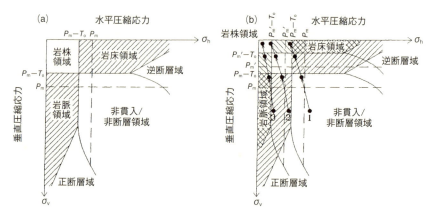

図 4.3 水平ならびに垂直応力の大小と貫入岩体の形態との関係 (Roberts, 1970;Williams and McBirney, 1979;吉田ほか,1993b)
(a) 地殻中を上昇するマグマが形成する貫入岩体の形態は,マグマ圧 (P_m),岩石の破壊強度 (T_0),広域応力場 (σ_h, σ_v) に左右される.水平応力が強いと岩床が,垂直応力が強いと岩脈が形成される.一方,マグマ圧の増加とともに円柱状岩体の形成される領域がより深部へと広がる.
(b) マグマ圧が P_m と $P_{m'}$ の場合の両方を示す.マグマ圧が低い間は移動できなかったマグマにおいて,なんらかの原因でマグマ圧が上昇すると,垂直応力が大きい場合は岩脈が,水平応力が大きい場合は岩床を形成する.岩脈によって浅い位置にもたらされたマグマはそこで円柱状岩体を形成する.火道が地表に達してマグマ圧が低下すると円柱状の領域は縮退し,広域応力場に従い,ふたたび岩脈あるいは岩床を形成する.一定の広域応力場のもとでもマグマの上昇とそれに伴うマグマ圧の変化 (黒丸 1~3) によって,岩脈と円柱状岩体,さらには岩床が遷移することがわかる (吉田ほか,1993b).

earthquake) などは,そのような延性領域における破壊の発生による可能性が考えられている.

割れ目系 (**クラック**,crack) が関与するマグマの上昇にあたっては,広域応力場やマグマ溜りにかかった**過剰圧** (excess pressure) と広域応力場との相互作用により生じる**開口割れ目** (tensile fracture) の方位が変化し,マグマは岩脈や岩床を形成しながら,地殻中を上昇することになる.また,マグマ溜りにおけるマグマの過剰圧が大きいと岩株あるいは円筒状の火道が生じると考えられる (図 4.3).中立的な広域応力場では,地殻中でのマグマの存在により開口割れ目の方位転換が起こりやすく,岩脈と岩床の複合したマグマ供給系が発達する (佐藤・吉田,1993;吉田ほか,1993b).この場合,岩脈により効果的にマグマが上昇するとともに,岩床の成長により地殻中に規模の大きなラコリス状のマグマ

溜りが形成され，さらにそれらが固結した**深成岩体**（plutonic rock body）を生じる．規模の大きな深成岩体の周辺では，マグマから分離した流体が母岩中に生じた節理などの割れ目系を充填して多数の脈（vein）を発達させることがある．また，そのような場所では，間隙流体圧の変動により延性状態と脆性状態が容易に遷移して，深成岩体の周辺に分布するミグマタイトにしばしばみられる**伸張破壊**（extension fracture）に続く**塑性流動**（plastic flow）を示す多様な**ミグマタイト構造**（migmatite structure）が発達する（Mehnert, 1968）．マグマ溜りの母岩が温度上昇により脆性破壊域から塑性流動域に変化すると，深部から上昇してきたマグマは岩脈などの脆性割れ目に沿って上昇することができず，マグマ溜りに滞留して溜りを巨大化させることになる（Gregg *et al.*, 2012；de Silva and Gregg, 2014）．そのような地殻浅所でのマグマ溜りの成長は，東北日本弧脊梁域での後期中新世におけるカルデラ形成に先行した地殻の隆起運動（陸化）に寄与していたと推定される（Sato, 1994；Yoshida *et al.*, 2014）．

4.2.4 マグマ溜りの構造と進化

マグマはマントルでの部分溶融で発生したのち，そこから絞り出されて浮力により上昇し，浮力中立点に到達すると，そこで滞留してマグマ溜りを形成する．密度変化はモホ面やコンラッド面といった不連続面で起こり，これらの場所では，マグマは滞留してマグマ溜りを形成することが期待される．マグマは上昇する際に地殻応力の影響を受けるため，マグマ上昇域が伸張場か圧縮場かによって，上昇の様子が異なると推定される．伸張場の代表である中央海嶺やアイスランドでは，岩脈状の構造がマグマの上昇に関与し，伸張割れ目を上昇するマグマは地殻内にあまり滞留せずに，岩脈を形成しながら噴出して地表に火山を形成する（3.3.2項参照）．同様のマグマ上昇は大陸内のリフト帯でも起こる．

それに対して，通常，水平圧縮応力場にある沈み込み帯においては，上部マントルで形成されたマグマは上部マントルや温度の高い下部地殻ではダイアピル状に上昇したのち，延性的な下部地殻から脆性的な上部地殻に上昇すると，岩脈や岩床に沿って上昇する傾向が強くなると思われる（図 4.4）．この場合もダイアピル状に上昇するマグマ溜りの圧力が高いと，広域的な水平圧縮応力に抗して垂直な岩脈状の割れ目がダイアピルの上部に発達することが期待される

第 4 章 マグマプロセスとマグマの成因

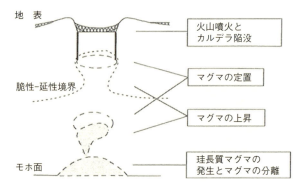

図 4.4 マグマの地殻内での輸送機構の変化：ダイアピルから割れ目系へ（Aizawa et al., 2006）

そのようにして上部地殻内に上昇してきたマグマは，そこでの水平圧縮応力場の下で大小の岩床状溜りを形成し，その一部は岩床状から岩床にマグマが注入されてレンズ状に肥大成長したラコリス，あるいはさらに規模の大きい底盤状に成長して，ときには巨大なカルデラを形成するに至る（相澤・吉田，2000；Sato et al., 2002；Aizawa et al., 2006）．深成貫入岩体周辺に分布する接触変成岩中に発達した組織や構造の研究から，マグマが最初は堆積構造と調和的に岩床状に貫入したのち，深部からのさらなるマグマの注入を受けてマグマ溜りが拡大して，周囲を加熱しながらラコリス状に成長した過程が推定されている（Morgan et al., 1998）．広域応力場が強い水平圧縮応力場に変わると，岩脈状の火道は強制的に閉じられ，一部の安定的に存在する円筒状の火道のみが長期間維持されて，成層火山体を成長させると思われる．また，この場合，地殻深部から上昇してきた玄武岩質マグマが地殻浅部にトラップされた珪長質マグマと混合して，安山岩質マグマとなるケースも増えてくる．このような応力場の変遷に伴ったと思われる火山活動様式の変遷が，後期新生代の東北日本弧で認められている（Yoshida et al., 2014）．

4.2.5 マッシュ〜フレームワーク状マグマ溜り

マグマ溜りについては，つねにその内部がすべてメルトで充填されていると考えられているわけではなく（Miller and Wark, 2008），マグマ溜りの冷却に

4.2 マグマの状態とマグマプロセス

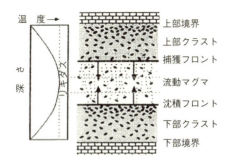

図 4.5 シート状貫入岩体の外部から中心部に向けて固化が進行した場合のマグマの構造変化（Marsh, 1996；2002；中川，2008）
岩床の上部境界から内側の結晶が 100% から 25% までが上部クラストであり，そのうち 100% から 55% までの領域がマグマの剛体殻部（rigid crust），その下の結晶が 55% から 25% までの領域がマッシュ状部（mush zone）である．その下底を捕獲フロントとよぶ．結晶が 25% 以下の部分が流動マグマ（結晶分散部, suspension zone）で，温度がリキダスを超えている場合は，結晶をもたないメルトがある．岩床下位の結晶が沈積して 25% を超える部分を下部クラストとよび，流動マグマとの境界を沈積フロントとよぶ（中川，2008）．

伴う時間発展によって，通常は斑晶状の結晶を多く含んでおり，それらがマッシュ状あるいはフレームワーク状（図 4.5）を呈して，マグマ溜り全体としては固体に近い高い粘性をもつケースが多いと推定されている（図 2.21）．そのような場合でも，上方へのマグマの供給は広域的な応力場の下で局部的に発生した破壊によってこのフレームワークが壊されて，マグマ溜り内上部のメルトが孤立して分布する**メルトレンズ**（melt lens），**メルトポケット**（melt pocket）や**メルトチャンバー**（melt chamber）に絞り出され，さらに上方や側方へと移動することによって，一時的あるいは間欠的にマグマを地表にもたらすことは可能である．安山岩中でよくみられる集合した粗粒な結晶の間にガラスを伴う**集合斑晶**（glomerocryst）や，多様な破砕度を示す結晶噴出物（安井・菅沼，2003）などについては，そのような破砕されたマグマ中の結晶フレームワークに由来する可能性がある．マグマ溜りにおける粘性はマグマ噴出率と相関し，粘性が 10^6 Pa s を超えると自力での噴出は難しいとされる．マグマ溜りで高結晶度で高粘性であったと思われる大規模マグマの噴出に先行して，苦鉄質マグマの注入によって生じた低粘性マグマが噴出している場合があり，この低粘性マグマによる火道の開口が高粘性マグマの噴出を促したとする考えもある（Pallister et al., 1992；Takeuchi and Nakamura, 2001；Takeuchi, 2004；2011；東宮，2016）．

第 4 章　マグマプロセスとマグマの成因

図 4.6　石鎚山の天狗岳（標高 1,982 m）を東から望む（愛媛県，石鎚カルデラ）
天狗岳は 1,000 m 近く陥没したと推定される直径 7〜8 km の石鎚カルデラの北東部縁辺にあたる．天狗岳には，カルデラ陥没によって南西側のカルデラ内側へと約 40° 傾斜した強溶結した火砕流堆積物（イグニンブライト）の 3 枚の冷却単位が認められる．山頂から南西側（写真左側）の斜面は，ほぼ火砕流の堆積面に相当する（吉田，1970）．

4.2.6　イグニンブライトの組成累帯構造

　イグニンブライトは溶結した大規模な火砕流堆積物をさし（図 4.6），カルデラを形成するような噴火活動で形成されることが多い．一連の噴火によって形成されたイグニンブライトの規模は，ときに花崗岩質岩から形成される底盤の規模に匹敵することから，大規模なマグマ溜まり内でのマグマプロセスを検討できる貴重な研究対象である（Bacon and Druitt, 1988；Bachmann *et al*., 2002；Milner *et al*., 2003；下司，2016）．その特徴のひとつが組成の累帯構造であり，しばしばその下部に噴出前のマグマ溜りで上部に位置していた斑晶に乏しい流紋岩〜デイサイト質部が，上部にマグマ溜りのより深部を構成していた大量の斑晶を有する安山岩質部が発達していることである．そのように累帯したイグニンブライトの最下部において，斑晶に富んだ珪長質部が認められることも少なくない．このような累帯構造は，イグニンブライトの部位による色の違いとして認識できる．この色の違いは岩石の化学組成，軽石の発泡度や発泡形態，軽石の揮発性成分量，含まれる鉱物種やその量比の違い，そして岩石の密度などの違いによっている．これらの**累帯したイグニンブライト**（zoned ignimbrite）は，ときに 4 つの部分に区分できることがある．最下部層の軽石はしばしば引き伸ばされた形態を示す．それに重なる上下の 2 つの層の境界部では，下位の軽石が丸みを帯びた発泡のよいものから，上位の発泡度が 20% あるいはそれ以下の密度が高く角張った軽石へと変化している．そして，最上部層の軽石はさらに

4.2 マグマの状態とマグマプロセス

大きいカリフラワー型であり,この部分は40%前後の多くの結晶を含んで密度も高く,岩片として大量の基盤岩岩片を包有していることがある(Schmincke, 2004).また,斑晶メルト包有物中に含まれているインコンパティブル元素と揮発性成分(水と二酸化炭素)量から,噴火直前のマグマ溜り内での気相量を推定した結果によると,マグマ溜り内では図2.22に示したような深部から浅部へと気相量が増加する場合があることが報告されている(Wallace et al., 1995).

4.2.7 マグマの発泡と脱ガス

マグマ中には,H,炭素(C),O,S,塩素(Cl),フッ素(F)などが含まれ,これらの元素からなる揮発性成分としては,H_2O,CO_2,水素(H_2),HCl,窒素(N_2),フッ化水素(HF),F,Cl,SO_2,H_2S,一酸化炭素(CO),メタン(CH_4),O_2,アンモニア(NH_3),S,ヘリウム(He),アルゴン(Ar)などがある.このうち,水が最も重要な揮発性成分であるが,水は圧力の減少に伴いメルト中で過飽和となって発泡し,発生した気泡の容積(発泡度,気相体積分率)がもとのマグマに対して桁違いに大きいため,その結果として,マグマは爆発的な噴火を起こす(Sparks, 2003).また,水は,メルト中のSi-O結合を切って,ヒドロキシ(OH)基となるため,マグマの粘性を著しく低下させる.ただし,メルト中に形成されるヒドロキシ基には限界があり,それ以上の水は水分子のかたちでメルト中に溶解する.二酸化炭素もマグマに溶け込むがその比率は地殻の深度では1%以下であり,珪長質マグマやソレアイトに対して,アルカリ玄武岩のほうにより多く溶け込む.

減圧条件下では,より高圧下でメルト中に溶け込んでいた揮発性成分が過飽和条件に達し,発泡して気泡が形成される.気泡においても均質核形成と不均質核形成が起こりうるが,一般には微細な鉄チタン鉱物の表面などでの不均質核形成が起こる(Hurwitz and Navon, 1994)と考えられ,枕状溶岩などでは表面の急冷相のすぐ内側で発泡が起こり,**発泡帯**(vesicular zone)を生じる.溶岩ローブなどで急冷縁の内側に気泡が発生するとメルトの粘性が上がり,流速が低下して気泡が壁部に集まり,急冷殻の内側に発泡帯をつくる.マグマの冷却によりそこが固定された後も,内側に高温のマグマが流入すると急冷と発泡が繰り返され,同心円状の**多重急冷縁**(multiple quenched rim)と**多重発泡帯**(multiple vesicular zone)が生じる.このようにして生じた個々の気泡は成

第 4 章 マグマプロセスとマグマの成因

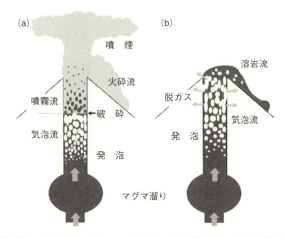

図 4.7 爆発的な噴火((a) プリニー式噴火)と非爆発的な噴火((b) 溶岩流出)における火道流の概念図(小屋口,2008a;井田,2008a)
非爆発的噴火では,マグマの上昇に伴う減圧で発生した気泡がメルトから効率よく脱ガスして分離するため,メルト中の気泡の割合は高まらず,気泡流として溶岩流を地表に流出する.一方,粘性の高いメルト中で発生した気泡はメルトから排出されず,その結果,気泡の比率が 70~80% に達するとメルトの膜が破断して流動様式が気泡流から噴霧流に遷移し,爆発的な噴火に至る.

長して大きくなるとともに,表面自由エネルギーを下げるためにより小さい気泡が互いに合体し,一体化することで表面積を減少させる**オストワルドライプニング**(Ostwald ripening)を起こして,気泡サイズが大きくなるとともに気泡の数が減少する.ただし,メルトの発泡はしばしば火道でのマグマの流動を伴っているために,マグマの粘性や火道内の位置によっては楕円形やときに繊維状に引き伸ばされていたり,火道壁面での剪断で生じた破砕面に沿って析出したりするため,必ずしも球状を呈していない(Berlo et al., 2011).また,気泡の充填率が 95% を超えると,気泡の形が多角形となってスレッド-レススコリアとよばれる構造を形成することがある(3.5.1 項参照).気泡の急激な成長に伴うマグマの容積の増大は爆発的な噴火をひき起こしうるが,気泡の成長のパターンは揮発性成分の初期濃度,気泡そのものの核形成速度や成長速度とともに,気泡を発生するメルトの粘性とメルト中での揮発性成分の拡散速度,**気泡の合体**(bubble coalescence)や分裂,オストワルドライプニング,マグマの上昇速度(減圧速度)やマグマの冷却速度などに左右され(Watson, 1994;嶋野,2006;奥村,2006;Yoshimura and Nakamura, 2008),それらの結果が発

4.2 マグマの状態とマグマプロセス

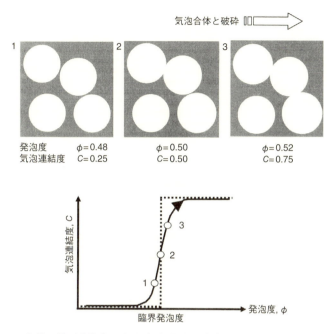

図 4.8 気泡の量（発泡度，ϕ）と気泡連結度（C）との関係（中村，2011）
気泡の量には急激に気泡連結度が高まる臨界発泡度がある．そこを境に連結度が急激に増加する．

泡に伴うマグマの噴火の様式を左右することとなる（図 4.7）．また，メルト中での気泡の形成が複数回起こることにより，気泡サイズの分布が**バイモーダル**（bimodal）となる場合もある．

火道流などの噴火のダイナミクスを支配する要因として，発泡度（マグマの密度）と浸透流脱ガスに寄与する浸透率がある．一般に浸透率は発泡度の関数として表されてきたが，減圧発泡実験産物の浸透率測定や噴出物の詳細な研究によれば，浸透率と発泡度や**気泡連結度**（bubble connectivity）などの組織パラメーターとの関係は単純ではない（Mueller et al., 2005；Takeuchi et al., 2005；2008；嶋野，2006；井田・谷口，2008；Nakamura et al., 2008b；Okumura et al., 2009；2012；並木，2016）．ここで，気泡連結度は，最大気泡の体積分率を気泡全体の体積分率で割った値で，すべての気泡が繋がると 1 となる（Nakano and Fujii, 1989；新村，2006；Nakamura et al., 2008b）．気泡連結度は気泡壁の

第 4 章 マグマプロセスとマグマの成因

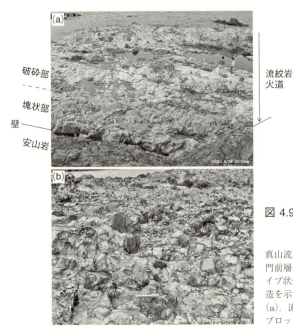

図 4.9 安山岩溶岩を貫く流紋岩の火道（秋田県，男鹿半島・桜島火道）
真山流紋岩に属するパイプ状火道が門前層安山岩を貫いている（a）．パイプ状火道の中央部（b）は自破砕構造を示すが，火道壁部は塊状である（a）．流紋岩火道中には暗色の安山岩ブロックが取り込まれている（b）．

破断の程度を表すので，**臨界発泡度**（critical vesicularity）を超えてマグマの破砕が始まると急激に増加する（図 4.8）．また，気泡連結度は臨界発泡度に関係するが，臨界発泡度はマグマにはたらく剪断応力で変化する．火道内全体が臨界発泡度を超えて気泡連結度が増加すると脱ガスが効果的に進行して，活動は非爆発的なものとなる．一方，火道壁面で気泡を含んだマグマに強い剪断応力がはたらくと局部的に低い発泡度で気泡連結度が増加して，すべり面などを生じながら局部破壊が進行する．この**すべり面を伴った局部破壊**（shear-induced deformation）が火道中心部の気泡連結度が低く発泡度が高いマグマ柱の急速な上昇を促すと，火道壁部で生じた密度の高い火砕岩片を含み大量の軽石からなる大規模な爆発的噴火が生じる（Okumura et al., 2013）．図 4.9 に示す安山岩溶岩を貫く流紋岩質マグマの管状火道では壁部には塊状の溶岩が分布するのに対して，中心部に向かって強い自破砕を受けた溶岩へと移化しており，壁部で効果的な脱ガス作用がはたらいたことを示唆している．この流紋岩質火道に接する安山岩は，接触部で強い酸化を受けるとともに，変質脈の発達や壁側への

194

帯磁率の低下を示し，火道壁に沿った脱ガスや熱水の移動があったことを示唆している．

マグマ溜りからの脱ガスが火道内対流によっても進行すると考えられており，この場合は，浅所で発泡，脱ガスして低含水量・高結晶量となったマグマが火道内対流によりマグマ溜り底部に集積する（Kazahaya *et al.*, 1994；Shinohara, 2008；風早・森，2016）．マグマ全体からの発泡・脱ガス量や系の開放の程度は，共存する複数の揮発性成分の量比や水素同位体比などを用いた**複合気体システマティクス**（multivapor systematics）により見積もることができる．その際，重水素（D）と水素（H）の比や，水分子とヒドロキシ基の比の含水量依存性，二酸化炭素と水の比などが重要である（Kusakabe *et al.*, 1999；Nakamura *et al.*, 2008a；中村，2011；Yoshimura and Nakamura, 2013）．

4.2.8 マグマの破砕と爆発的噴火

珪酸塩メルトは水を溶かし込むことにより，融点が降下する．逆に発泡，脱ガスによってマグマから水が放出されるとマグマの融点は上昇して，リキダス温度にあったマグマは結晶化を開始する．水に飽和したマグマのリキダスは圧力の低下により上昇するので，温度が一定でも，マグマが地表に近づき圧力が低下するだけで**減圧脱ガス**（decompression degassing）により結晶化が進む．したがって，マグマが発泡，脱ガスしながら上昇した場合には，急激なマグマの結晶化が進行することになる．この急激な結晶化はマグマ全体の粘性を急激に増加させ，先行した発泡と急激な粘性の増加によりマグマの破砕が進行して，火道で火砕物が大量に生産されることになる．流紋岩質マグマには比較的多くの揮発性成分が含まれ，粘性も玄武岩に比較して高い．さらに流紋岩質マグマが減圧条件下で発泡すると，水を失ったメルトの粘性は急激に上昇する．そして，メルトの粘性が上昇するために気泡のメルトからの離脱が困難となり，火道におけるマグマ全体の膨張，密度の低下に伴うマグマの急激な上昇と，それに伴うマグマの破砕が同時に進行して爆発的な噴火に至る．

火砕物は，一般にはそのサイズによって区分されるが，その起源や破砕プロセスなどによって命名されることもある．純粋な火山噴出物との区別は難しい場合がある．破砕プロセスのエネルギーは火砕物の表面を形成するのに使われることから，そのエネルギーが大きいほど生じる粒子は細かくなると考えられる．

第 4 章 マグマプロセスとマグマの成因

図 4.10 火道壁で自破砕を起こした流紋岩岩脈（愛媛県，久万町）
流紋岩の火道壁に近い部分には自破砕している部分と，壁に平行な流理が発達している部分が認められる．この岩脈では，流紋岩質マグマの貫入に伴い発生した気泡が貫入方向に引き伸ばされ繊維状になって互いに連結するとともに気泡壁が破砕して，自破砕が進行したことを示している．

破砕プロセスには，火砕性，自破砕性，破砕後の変形による後破砕性過程などが含まれる．図 2.30（b）は流紋岩に見られる自破砕構造である．火砕性過程は，火道内や火口での爆発的なマグマ活動に伴う破砕プロセス（図 4.10, 図 4.11）や，マグマが水と爆発的な相互作用を行って生じ，火山灰から巨大なブロックまで，マグマから急冷したガラス質砕屑物を含む多様な火砕物を形成する．生じた火山ガラス片は，その形成に関与した火山活動と形態に基づいて分類されている．粘性の低い玄武岩などの噴泉活動に伴い火山弾とともに生じるのがペレーの毛や涙（Pele's hair, Pele's tear，表 3.3 参照）である．発泡度の高い珪長質メルトに由来する微細なガラス片には**発泡壁型**（bubble-wall type）と**微小軽石型**（micropumice type）があり，前者には平板状や Y 字状のものが，後者には繊維状やスポンジ状のものがある．マグマ水蒸気爆発では，平板型，多面体型，不定形発泡型，粟粒（苔状）型，液滴型などの形態を示すガラス片が生じる．粘性の高い溶岩が水と接触して自破砕した場合には，**貝殻状断口**（conchoidal fracture）を有するあまり発泡していない角ばった岩片が形成される（Heiken and Wohletz, 1985；町田・新井，2003；鹿野ほか，2000）．

火山弾の表面は，マグマの粘性が上がると，内部の膨張に伴いパン皮状を呈する．火砕流などには，しばしば細かい火山灰とともに，**破砕斑晶片**（phenoclast）が多量に含まれることがある．斑晶の破砕については，斑晶中に取り込まれた揮発性成分を含んだ**メルト包有物**（melt inclusion）の減圧膨張によるなどのメカニズムが考えられている．火砕サージや**降下火山灰堆積物**（ash fall deposit）では，火砕物に伴って直径数 cm 以下の**火山豆石**（accretionary lapilli；pisolite）

図 4.11 カルデラ壁に沿って吹き抜けた貫入性凝灰角礫岩（愛媛県，石鎚カルデラ・関門）

凝灰岩中には大小多数のブロックが散在し，その一部に生じた割れ目に沿っても凝灰岩が侵入し（a），しばしばジグソー組織が認められる（b）．もともとブロックを構成していた各部の位置関係はほとんどずれておらず，これらの凝灰角礫岩が爆発的噴火によるものでも崖錐堆積物でもなく，火砕物質が密に詰まった火道中での大規模な流動化作用により生じたものであることをよく示している（吉田・竹下，1991）．

がみられることがあるが，これは爆発的噴火に伴う灰雲中で，湿った細かい火山灰が何らかの核を中心に球状に成長したものである．

4.3 マグマの成因

4.3.1 火山活動場とマグマ組成

地球上でのマグマの生産率（km^3/yr）はプレート拡大境界が 21（噴出分：3，

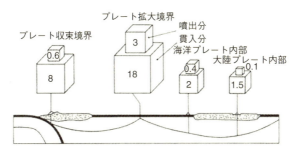

図 4.12 火山活動場とマグマの生産率（Fisher and Schmincke，1984；宇井，2008）
マグマの生産率（km^3/yr）はプレート拡大境界，プレート収束境界，海洋プレート内部，そして大陸プレート内部の順に多いと考えられている．

第 4 章 マグマプロセスとマグマの成因

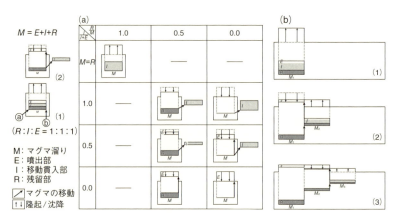

図 4.13 マグマの地下での移動に伴う地表変形（吉田，1975）

マグマ溜り中のマグマは一部は地表に噴出して火山岩を形成し，一部は地下の別の場所に移動し，そこで新しいマグマ溜りを形成する．一般には，絞り出されなかった固相残留物は，もとのマグマ溜り中に残留し，深成火成岩体を形成する．したがって，最初にマグマ溜りを形成したマグマの量を M，そこから地表に噴出したマグマの量を E，他所に貫入したマグマの量を I，溜りに残された部分の量を R とすると，$M = E + I + R$ が成立する．I はさらに別の場所で溜りを形成し，$I = M' = E' + I' + R'$ となり，分化を続ける．マグマの移動が横方向の場合（ⓐ）と上の場合（ⓑ）とでは，地表地形への効果が異なる．(a) はそのようにモデル化されたマグマ溜りの進化と関連する構造運動を示し，(b) はマグマが側方へ前進した場合の構造運動の一例を示す．東北日本弧では地塁地溝（ホルストグラーベン）の発展とマグマ活動場の前進が認められ，両者の関係を検討することは重要であろう．

貫入分：18），プレート収束境界が 8.6（噴出分：0.6，貫入分：8），ホットスポットなどが 4.0（噴出分：0.5，貫入分：3.5）で，プレート拡大境界でのマグマの生産量が全体の約 6 割を占めている（図 4.12；Fisher and Schmincke, 1984）．火山が形成される場所では，マグマが冷やされて固化することでその熱を放出する．マグマによって運ばれる地球内部の熱は，その多くがプレート拡大境界で放出されていることになる．高温のマグマは地球内部の熱と物質を地表近くに輸送するという重要な役割を果たしており，火山はその最終生成物であるが，これらの火山活動場で陸上や海底に噴出せずに地下に残留して，そこで固結したマグマの量は噴出量の 5〜10 倍はあると推定されている．地下でマグマ溜りを形成したマグマは，図 4.13 に示すように，そのままそこに残留する部分（R），別の場所に移動する部分（I），そして地表に噴出する部分（E）に分かれる．マグマは分化作用に伴い体積が増加するので，それぞれの比率によって地表の変

4.3 マグマの成因

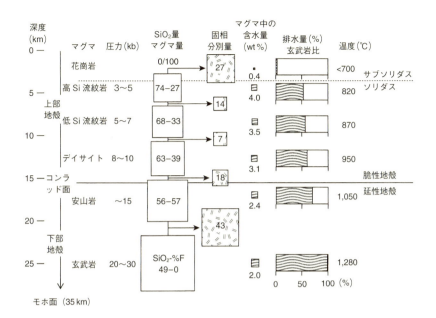

図 4.14 非アルカリ系列マグマの結晶分別作用のひとつのモデル（Kimura *et al.*, 1999）
玄武岩質の親マグマが下部地殻から上部地殻へと上昇しながら，それぞれの温度圧力下で固相が分別し，マグマはしだいにより珪長質なマグマへと変化しながら水を排出し，最終的に最上部地殻に 27% の花崗岩質岩体を形成する．

形の様子が異なってくる．玄武岩質の親マグマが固相を分別しながら下部地殻から上部地殻へとしだいに上昇し，マグマ組成を変化させ，最終的に花崗岩体として固結するモデルを図 4.14 に示す．

地球上には，過去 1 万年間に噴火が確認されている活火山が 800 あまりあるといわれている．このうち 100 あまりがせまい日本に分布しており，日本は火山国といえる．地震と同様に，火山も地球上の特定の地域に帯状に分布することが多い．この帯状の地帯を**火山帯**（volcanic zone；volcanic belt）という．環太平洋火山帯とインドネシアから中東を通ってヨーロッパまで延びる火山帯が顕著である．**海洋底**（ocean-floor）に延々と連なる海嶺は，海底火山が連なった山脈であり，そこでは玄武岩質マグマの噴出による火山活動がさかんに起こっている．また，**東太平洋海膨**（East Pacific Rise：EPR）では火山活動に伴って

第4章 マグマプロセスとマグマの成因

熱水が噴出している様子が観察されている．

このように地球上では，火山活動の多くは地震活動と同様に，新たなリソスフェアが形成されつつある太平洋や大西洋の中央海嶺などのプレート拡大境界，リソスフェアが沈み込み，大陸地殻が成長する**島弧-海溝系**（island-arc-trench system）などのプレート収束境界に沿って起こっている．それ以外では，海洋や大陸の**プレート内部**（intraplate）に位置するホットスポット，洪水玄武岩台地，**海台**（oceanic plateau），**地溝帯**（graben）などで大規模な火山活動が知られている．ホットスポットは，マントル深部の固定した熱源から高温物質が上昇し，減圧溶融してマグマが生じ，火山活動を起こしている場所であり，ハワイ諸島などにみられる．海嶺以外の大洋底や大陸内で火山列をなす火山や海山の多くは過去にホットスポットで形成された火山であり，プレート運動を逆にたどると現在のホットスポットの位置に戻ることから確認できる．上記のとおり，マグマ噴出量はプレート拡大境界が最も多いと推定されるが，長期的にみると面積的に広いプレート内部でのマグマ噴出量のほうがプレート収束境界での噴出量を超えているという考えもある（Crisp, 1984；Simkin and Siebert, 1994）．

火山噴出物，とくに玄武岩の性質はその活動の場と密接に関係している．玄武岩質岩はその組成によって，アルカリの少ないソレアイトから，よりアルカリに富んだ高アルミナ玄武岩，そしてアルカリ玄武岩に分類できる．これらの玄武岩のマントルかんらん岩からの分離深度はソレアイトが最も浅く，アルカリ玄武岩が最も深いことが実験岩石学的に確認されている．地球表面はその地質構造上の特徴から，中央海嶺，**海盆**（ocean basin），ホットスポット，島弧-海溝系，陸弧，**リフト帯**（rift zone）などに区分できるが，各構造はその構造特有の火成活動様式と，それぞれを特徴づける特有の玄武岩質マグマを伴っている（吉田ほか，1993a）．

中央海嶺やホットスポットでは，マントル上昇流のなかで減圧溶融によりマグマが発生する．図4.15にその場合のマグマ生成量とポテンシャル温度の関係を示す（McKenzie and Bickle, 1988）．プレート拡大境界である中央海嶺は広域の割れ目火山であり，そこでの部分溶融域は比較的浅く，マグマの組成は均一で，アルカリに乏しいソレアイト質である．一方，マントルプルームの上昇に関係すると考えられるプレート内部に位置する海洋島のホットスポット火山における部分溶融域はより深くて，**ソレアイト質玄武岩**（tholeiitic basalt）ととも

4.3 マグマの成因

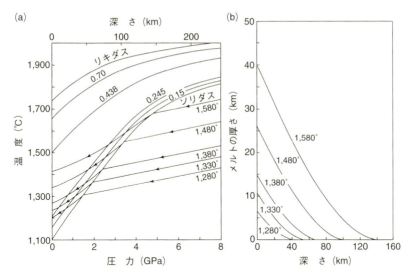

図4.15 マグマ生成量とポテンシャル温度の関係 (McKenzie and Bickle, 1988；佐藤，2008)
(a) リキダスとソリダスの間に引かれた曲線は部分溶融の程度を示し，数字はメルト分率で，リキダスで1となる．温度が異なる複数のマントル物質について，上昇に伴う断熱勾配に沿った温度変化を矢印で示す．これがソリダスと交差した深さでかんらん岩の溶融が始まる．数字はマグマが地表に到達したときに示す温度（ポテンシャル温度）である．(b) ポテンシャル温度が高いほどより深部で溶融が始まり，形成されるメルト層は厚くなる．

にしばしばアルカリ玄武岩を伴い，**複成楯状火山**（polygenetic shield volcano）をなす．プレート収束境界陸側の島弧は SiO_2 に富んだ安山岩質マグマの活動によって特徴づけられ，成層火山や大規模なカルデラ火山が分布している．そこでのマグマの発生には，既述のとおりマントルウェッジでの減圧溶融と沈み込むスラブから供給される水による加水溶融の両方が寄与していると考えられている．沈み込み帯での誘発対流に沿った含水かんらん岩の減圧溶融についても検討がなされている（Iwamori et al., 1995；岩森，1996；Iwamori, 1998）．大陸のプレート内部には大規模な**洪水玄武岩**（flood basalt）とともに，大規模なカルデラ火山や，極端にアルカリに富んだマグマが単成火山として活動している．一部の元素，たとえば TiO_2 などは活動の場所により明瞭な組成差を示し，同じアルカリに乏しいソレアイト質玄武岩でも海洋地域に産するものは TiO_2 に富み，大陸地域に産するものは TiO_2 に乏しい傾向がある．プレート内部で

第4章 マグマプロセスとマグマの成因

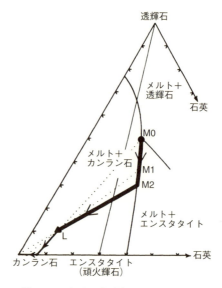

図 4.16 圧力 20 kb（約 70 km 深度に相当）におけるカンラン石-透輝石-石英系での相境界と部分溶融経路（Kushiro, 1969）
L：かんらん岩の組成，M0：L が溶融を始めたときのマグマ組成．このあと，透輝石が消失するとマグマ組成は M0 から離れて M1, M2 へと変化する．M2 組成になった時点で斜方輝石（エンスタタイト）が消失し，マグマはカンラン石のみと共存し，マグマ組成は M2 から L へと変化する．

のホットスポット，洪水玄武岩や巨大海台での火山活動は，巨大なマントルプルームの上昇に起因すると考えられている．そして，このマントルプルームの上昇が大規模な洪水玄武岩の活動をひき起こすとともに，それに続いてリフト形成から海嶺の拡大に続き，その後，マントルプルームはホットスポットの活動に引き継がれるという考えも出されている．

4.3.2 玄武岩質マグマの成因

A 玄武岩質初生マグマ

マントルかんらん岩の溶融によって生じるマグマは，溶融が生じたときの温度，圧力や含水量，そして部分溶融度の違いなどによって組成は変化するが，基本的には玄武岩質（図 4.16）であり，これは初生マグマあるいは**本源マグマ**（parental magma，一群のマグマの源となった親マグマ）とよばれる．その性

4.3 マグマの成因

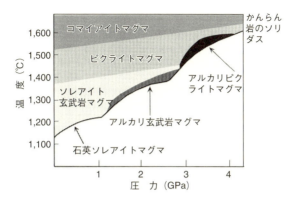

図 4.17 揮発性成分に乏しいマントル物質の部分溶融でできる種々の本源マグマの生成条件（Takahashi and Kushiro, 1983；藤井, 2003）

質は起源物質の違いや岩石が融ける深さでの温度や圧力などの生成条件の違いにより多様であり，条件によって初生マグマの化学組成は変化する（図 4.17）．

Ⓑ 岩石の溶融条件

熱力学の枠組みで考えると，固体が液体に変わる溶融反応は，系の化学組成が固定されている場合には温度が上昇するか，または圧力が変化することによって起こる．圧力の低下による溶融（減圧溶融）は，地球内部でのマグマの発生に最も普遍的に寄与しているメカニズムである．この溶融メカニズムの研究は，おもに中央海嶺でのマグマの生成を念頭に進められてきた．地球内部では圧力が低下すると温度もまた低下する．一方，温度の上昇は，地球の内部では通常，考えている岩石の傍に何らかの外部熱源がもたらされるか，逆にその岩石が高温域に運搬されることによって実現される．たとえば，マントルで発生した高温の玄武岩質マグマが大陸地殻に貫入し，下部地殻を構成する**角閃岩**（amphibolite）や**角閃石斑れい岩**（hornblende gabbro）が部分溶融してメルトが発生する場合，あるいは中上部地殻で**泥質変成岩**（pelitic metamorphic rock）が部分溶融する場合などはこれにあたる．マグマ活動以外では，放射性元素の放射性壊変による発熱や，運動エネルギーの熱への変換も起こる．たとえば，隕石の衝突による地殻岩石の溶融，断層運動によって発生する摩擦熱による**シュードタキライト**（pseudotachylyte）の形成，また岩石が脆性破壊を起こさないマントル深部の領域では，**熱暴走**（thermal runaway, 岩石の粘性流動に伴う粘性散逸による

温度上昇と，粘性低下の間の正のフィードバックによって岩石の溶融温度まで到達し変形が暴走すること）が起こっているという考えもある．

　圧力や温度が一定でも水などの揮発性成分が岩石に加わると融点が低下し，マグマが発生しやすくなる．沈み込み帯のマントルウェッジにおけるマグマの発生プロセスには，スラブから供給された融点降下成分が付加されることが深く関わっていると考えられている（Kimura *et al.*, 2015）．温度と圧力が一定の下で，融点降下を起こす成分が持ち込まれることによって溶融が始まる過程は**フラックス溶融**（flux melting）とよばれる．しかし実際に，沈み込み帯でこのようなメカニズムのみで発生しているマグマがあるわけではない．マントルウェッジの中で融点降下成分の付加によって融点が低下した部分が上昇し，減圧すればマグマが発生しやすくなる．またマントルウェッジの中心部分には反転流によって大陸側の深部から持ち込まれた高温部が存在していると考えられており，上昇流がこのような部分を通過する場合には，減圧の効果に加えて温度上昇の効果も加わることになる．

4.3.3　安山岩質〜珪長質マグマの成因

Ⓐ　多様な成因モデル

　安山岩質〜珪長質マグマの成因モデルは多様であり，以下のような考えが提唱されている．(1) 玄武岩質マグマからの分別結晶作用（安達太良火山の低カリウムソレアイト；Fujinawa, 1988），(2) 苦鉄質マグマと珪長質マグマのマグマ混合／マグマ混交（低カリウム安山岩：Toya *et al.*, 2005，中間カリウム安山岩：Ban and Yamamoto, 2002；Hirotani and Ban, 2006，高カリウム安山岩：井上・伴，1996），(3) 同化作用を伴う分別結晶作用（**同化分別結晶作用**，assimilation and fractional crystallization：AFC；DePaolo, 1985），(4) 地殻物質による**混染作用**（contamination；Kobayashi and Nakamura, 2001；Hirotani *et al.*, 2009），(5) 下部地殻を構成する含水苦鉄質岩の**再溶融作用**（remelting；Takahashi, 1986；Kimura *et al.*, 2001；2002），そして (6) 水の存在下でのマントル物質の部分溶融（高マグネシア安山岩）や，若く温度の高いスラブの溶融作用（アダカイト）（Hanyu *et al.*, 2006；Yamamoto and Hoang, 2009；Hoang *et al.*, 2009）．これらの多様な考えのどれが実際に起こったかを判断するには，個々のケースについての詳しい岩石学的検討が必要となる．マグマの成因を議論する際に，結晶

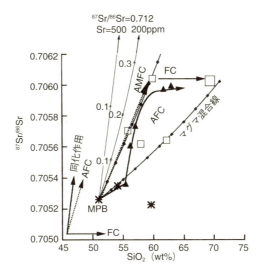

図 4.18 御嶽火山噴出物についての Sr 同位体比の変化 (Kimura et al., 1999)
MPB：御嶽火山の中期更新世玄武岩，黒三角はソレアイト系列岩，白四角はカルクアルカリ系列岩である．AFC：同化分別結晶作用，FC：分別結晶作用，AMFC：同化混合分別結晶作用．Sr=500, 200 ppm：それぞれ，$^{87}Sr/^{86}Sr$ 値が 0.712 の Sr を 500, 200 ppm 含んだ地殻物質と玄武岩との単純な混合線．0.1〜0.3 の数字は混合比率を示す．●のついた細線：カルクアルカリ安山岩を形成するマグマ混合線．

分化作用ではその値が変化しない同位体組成はきわめて重要である．図4.18に示すように，同位体組成を利用することによって，結晶分化作用，マグマ混合，同化作用，同化分別結晶作用（AFC）などのプロセスを判定し，さらに起源物質を同定することが可能となる（Kimura et al., 1999）．

島弧で活動している安山岩質マグマの多くが苦鉄質端成分と珪長質端成分マグマの混合を示唆しているが，この珪長質端成分の成因としては，(1) 苦鉄質端成分マグマからの分別結晶作用 (Kanisawa and Yoshida, 1989；Miyagi et al., 2012)，(2) 上部〜中部地殻における，一部あるいは部分的に結晶化した，先行した苦鉄質マグマからのメルトの抽出あるいは再溶融作用 (Hildreth and Wilson, 2007；Hirotani et al., 2009；Miyagi et al., 2012)，(3) 固化して角閃石斑れい岩あるいは角閃岩になった含水苦鉄質端成分の**部分再溶融**（partial remelting, Feeley et al., 1998；Hansen et al., 2002；Toya et al., 2005），(4) 地殻を形成する基盤岩類の部分再溶融 (Shuto et al., 2006；周藤ほか，2008) などが考えられ

第4章　マグマプロセスとマグマの成因

ている．

　プレート収束境界に位置する島弧ならびに山脈は，厚い**海成堆積物**（marine sediment）の累積，圧縮，変成，そしてその後の隆起の産物である．海成堆積物の大部分は大陸から供給された砕屑物からなり，その一部は**大陸縁辺部**（continental margin）の海洋地殻上に堆積している．島弧が成長するにつれ，そこで活動するマグマの性格は初期の玄武岩質なものからより SiO_2 に富んだ安山岩質のものへと変化していく．島弧の成長は地殻の成長を伴っており，厚い地殻を有する島弧ならびに大陸縁辺部では安山岩の活動とともに，大規模な珪長質火砕流堆積物が形成される．

　沈み込むスラブとその内部で地震が発生する和達‒ベニオフ帯（4.5.3項参照）の存在が島弧‒海溝系を特徴づける構造であるが，島弧で火山が分布しはじめる火山フロントは和達‒ベニオフ帯（深発地震面）が約100 km深度の位置に出現する（巽，1995）．また，島弧に特徴的に産する安山岩質マグマは，この沈み込むスラブの存在と非常に密接な関係を有していると考えられている．最も顕著な特徴は，沈み込み帯で活動する安山岩質マグマの組成が，火山の位置する場所と和達‒ベニオフ帯までの距離に関係しているという事実である．また，一部の海洋中に位置する厚い堆積物も大陸性地殻も伴わない海洋性島弧においても，安山岩質火山が海洋地殻上に発達していることがある．これらの事実は，少なくとも一部の安山岩質マグマは，上部マントルの部分溶融で生じたマグマに由来していることを示唆している．また，海洋プレートの沈み込みに伴い，地下深部に持ち込まれた海底堆積物や**変質海洋地殻**（altered oceanic crust：AOC）などに由来する水が安山岩の生成に重要な役割を果たしているという考えも主張されている．安山岩が上部マントルで直接安山岩質マグマとして生成されたものか，あるいはより苦鉄質の玄武岩質マグマとして発生したマグマが上昇に際して分化し，結果として安山岩として噴出したのか，あるいはさまざまな地殻内プロセスやマグマ混合によって生じたものかについては，個々のケースごとに検討しなければならない課題である（Langmuir *et al.*, 1978；Yoshida *et al.*, 2014；Gomez-Tuena *et al.*, 2014）が，高マグネシア安山岩については直接上部マントルで生成された可能性が高い．

4.3 マグマの成因

❸ 下部地殻の溶融とカルクアルカリマグマ

東北日本弧に分布する第四紀火山は，地質学的，岩石学的に，火山フロント側から背弧側へと，4つの**火山列**（volcanic zone），すなわち，**青麻–恐**（Aoso–Osore），**脊梁**（Sekiryo），**森吉**（Moriyoshi），**鳥海**（Chokai）**火山列**に区分できる（中川ほか，1986；吉田，1989）．このうち青麻–恐火山列や脊梁火山列では，しばしば同一火山にソレアイトとカルクアルカリ岩が相伴う．青麻–恐火山列の恐山火山ではソレアイト岩系岩から低温，高酸素分圧下での**磁鉄鉱**（magnetite）を含む結晶分別でカルクアルカリ岩系岩が生じている（富樫，1977）．脊梁火山列では，両岩系はしばしば異なる**ストロンチウム（Sr）同位体比**（strontium-isotope ratio）を示し，部分溶融度とともに起源物質も異なる可能性を示す．Sr 同位体比は，ソレアイト岩系のほうが共存するカルクアルカリ岩系より低い場合と高い場合があるが，脊梁火山列では後者の例が多い．Tatsumi *et al.*（2008）は蔵王火山のカルクアルカリ，ソレアイト両岩系岩について**未分化マグマ**（primitive magma）由来と考えられる斜長石の局所同位体比分析の結果などから，マントル由来の初生マグマはカルクアルカリ岩系岩で，ソレアイト岩系の玄武岩は下部地殻の角閃岩など（図 4.19）に由来するとする考えを述べている．脊梁火山列の**吾妻火山**や**安達太良火山**については同様の可能性があるが，蔵王以北の火山ではカルクアルカリ岩系岩の同位体組成が共存するソレアイト岩系岩と異ならないことが多く，また未分化カルクアルカリ岩系岩が認められない．このことから，これらの火山ではソレアイト岩系玄武岩からカルクアルカリ岩系の中間〜珪長質マグマが，分別結晶作用やマグマ混合などの地殻内プロセスによりもたらされた可能性が高いと考えられている．

❹ スラブの溶融・アダカイト

アリューシャン列島のアダック（Adak）島には，沈み込んで高圧下で**エクロジャイト**（eclogite）〜**角閃石エクロジャイト**（hornblende eclogite）質になった**海洋底玄武岩**（ocean-floor basalt）が直接，部分溶融して生じたと考えられる安山岩質〜流紋岩質火山岩である**アダカイト**（adakite）が分布する（Defant and Drummond, 1990；Martin *et al.*, 2005）．若くて熱い海洋性リソスフェアの沈み込みに伴って，海洋地殻が部分溶融することにより生じると考えられている．重希土類元素やイットリウム（Y）に乏しく，ストロンチウムに富み，ユウロピ

第4章 マグマプロセスとマグマの成因

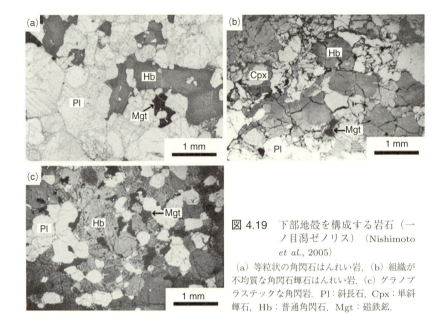

図 4.19 下部地殻を構成する岩石（一ノ目潟ゼノリス）（Nishimoto et al., 2005）
(a) 等粒状の角閃石はんれい岩，(b) 組織が不均質な角閃石輝石はんれい岩，(c) グラノブラステックな角閃岩．Pl：斜長石，Cpx：単斜輝石，Hb：普通角閃石，Mgt：磁鉄鉱．

ウムの負異常を示さず，ストロンチウム同位体初生値が低いという特徴をもつ．アダカイトについては，海洋地殻の直接の部分溶融によるとする考えのほかに，同様にエクロジャイト〜角閃石エクロジャイトを融け残りの残留固相（レスタイト，restite）とする，比較的高圧下での玄武岩質下部地殻の部分溶融によるとする考えもある（Atherton and Petford, 1993）．

Ⓓ 高マグネシア安山岩（HMA）

　海洋性島弧やオフィオライトに産する**ボニナイト**（boninite），瀬戸内地域の第三紀火山岩の中の**サヌカイト**（sanukite）や，それに類する**サヌキトイド**（sanukitoid）などの MgO に富み（6% 以上），Mg/Fe 比が高い安山岩が知られている．このような安山岩は**高マグネシア安山岩**（high-Mg andesite：HMA）とよばれ，マントルが水に富む条件下で部分溶融してできたマグマ，あるいはそれが結晶分化作用により生じたものと考えられている（Tatsumi, 1982）．

4.4　地球史におけるマグマの変遷

　原始地球では，微惑星の衝突による加熱や原始大気の保温効果などで表面が融けてマグマポンドやマグマオーシャンが形成され，微惑星の集積と並行して地球の成層構造が発達したと考えられている．部分溶融状態にあるマグマオーシャンで液体量が40％以下の場合，結晶がフレームワークをつくるとマグマ全体の粘性は増加して固体に近い値となり，液体量が多く，結晶がフレームワークを形成していない場合の粘性とは大きく異なってくる．阿部は，前者を固いマグマオーシャン，後者を柔らかいマグマオーシャンと名づけ，地球内部構造の発展における寄与を議論している（Abe, 1993）．マグマオーシャンの底は部分溶融状態にあり，そこで共存する密度の異なる固相と液相の間では固液分離が起こり，マントル内に成層構造が形成されると期待されるが，これにはマグマオーシャンの冷却固化や対流による混合が影響する．すなわち，固液分離が速く対流運動が遅いと固液分離が進行するが，対流運動が固液分離の速さよりも速くて冷却速度が速いと，十分に固液分離せずに固化するに至る．固液分離の速さは結晶のサイズと液の粘性，固液の密度差，固液の比率などで変化し，対流運動の速度はマグマオーシャン全体の粘性に大きく依存する．マグマオーシャンでの固液分離に関連して金属鉄が重力分離し，核の形成に至った可能性が指摘されている．また，地球化学的なデータは地球が非常に初期の段階で現在の**中央海嶺玄武岩**（mid-oceanic-ridge basalt：MORB）の起源マントル組成に近い液相濃集元素に枯渇したマントルを形成した可能性を示しており，その時点でマントル浅部が分化し，その後の変化はあまりなかったことを示唆している．

　始生代から原生代初期にかけて形成された**グリーンストーン帯**（greenstone belt；Windley, 1995）には，**コマチアイト**（komatiite）とよばれる超苦鉄質溶岩が産出する（Arndt and Nisbet, 1982；Arndt et al., 2008）．コマチアイトはときに枕状を呈し，**スピニフェックス組織**（spinifex texture）とよばれる急速成長したカンラン石を有することから，ほとんど斑晶を含まない高温の**超苦鉄質マグマ**（ultramafic magma）が海底に噴出して形成されたと考えられている．コマチアイトマグマの発生には1,650℃を超える高温が必要なため，太古代から原生代初期にかけてのマントルは現在のマントルに比べて温度が高かったと推

第4章 マグマプロセスとマグマの成因

定されている (Richter, 1985). また，太古代初期には TTG とよばれるトーナル岩−トロニエム岩−花崗閃緑岩やアノーソサイトの活動が始まっているが，これらの太古代火成岩類の性質は原生代以降に活動したものとは明瞭に異なっている．太古代にはすでに固体地球最表層でのプレート運動が始まっていたと推定される (Maruyama et al., 1991) が，当時はまだプルームの活動のほうが優勢であったと考えられている (Abbott, 1996). コマチアイトの活動が太古代にほぼ限定されるのに対して，キンバーライト，高カリウム火山岩，**ランプロアイト** (lamproite)，カーボナタイトなどのアルカリに富んだ高アルカリ火成岩類の活動は太古代末期以降でしか認められず，それらの出現はこの間のマントル内部での状態変化，とくに温度の低下を示唆している (Wilson, 1989). 30〜25億年前にかけて堆積岩の組成が変化し，クロムやニッケルの存在度が低下している．このことは，当時の大陸地域におけるコマチアイトなどの超苦鉄質〜苦鉄質火成岩の露出面積が減少したことを示唆している (Taylor and McLennan, 1985).

コマチアイトの組成は，形成時期によって系統的に変化しており，時代が古いコマチアイトほど，より高い MgO 含有量と，高い CaO/Al_2O_3，TiO_2/Al_2O_3 比を示す (Nesbitt et al., 1979). マントルかんらん岩の相平衡関係 (Takahashi, 1986 ; Ohtani et al., 1986) に従えば，時代とともに変化しているコマチアイトの組成はその生成深度がしだいに浅くなったことを示唆している．ただし，コマチアイトの微量元素や同位体組成も系統的に変化しており，コマチアイトをもたらしたマントルプルームの組成も時代とともに変化したことを示唆している．

玄武岩組成も時代とともに系統的に変化している．太古代のグリーンストーン帯に分布する玄武岩（**プレーン玄武岩**, plane basalt）は，コバルト，クロム，ニッケルに富み，**顕生代**（Phanerozoic）の中央海嶺玄武岩や**海台玄武岩**（oceanic plateau basalt）に近い組成をもつ．それに対して原生代以降のグリーンストーン帯に分布する玄武岩（**カルクアルカリ玄武岩**, calc-alkali basalt）は，コバルト，クロム，ニッケルに乏しく，顕生代の**島弧玄武岩**（island arc basalt）の組成に類似している．また，**海洋島玄武岩**（oceanic island basalt : OIB）の特徴を示す火成岩は，原生代末期になってはじめて出現する (Condie, 1997).

アフリカ大陸の西岸と南米の東岸には，ともに1億2500万年前に活動した洪水玄武岩が認められる．これは，その時期に大陸の分裂が始まり，大西洋の

拡大が始まったことを示唆している．このように大陸移動の歴史を調べると，大陸の分裂時に洪水玄武岩が活動している場合が多い（Storey, 1995）．おそらく洪水玄武岩を噴出させた巨大なマントルプルームの上昇が，大陸を分裂させる引き金になり，そこに海嶺が発達して新たに海洋地殻が成長していったと考えられている．そのような洪水玄武岩の活動が，マントルプルームに由来するホットスポットの列上に位置することも少なくない．すなわち，現在の大陸プレートや海洋プレートの配置に，マントルプルームが関与したホットスポットや洪水玄武岩の活動が密接な関連をもっていた可能性が高い．

4.5　テクトニクス場と火山活動

4.5.1　中央海嶺での火山活動と海洋地殻の形成

　大洋中央海嶺における火山活動は島弧における火山活動に比較して目立たないが，その規模からいえば地球上で最も顕著な火山活動である．中央海嶺は海洋底下にあるプレートの裂け目であり，裂け目を埋めるようにマグマが上昇し，新しい海洋プレートが定常的につくり出されている（図4.20）．その活動は長い地質時代を通じて比較的一様な噴出率を有していたと考えられる．海洋底の大部分の地殻を形成しているのがこの種の活動の産物である．この中央海嶺では，マントル最上部が一部融けて，比較的組成が均質なソレアイト質の玄武岩質マグマをつくり，海底に噴出して冷え固まり，厚さ約5～7 kmの玄武岩質の

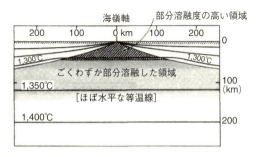

図4.20　海嶺下の温度構造推定図（McKenzie and Bickle, 1988：岩森, 2016）
海嶺下では平均的なポテンシャル温度をもつマントルが受動的に上昇しており，マントル深部の高温物質の湧き出し口というわけではないことを示している（岩森，2016）．

第4章 マグマプロセスとマグマの成因

海洋地殻を形成する（Sinton and Detrick, 1992；Perfit and Davidson, 2000）．海洋地殻（図1.6）は通常，上から第1層（堆積物層，地震波速度 2.2 km/s），第2層（枕状溶岩〜シート状岩脈群，地震波速度 5.0 km/s），第3層（層状斑れい岩，地震波速度 6.7 km/s）からなる（Gass and Smewing, 1973；Juteau and Maury, 1999）．第2層の上部をなす溶岩は海底で噴出したため，一般には枕状溶岩とよばれる円筒状溶岩の累積した形態をとる．その下部の**シート状岩脈群**（sheeted dike complex）はおもに**粗粒玄武岩**（ドレライト，dolerite）からなる．これらの岩石は，それ自身のもつ熱や海水との反応によって，しばしば変質作用を被る．海洋地殻とその下のマントルの冷えてかたくなった部分がプレート（リソスフェア）として一体となり，よりやわらかく流動性の高いアセノスフェアの上を水平方向へ移動していく．大洋中央海嶺では高い熱流量が観測されるが，海嶺下深部に低速度の根はなく，またプレート運動とアセノスフェアの対流運動とは少なくとも一部では一致していない．このことから海嶺でのプレート拡大の原動力はマントルの熱対流ではなく，受動的な引き伸ばしが重要であると考えられている（岩森，2016）．地球上で活動するマグマの大半は中央海嶺で噴出しているが，深海であり，温度が高くて粘性の低いマグマの静穏な噴火であるため，直接的な観察は難しい．

　中央海嶺と同様に，プレート拡大境界に連なると推定される構造が大陸内部に発達する地溝帯（リフト帯）である．地溝帯は中央海嶺系の延長であり，将来は海盆となる可能性をもっているとの考えもある．しかしながら，地溝帯における火山活動は一般にはアルカリ岩質のものであり，たとえば，東アフリカ大地溝帯には非常に SiO_2 に乏しいアルカリ岩が活動している．したがって，地溝帯は中央海嶺系とは明瞭に異なる火山活動を行っているといえる．

　中央海嶺は，新しくプレートが生産され互いに離れていくプレート拡大境界にみられる大地形である．アイスランドは大西洋中央海嶺の上に位置し，ここでは**ギャオ**（gja）という裂け目地形により，海洋底拡大の過程を陸上で観察することができる（Saemundsson, 1978；中村，1989）．

　大洋底にある中央海嶺の軸部には地溝状の海嶺中軸谷があり，ここで玄武岩質マグマが割れ目噴火を繰り返し，シート状溶岩火山や枕状溶岩火山を形成している．**中軸谷**（median rift valley）の外側でも火山活動が起こり，円錐火山が形成される．中央海嶺の拡大速度は，1〜16 cm/yr に及ぶ．拡大速度が 10 cm/yr の

4.5 テクトニクス場と火山活動

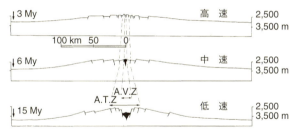

図 4.21 異なる拡大速度をもった中央海嶺の地形断面 (Choukroune et al., 1984)
高速拡大軸では多数の裂け目が発達しているのに対して，中速〜低速拡大軸では，内側に傾斜した正断層が発達し，低速拡大軸では軸部に深い凹地（グラーベン）が形成されている．軸部のグラーベンは**活動的火山帯**（active volcanic zone：A.V.Z）となり，それを含むより広い領域が**活動的構造帯**（active tectonic zone：A.T.Z）となっている．

海嶺におけるマグマの噴出率は約 $2 \times 10^{-4}\,\mathrm{km^3/yr\,km}$ に達し，島弧に比べ 2 桁大きい．中央海嶺の地形はその拡大速度の大小で異なる様相を示す（図 4.21）．拡大速度が速いところでは中央海嶺軸部のリフト構造が形成されず，浅い中軸谷を伴った尾根状の地形が海嶺軸部に発達し，シート状溶岩の活動が卓越する．それに対して，拡大速度が遅い中央海嶺では，海嶺軸部に顕著なリフト構造である底が平坦で深い中軸谷が発達し，枕状溶岩の活動が主体となる．拡大速度の大きな海嶺にはメルトレンズが定常的に存在する大型のマグマ溜りが，拡大速度の小さな海嶺には定常的なメルトレンズをもたない小型のマグマ溜りがあると推定されている．海嶺はしばしば**トランスフォーム断層**（transform fault）で切られ，セグメント化している．各セグメントはセグメントの中央部が地形的に高まるとともに，セグメント内に複数の鞍部をもつことがある．各セグメントはトランスフォーム断層で区切られて上昇する個別のアセノスフェアに対応し，鞍部で境されながら深部で連続した複数のマグマ溜りを有していると考えられている（図 4.22）．場所によってトランスフォーム断層の発達程度が異なり，これによっても中央海嶺の火山活動様式や地殻構造が異なっている．トランスフォーム断層が高密度に分布すると，海水の地殻への影響が強まり，マグマ溜りの成長を抑制することになる．

第4章 マグマプロセスとマグマの成因

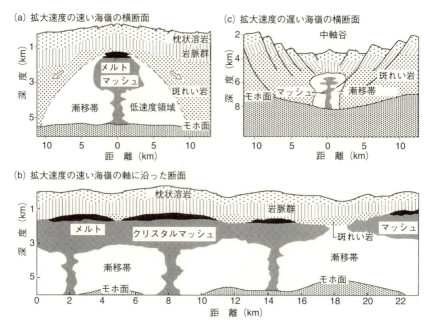

図 4.22 異なる拡大速度をもった中央海嶺の構造断面（Sinton and Detrick, 1992 ; Perfit and Davidson, 2000）

4.5.2 ホットスポットでの火山活動

Ⓐ マントルプルームとホットスポット

　火山活動の多くはプレート境界で認められるが，プレート内部においても大規模で活発な火山活動が認められることがある．たとえばハワイの**キラウェア**（Kilauea）**火山**は有数の活発な火山であるが，プレート境界から遠く離れている．これらの海洋プレート内に位置し海洋底から高くそびえる火山島は地球上でも最も顕著な地形のひとつであるが，このようなところを**ホットスポット**とよんでいる．図 4.23 に地球上におけるホットスポットの分布を示す（Morgan and Morgan, 2007）．ハワイ島などのホットスポット火山の起源はマントル深部にあると考えられており，その位置はあまり動かない．したがって，移動してくるプレートからみると，マントル深部に由来するマグマが噴出する活動的な火山の位置は時代とともにずれていくこととなる．その痕跡として地表の移

4.5 テクトニクス場と火山活動

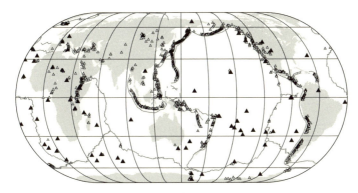

図 4.23 ホットスポットの分布（Morgan and Morgan, 2007）
図中の実線はプレート境界を示す．小さな白三角はプレート境界やプレート内部の火山．大きな黒三角はマントルダイアピルの活動に関連づけられるホットスポット火山を示す．

動したプレートの上に，ハワイ諸島や天皇海山列のような列になった火山や海山が多く残されている．これらの火山島ないし海山は，おそらくその基底部は通常，海洋底を構成するのと同じソレアイト質玄武岩から形成されていると考えられている．それに対して基底部以外の多く，とくに最上部はよりアルカリ量に富んだアルカリ玄武岩あるいはその分化生成物から構成されている．

　カナダの地質学者 Wilson は，太平洋やインド洋の火山島のできた年代とその火山島から海嶺までの距離を調べ，海嶺から遠くにある火山ほどその火山ができた年代が古いことを明らかにした（Wilson, 1963）．Wilson はさらに，西北西に並ぶハワイ諸島の延長がミッドウェー島付近で方向を変えて北北西に並ぶ天皇海山列につながり，そこでも北北西側にある海山ほど年代が古い（図 4.24）ことから，これらの海山の並びはそれらの海山が現在のハワイ島付近で形成された後の海洋底（プレート）の動きを示しており，約 4,300 万年前に海洋底（プレート）の移動方向が北北西から西北西に変化した結果であると結論づけている．つまり，過去のプレートの動きは，ホットスポット火山が活動した年代と現在の位置を調べることにより求めることができる（Clague and Dalrymple, 1987）．

　ホットスポットの下には地下深部からの高温物質の上昇流が存在する．この上昇流部分を**マントルプルーム**とよぶが，多くの場合，マントルプルームの根はマントルと核の境界付近の非常に深い所に存在し，そこから地球深部で温め

第4章 マグマプロセスとマグマの成因

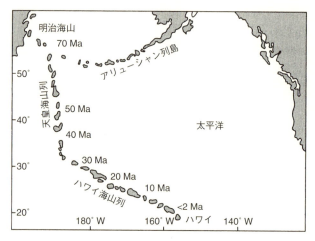

図4.24 ハワイ海山列と天皇海山列の分布と活動年代（Clague and Dalrymple, 1987）
Ma：100万年前．

られて軽くなった物質が上昇していると考えられている．一般に岩石は熱伝導率が低く，熱を伝えにくい．熱を効率よく運ぶには，岩石そのものが移動する必要がある．地球内部では，マントルプルームを通して地下の高温の物質が上昇することによって，地球内部に蓄積されている熱を効率よく地表に運んでいると考えられる．

Ⓑ ハワイ島における火山島の発展ステージ

ハワイにおける火山島の発展ステージは，海底火山期，楯状火山形成期，後期アルカリ期，後期侵食期からなる．初期の深海海山はおもに枕状溶岩からなるが，山体の中心部は貫入岩体から構成されている．これが成長して海山の高度が増すと，マグマは減圧脱ガスによる気体の膨張とメルトの破砕による爆発的な活動を始める．この段階で火山体から供給される火山砕屑性堆積物が火山麓扇状地を形成して，ときに水平距離100kmを超える範囲に拡がっている場合もある．火山体が陸上に顔を出すと，マントルまでつながったマグマ供給系から安定的にマグマが火山体に供給され，楯状火山の高度が増していく．ハワイの火山島には，マグマを深部から供給する岩脈からなるリフト帯（図4.25）が発達している（Paterson and Moore, 1987）．楯状火山の活動が衰退したのち，小規模なアルカリ玄武岩の活動する後期アルカリ期に移り，楯状火山の活動を終える．

4.5 テクトニクス場と火山活動

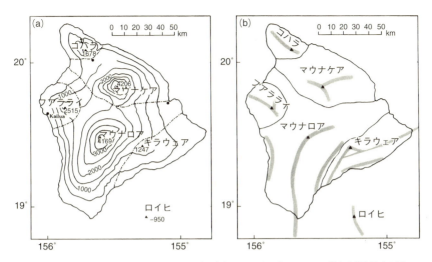

図 4.25 ハワイ島の地形と火山の分布（a）およびおもなリフト帯と断層帯を灰色の帯で示す（b）（Paterson and Moore, 1987）

この楯状火山の活動が終息したのちの侵食期を挟んでベイサナイト（basanite）などのアルカリに富んだ溶岩の活動が認められる．この活動はスコリア丘や小規模な溶岩流を形成し，その中にしばしばマントル捕獲岩を含んでいる．

● 海洋の火山島における崩壊ステージ

多くの海洋プレート内部の火山島では時間とともに火山活動が縮退し，活動するマグマの組成も変化している．一般には，時間とともに**部分溶融度**（degree of partial melting）が低下することによりこの変化が生じていると考えられている．ハワイ諸島では，詳しい検討から中心部から縁辺部へと組成的に変化する累帯したプルーム上をプレートが移動した結果，初期と後期にはプルームの縁辺部からマグマが供給され，楯状火山活動の最盛期にはプルームの中心部からマグマが供給されたという考え（図 4.26）が支持されている（Watson and McKenzie, 1991；Rhodes and Hart, 1995）．

巨大な火山島はその表面や斜面への噴出物の付加や地下へのマグマの貫入により成長するが，侵食作用や急激な崩壊作用によって海底に火山麓扇状地を形成しながら水平方向へ拡大していく．この火山麓扇状地には，海底での地すべりによる大規模な土石流や岩屑流堆積物が確認できる（図 4.27）．これらの**堆**

第 4 章 マグマプロセスとマグマの成因

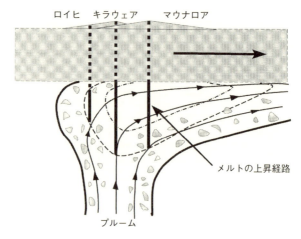

図 4.26 ハワイ・ホットスポットの深部構造と本源マグマの成因(Watson and McKenzie, 1991；Rhodes and Hart, 1995)
直径が約 100 km のプルームが厚さ約 70 km のリソスフェア(上部の灰色の部分)の下に定置し，プレート(リソスフェア)の東(左)から西(右)への移動(左から右への矢印)によって頭部が西へ引きずられている様子を示す．プルーム内の多数の灰色の塊は，プルームが起源の異なる物質を包有しながらマントル深部から上昇してきたことを示している．複数の矢印をもった細い線は，マントル内での対流の方向を示す．太い垂直方向の実線と点線はマントルプルーム内で部分溶融したメルトのマントル内および地殻内での上昇経路を示す．細い鎖線や破線はマントルが減圧溶融を開始できる領域で，プルームの中心部ほど，その溶融開始深度は深い．その結果，最も新しいロイヒ火山へと部分溶融度は低下し，マウナロア火山とキラウェア火山の本源マグマの性質が異なっていると考えられている．

積物重力流(sediment gravity flow)は，火山体を下から貫く岩脈によるリフトゾーンの拡大，急速な堆積作用による荷重，斜面の傾斜が砂礫が移動を始める**安息角**(angle of repose)を超えた場合など，さまざまな原因で発生している．大規模な**海底地すべり**(submarine sliding)を含む火山島の侵食作用は時間とともに火山の高度を低下させ，海底の広い範囲に堆積物を溜めながら火山島が海に没して海山となるまで継続する．

Ⓓ 火山島進化モデルの多様性

ハワイ諸島での火山島進化モデルは詳しく研究され，その詳細が明らかとなっているが，それとは異なる進化過程を示す火山島も知られている．たとえば，ハワイ諸島の火山活動は 300 万〜500 万年の寿命をもつが，カナリア諸島での火山活動は初期の楯状火山期の後の火山活動が長く，1,500 万〜2,000 万年に及

4.5 テクトニクス場と火山活動

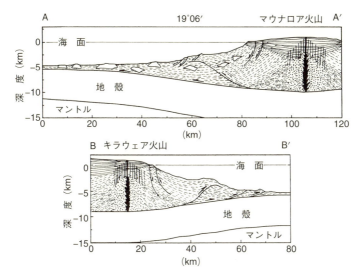

図 4.27 ハワイ島の構造断面（Moore *et al.*, 1994；Moore and Chadwick, 1995）
ハワイ島の構造断面．高さは水平距離の 2 倍で表示している．水平の線は溶岩を，垂直の線は岩脈群，点は斑れい岩，楕円は枕状溶岩を示し，黒い部分はマウナロア火山（A-A′）およびキラウェア火山（B-B′）のマグマ供給系である．破線は破砕された溶岩や枕状溶岩で，その中の白いブロックで，海底地すべりによるブロックを模式的に示す．

ぶ．このような長い寿命は，間欠的に活性化するマグマの供給源と火山島の位置が変化せず，マグマ供給系が安定的に維持されているためと考えられている．またカナリア諸島では，楯状火山を構成するマグマの多くがアルカリ玄武岩からなるとともに，その後の侵食期に活動したマグマとして，玄武岩質マグマから分化した多くのアルカリ岩が活動しており，そのなかにはイグニンブライトも認められる．

● 海山，ギョー，火山島

海山（seamount）とは，深海底から 1,000 m 以上そびえたつ独立した山のことをさし，太平洋に多数みつかっている．そのほとんどは玄武岩質の海底火山である．このうち平らな山頂部をもつ海山を**ギョー**（guyot；**平頂海山**，flat-topped seamount）とよぶ．海洋域に発達する火山のなかにはその一部が海上に現れた**火山島**（volcanic island）をなす場合があるが，一般には海面上に現れている部分は火山体全体の 10% 以下である．火山島は太平洋においては深海底からそび

219

第4章　マグマプロセスとマグマの成因

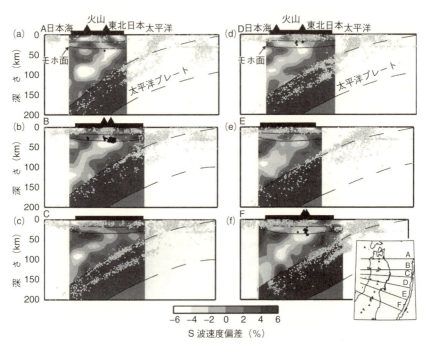

図 4.28 島弧に直交する S 波速度（V_S）の鉛直断面（Nakajima et al., 2001；長谷川, 2008）
挿入図中の鉛直断面 A〜F を示す．S 波平均値からの速度偏差を黒（高速度）〜白（低速度）で示す．三角は火山，白丸は地震，黒丸は低周波微小地震の震源を示す．

え立っているのに対して，大西洋ではときに海嶺軸に沿って分布していたり，島弧−海溝系や大陸の周辺部に認められることもある．

　熱帯域のホットスポットでできた火山島が侵食されると，島の周縁の浅い海底にサンゴ礁が発達する（裾礁）．引き続く侵食と沈降で島が海面下に没した後もサンゴ礁の成長が続くと，環状のサンゴ礁ができる（環礁）．また，プレートの移動で島が熱帯域から離れるなど，島の沈降がサンゴ礁の成長を上まわるとサンゴ礁の成長も止まり，海面下に沈んだ火山島は頂上が平らなギョー（平頂海山）となる．

❻ イエローストーンプルーム

　地球全体でホットスポットの数は 20〜40 カ所程度といわれており，相対的な位置は時代を通してあまり変わらない．ハワイ島以外ではアイスランド（こ

4.5 テクトニクス場と火山活動

図 4.29 標高 2,237 m の背弧側の安山岩質成層火山である鳥海山（山形・秋田県境）

山頂部で互層しているのは火口から放出された溶岩片である．黒い塊状部はおもにそれら溶岩片が溶結したアグルチネートであり，一部に溶岩流も認められる．

こでは海嶺とホットスポットが重なっている）やガラパゴス諸島などもホットスポットの火山であり，陸上では，大規模なカルデラ火山であり多数の**間欠泉** (geyser) をもつ米国のイエローストーン火山もホットスポットの火山として知られている．過去のホットスポット火山活動で形成された多数のカルデラがイエローストーン火山から南西方向に連なっている (Smith *et al.*, 2009)．

4.5.3 プレート収束境界での火山活動

Ⓐ 沈み込み帯での火山活動

陸弧（活動的大陸縁，active continental margin）や島弧‒海溝系の下には海溝軸から傾斜した地震帯が分布し，**和達‒ベニオフ帯**（Wadati-Benioff zone）とよばれる．海溝は，中央海嶺で形成された海洋性リソスフェアからなるプレートが地下深部へ沈み込んでいく場所である．図 4.28 に東北日本弧の地殻・マントル断面を示す．陸上の活火山の約 65% は**環太平洋火山帯**（circum-Pacific volcanic belt）に沿って分布し，海溝の陸側に位置する火山弧を構成する．そのような沈み込み帯の火山では，しばしば爆発的な噴火が起こる．沈み込み帯の大型成層火山のひとつである鳥海山の山頂の様子を図 4.29 に，全体の地形を図 4.30 に示す．沈み込み帯におけるマグマの供給源とその形成過程は，プレート拡大境界やプレート内部でのそれらとは基本的に異なっている．沈み込み帯は，地震活動や和達‒ベニオフ帯の傾斜角などに基づいて**チリ型**と**マリアナ型**に区分されることがある．海洋性の島弧の幅はあまり広くないが，その長さは長く，ときに数千 km に及ぶことがある．

第 4 章　マグマプロセスとマグマの成因

図 4.30　鳥海山の火山地形（地上開度図）（Prima et al., 2006）
火山噴出物の分布域では谷地形が埋められて平坦化するため，地上開度図でそれ以外の部分から明瞭に判別できる．鳥海山の噴出物はその多くが溶岩であり，この図で多数の溶岩流を識別できる．また，山頂部には複数の馬蹄形カルデラが形成され，南北の山麓には岩屑なだれ堆積物が広く分布している．

Ⓑ 火山フロント

　日本列島のような沈み込み帯に位置する島弧では，火山は日本海溝や日本列島の延びる方向と平行に分布している．ただし，海溝から一定の距離より陸（背弧）側にだけ分布する特徴があり，沈み込んだプレートの上面が深さ約 100 km に達するあたりに火山が多く存在し，地図上で火山が帯状に分布することが知られている．日本列島には太平洋プレートの沈み込みに対応した東日本火山帯と，フィリピン海プレートの沈み込みに対応した西日本火山帯がある．この帯状の火山分布の海溝側の端を繋ぐ線は**火山フロント**（volcanic front）とよばれ，火山をつくるマグマが発生する海溝側の端を表していると考えられている．火山は火山フロント近傍に密集していて，そこから内陸側に離れるほどその分布はまばらとなる．

Ⓒ マントルウェッジでのマグマの発生

　日本列島などの沈み込み帯では，冷たい海洋プレートが沈み込んで上盤側の温度を低下させる．上記のとおり，温度が低下するはずの沈み込み帯において，しばしばスラブがほぼ一定の深度に達する付近の直上で火山が発達し，火山フロントを形成している．火山フロントから背弧側の地下のマントルウェッジには，地震波の速度が遅い領域が斜めに分布している（図 4.31）．地震波速度は，熱くて柔らかく密度の小さいものがあると遅くなる．東北日本弧では第四紀火山の分布がマントル内の地震波速度が遅い領域の上に位置していることから，マグマはこの地震波が遅い領域から上昇してきているものと考えられる．斜めに分布する地震波速度が遅い領域は，沈み込むスラブが上盤側のマントルウェッ

4.5 テクトニクス場と火山活動

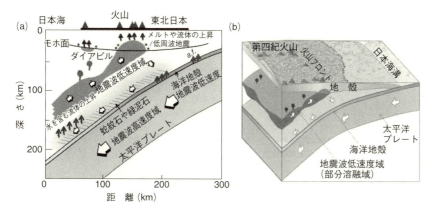

図 4.31 プレート沈み込みに伴うマントルウェッジ内の上昇流とスラブから供給された水の輸送経路を示す模式図 （Hasegawa and Nakajima, 2004；長谷川, 2008）
島弧に直交する鉛直断面（a）と三次元表示（b）を示す．

ジを摩擦力で引きずり込むためにマントルウェッジ内の低粘性域で発生した背弧側から斜めに上昇する反転流であると推定されている．さらに沈み込み帯では，地下深部へのプレート沈み込みに伴う温度上昇によって不安定化した含水鉱物から水が脱水して，プレート上盤側のマントルウェッジに供給される．供給された流体は，一部はスラブの引きずりにより，より深部にもたらされながらも，マントルウェッジ内部へと移動し，反転流で深部から上昇してきたマントルウェッジの高温域に供給される．その結果，加水と減圧によって溶融点が低下したマントルが部分溶融を起こし，マントルウェッジの核部でマグマが発生する（図 4.32）．このマントルウェッジで発生したマグマが上昇して地殻に火成岩として加わることにより，沈み込み帯の地殻は成長していく（Nakajima et al., 2001；Hasegawa and Nakajima, 2004；Nakajima et al., 2005；長谷川, 2008；中島, 2016；片山, 2016）．

東北日本弧の火山フロント側で活動するソレアイト質玄武岩については，一般には液相濃集元素に枯渇した中央海嶺玄武岩を生じたマントル（N-MORB 起源マントル）に類似した組成のマントルがスラブ由来の流体相によって汚染を受け，比較的低圧・高部分溶融度条件下で生じたと考えられており，その同位体組成が示す島弧を横切る変化，あるいは島弧に沿った変化については，スラブ

223

第 4 章　マグマプロセスとマグマの成因

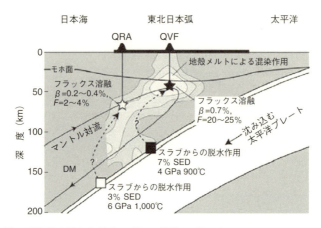

図 4.32　東北日本弧におけるマグマの発生モデル（Kimura and Yoshida, 2006）
東北日本弧での火山フロント（QVF）～背弧（QRA）玄武岩の形成に関連したスラブ脱水位置，流体の移動経路，そしてマグマの部分溶融位置を示した模式図．図には，P 波のトモグラフィ（Nakajima et al., 2005）が重ねてあるが，ここでは明るい色は強い低速度域を示す．SED：堆積物，DM：枯渇したマントル，β と F：流体のフラックスと部分溶融度．QVF と QRA の下の黒いバーは陸域を示す．点線で示した矢印は，異なるスラブ領域からマグマの起源領域への流体の移動経路を示す．

由来流体相の性質の違いや寄与度のほかに，リソスフェアあるいは下部地殻の寄与や地殻内プロセスの違いがあると考えられている（Sakuyama and Nesbitt, 1986；中川ほか，1988；Kersting et al., 1996；Shibata and Nakamura, 1997；Kimura and Yoshida, 2006）．

4.5.4　巨大火成岩岩石区と海台

　プレート内部での火山活動としては，数多くの海洋火山島や海山のほかに，陸上での洪水玄武岩や海域での海台の活動などが挙げられる．これらをすべて加えると，全地球におけるプレート内での火山活動の寄与は少なくとも沈み込み帯での火山活動の規模を超えている．それらのプレートの活動と直接関連しない巨大な火成活動の場を，**巨大火成岩岩石区**（large igneous province：LIP）とよぶことがある（Coffin and Eldholm, 1994）．その多くは陸上の洪水玄武岩の活動域であるが，海洋地域のプレート内部にも海台とよばれる巨大な火成活動域が知られている．なかには珪長質の巨大火成活動域も認められている．海

台のなかには直径が 1,000 km，層厚が数 km にも達する巨大なものが知られているが，それらは比較的短期間に形成され，溶岩の組成は均質な分化したソレアイトからなる．その組成は陸上の洪水玄武岩の組成に類似しており，その成因については規模が大きく上昇速度の速いマントルプルームの頂部で起こった大規模溶融の産物であると推定されている．

4.5.5 大陸地域のプレート内火山

Ⓐ 大陸内部に分布するプレート内火山

海洋底の場合と同様に，大陸プレートの内部においてもソレアイト質玄武岩が割れ目噴出を行って，広大な洪水玄武岩の溶岩台地を形成することがある．洪水玄武岩はプレート内火山（intraplate volcano）の活動のひとつであるが，その規模は大きく，巨大火成岩岩石区をなす．デカン溶岩台地や，北米のコロンビアリバー台地（Columbia-River plateau）などがその例である．中新世に活動したコロンビアリバー玄武岩類のロザ（Roza）溶岩では，割れ目火口から毎秒数百万 m^3 の玄武岩が噴出し，最大 300 km 流れて，その量は 1,500 km^3 に達している（Swanson *et al.*, 1975）．組成は非常に均質で，その大部分が玄武岩質である．少量の流紋岩質岩を伴うことはあっても火砕岩はほとんど伴わない．ときにアルカリ岩を伴うことが知られている．洪水玄武岩は地球史のなかでまれにしか活動していないとともに，その形成時間は非常に短いと推定されている．洪水玄武岩は，速い速度で上昇する巨大なプルームの頂部がリソスフェアの底に衝突したときに生じると考えられている．

海洋プレートの沈み込みに伴って，含水鉱物を保持したスラブが海溝から遠い大陸下の上部マントルの底に長く横たわり，**滞留スラブ**（stagnant slab）を形成することが知られている（Fukao *et al.*, 2009）．大陸地域のある種のマグマについてはその同位体的特徴などから，その成因に滞留スラブに由来する流体が物理的あるいは化学的に作用しているという考えが提案されている．

大陸プレート内部においては，大規模なカルデラ火山や単成火山として活動した極端にアルカリに富んだ火山岩類が産することがある．通常のアルカリ玄武岩については，海洋地域で活動したものと大陸地域で活動したものをその組成から判別することは困難なことが多い．しかしながら，ソレアイト質玄武岩については，海洋島のものと大陸産のものの間にはとくに TiO_2 に明瞭な組成

第4章 マグマプロセスとマグマの成因

差が存在し，両者を識別することができる．

❷ リフト帯とリフト肩部での火山活動

リフト帯には，しばしば特徴的な火山活動が認められるが，リフト帯の地溝部とリフト肩部での火山活動には明瞭な違いがある．リフト帯の中央部やリフトと地塁との境界部分にはより部分溶融度の高いマグマが大量に活動しているのに対して，リフトの地塁側の肩部ではより小規模でアルカリに富んだマグマが活動する傾向が認められる．大陸地域に分布するプレート内火山を特徴づける火山地形がスコリア丘である．それらは一般には活動期間が短く，通常，単成火山をなすが，スコリア丘の内部を観察すると長期にわたって繰り返し活動した火山噴出物からなるものも少なくない．プレート内火山の活動域の多くは隆起した地塊の上にあり，多数のスコリア丘から構成されている．ひとつの火山群において，しばしばその分布域の中央部に分化が進んだマグマや大きなマグマ溜りに由来するマグマの活動がみられる．また，最も分化の進んだ溶岩が活動の初期に噴火していることも多い．

4.5.6　海洋地域のプチスポット

海溝にほど近い海洋底のプレート内部において，噴出年代の若い火山岩が分布していることが発見され，**プチスポット**（petit spot）とよばれている（Hirano

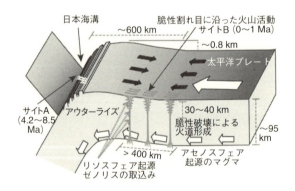

図4.33　プチスポット火山の分布と形成モデル（Hirano et al., 2006）
プチスポット火山は，日本海溝に沈み込む太平洋プレート上に生じたアウターライズの海嶺側撓曲軸部などに分布している．ここでは，アウターライズの形成に関係した撓曲運動によって厚さ95 kmを超えるプレート基底部に生じた割れ目に沿って，アセノスフェアで生じたマグマが上昇し，プチスポット火山が海溝近傍の海洋底に形成されたと考えられている．

226

et al., 2006；Okumura and Hirano, 2013)．プチスポットは，海溝から沈み込む湾曲した厚いリソスフェア内に生じた割れ目に沿って活動している小規模なアルカリ玄武岩質マグマからなる単成火山である．噴出年代が若いため中央海嶺の活動とは明らかに異なり，ホットスポットとは規模も時間的継続性も異なるため，プチスポットは海洋底に特異なマグマ噴出の場が存在していることを示唆している．その成因については，中央海嶺からは遠く離れ，冷却によって厚くなったリソスフェアの下位に部分溶融したアセノスフェア(**低速度層**，low velocity layer)が存在し，それが海溝でのプレートの沈み込みに伴う曲げ応力に起因する深部クラックの形成によって深海底にマグマを供給したとする考え(図 4.33)が示されている(Hirano *et al.*, 2006)．

第5章 火山の観測とモニタリング

5.1　はじめに

　マグマ上昇や熱水活動は，火山体および地殻内部の岩石を破壊したり高温にし，地下構造に大きな変化をもたらすとともに，火山ガスを地表へ放出する．噴火時には，火山体内のマグマや熱水を急激に噴出し，大気中に高温のガスや火山灰，溶岩などを放出する．このような地下および地表での現象を理解するため，物理学的な手法を主体とした観測や噴出物の物質科学的な分析が実施されている．また，噴火に先行する現象把握や火山活動の定量化を行うことにより，噴火発生予測や噴火活動の推移予測が行われ，防災・減災に役立てられている．本章では，現在よく利用されている観測方法と火山活動との関連性についてまとめる．

5.2　観測方法

　火山における観測は，火山体や地殻内部でのマグマや熱水，ガスといった火山性流体の時空間分布や挙動を定量的にとらえるために行われる．表 5.1 に観測の方法と測定量，関連する火山現象をまとめる．火山観測の方法は，たとえば，(1) 地震観測や測地観測に代表されるような山体変形や震動を生じさせる山体内の力源を観測する方法，(2) 電磁気学的観測などによる火山体内の熱や火山性流体の分布や状態をとらえる方法，(3) 地表面上での現象をとらえる方

5.2 観測方法

表 5.1 観測項目と関連する火山現象

観測項目	測定量	関連する火山現象
地 震	震源の発生時間, 位置, 大きさ, 発生メカニズム, 地震波速度・減衰量	マグマ上昇・岩脈貫入, 噴火, 山体応力変化
測 地	圧力源の位置, 大きさ, 形状	マグマ溜り膨張・収縮, 岩脈貫入, 噴火
磁 力	地下の消磁・帯磁領域	マグマ上昇, 熱活動
MT	地下の比抵抗分布	地下水, 火山性流体の空間分布
自然電位	地電位, 地電流	地下水, 火山性流体の移動
重 力	重力値	地下の密度分布
ミューオン	ミューオンの数密度	火道浅部の密度構造
空 振	爆発圧力, 噴出時間	火山噴火, 噴気活動
赤外カメラ	温度	地表面温度, 噴気活動
火山ガス	火山ガスの成分, 量	噴気活動
噴出物	噴出量, 時空間分布, 成分	噴火, 噴煙, 降灰

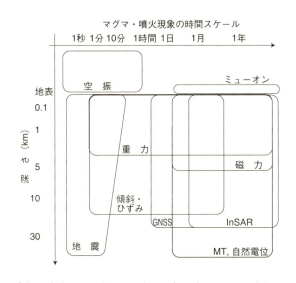

図 5.1 各観測方法でとらえられる火山現象の時間スケールと深さの概念図
傾斜・ひずみ, GNSS, InSAR は測地観測の方法 (5.4 節参照). MT は地磁気・地震流法 (5.5 節参照).

法, (4) 火山ガスや噴出物の分析など物質科学的方法, に大別されよう.

物理学的な観測方法は, 測定できる周期や感度に違いがある. 図 5.1 に, 代表的な観測方法でとらえられる火山現象の時間スケールと深さを概念的に示す. 観測機器の性能や測定する環境, 観測方法の原理によって, 測定できる山体変形

の時間スケールや分解能が決まる．たとえば，地震観測は，地下深部で起こった現象が地震波として伝播してくるため，比較的深い火山現象もとらえられるのに対し，山体変形の大きさは圧力源からの距離の 3 乗に反比例するため，測地観測でとらえられる現象は比較的浅くなる．電磁気学的な構造探査においては，地表浅部に強い低比抵抗帯が存在すると，より深部の調査は難しくなる．

5.3 地震観測

　マグマや熱水の上昇や移動により生じる応力により，周辺岩体が破壊し，地震が発生する．また，マグマや熱水が移動したり振動することによっても地震が起こる．このような火山周辺で起きるマグマや熱水起源の地震を，**火山性地震**，あるいは**火山地震**（volcanic earthquake）とよぶ．ただし，プレート運動などによる広域応力場の変化によって生じる**構造性地震**（tectonic earthquake）と区別をすることは難しいので，火山周辺で起こる地震を総じて火山性地震とよぶことが一般的である．また，爆発的噴火のように火山灰を大量に噴き上げたり，地下で火山性流体が移動あるいは振動すると，**火山性微動**（volcanic tremor）が起こる．"微動（tremor）" というよび名は，位相が不明瞭であり，震動が数〜数十分，あるいはそれ以上継続するような震動について使われ，"**地震**（earthquake）" は，位相（P 波や S 波）が明瞭であったり，地震波形の継続時間が短く，地下の単発の現象によって生じたものに使われることが多い．地震波のデータ解析から，これらの震動源の発生位置や発震機構，つまり，地下ではたらいた力源の位置，力の向きや大きさ，それらの時空間変化を明らかにすることができる．われわれはその結果をもとに火山性流体の挙動を推定し，火山活動や噴火過程を定量的，あるいは定性的に理解する．

　火山性地震や微動は，地震波の卓越周期や継続時間，表面現象との関連性に応じていろいろな名前が付けられているが，構造性地震と同じように断層運動により生じる地震と，それ以外に大別できる．断層運動により起こる地震は，**火山構造性地震**（volcano tectonic earthquake）や **A 型地震**（A-type earthquake）とよばれる．それ以外の地震は，地震波の卓越周期の特徴，噴火現象などをもとに名前を付けられることが多い．たとえば，同規模の構造性地震に比べて低周波（長周期）成分が卓越するものは，**低周波地震**（low-frequency earthquake）ある

いは**長周期地震**（long-period earthquake）とよばれる．火口浅部で発生する位相が不明瞭な地震を，A 型地震との対比として，**B 型地震**（B-type earthquake）とよんで区分けすることもある．また，ブルカノ式の爆発に伴って発生する地震を爆発地震（6.5.1**Ⓐ** 項参照），連続的に噴煙を上げているようなときに発現する微動を噴火微動（6.5.1**Ⓑ** 項参照）などとよぶ．

火山構造性地震（A 型地震）の**震源決定**（hypocenter determination）は，P 波や S 波の着信時を用いる通常の構造性地震と同じ方法を使うことができる．地下の地震波速度構造を仮定すれば，震源位置から観測点まで地震波が伝播する時間（**走時**，travel time）を理論的に計算することができるので，観測された着信時を説明できる震源位置と発震時（地震が発生した時刻）を最小二乗法で推定する（本シリーズ 6『地震学』第 7 章および付録 C）．これらの地震以外でも，P 波あるいは S 波の着信時が利用できる場合は，構造性地震と同じアルゴリズムを用いることができる．P 波の着信時を十分な精度で読み取れない場合，波形の相関を利用して震源を推定する．たとえば，地震計を狭い範囲に多数設置した**アレイ観測**（array observation）を行い，波形の相関を利用して地震波の到来方向や見かけの伝播速度を推定することにより，震源位置を推定する．あるいは，構造の影響を受けにくい長周期（おおむね数秒以上）の地震波に対して，波形相関をもとに震源を推定する．P 波は波の進行方向に振動するので，その波形軌跡から震源を推定することも行われる．そのほか，地震波振幅の幾何減衰を利用して，観測された振幅の空間分布をもとに震源決定をすることがある．

図 5.2 にアイスランドのクラブラ（Krafla）火山で観測された震源の時空間分布を示す（Brandsdöttir and Einarsson, 1980）．噴火は，1977 年 9 月 8 日にカルデラ内で発生した．その後，火山性地震の震源は時間とともに南下したが，震源が南部にある地熱開発地域に達したころ，孔井から玄武岩マグマが地表に飛び出してきた．この事実は，火山性地震の**震源の移動**（hypocenter migration）がマグマの貫入によりもたらされていることを決定づけるものとなった．このようなマグマの移動を伴うと考えられる火山性地震の震源の時空間的変化は，1986 年伊豆大島・三原山の噴火時など多くの火山で観測されている．しかしながら，震源がマグマの貫入を思わせるような時空間的に順次移動する特徴を示さないことも少なくない．1991 年ピナツボ噴火では，20 世紀最大の爆発的噴火

第 5 章 火山の観測とモニタリング

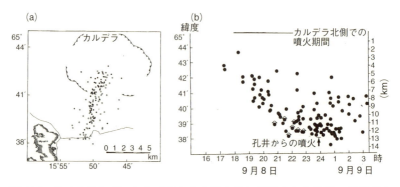

図 5.2 アイスランド・クラブラ火山の噴火時に観測された地震の震源分布
(Brandsdöttir and Einarsson, 1980)
(a) 震央分布. (b) 南北方向の震源の時間変化.

の発生前に，震源は爆発的噴火口の北西方向の深さ 5 km と山頂付近の 2 カ所に集中して発生していた（Harlow et al., 1996）.

火山構造性地震あるいは A 型地震とよばれる地震は，P 波や S 波が明瞭な断層運動による地震であり，2 組の偶力が震源にはたらく，**ダブルカップル型**の発震機構をもつ（本シリーズ 6『地震学』，第 8 章参照）．これらの地震は，通常の地震と同じように，既存の亀裂面がすべったり，新たな断層面を形成することにより発生する．逆断層，正断層，横ずれ断層などの発震機構を調べることにより，火山活動に起因する山体およびその周辺の応力場を知ることができる．一方，長周期地震（微動）や火山性微動などは，P 波や S 波の位相が不明瞭であり，断層運動により励起されているとは考えられないものが多い．地震波形などを利用した解析からは，震源域で体積膨張や収縮現象が起こっていることを示すものがあり，火山体内部の熱水やマグマが直接的に関与して発生していると考えられている．また，噴火に伴って起こる地震（爆発地震，噴火微動）は，地震波形解析結果と地表現象を加味した発震機構が提案されている（第 6 章）．

地震波を利用した火山体の構造探査も実施されている．自然地震を利用したトモグラフィー法や，人工震源を利用した屈折法，反射法により，P 波や S 波速度構造の空間的な変化が調べられている（本シリーズ 6『地震学』，第 6 章参照）．その結果，多くの火山の山頂付近は，高速度層が下方から盛り上がっていることや，火山体浅部に熱水や厚い噴出物層と推察される低速度域があること

などがわかってきた．大規模なカルデラでは，深さ 10 km あたりにマグマ溜りと推察される低速度域が見つかることもある．マグマ貫入や熱水活動に伴う火山体構造の微小な時間変化も，異方性構造を伝播する S 波のスプリッティング現象の変化や，地震波干渉法から測定される相互相関関数の時間変化として検知されている．

5.4　測地観測

　マグマや熱水の貫入により，山体がゆっくりと変形する現象は，**ひずみ計**（strain meter）や**傾斜計**（tiltmeter），**GPS**（Global Positioning System）に代表される **GNSS**（Global Navigation Satellite System）により検知される．また，人工衛星を搭載した**合成開口レーダー**を用いた **InSAR** によっても山体変形を記録することができる．

　温度変化の少ない孔井や横穴に設置されるひずみ計や傾斜計は，10^{-8} のオーダーの高感度，数分程度の高時間分解能で，微小な山体変形を検知することが可能である．ただし，数日から数週間以上の中長期的な変化を調べるためには，気圧や地下水などの影響などをていねいに取り除く必要がある．GNSS は地表に設置できることから，比較的容易に多点観測が可能である．中長期的な変化も安定してとらえられ，山体変形の巨視的描像を得るのに都合がよい．InSAR は，異なる時期に人工衛星から輻射されるレーダーの反射波の位相差をもとに山体変形を測定する．地表に特別な反射点を設置することは不要で，山体全体の変形を面的に一度に測定できるメリットがある．一方で，人工衛星が同じ軌道にまで戻ってくる数十日間隔でしか測定できないデメリットがある．**光波測距**（Electronic Distance Meter：EDM）は，小型の反射鏡に測定器からレーザーを照射して，照射した光と反射した光の位相差から距離を測定する．また，**水準測量**（leveling）は，高分解能な上下変位を調べることが可能である．以上の観測方式を複数利用することにより，全体として高分解能で安定した観測を実施することができる．

　測地観測で明らかとなる山体変形から，弾性論に基づき，圧力源の位置と体積変化量を推定することができる．体積変化量の代わりに圧力源の体積と圧力変化量の積を用いて圧力源を表すこともあるが，測地データのみから両者を分離し

第 5 章 火山の観測とモニタリング

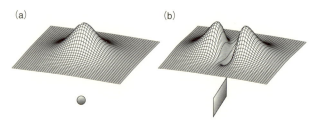

図 5.3 火山性圧力源による鉛直変位の概念図
(a) 球状圧力源, (b) 岩脈.

て求めることはできない.球状の圧力源が地下にあると,火口付近や山麓のある一点から同心円状に水平変位や上下変位が分布する(図5.3(a)).このような同心円状の山体変形が,世界各地の火山で観測されている.桜島の1914年大正噴火の際に水準測量により明らかとなった同心円状の沈降現象を,茂木が半無限弾性体中の**球状圧力源**(spherical pressure source)による地表変位ではじめて説明したことから(Mogi, 1958),球状圧力源による山体変形を説明するモデルをしばしば"茂木モデル"とよぶ.岩脈のような**板状圧力源**(tabular tensile crack)が垂直に貫入したと考えられる山体変形も観測される.この場合は,岩脈の貫入方向に依存した方位依存性のある山体変形が観測される(図5.3(b)).岩脈が貫入すると,遠い場所では隆起となる一方,岩脈に近いところでは沈降となる.したがって,岩脈が深部から浅部に貫入すると,岩脈近傍では隆起から沈降に転じる.球状膨張源が浅部に移動するときは膨張のみが現れるため,少ない観測点の測地データからマグマ上昇過程や噴火の切迫度を知ろうとする際には注意が必要である.Okada and Yamamoto(1991)は,伊豆半島東方沖で1989年に発生した海底噴火(手石海丘)に先行した傾斜変化を,板状圧力源の解析解(Okada, 1992)を用いて説明した.シル(sill)のように,板状圧力源が水平方向に広がる場合も考えられる.ほぼ同心円状に変形が起こるので球状圧力源と区別することが難しいが,面的に多数の変形量が測定できるInSARの解析から,アイスランドのエイヤフィヤトラヨークル(Eyjafjallajökul)火山ではシル状の圧力源が生じていたとされる(Pedersen and Sigmundsson, 2004).

噴火直前や噴火直後の山体変形については第6章で述べる.

5.5 電磁気学的観測

電磁気学的観測には，**プロトン磁力計**（proton magnetometer）を利用した**全磁力観測**（geomagnetic total intensity observation）などの磁気観測，**自然電位観測**（self-potential observation），**MT観測**（**地磁気・地電流法**, magnetotelluric observation）などがある．火山活動に伴う山体内部の熱的変化や圧力変化，熱水や地下水の時空間分布を測定し，マグマ活動と熱水系挙動の関係や水蒸気爆発の発生環境を理解するために利用される．

地殻を構成する岩石は磁性をもっている．岩石の磁性は岩質により変化するとともに，一般的に温度が上昇すると磁化の強さは低下して，**キュリー温度**（Curie temperature，岩石では約300〜600℃）を超えると磁性を示さなくなる．これを**熱消磁**（thermal demagnetization）という．代表的な強磁性鉱物である磁鉄鉱のキュリー温度は約580℃である．これを利用し，航空機やヘリコプターなどの飛翔体を使って均質，面的に磁気観測を実施することにより，地下の熱源の時空間分布が調べられてきた．その結果，火山地域では地殻の**キュリー点深度**（Curie point depth，キューリ温度に達する深さ）は周囲に比べて浅くなっていることや，個々の火山では構成する岩石の違いや熱変質，熱消磁などによる磁気異常などが明らかにされている．

地球磁場の方向に一様に帯磁した火山体の一部が，マグマの上昇に伴う加熱などで消磁すると，見かけ上，地球磁場と反対方向に帯磁した物体があるのと同じになり，北半球では南側で地磁気が弱まり，北側では強まる効果がはたらく（図5.4）．一方，いったん磁性を失った岩石が冷却されてキュリー温度以下になれば，そのときの周辺の磁場の方向に沿って磁気を帯びる（帯磁）ようになる．このような火山体内の熱源の移動によると推定される**全磁力**（geomagnetic total intensity）変化は，1986年の伊豆大島三原山の噴火や阿蘇山，草津白根山などで観測されている．なお，火山体における磁力は，地震や火山性圧力源による地下応力の変化に伴い生じる**圧残留磁気**（pressure-induced remanent magnetization, **ピエゾ残留磁気**, piezoremanent magnetization）でも変化する．

岩石を構成する珪酸塩鉱物は電気的にはほぼ絶縁体に近いが，岩石の亀裂や鉱物の粒間に地下水や熱水が存在すると比較的高い電気伝導度をもつようにな

第 5 章　火山の観測とモニタリング

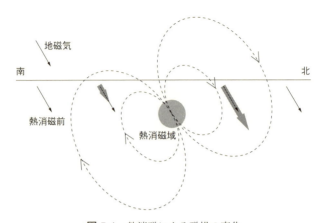

図 5.4　熱消磁による磁場の変化
黒色と太い灰色の矢印は，それぞれ熱消磁の前と後の磁場を表す．

る．また，岩石の温度，含水量，部分溶融度が高まると電気伝導度も高くなる傾向がある．このような火山体下の電磁気学的特性は，自然電位や MT 法によって調べられる．地表の 2 点に電極を設置すると，その間には地電流が流れ，地電位が生じる．この地電位のなかで直流成分に当たるものを**自然電位**（self potential）という．火山で生じる自然電位のおもなメカニズムとして，**界面動電現象**（electrokinetic phenomenon）がある．岩石と水といった，固体と液体の界面に電荷分離が生じ，固相側に負の電荷が，液相側に正の電荷が局在する．液体の水が流動すると正の電荷が運ばれるために地下に電流が流れ，電位を生じる．このような原理を利用し，雲仙岳や伊豆大島をはじめ多くの火山で連続観測が行われ，マグマ活動に伴う熱水対流系の理解が進められている．

　自然の電磁場変動を利用して，地下の岩石の**電気伝導度**を測定する MT 法は，3 次元的な火山体構造を知るために使われている．火山体や地殻内に磁場変動が入射すると，それをうち消すように誘導電流が地球内部に流れる．この誘導電流は地下岩石の電気伝導度に依存するため，地表で変動電磁場を測定することにより火山体内の電気伝導度を測定することができる．地殻内部の低比抵抗の領域は水などの地下流体の分布を反映し，火山分布や地震発生領域との関連性が議論されている．また，多くの火山では地表から 1 km 以内の極浅部には火山ガスが溶存した地下水を含む層か，熱水変質を受けた層であると考えられる

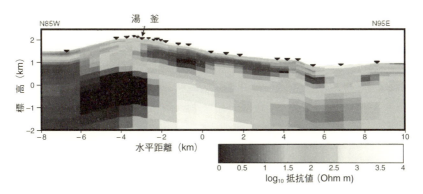

図 5.5　MT 探査による草津白根山の低比抵抗帯分布（Nurhasan et al., 2006）

低比抵抗域（low-resistivity zone）があることが知られている（図 5.5）.

5.6　物質系の観測

　火山ガス：火山ガス（volcanic gas）は，その大部分が水，水蒸気（H_2O）からなる．火山の噴気孔などから噴出するガスのなかには，マグマに溶け込んでいた揮発性成分から分離した**マグマ性ガス**（magmatic gas）に加え，それが地表に達するまでに地下水などによって付加されたガスが含まれる．水蒸気以外のマグマ性ガスとしては，**二酸化炭素**（CO_2）や**二酸化硫黄**（SO_2）などがある．マグマに溶け込んでいる揮発性成分は，液相のメルトから分離して発泡し，マグマの上昇や爆発的噴火の主因となることから，火山学的にきわめて重要である．マグマが地殻浅部に貫入すると，マグマの温度や圧力の低下に伴ってマグマからの脱ガスが進行し，マグマから分離したガスは火道や火山体中の割れ目を通じて地表に移動する．そのため，火山ガスは噴火に先駆けて地表でその放出が活発化することがある．また，火山ガスは，途中で地下水と接触してその成分を変化させることがある．マグマの影響を直接受けている高温の火山ガスに含まれる二酸化硫黄は，冷却によって硫化水素（H_2S）に変化することが知られている．それらの量や量比（SO_2/H_2S）を調べることにより，火山活動の活発化や静穏化をとらえることができる．

　火山ガスは従来，噴気孔で人が直接採取して観測が行われてきた．高精度の

第 5 章 火山の観測とモニタリング

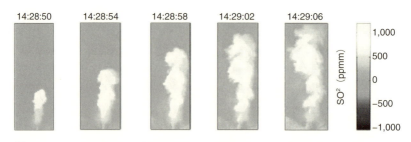

図 5.6 ストロンボリ火山（イタリア）の小爆発時の SO_2 濃度の時空間変化（Mori and Burton（2009）の Fig.3 を改変）
それぞれのイメージは横 75 m，縦 190 m に相当する．

化学分析が行える一方で，火山活動の活発な火山では相当な危険を伴うため，火山ガス濃度が比較的高い火口付近に化学センサーや半導体センサーなどを利用した観測システムを設置して，多成分のガス量を測定する観測が行われるようにもなってきた．

　火山ガスの噴出量を，遠隔から**分光観測**（spectroscopy）によって調べることも行われている．火山ガス中に含まれる二酸化硫黄には，太陽散乱光のうち特定波長の紫外線を吸収する性質があるので，光路上にある SO_2 量を測定することができる．噴煙のある断面上の SO_2 量と噴煙の移動速度から，単位時間に放出される SO_2 量を推定する．図 5.6 は紫外線に感度のある CCD（Charge Coupled Device）カメラを利用したストロンボリ火山の小爆発に伴い放出された SO_2 濃度で，数秒ごとにスナップショットが得られている．

　火山噴出物：降下した火砕物の厚さを広い範囲で測定し，降下火砕物量の推定が行われる．火山噴火の発生時には，火山灰や火山礫などの収集が行われる．噴出物が飛来する方向にサンプル箱を設置して降下火砕物を収集し，実験室での分析に利用する．噴出物調査やその分析方法は，1.7 節を参照されたい．

　最近では，降灰した火山灰の質量の自動計測や火山灰粒子数や粒径の自動測定も行われるようになった．溶岩流や溶岩ドームなど，ゆっくりとした流れは定期的に画像を観測することにより，その流動現象の時空間的な把握が行われている．

　地下水：火山地域では，深部マグマから高温のガスが上昇してくる．それが**地下水**（ground water）と接触すると地下水の温度が上昇し，対流が発生したり

地下の水脈流で温泉となったりして，熱が地表に運ばれる．したがって，火山活動が活発化すると，地下水に変化が表れることがある．また，地下水位（地下水の高さ）は，地下深部での地下水に作用する応力状態によって変化するので，地下水の水位観測によってひずみ観測と同じように地殻変動をとらえることが可能な場合がある．

5.7 そのほかの観測

重力とミューオン：火道内マグマの上昇や後退などにより，地下内部に密度変化が生じる．これらをとらえるために**重力観測**（gravity observation）が行われている．**絶対重力計**（absolute gravimeter）は，空気抵抗のない真空中を落下する物体の等加速度運動を測定することなどにより，重力を9桁以上の精度で測定することが可能である．連続観測も行われている．**相対重力計**（relative gravimeter）は基準となる質量（たとえば1kg）の力に釣り合わせ，そこからのずれの部分を測定することで重力値を測定する装置である．比較的小型で持ち運べるため，絶対重力のわかっている基準点からのずれを測定することにより空間的な変化を検出したり，同一点で連続観測を行い重力値の変動を測定する．なお，重力は標高1mにより数千µgal，地球潮汐により数百µgal程度変動する．一方，マグマ上昇や後退などに伴う重力変化はそれより小さく，数〜数十µgalと予測される．測定地点の標高や潮汐補正に加え，地下水の変動の影響も考慮したていねいな解析が必要である．2000（平成12）年の三宅島では，山頂カルデラ形成直前に地下の空洞が生じたことによると推察される100µgal程度の重力減少が記録されている（Furuya et al., 2003）．

宇宙線中の素粒子のひとつである**ミューオン**は岩石も透過するが，高密度や厚い物体は透過できる粒子数が限られる．この原理を利用し，山麓に設置したミューオン検出器を用いて，方位ごとに到達するミューオンを数えることにより，その方向にある火山体の密度を測定することができる．火山体上部付近の密度分布の測定から，火道最上部の形状やその時間変化の推定が行われている．

空気振動：噴火が発生すると，火口下の圧力の急激な解放，大気中への火山物質の移動，熱源による大気の膨張などにより，**空振**（空気振動，air vibration；air-shock）が起こる．**微気圧計**（microbarometer）や**マイクロフォン**（microphone）を用いて，火山爆発に伴う空振を記録することができる．空振データは，噴火発生時間の推定や爆発圧力推定など，噴火メカニズムの理解に役立てられるばかりでなく（第 6 章），山頂付近の天候が悪いときには噴火発生の検出に利用される．

映像・レーダー観測：地表からの**映像観測**（video observation）は，噴煙柱の上昇速度や拡がり，噴煙の移動現象を把握することに使われている．大規模な噴火では，人工衛星の画像の分析から噴煙の規模や移動現象が調べられ，分光観測により噴出物の特性把握も試みられている．

気象レーダー（meteorological radar）は，放射した電波の雨粒や氷粒子による後方散乱を受信し，電波の往復時間や受信強度から雨雲の時空間変化や降水強度を推定する．気象レーダーによる電波は噴煙柱の火山礫や火山灰からも反射するため，噴煙の時空間変化を調べることに利用されている．

地熱観測：火山は噴火に際して短時間に大量のエネルギーを放出するが，その大部分は高温の噴出物による熱エネルギーである．火山からの熱エネルギーの放出は，火山が活動的でない状態でも継続している．上昇するマグマからの熱が地表に伝わることによる**地熱活動**の活発化のほかに，火山ガスやそれに熱せられた地下水によって地温が上昇する場合もある．このような活動により生じる地表面温度は，**熱赤外カメラ**（thermal infrared camera）を用いることで面的に測定されている．地下 1 m ほどの深さの温度測定は日中の気温変化を受けにくく，中長期的な噴気域の拡大現象や火口周辺の熱的活動を把握するのに有効である．また，地表に置いた氷の溶解量をもとに放熱量を精度よく測定し，地熱活動を評価する方法も提案されている（Terada *et al.*, 2008）．

5.8　火山活動のモニタリングと噴火予知

おおむね約 1 万年以内に噴火した火山として気象庁が定義する**活火山**は，図 1.28 と表 1.1 に示したように，日本に 110 ある．また，活動度で 3 段階に分類されている．とくに活発なランク A のものは 13 ある．活火山のうち約 3 分の 1 の火山は，地震計や GNSS，傾斜計，望遠カメラなどを用いてつねにその活動状況が監視されている．このような監視により，**噴火予知**に成功した例もある．たとえば，2000（平成 12）年の有珠山や三宅島の噴火では，事前に噴火の

5.8 火山活動のモニタリングと噴火予知

兆候をとらえて噴火を予測することができた．有珠山では噴火前に住民の避難が行われ，多くの人命が守られた．国外にも噴火予知の成功例は多くある．たとえば，アフリカのニイラゴンゴ（Nyiragongo）火山では，2002年の噴火で山麓のゴマ市の市街地は厚い溶岩流に埋まってしまったが，火山研究者による噴火予測情報によって，多くの住民が無事避難することができた．

このような噴火予知の成功は，この数十年間にわたる火山観測技術の向上と火山学の知識の蓄積によってもたらされたものである．たとえば，噴火に先行する地下深部のマグマ溜りからのマグマの上昇は，火山ガスの放出量や成分の変化，山体膨張，火山性地震の発生などとして観測される．測地観測からマグマの位置や大きさを示す火山性圧力源の時空間的な変化を刻一刻ととらえることができる．また，全磁力測定により検知される熱消磁から，浅部へのマグマ貫入が検知される．マグマ上昇に伴って発生する火山性地震や微動は，噴火時期や場所を予測することに役立てられる．しかしながら，2014（平成26）年に発生した口永良部島の噴火や，多数の犠牲者を出した御嶽山の水蒸気爆発のように，火山活動の活発化は検知されていたものの，直前の噴火予測はできなかった場合も少なくない．また，噴火の規模や様式，いったん始まった噴火活動が中長期的にどのように変化するかといった活動の推移を観測データから予測することは難しい．現在は，過去の**噴火履歴**（eruptive history）をもとに経験的に予測することが行われている．

第6章 噴火のダイナミクス

6.1 はじめに

　マグマが直接的に関与する火山噴火は，火山灰やメルトを含んだ火山性ガスが火口から高速に噴出する**爆発的噴火**と，ゆっくりと溶岩を流出する**非爆発的噴火**の2つに大別される．爆発的噴火には，**ブルカノ式**や**ストロンボリ式**のように爆発音を伴い，単発的で継続時間が比較的短い噴火や，**プリニー式**のように連続的に多量の火山灰を噴出するような噴火がある．さらに，成層圏に達する噴煙や山麓を高速で流下する火砕流現象もある．現在の火山学は，このような噴火現象を，マグマ内の揮発性成分や結晶化の挙動を考慮した火道内の混相流をモデル化して理解を進めている．また，地震や山体変形の観測などにより，力学的に火道内部の現象を定量化し，噴火過程を調べている．

　本章では，多様な噴火現象を理解するために，火道内部で起こっている現象についてその基礎を学ぶ．まず，マグマ内で起こる気泡の形成や成長，破砕などのミクロスケールの物理過程と，それらを巨視的にみたときの物理特性を知る．続いて，気相，液相，固相からなる火道流についてのモデルを説明する．また，火道内のマグマ挙動によって励起される地震波や山体変形のデータとその解析結果を示し，多様な噴火現象の理解を深める．

6.2 ミクロスケールの現象と物理過程

マグマ中の**揮発性物質**（おもに水や二酸化炭素）は，深部ではメルト中にすべて溶解しているものの，上昇とともに溶解度が小さくなるため発泡し，マグマ内に気泡が形成される．深部では気泡は小さく，マグマの流れはメルトと気泡が一体となって上昇する**気泡流**として扱うことができる．低粘性マグマの場合は，減圧を受けてある程度大きくなった気泡は浮力によりメルト中を上昇する．さらに気泡どうしの合体が起こり，その体積が十分大きくなると，円筒状の大気泡となって火道内を上昇する**スラグ流**が形成されると考えられている．高粘性マグマの場合には，マグマ内の粘性により生じる剪断応力により，気泡は上昇方向に引き伸ばされ，また気泡どうしの連結が促進され，気泡内のガスは効率的に上方に運ばれると考えられている．

火道の浅部では気相の体積が急激に増加する．質量比で数％の揮発性成分（水）が溶解したマグマが深さ数百 m の浅部まで上昇すると，マグマに含まれる気相の体積は液相であるメルトに対して数百倍から 1,000 倍以上も大きくなる．このことから，火道内部では液相中心のマグマからガス流へと遷移する領域があり，気泡間にあるメルトが破砕され"マグマ破砕（6.2.3 項参照）"が起こると考えられている．破砕されたメルトや火山灰となった固体粒子は，気泡内にあった揮発性のガスとともに高速で火口を上昇し，爆発的噴火が発生する．このような液相，気相，固相からなる火道内の混相流の様子を図 6.1 に概念的に表す．

一方，周辺岩体や噴気孔などを通じ揮発性成分を排出（**系外脱ガス**, out-gassing）すると，気相による体積増加が起こらないため，溶岩流や溶岩ドーム形成といった非爆発的噴火となる．

6.2.1 気泡核形成

液相のマグマに揮発性成分が気相として現れるためには，揮発性成分の溶解度を小さくする次のような機構が考えられる．まず 1 つ目は減圧である．マグマ上昇や周辺岩体から及ぼされる圧力が何らかの原因で減圧することにより，溶解度が減少し，飽和していた揮発性成分の一部が気相となる（**減圧発泡**）．

第6章 噴火のダイナミクス

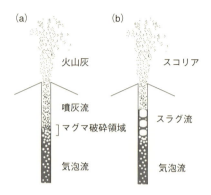

図6.1 マグマ爆発時の火道内のマグマ流れの想像図
(a) 高粘性マグマ,(b) 低粘性マグマ.

つ目はマグマの温度の低下である.マグマがマグマ溜りなどに滞留してしだいに温度が低下すると,マグマ中の揮発性成分の溶解度が低下し,気相の分離が始まる.3つ目はマグマの結晶化である.結晶化のためにメルト中の液相量が減じるため,揮発性成分が過飽和となるためである.

気泡の半径を R,気泡内の圧力を P_g として,メルトの圧力 P_l を考えよう.また,気液相の表面張力を σ とする.気泡が膨らむ際に気泡表面に及ぼされる仕事は気泡とメルトの圧力差によりなされる仕事に等しいので,$\sigma \, dA_g = (P_g - P_l) \, dV_g$ である.ここで,A_g と V_g はそれぞれ気泡の表面積($= 4\pi R^2$)と体積($= 4\pi R^3/3$)である.したがって,

$$P_g = P_l + \frac{2\sigma}{R} \tag{6.1}$$

が得られる.

いま,1個の気泡をつくる際のエネルギーの変化量 ΔF を,揮発性成分が飽和している状態で考えてみよう.ΔF は表面を新たにつくるエネルギーと気泡の体積を増加させるエネルギーで表される.

$$\Delta F = 4\pi R^2 \sigma - \frac{4\pi}{3} R^3 \Delta P = \frac{V_g}{2} \Delta P \tag{6.2}$$

ここで,$\Delta P = P_g - P_l$ である.エネルギー ΔF は半径とともに増加し,$R = R_c$ ($= 2\sigma/\Delta P$) で最大値をとり,その後負となる.つまり,気泡は半径 R_c を超えると熱力学的に安定して増加する.半径 R_c を**臨界核半径**(critical radius of nucleus), この半径をもつ気泡を**臨界核**（critical nucleus）とよぶ. 臨界核が単位時間・単位体積あたりに形成される個数は, 気泡が分子揺らぎで偶然できることを考えて, 確率論的に議論される.

臨界核を形成するためには, 十分な ΔF をマグマに与える必要があるので, 式 (6.2) に基づくと, たとえば, 均質なメルトでは数十〜数百 MPa の大きな減圧量 ΔP を必要とする. しかしながら, マグマ中には結晶による不均質性があることも多く, ΔF は気相を挟む結晶とメルトがつくる接触角に大きく依存して変わる. 結晶表面に気相が拡がるような "完全に濡れる" ときには $\Delta F = 0$ となり, 容易に核形成を起こすことができる. 室内実験の結果はこの予測とよく一致する.

6.2.2 気泡成長

核形成により生じた気泡の成長をモデル化しよう. 気泡どうしの距離が十分離れているときは 1 個の気泡を考えればよいが, メルト中には無数の気泡が分布している. 問題を簡単化し, 気泡の半径はすべて等しく R とし, 隣り合う気泡の距離はある一定距離 S で均等に分布した系で考える. このようにした系（**セルモデル**（cell model）とよばれる. たとえば, Proussevitch et al., 1993）では, それぞれの気泡は距離 S 内にあるメルトとのみの相互作用で決まるので, 多数の気泡の挙動もひとつのセル内の過程をモデル化することにより理解することができる.

いま, メルトの粘性を η, 気–液間の表面張力を σ とすると, メルトの運動方程式は

$$P_g - P_l = \frac{2\sigma}{R} + 4\eta \frac{dR}{dt}\left(\frac{1}{R} - \frac{R^2}{S^3}\right) \tag{6.3}$$

となる. 最後の項 R^2/S^3 は, セルの大きさにより導入される.

メルト中には揮発性物質が溶け込み, 気泡内にはその揮発性物質のガスがある. そのため, メルトと気泡の境界では, その分子の質量流量の保存が成り立つ必要がある. 揮発性物質の分子のメルト中の拡散係数を D, メルト中の濃度を c とすると, 揮発性成分の質量保存式として,

$$\frac{d}{dt}\left(\frac{4}{3}\pi R^3 \rho_g\right) = 4\pi R^2 D \rho_l \left(\frac{\partial c}{\partial r}\right)_{r=R} \tag{6.4}$$

第6章 噴火のダイナミクス

が得られる．また，メルト中では，揮発性物質の分子の移動を次式の拡散方程式で表す．

$$\frac{\partial c}{\partial t} + v_r \frac{\partial c}{\partial r} = D \frac{1}{r^2} \frac{\partial}{\partial r} \left(r^2 \frac{\partial c}{\partial r} \right) \tag{6.5}$$

ここで v_r はメルトの半径方向（r）の速度である．

気泡内のガスの状態方程式は，気体定数 R_g，温度 T，分子量 M として，理想気体の方程式

$$\frac{P_g}{\rho_g} = \frac{R_g T}{M} \tag{6.6}$$

で表す．また，気泡とメルト境界（$r = R$）における揮発性成分の濃度 $c(R)$ は，圧力の平方根に従うという**ヘンリー則**（Henry's law）を用いて

$$c(R) = \sqrt{K_H P_g} \tag{6.7}$$

と表すことができる．以上の式 (6.3)〜(6.7) がメルト中の気泡成長の基礎方程式である．

気泡成長の初期を考えてみよう．このとき $R \ll S$ であるので，メルトの運動方程式 (6.3) 中の R^2/S^3 の項を消去して，半径に対しての微分方程式を解くと

$$R = R_{CR} + (R_0 - R_{CR}) \exp\left(\frac{\Delta P}{4\eta} t\right) \tag{6.8}$$

が得られる．ここで，R_0 は初期半径，$R_{CR} \equiv 2\sigma/\Delta P$ である．したがって，気泡の半径は，粘性変形のタイムスケール $\tau_v \equiv \eta/\Delta P$ に依存して，指数関数的に増加する．

次に，十分時間が経過した場合を考えよう．このとき，揮発性成分の拡散はゆっくり進行しているので，式 (6.5) の時間微分項は他の項に比べて十分小さい．この式の一般解は $c(r) = c_1 - c_2/r$ なので，初期濃度を c_0，最終濃度を c_f とすると，$(\partial c/\partial r)_R \approx (c_0 - c_f)/R$ が得られる．さらに，揮発性成分の質量保存式 (6.4) において，ガスの密度の時間変化を小さい（$d\rho_g/dt \to 0$）とすれば，結局，

$$\frac{d(R^2)}{dt} = \frac{2D\rho_l(c_0 - c_f)}{\rho_g} \tag{6.9}$$

が求められる．つまり気泡半径は，拡散の時間スケール $\tau_D = R^2/D$ に依存し

て，時間の平方根（$\sqrt{t}$）に比例して大きくなる．

なお，上記2つの特徴的な時間スケールの比は，**ペクレ数**（Peclet number）$P_\mathrm{e} = \tau_\mathrm{D}/\tau_\mathrm{v}$ とよばれる．$P_\mathrm{e} \gg 1$ のとき，粘性緩和による気泡成長が支配的となり，一方，$P_\mathrm{e} \gtrsim 1$ のとき気泡はおもに拡散過程で成長する．

6.2.3 マグマ破砕

マグマの上昇とともに，火道内の流れは気泡流からガス流への状態に遷移する．そのため，火道内部にはメルトが細かく破砕される**マグマ破砕**領域があると考えられる．マグマ破砕のメカニズムは必ずしもよくわかっていないが，たとえば，次のような**破砕条件**（fragmentation criterion）が考えられている（図6.2）．まずひとつは，空隙率がある大きさに達した際に破砕するという条件である．マグマの上昇とともにメルト中にある多数の気泡は大きく成長するため，気泡を囲むメルトの厚さがしだいに薄くなり，気泡どうしが接するようになる．一定の半径をもつ気泡を細密充填した際の**空隙率**（porosity）が 0.74 であることから，0.7〜0.8 程度の空隙率になった際にマグマ破砕が起こるという条件が課される．もうひとつはメルトにはたらく応力を考慮した破砕条件である．気泡が成長するにつれて周りのメルトは引き伸ばされるので，メルトにはたらく剪断応力を破砕条件とする．

マグマ破砕を模擬した室内実験も行われている．衝撃波管などを利用してマグマに模擬した物質を急減圧させて，破砕条件を調べることが行われている．破砕を起こすには，与える減圧速度が数 MPa/s ほどの大きさが必要との実験結果や，減圧を与えてからある程度時間が経過したあとに破砕が開始する（遅れ破壊）現象が報告されている．

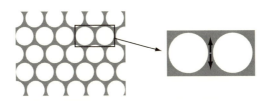

図 6.2 マグマ破砕のモデル
右図中の矢印は気泡間のメルトにはたらく引張応力．

6.3 火山性流体の物理特性

6.3.1 気泡流

深さ数 km 以上では，マグマ内の揮発性物質はメルト中に溶解しているか，あるいは一部が発泡していると考えられる．メルト中に小さな気泡がある場合を考えてみよう．気泡の密度 ρ_g はメルトの密度 ρ_l に比べて小さいため，気泡は浮力によりメルト中を上昇する．半径 R の球形の小さな気泡が粘性 η のメルト中を上昇するとき，低レイノルズ（Reynolds）数の小さい流れであるストークス（Stokes）流で考えると，上昇速度は $v = 2(\rho_l - \rho_g)gR^2/(9\eta)$ で表される．低粘性の玄武岩マグマを想定し，$\eta = 10^2$ Pa s, $\rho_l - \rho_g = 2,500$ kg/m^3, $R = 10^{-6}$ m の場合，$v = 5 \times 10^{-9}$ m/s となる．火道内マグマの上昇速度はまだ不明な点は多いが，たとえば，岩脈貫入速度（数 km/day）に比べると非常に小さい．したがって，気泡半径が 1 μm 程度であれば，気相と液相の相対速度は無視できる．このような場合，火道内を上昇するマグマはレイノルズ数の小さい粘性流体として考えることができる．

一方，火道浅部では，減圧を受けたマグマ内で気泡が大きく成長するため，半径の 2 乗に比例する気泡の上昇速度はしだいに大きくなり，メルトとの相対速度が無視できなくなる．たとえば，$\eta = 10^2$ Pa s, $r = 1$ mm では $v = 5 \times 10^{-3}$ m/s となり，メルトの上昇速度と 1 桁程度の違いにまでなる．気泡がさらに成長すると，メルト中で気泡どうしの衝突や合体が始まる．気泡径が火道径とほぼ同じになると，火道内の気泡は**スラグ流**とよばれる流れへと変わる（図 6.1 参照）．低粘性マグマでは，このようなスラグ流が火道内で生じていると考えられる（たとえば，Vergniolle and Jaupart, 1990；James *et al.* 2008）．

粘性の高いマグマの場合（10^5 Pa s），気泡半径が 1 cm 程度になっても，相対速度は $v = 5 \times 10^{-4}$ m/s であるため，球形の気泡がメルト中を上昇するとは考えにくい．しかしながら，火道壁からのせん断応力により，マグマの流れ方向に長く引き伸ばされた気泡内や連結した気泡を通じて，効率よくガスが上方に運ばれると考えられている（Okumura *et al.*, 2008）．

6.3.2 疑似理想気体近似

系外にガス成分を排出しないままにマグマが上昇すると，火道浅部では，破砕されたメルトや火山灰が含まれる気体が主要な流体となる．このような固相を含む気体の特性は，通常の気体と同じく理想気体の方程式で表される．

いま，マグマの固相部と気相部の質量をそれぞれ M_s, M_g，その比を $m = M_s/M_g$ とする．マグマの体積を V とすると，密度は $\rho_m = (M_s+M_g)/V = M_g(1+m)/V$ と表される．火山性流体全体にかかる圧力を p とすると，気相部は理想気体の方程式に従うので，

$$\frac{p}{\rho_g} = \frac{pM_g}{V} = R_g T \tag{6.10}$$

となる．ここで，T は温度，R_g は気体定数である．いま，固相を含む気体の密度を ρ_m として，圧力 p との比をとると，

$$\frac{p}{\rho_m} = \frac{p}{\rho_g(1+m)} = R_m T \tag{6.11}$$

と表すことができる．式 (6.11) のなかの $R_m (= R_g/(1+m))$ をこの固相を含む気体の気体定数として考えれば，理想気体の方程式 (6.10) と同形となる．これを，**疑似理想気体近似**（pseudo ideal gas approximation）という．

6.3.3 火山性流体の音速

火山性流体の**音速**（acoustic wave velocity）は，噴火機構を考えるうえで非常に重要なパラメーターである．また，地下のマグマ運動により励起される火山性地震のスペクトル特性にも大きく影響を与える．

音速は運動方程式と連続の方程式をもとに，

$$a = \sqrt{\left(\frac{dp}{d\rho}\right)_s} = \sqrt{\frac{\gamma_m p}{\rho}} = \sqrt{\gamma_m R_m T} = \sqrt{\frac{K_s}{\rho}} \tag{6.12}$$

と表すことができる．ここで，K_s は流体の等エントロピー過程における体積弾性率（圧縮率の逆数），γ_m は比熱比で

$$\gamma_m = \frac{C_{p,g} + mC_s}{C_{v,g} + mC_s} \tag{6.13}$$

である．ここで，$C_{p,g}$, $C_{v,g}$ はそれぞれ気相の定圧比熱と定積比熱で，C_s は固

第 6 章 噴火のダイナミクス

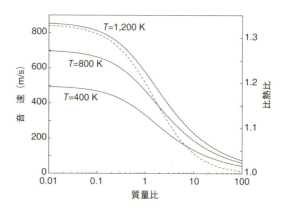

図 6.3 疑似理想気体の音速と比熱比
横軸は質量比 m を常用対数で示す．実線は異なる温度での音速，破線は比熱比．

相部の比熱である．

疑似理想気体の場合の音速 a と比熱比 γ_m を図 6.3 に示す．音速は低温であるほど，また質量比 m が大きいほど，小さくなる．たとえば，$m > 10$ では，音速は 100 m/s 以下になり，噴煙上昇速度や火山弾放出軌跡からの推定される火口直上の噴出速度（数百 m/s）よりも小さくなることがある．比熱比は固相部が多くなると 1 に近づく．

小気泡を多数含むメルトの場合，マグマの体積弾性率 K は

$$\frac{1}{K} = \frac{n}{K_g} + \frac{1-n}{K_l} \tag{6.14}$$

で表される．ここで，n は気泡の体積比，K_g と K_l はそれぞれ気相とメルトの体積弾性率である．たとえば，玄武岩質マグマを考えると，メルトの密度は $2,500\,\mathrm{kg/m^3}$，P 波速度 $2,500\,\mathrm{m/s}$（Murase and McBirney, 1973）から，おおよそ $K_l = 1.6 \times 10^{10}$ Pa である．深さ約 1 km（25 MPa）に $n = 0.05$ の気泡を含むマグマがある場合を考えると，式（6.10）と（6.12）から，ガスの密度は $42\,\mathrm{kg/m^3}$，体積弾性率は 3.5×10^{10} Pa，音速は 770 m/s となる．式（6.14）から疑似理想気体の体積弾性率を求め，その密度を計算すると，式（6.12）から音速は 530 m/s と求められる．体積弾性率はおもに気相，密度は液相により決まるため，気泡を含む液体の音速は気相の音速よりも小さくなる．

以上のように，火山性流体のような混相流の音速は気相や固相，液相それぞ

れの音速よりも十分小さくなることがある．

6.4 一次元火道流

6.4.1 基礎式

火道内の火山性流体の挙動を理解するため，深さ方向にのみ流体の状態が変化する一次元火道流モデルがよく使われる．流体の速度を u，圧力を p，密度を ρ，温度を T で表す．z 軸方向に火道の断面積 A が変化するとき，流体は以下の**連続の式**（質量保存の式），**運動方程式**（運動量保存の式），**状態方程式**，**エネルギー式**（エネルギー保存の式）の4つの基礎式を満たす．

$$\frac{\partial(\rho A)}{\partial t} = -\frac{\partial(\rho u A)}{\partial z} \tag{6.15a}$$

$$\frac{\partial u}{\partial t} + u\frac{\partial u}{\partial z} = -\frac{1}{\rho}\frac{\partial p}{\partial z} - \frac{\eta}{\rho}\frac{\partial^2 u}{\partial z^2} - f_z \tag{6.15b}$$

$$\frac{dp}{p} = \frac{d\rho}{\rho} + \frac{dT}{T} \tag{6.15c}$$

$$\rho A \dot{q} = \frac{\partial}{\partial t}\left[\rho A \left(e + \frac{u^2}{2}\right)\right] + \frac{\partial}{\partial z}\left[\rho u A \left(e + \frac{u^2}{2} + \frac{p}{\rho}\right)\right] \tag{6.15d}$$

ここで，η は粘性率，f_z は外力，e は単位質量あたりの内部エネルギー，q は単位質量あたりに蓄えられる熱量で，$\dot{q}$ はその時間微分である．上記4つの基礎式が火山性流体の流れの特性を決める方程式である．

6.4.2 等エントロピー流れ

浅部の火山性流体を疑似理想気体として扱い，火口から地表に噴出する火山性ガスの挙動特性を理解しよう．短時間の間に噴出する気体で粘性は小さいこと，熱容量の大きな固相を含む流体であることから，エントロピー一定の等エントロピー流れとして考える．運動方程式 (6.15b) の粘性の項を消去し，非定常断熱可逆流れを考えればよい．エネルギーの式 (6.15d) において $\dot{q} = 0$ とし，平衡状態を考え，連続の式，運動方程式，エネルギー式を利用すると，

$$p\rho^{-\gamma} = \text{const.} \tag{6.16}$$

が得られる．定常状態の場合，基本式から

第6章 噴火のダイナミクス

表 6.1 流れと断面積変化の関係

M	dA	u	ρ	p	T
<1	<0	増加	減少	減少	減少
<1	>0	減少	増加	増加	増加
>1	<0	減少	増加	増加	増加
>1	>0	増加	減少	減少	減少

$$\frac{d\rho}{\rho} + \frac{du}{u} + \frac{dA}{A} = 0 \tag{6.17a}$$

$$u\,du + \frac{1}{\rho}dp = 0 \tag{6.17b}$$

$$\frac{dp}{p} - \frac{d\rho}{\rho} - \frac{dT}{T} = 0 \tag{6.17c}$$

$$\frac{dp}{p} - \gamma\frac{d\rho}{\rho} = 0 \tag{6.17d}$$

が得られる.さらに,式 (6.17b) を用いると

$$u\,du = -\frac{dp}{d\rho}\frac{d\rho}{\rho} = -a^2\frac{d\rho}{\rho}$$

$$\frac{d\rho}{\rho} = -\frac{u^2}{a^2}\frac{du}{u} = -M^2\frac{du}{u} \tag{6.18}$$

と表すことができる.ここで $M \equiv u^2/a^2$ で,**マッハ数**(Mach number)である.式 (6.17) はそれぞれ,式 (6.18) を用いると,

$$\frac{du}{u} = \frac{1}{M^2-1}\frac{dA}{A} \tag{6.19a}$$

$$\frac{d\rho}{\rho} = -\frac{M^2}{M^2-1}\frac{dA}{A} \tag{6.19b}$$

$$\frac{dp}{p} = -\frac{\gamma M^2}{M^2-1}\frac{dA}{A} \tag{6.19c}$$

$$\frac{dT}{T} = -\frac{(\gamma-1)M^2}{M^2-1}\frac{dA}{A} \tag{6.19d}$$

と書ける.

式 (6.19a) から,流速が音速を超えない**亜音速流**(subsonic flow, $M<1$)は,火口断面積がしだいに小さくなる(d$A<0$)流路に入ると流速を増大(d$u>0$)させ,d$A>0$ となる流路に入ると流速を減少(d$u<0$)させることがわかる.一方,**超音速流**(supersonic flow, $M>1$)の場合,反対に d$A<0$ では流速減少,d$A>0$ で流速増大となる.密度や圧力,温度についても,火道形状の変化

6.4 一次元火道流

図 6.4 断面積の変化する流路

に伴い流れに変化が起こる（表 6.1）．このように，断面積の変化する流路内の流れは，流速がマッハ数が 1 を超えるか超えないかでその挙動が変化する．

図 6.4 に示すようなしだいに断面積が小さくなる流路に亜音速流体を流入させると流速はしだいに増加し，やがて音速となる（$M=1$）．式 (6.19a) は，$M=1$ の場合には $dA/A=0$ でないと du が有限とならないことを示す．つまりしだいに断面積が大きくなる下流側で流れが加速して超音速となっても，断面積が最小の $dA/A=0$ の場所ではつねに $M=1$ となる．このように，流れがある断面で $M=1$ の臨界状態となることを**閉塞（チョーク，choking）**とよぶ．閉塞が起こると，流れの下流側から上流側には圧力の情報は伝わらない．このことは，火山噴火の場合，大気中の噴煙運動によって火道内の流れは影響を受けないことを示唆している．ただし，噴煙や衝撃波による圧力変動が火山体に作用し，火道内の流れに影響を与える可能性はある．

理想気体に対し，エネルギー式（6.15d）に定常断熱流れの条件を課すと，

$$\frac{a^2}{\gamma-1} + \frac{u^2}{2} = \frac{a_0^2}{\gamma-1} \tag{6.20}$$

が得られる．さらに，等エントロピー流れとすると

$$\left(\frac{a_0}{a}\right)^2 = \frac{T_0}{T} = 1 + \frac{\gamma-1}{2}M^2 \tag{6.21}$$

$$\frac{p_0}{p} = \left(\frac{T_0}{T}\right)^{\frac{\gamma}{\gamma-1}} = \left(1 + \frac{\gamma-1}{2}M^2\right)^{\frac{\gamma}{\gamma-1}} \tag{6.22}$$

が得られる．ここで，a_0, T_0 は速度がゼロとなる**よどみ点**（stagnation point，$u=0$）での音速と温度を表す．閉塞条件となる $M=1$ のとき，$p_0/p = 1.89$〜1.65（$\gamma = 1.4$〜1.01）である．つまり，上流部の圧力が 2 倍程度あれば，十分閉塞する．

第 6 章 噴火のダイナミクス

6.4.3 衝撃波

一次元の非定常等エントロピー流れを考えよう．連続の式，運動方程式は

$$\frac{\partial \rho}{\partial t} + \rho \frac{\partial u}{\partial z} + u \frac{\partial \rho}{\partial z} = 0 \tag{6.23}$$

$$\frac{\partial u}{\partial t} + u \frac{\partial u}{\partial z} + \frac{1}{\rho}\frac{\partial p}{\partial z} = 0 \tag{6.24}$$

である．式 (6.16) から，$u = u(p)$ として，

$$\frac{\partial \rho}{\partial t} = \frac{d\rho}{du}\frac{\partial u}{\partial t}, \quad \frac{\partial \rho}{\partial z} = \frac{d\rho}{du}\frac{\partial u}{\partial z} \tag{6.25}$$

を連続の式に，

$$\frac{\partial p}{\partial z} = \frac{dp}{d\rho}\frac{d\rho}{du}\frac{\partial u}{\partial z} = a^2 \frac{d\rho}{du}\frac{\partial u}{\partial z} \tag{6.26}$$

を運動方程式に入れて整理すると，

$$\frac{\partial \rho}{\partial t} + (u+a)\frac{\partial \rho}{\partial z} = 0 \tag{6.27}$$

$$\frac{\partial u}{\partial t} + (u+a)\frac{\partial u}{\partial z} = 0 \tag{6.28}$$

を得る．この一般解は

$$\rho = f(z - (u+a)t) \tag{6.29}$$

$$u = g(z - (u+a)t) \tag{6.30}$$

であり，z 方向に速度 $U = u + a$ で伝播する波を表す．**微小振幅波**（small amplitude wave）の場合（$u \ll a$），これは音波の波動方程式の解と一致する．

速度 U は，式 (6.25) と式 (6.26) から得られる $du = \pm dp/(a\rho)$ の関係式に音速の式 (6.12) を代入し，積分操作したのち整理すると

$$U = u + a = a_0 \left[\frac{\gamma+1}{\gamma-1}\left(\frac{p}{p_0}\right)^{\frac{\gamma-1}{2\gamma}} - \frac{2}{\gamma-1} \right] \tag{6.31}$$

と書ける．圧力 p がほぼ基準圧力 p_0 に等しければ，圧力の大小による違いは小さく，波の伝播速度は一定（a_0）の微小振幅波として近似できる．一方，圧力 p が大きく変化する有限振幅波の場合，伝播とともに波形の変化が生じる（図 6.5）．**有限振幅波**（finite amplitude wave）は，基準圧力に比べて圧力が高い**濃縮領域**（condensation, $p > p_0$；図中 $x = 3 \sim 5$）と**希薄領域**（rarefaction,

6.4 一次元火道流

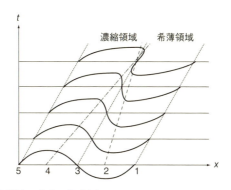

図 6.5 衝撃波の生成の概念図（松尾 (1994) の図 9.5 を参考として作図）

$p < p_0 ; x = 1 \sim 3$）に分けられる．また，圧力が伝播とともに減少する膨張波領域（$dp/dt < 0 ; x = 1 \sim 2, 4 \sim 5$）と増加する圧縮波領域（$dp/dt > 0 ; x = 2 \sim 4$）に分けられる．濃縮領域では伝播速度は音速より大きくなる（$U > a_0$）のに対し，希薄領域 $p < p_0$ では伝播速度は音速より小さくなる（$U < a$）．そのため伝播とともに圧縮波領域が小さくなり，濃縮領域が希薄領域と近接し，その間の圧力勾配が大きくなる．上式に基づくと，濃縮領域が希薄領域を追い越すことになるが，実際には同地点で 2 つの圧力をとることはできない（図の最上段の波形）．これは，上式は等エントロピー過程を仮定しており，圧力勾配が非常に大きくなった場合に考慮する必要のある粘性効果を無視したためである．

6.4.4 火山性混相流の表現

火道を上昇するマグマは，メルト中に気泡を含む流体や火山灰を含むガスとして流れていると考えられている．このような混相流は，基礎式をそれぞれの相について表し，各相の構成式とともに相間の相互作用を表す式を加えることで表現できる．また，火道中のマグマは高温で熱容量も大きいことから，等温過程を用いて表すことが一般的である．

いま，火道の半径 R_a を一定として，一次元流れを考えよう．また，流れを表す圧力を p，流速を u とし，下付添え字 g と l で気相と液相を表す．このとき連続の式は

$$\frac{\partial(\phi\rho_{\mathrm{g}})}{\partial t} + \phi\rho_{\mathrm{g}}\frac{\partial u_{\mathrm{g}}}{\partial z} + u_{\mathrm{g}}\frac{\partial(\phi\rho_{\mathrm{g}})}{\partial z} + J = 0 \tag{6.32}$$

$$\frac{\partial(1-\phi)\rho_{\mathrm{l}}}{\partial t} + (1-\phi)\rho_{\mathrm{l}}\frac{\partial u_{\mathrm{l}}}{\partial z} + u_{\mathrm{l}}\frac{\partial(1-\phi)\rho_{\mathrm{l}}}{\partial z} = 0 \tag{6.33}$$

と表される．ここで ϕ はマグマの空隙率である．運動方程式は

$$\phi\rho_{\mathrm{g}}\frac{\partial u_{\mathrm{g}}}{\partial t} + \phi\rho_{\mathrm{g}}u_{\mathrm{g}}\frac{\partial u_{\mathrm{g}}}{\partial z} + \phi\frac{\partial p}{\partial z} + F_{\mathrm{wg}} + F_{\mathrm{lg}} = 0 \tag{6.34}$$

$$(1-\phi)\rho_{\mathrm{l}}\frac{\partial u_{\mathrm{l}}}{\partial t} + (1-\phi)\rho_{\mathrm{l}}u_{\mathrm{l}}\frac{\partial u_{\mathrm{l}}}{\partial z} + (1-\phi)\frac{\partial p}{\partial z} + F_{\mathrm{wl}} + F_{\mathrm{gl}} = 0 \tag{6.35}$$

と書くことができる．ここで，F_{wg}, F_{wl} は壁面から気相と液相に及ぼされる力，F_{lg}, F_{gl} は液相から気相，気相から液相へはたらく力を表す．

式 (6.32) にある J の項は，気泡流の場合，メルト中から気泡への揮発性成分の拡散による流入を表す．これは，たとえば揮発性成分のメルト中の濃度のヘンリー則をもとに計算できる．また，系外への脱ガスの効果を組み入れることもある．脱ガスのメカニズムには不明な点が多いが，空隙率と脱ガス量の関係を組み入れたり，火道の上方方向（縦方向）や火口壁方向（横方向）への脱ガス経路を考えるなどのモデル化が行われている．そのほか，粘性項にメルト中の結晶量依存を加えるなど，ミクロスケールの物理プロセスが組み込まれることもある．

火道内マグマの気泡流とガス流の粘性項は，たとえば，それぞれ

$$F_{\mathrm{wg}} = C_{\mathrm{R}}\frac{u^2}{R_{\mathrm{a}}} \quad \text{（ガス流）} \tag{6.36}$$

$$F_{\mathrm{wl}} = \frac{8\eta u}{\rho R_{\mathrm{a}}} \quad \text{（気泡流）} \tag{6.37}$$

と表される．円筒系火道の場合は $C_{\mathrm{R}} = 0.025$ である．気泡流とガス流の粘性効果は数桁以上異なるため，マグマ破砕面付近での火道流速度は大きく変化する．

6.4.5　火道内流れの特徴

図 6.6 に，式 (6.32)〜(6.35) から時間微分項を消去し，一定の半径をもつ火道に対して，火道出口を閉塞状態とした境界条件を課して数値的に解いた定常解の例を示す．図から，マグマ破砕面の上下で流れの様子が大きく変わっていることがわかる．マグマ破砕面の下は**気泡流**領域で，粘性が大きいために流れの速度が遅い．ただし，上昇とともにマグマ圧が減少するために揮発性成分が

6.4 一次元火道流

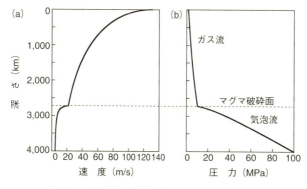

図 6.6 火道流の鉛直分布（小園・三谷，2006）
(a) 速度，(b) 圧力．

増加し（J の項），気泡体積の増加に伴い流れはしだいに速くなる．また，火道壁とメルト間にはたらく粘性力により，破砕面の下の領域で圧力勾配が大きい．一方，マグマ破砕面の上方は，流れはより速くなる．粘性も小さく，密度も小さいために圧力勾配も小さい．そのため，マグマ破砕面の深さでは，マグマ圧は**静岩圧**（lithostatic pressure）に比べて数十 MPa 小さくなる．この差圧が火道壁の強度を超えて大きくなると，火道壁が崩壊する可能性もある（Dorban，1992）．

マグマの浸透率をもとにして，マグマ上昇中の系外脱ガスの効果を取り入れた数値計算も行われている．爆発的か非爆発的な噴火のどちらが発生するかは噴出率に依存すること，マグマ溜りの圧力がある臨界値よりも大きい場合には爆発的噴火が発生すること，などが示されている（Woods and Koyaguchi, 1994）．

溶岩ドームが形成されている際の噴出率は時間的に揺らいでいる．カリブ海に浮かぶ英国のモンセラート（Montserrat）島の**スフリエールヒルズ火山**では，この噴出率の時間変化に対応するように，火口近傍に設置された傾斜計に数〜十数時間，あるいは数日の周期で変動する山体変形（6.5.2 項参照）が記録された．このような周期性はマグマ内の気泡成長や結晶化によって生じることが火道流モデルで説明されている（たとえば，Wylie et al., 1999；Melnik and Sparks, 1999）．たとえばマグマが火道をゆっくりと上昇すると，気泡成長を行う時間が十分あり，メルト中から水分子が気泡へ抜け出す（脱ガス）．この脱ガスによ

り，マグマの粘性が下がるため，火道内マグマの上昇速度が増加する．しかしながら，これによりマグマ上昇時間が短くなる，つまり，気泡成長時間が減じる．その結果，マグマの粘性はふたたび高くなり，ゆっくりと上昇することになる．このような過程が繰り返されるので周期的な振動が現れる．

6.5 噴火に伴う諸現象

複雑で多様な噴火現象を理解するには，一次元火道流モデルによる数値実験や理論的考察だけでなく，観測データから噴火現象を定量的に記述し，そのなかに潜む法則を明らかにすることも重要である．本節では，活動的火山で得られた観測データ解析結果とその解釈を紹介する．

6.5.1 噴火に伴う地震波

噴火時には火道内のマグマや火山性流体が高速で移動するため，火道壁に応力変化が及ぼされ，地震波が励起される．地震波の解析により明らかとなる応力が及ぼされる位置や大きさ，時間的な変化をもとに，火口下のマグマ現象の解釈が行われる．

Ⓐ 爆発地震

爆発地震（explosion earthquake）は，火山性地震のなかでは規模も大きく，また，噴火という最も重要な現象に伴って発現するので，地震波形の詳細な解析による発震機構の調査や，それらに基づく火道内マグマ挙動のモデル化が進められてきた．

Kanamori *et al.*（1984）はセントヘレンズ火山の噴火時に励起された地震波の特徴を説明するために，図 6.7 に示すような火口浅部の圧力解放モデルを提案した．噴火前に蓄えられた圧力は，火道の蓋が取れることによって瞬時に解放される．このとき，火道の蓋に及ぼされていた圧力は短時間のうちになくなるのに対し，火道壁には，火道から噴出物が出ていく時間だけ長く圧力が及ぼされる．そのため噴火時には，火口浅部が収縮する震源および鉛直方向下向きの**単力源**（シングルフォース，single force）がはたらく．この場合，観測される地震波には，収縮震源よりもシングルフォースによる波が卓越することが理論的に予測されることから，爆発地震の震源は物質が上方に放出されることに伴う

6.5 噴火に伴う諸現象

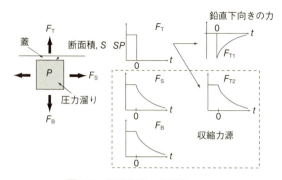

図 6.7 爆発地震の力学的モデル
F は圧力溜りの壁面に及ぼされる力で添付の T, S, B はそれぞれ上面, 側面, 下面を表す. T1, T2 は F_T を分解したものを示す.

反作用の力（鉛直下向きの力）として近似される. Nishimura and Hamaguchi (1993) は，十勝岳や浅間山の爆発地震もこのメカニズムで説明できるとし，疑似理想気体近似した火山性ガス流の火口における閉塞流れを仮定し，噴出時間と噴火規模は火道の大きさに依存すると提案している. また，Ohminato et al. (2006) は，浅間山の観測波形と理論波形の比較（地震波形インバージョン）を行い，鉛直下向きのシングルフォースに引き続き生じる上向きの力源は，急減圧に伴う気泡成長によるマグマの急上昇によると推察している.

爆発地震の波形の詳細な分析結果は，火道内にさらに複雑なプロセスがあることを示唆している. Tameguri et al. (2002) は，桜島の爆発地震の波形は，初動 P 波に引き続き，引きの相が現れ，最大振幅となる位相の 3 つの位相からなるとした. 地震波形インバージョンを適用した結果，それぞれの位相（P 相，D 相，L 相とよばれている）は，深さ約 1～2 km に 0.5 s ほどの継続時間をもつ膨張源，1 s 程度の火道の収縮源，2 s ほどの火口浅部の膨張・収縮源により励起されているとした. L 相の励起は噴出物が火口から放出される時間とほぼ一致し，その振幅は空振波の振幅に比例して大きくなる（この L 相は，Kanamori et al. (1984) の鉛直下向きのシングルフォースの力源で励起される波に相当すると考えられる）. P 相の励起源は噴火の約 1 s 前に発現し，爆発のトリガーとなっている. このような波形特性や震源過程は，鹿児島県，諏訪之瀬島やインドネシアのロコン（Lokon）山のブルカノ式噴火に伴う爆発地震にもみられる.

第6章 噴火のダイナミクス

また，メキシコのコリマ（Colima）火山やポポカテペトル（Popocatépetl）火山では噴火十数秒前に低周波の震動が発現したり（Zobin et al., 2009），ストロンボリ火山では，スラグ流挙動により火口から深さ 300 m ほどでクラック震動による長周期の波が励起されると報告されている（Chouet et al., 2003）．このように地震波解析により，ブルカノ式やストロンボリ式噴火は，火道内のやや深いところのマグマ挙動により開始することが明らかとなってきている．

❸ 噴火微動

噴火微動（eruption tremor）は，火山灰噴出に伴い発現する連続的な振動である．火道内を高速で移動する流体の圧力変化が火道壁に伝わり，連続的に地震波が励起されると考えられる．この励起源のメカニズムはまだ明らかとされていないが，噴火現象と興味深い関係が得られている．

噴火微動の特徴は，火山性微動の強さの評価のためにしばしば使われる **Reduced Displacement**（D_R）を用いて調べられている．Reduced Displacement は，表面波が卓越する場合には，$D_R = A_{rms}\sqrt{\lambda \Delta}$ で表される．ここで，A_{rms} は地震波の二乗平均平方根（RMS）振幅，λ は波長，Δ は震源（火口）から観測点までの距離である．つまり，D_R は地震波の幾何減衰を補正した量に相当し，震源での地震波励起の強度を示す指標である．噴火微動は数十分あるいは数時間以上継続するが，その最大振幅からこの D_R を求め，**火山爆発指数** VEI（3.2.2 項参照）と比べると，

$$\log_{10} D_R = 0.46 \mathrm{VEI} + 0.08 \tag{6.38}$$

の関係が得られている（McNutt, 1994）．VEI は噴出物量の常用対数に比例する指数であるので，噴火微動の最大振幅から噴火規模を評価できることを意味する．McNutt and Nishimura（2008）は，さらに，その時間変化や噴出口半径との関係を示し，噴火の時間的推移に特徴があることを指摘している．

最近，Ichihara et al.（2012）は，同一観測点で記録された空振波と噴火微動はよく相関することを示すとともに，噴火に伴う大気中を伝播する空気の振動が地震動を励起する割合を理論的に求めた．

6.5.2 山体変形

爆発的噴火発生の数時間から数分前に，火道や地下マグマ溜りの圧力増によ

6.5 噴火に伴う諸現象

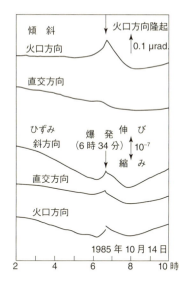

図 6.8　桜島の傾斜計とひずみ計の記録例（加茂・石原（1986）を改変）

ると考えられる**山体変形**（volcano deformation）が起こる．火口から数 km 以内に設置された**傾斜計**（水管あるいは気泡型）には，山体膨張に伴い，火口方向が隆起する信号が記録される．ひずみを測定する**伸縮計**（extensometer）では，火口から観測点までの距離が膨張源の深さに対して近い場合には"伸び"，遠い場合には"縮み"の信号が得られる．球状圧力源の場合，傾斜量は火口からの距離が深さの $1/\sqrt{2}$ で最大となり，火口方向のひずみは，距離が深さの $\sqrt{2}$ 倍のところで"伸び"から"縮み"に極性が変わる．

桜島では，ブルカノ式噴火発生の数時間前から，火口から約 2.7 km に設置された水管傾斜計に火口方向隆起の信号がしばしば記録されている（図 6.8）．噴火とほぼ同時にひずみの極性が縮みとなるステップ状の信号が記録され，その後しだいに噴火発生前の山体変形を解消する．これらの山体変形は次のように解釈されている．噴火数時間前から，深さ約 2〜6 km に新たなマグマ物質が蓄積され，膨張源となる．火口極浅部にガス溜りが形成され（これは次項に述べる衝撃波の発生も説明しうる），噴火と同時に短時間にこのガスが放出され，その結果，ひずみステップが生じる．その後，火道内および深部（2〜6 km）のマグマ物質が放出される．桜島では 1980 年代から活発な活動を繰り返している

が，膨張源の深さに大きな変化はみられず，同じマグマ溜りから繰り返しマグマが噴出していると推察される．

　噴火直前の山体変形は，近年，数多くの火山で報告されるとともに，噴火現象との関連性の調査に加え，火道内マグマの特性の議論も行われている．霧島新燃岳の 2011（平成 23）年 2 月のブルカノ式噴火では，2 点の傾斜計データから膨張源の深さが噴火直前にやや深くなることが示され，火口直下のガス溜りの形成との関連性が議論されている（Takeo et al., 2013）．スメル（Semeru）火山（インドネシア）や諏訪之瀬島で発生する小規模なブルカノ式噴火では，噴火数分前から記録される火口方向隆起の傾斜量が大きいほど，爆発地震の最大振幅が大きく，前兆的なマグマ蓄積と噴火規模には関連性があることが指摘された（Nishimura et al, 2012；2013）．また，ガス噴出の際にはみられない時間的に加速する傾斜変化があることがわかった．ストロンボリ火山の小爆発（ストロンボリ式噴火）においても同様の特徴が観測されている（Genco and Ripepe, 2010）．これらの加速的な山体変形は，マグマ中の気相の体積膨張が関係しているという理論的予測もある（Nishimura 2009）．2014 年の鹿児島県，口永良部島や長野–岐阜県境の御嶽山の水蒸気爆発では，火口から数百 m～数 km 内に設置された傾斜計のデータに，噴火発生の数十分前から急激に進行する火口方向隆起の信号が記録されている．

　噴火中の山体変形についての検討も始まった．アイスランド，グリムスヴォトン（Grímsvötn）火山の玄武岩質マグマの爆発的噴火では，GNSS の観測記録から推定される収縮量が時間とともに指数関数的に減少し，その特徴は噴煙高度の時間変化とも相関が高いことがわかった（Hreinsdóttir et al., 2014）．霧島新燃岳 2011 年の噴火の際に放出された火山灰量と傾斜計から見積もられたマグマ溜りの収縮量の比から，マグマ溜りにおけるマグマの空隙率がおおよそ 0.03 と推定されている（Kozono et al., 2013）．

6.5.3　空振と衝撃波

　火口上方の大気は，火口からの火山物質の急激な放出に伴う圧力擾乱を受ける．この圧力擾乱は，空気中を約 340 m/s の音速（気温 15℃）で伝播し，山麓では空振波として観測される．火口付近が雲に覆われ噴火が目視できない場合には，空振波の有無が噴火の発生の判断に利用されることも多い．また，火口

6.5 噴火に伴う諸現象

と観測点までの距離と音速をもとに，噴火の発生時間が推定される．火口直下に蓄えられた高い圧力が瞬時に解放されると，**衝撃波**（shock wave）が形成されることもある．衝撃波の伝播速度は音速よりも速いが減衰が大きいため，遠方の観測点には音波として到達する．衝撃波の伝播に伴う大きな圧力変化は，火口上方の噴気や雲の水蒸気の濃度変化の伝播として視認できることがある．

　空振波の励起源のモデル化も行われている．たとえば，噴出に先行して火口上部が急激に盛り上がるために空気振動が起こる（Vergniolle *et al.*, 1996）．また，火口直下に蓄えられた高圧のガスが，高速で噴出することによっても空振は励起される（Morressey and Chouet, 1997）．1991年ピナツボ噴火や1983年メキシコのエルチチョン（El Chichon）山の大噴火時に観測された周期数百秒の大気振動は，大気中に一定量の質量やエネルギーが置き換わったとする励起源で説明がされている（Kanamori *et al.*, 1994）．

第7章 火山の恩恵と災害

7.1 はじめに

　日本は国土の15%が直接，火山噴出物に覆われた世界有数の火山国である．そこには変化に富む自然環境があり，多彩な自然景観や豊かな**水資源**（water resource），**温泉**（hot spring），**地下資源**（underground resource）などに恵まれている．とくに火山は景観にすぐれ，その周囲では良質な水や温泉が多く湧き出し，広大な山麓は良好な水源涵養地帯となるため，保養地として人々に利用され，その多くは観光地となっている．これら火山の多様な恵みがわれわれの生活に潤いを与えている．火山周辺に多数分布し，多くの人が保養や療養のために集う温泉はさまざまな成分に富んでおり，また，火山の地下や周辺では有用元素が集まった**熱水鉱床**を伴うことがある．さらに火山地域の地熱地帯では，消雪，暖房や温室栽培などの熱利用も行われ，火山の豊富な熱エネルギーを利用した地熱発電が多くの場所でなされている．

　一方，日本列島ではさまざまな**自然災害**（natural disaster）が起こっており，その発生原因は地震や火山活動，台風や豪雨・豪雪などの気象現象など，多岐にわたっている．火山も人々に多くの恩恵を与える一方で，噴火などの災害をもたらす．日本は世界のなかでも火山や地震が多い地域として知られており，最近の1万年間に噴火した活火山は100を超えている．そして第四紀に活動した火山の近くでは，かたい溶岩だけでなく，崩れやすい火砕物が厚く堆積しており，その複雑な地質条件と急峻な地形のために，日本列島では豪雨や地震な

どによって発生する土石流や地すべりなどの土砂災害が毎年のように発生している．

火山国に住むわれわれは，自らをとりまく自然環境や足もとの大地についてよく理解し，それがいかに人間生活と深く関わっているかを認識しておく必要がある．それが自然災害からわれわれの生活を守ることにつながるとともに，自然環境を保全し，次世代に引き継ぐための重要な鍵となる．

7.2 火山がもたらす恩恵と災害

7.2.1 火山の恵みと災害

火山地域の多くは，火山そのものがつくり出す雄大で美しい景観によって風光明媚な観光地となり，火山地域の多くが自然公園やジオパーク（geo-park）などの観光資源となっており，日本の国立公園の半数以上が火山地域を含んでいる．また周囲に数多くの温泉が湧出するなど，火山の大部分は登山や観光，保養の対象となっている．さらに噴火活動で大量の火山灰などが供給された火山周辺の山麓や扇状地は，農作物の豊かな生産地帯であったり，快適な避暑地や別荘地をなしていることも多い．そのように多くの人々に恵み（**正の要因**，positive factor）を与える火山も，いったん噴火を開始すると，しばしば爆発的な活動を伴って成長または崩壊し，周辺に居住する人々に人的あるいは物的な**被害**（damage）（**負の要因**，negative factor）をもたらす（図7.1）．正の要因としては，農業や立地などの生活の場としての恵み，鉱物資源や熱エネルギー資源などの恵み，そして観光，景観，信仰や健康などの情緒的な恵みが挙げられ，これらを活用した地域開発，地熱発電や各種観光，保養施設の整備が，各地の火山地域で進められている．一方，負の要因としては，**火山災害**（**火山ハザード**，volcanic hazard）や関連した土砂災害，それらによる地域への負の影響が挙げられる（Tilling, 1989）．そのような負の要因に対しては火山噴火や災害の予知，予測や，それらの災害に対する防災，減災対策が必要となる．そして，それらを進めるための法律の整備や災害教育が重要となる．火山をより深く理解し，現在みられる個々の火山の状況をその生い立ちを含めて理解することは，そこで生活し，将来あるかもしれない火山災害に備えるうえで，とても大切なこ

第 7 章　火山の恩恵と災害

図 7.1　火山と火山災害（福島県，安達太良山の直径約 1.5 km の沼ノ平火口を西から望む）

安達太良火山の沼ノ平では，1900（明治 33）年 7 月 17 日に，16 時，18 時，18 時半ころ，3 回の火山爆発があった．このとき沼ノ平の硫黄精錬所で働いていた 82 人のうち，最初の小規模な爆発ですぐに避難した人は助かったが，そのまま沼ノ平に残った人たちは 2 回目と 3 回目の爆発で被災し，72 人が死亡する大惨事が起きた（長橋，2006）．

とである．とくに火山によってもたらされる噴火災害から人間の生活と生命を守るためには，多様な火山現象や火山周辺で発生する現象について，体系的な理解を深めることが必要である．

7.2.2　噴火活動と加害要因

　火山はマグマが地表に噴出することで形成されるが，このマグマに由来する物質が比較的急速に地表に放出される現象を**噴火**とよび，一連の活動を**噴火活動**とよんでいる．噴火現象を理解するために，これまでに多くの火山で噴火が詳細に観測記述され，そのメカニズムが検討されてきた．前述のとおり，噴火様式の分類には特徴的な噴火形式を示す火山の固有名をつけて分類する方法（ストロンボリ式噴火など）と，噴火現象を基本的な要素（火砕流など）に分解して記述する方法とがある．火山噴火あるいはそれに関連する事象は，しばしば

人的被害やその他の経済的被害を生じる危険性をもつ．

そのような火山災害の**加害要因**（災害要因，hazard predisposing cause，災害をひき起こす現象）としては，**噴出岩塊**（噴石，爆発により発射され放物線に近い軌跡を描いて飛行する岩塊），火山灰や火山礫などの**降下火砕物**（垂直に上昇した噴煙柱から火砕物が降下する．風に流される影響が大），**溶岩流**（高温の溶岩の流れ），**火砕流・火砕サージ**（高温の火砕物とガスの混合物の流れ），**火山泥流・土石流**（低温の火砕物と水の混合物の流れ），**岩屑なだれ・山体崩壊**（山体構成物の破片と空気の混合物の流れ），**洪水**（水がおもな流れ），**地すべり・斜面崩壊**，**火山ガス・噴煙**，**空振**（爆発による衝撃波），**地震動**，**津波**，**地殻変動**（地表の隆起・陥没，断層運動などによる変形），**地熱変動**，**地下水・温泉変動**などがある．このように，噴火活動には火山災害をひき起こす多数の加害要因があり，現象ごとに防災あるいは減災対応が異なる．井田（2008a）は，さまざまな火山災害を，発生前に対応が必要なもの，発生後でも対応が可能なもの，必ずしも噴火によらない災害などに分類している（表 7.1）．なお，わが国での過去 2,000 年間の火山災害として犠牲者が最も多いのは，火山活動に由来する飢饉や疫病で，その次が津波となっている．そして，これらに次ぐ災害要因が火砕流と岩屑なだれ，火山泥流である．ただし，1900 年以降は世界的に飢餓や疫病，津波による犠牲者の割合が減少し，地形の影響をあまり受けずに地表に沿って高温高速で流れる火砕流や，岩屑なだれ，火山泥流による被害割合が増加している．これは近年の交通通信手段の発達により，噴火からの避難と救援物資の輸送が効果的になされ，その結果，噴火による餓死者や病死者が減少したためと考えられる（宇井，1997c；中村，2012）．

7.2.3　火山災害

火山活動に伴う**噴石活動**（ballistic projectile），溶岩流出，降灰，火砕流，火山泥流，有毒ガス（二酸化硫黄，二酸化炭素，硫化水素など）の放出などによって，しばしば人的災害や物的災害が起こる．火山災害のなかでもとくに火砕流は時速 100 km 以上の高速で流れ下るため，逃げることは難しく，その活動はきわめて破壊的である．西暦 79 年に起こったイタリアのベスビオ火山の噴火では，厚さ 3～5 m の火砕物（高温の火砕サージ）によって，ポンペイの町が襲われ，町は一瞬のうちに火山噴出物の下に埋もれ，多くの市民（2,000～16,000

第 7 章 火山の恩恵と災害

表 7.1 火山災害の分類（井田, 2008a）

災害要因	原因となる火山現象	おもな災害の内容	災害の特徴	対応 *
噴出物の浮遊や降下				
噴 石	爆発	死傷, 建造物の破壊	被弾すると被害	A
降下火砕物	噴煙の上昇と拡がり	建造物や農地の荒廃	広域に影響	B
火山灰の浮遊	噴煙の上昇と拡がり	航空機の飛行障害	広域に影響	B
成層圏の微粒子	噴煙の上昇と拡がり	気温の降下	全世界に影響	B
噴出物などの流れ				
溶岩流	溶岩の流出	建造物や農地の破壊	低速, 破壊的	A
火砕流	火砕物の流出	生命や建造物の破壊	高速, 破壊的	A
泥流・土石流	火砕物の噴出や堆積	生命や建造物の破壊	高速, 破壊的	A
岩屑なだれ	山体崩壊	居住地の流失	高速, 破壊的	A
火山ガス	火山ガスの噴出	呼吸困難, 窒素死	滞留による場合も	C
物理的な衝撃や変動				
爆 風	爆発に伴う衝撃波	建造物や樹木の倒壊	強い破壊力	A
爆発音	爆発に伴う音波	窓ガラスなどの破壊		A
地 震	マグマの活動	建造物の破壊	山腹にも震源	C
地殻変動	マグマの活動	建造物の破壊	遅い進行	C
二次災害				
津波, 洪水	山体崩壊など	居住地の流失	広域大災害	A
疫病, 飢饉	大噴火による荒廃	集団的な死亡	広域災害	B

*A：原因となる火山現象の発生前に対応する必要があるもの．B：発生後でも対応できるもの．C：災害が必ずしも噴火の発生によらないもの．

人）が生活の跡を残したまま亡くなった．また，カリブ海東縁の西インド諸島マルチニーク（Martinique）島・プレー（Pelée）火山の 1902 年の噴火では大規模な火砕流が発生し，6～7 km 離れた山麓の町サンピエール市をおそい，28,000 人の生命が奪われ，町は全滅した．日本でも 1783（天明 3）年の浅間山の噴火で火砕流が川をせき止め，後に決壊して**洪水**（flood flow）が起こり，1,000 人を超える死者がでている．1792（寛政 4）年の雲仙岳の噴火では，火山噴火後，島原市街地の背後に位置する溶岩ドームである眉山の山体が直下型地震で大崩壊して有明海に大津波を起こした．このときの死者は 15,188 人といわれ，わが国の歴史上最大の火山が関係した災害となった（片山，1974；太田，1987）．犠牲者の多い火山災害のほとんどはプレート収束境界で発生しており，日本で近年発生した火山災害の多くは，安山岩ないし流紋岩質のマグマをもつ火山で起こっている．一方，玄武岩質のマグマをもつ火山では，三宅島や三原山のよう

に溶岩流出による火災や家屋・耕地埋没などの物的災害は起こるが，避難する余裕があるため火山噴火により人的災害が大きくなることは少ない．ただし火山地域では，火山活動に伴う直接的な災害のほかに二次的に地表に堆積した火山噴出物が大雨による水や雪解け水などと混ざり合い，急速に斜面を流れ下る土石流が発生して多くの人命が失われることがある．

7.3 火山災害の実例

被害をもたらす火山現象としては，溶岩流，火砕流，水蒸気爆発，火山泥流，火山ガス，火山灰の降灰などがある．以下にそれらの実例を示す．

7.3.1 伊豆大島の噴火

伊豆大島では最近1,300年間に12回の噴火が起こったとされている（Nakamura, 1964；小山・早川，1996）．大規模な噴火が安永の時代（1777～92年）に起こっているが，1986（昭和61）年11月15日に始まった一連の噴火活動（VEI=3）では，山頂火口から玄武岩質溶岩が流出するとともに，同年11月21日には割れ目噴火が始まり，溶岩やスコリアが噴出している．さらに，1987年11月18日には火口底が陥没し，1990年10月4日には山頂から火山灰を噴出している（渡辺，1987；地質調査所，1987；Ida, 1995）．このうち，マグマの顕著な噴出は1986年11月の2回の噴火で，それ以降の活動は火口周辺での小規模な活動であった．マグマの組成が，山頂火口から噴出した玄武岩に対して，割れ目噴火の噴出物はSiO_2に富む傾向を示している（藤井ほか，1988；Nakano and Yamamoto, 1991）．この火山活動時，ならびにその後の地下でのマグマの挙動については，多数の詳細な地球物理学的情報に基づき，多くの検討がなされている（井田，2008b；2008c）．

7.3.2 三宅島の噴火

三宅島（図7.2）では1900年代に，1940（昭和15）年，1962（昭和37）年，1983（昭和58）年と約20年間隔で山腹噴火を起こしている．このうち，1983年10月3日午後15時15分ころ，雄山南西斜面の長さ4.5 kmの割れ目火口から噴火が起こり，火柱が上がり溶岩が流出した．溶岩流は山腹を谷沿いに流下

第 7 章　火山の恩恵と災害

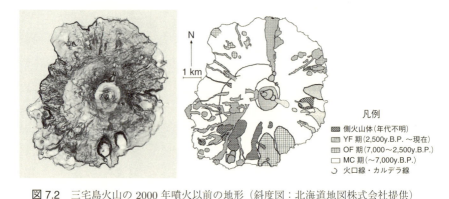

図 7.2　三宅島火山の 2000 年噴火以前の地形（斜度図：北海道地図株式会社提供）と噴出物の分布（津久井・鈴木，1998；伊藤ほか，1999）
三宅島火山は伊豆諸島中部に位置する直径約 9 km の島で，最高峰は雄山である．本火山は主成層火山体と側噴火活動によって生じた火山体からなる．海岸沿いにはマグマ水蒸気爆発による爆裂火口が多数分布している．三宅島火山には多重のカルデラが発達しており，2000 年の噴火で，山頂部は顕著な陥没を起こした．B.P.：before present.

し，5 時半ころには噴火割れ目の西 3 km に位置する阿古地区の集落を襲い，民家に火災を発生させながら 340 戸を全焼させた．一方，海岸付近に達した割れ目火口で 16 時 38 分にマグマ水蒸気爆発が始まり，海岸すれすれに開口した火口には外径 400 m，内径 180 m，高さ 20 m のタフリングが形成された．また，島の南東側には西風で運ばれた火山礫と火山灰が多量に積もり，その厚さは 6～20 cm，ところによっては 50 cm 以上に達し，畑などを埋没させた．噴火は 10 月 4 日の午前 6 時には終息している．この噴火では，噴火開始 20 分後の 15 時 35 分には有線放送で噴火が知らされ，16 時 00 分には避難命令が出された．その後，村営バスや漁船による緊急避難が円滑に行われ，また溶岩流の流れが比較的ゆっくりであったので 1 人の死傷者も出さなかったが，火災などによる物質的被害は少なくなかった．この三宅島 1983 年噴火では，溶岩流の前進を食い止める方策として溶岩流先端への放水が試みられている（早川ほか，1984；宇井，1997c）．三宅島の 2000（平成 12）年噴火（VEI=3）はそれまでと様相が異なり，これまでにない山頂カルデラの形成（Geshi *et al.*, 2002）と，その後の SO_2 の放出が続き，全島民は島外避難を強いられ，4 年 5 カ月にわたって島外での生活を余儀なくされた．この噴火で放出された SO_2 の量は，最大時には 1 日 5 万 t にも達した．

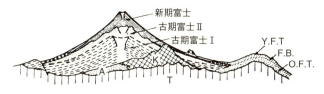

図 7.3 富士山の模式断面図（町田，1968）
T は基盤の第三紀層，A は愛鷹火山，K は小御岳火山を示す．Y.F.T. は新期富士，F.B. は古期富士Ⅱ，O.F.T. は古期富士Ⅰに，それぞれ対比される火山灰層を示す．

7.3.3 富士山で繰り返された噴火

　日本最高峰の富士山は活動的な火山であり，いろいろな時代の火山が重なってできている（図 7.3）．成層火山となった新富士火山の活動は約 1 万年前に始まり，火口から噴煙や噴気がたなびく様子は万葉集にも歌われており，864～65 年の貞観の噴火では山腹に青木ヶ原溶岩流を流している．江戸に達する火山灰を噴出した 1707 年の宝永噴火以降，約 300 年間は静かな状態が続いている．最近約 2,000 年間の活動はほとんどが側噴火である（宮地，1988）．2000～01 年には地下 10～15 km 付近で低周波地震が活発になった．低周波地震は揺れの卓越周期が 2～3 Hz 程度，規模は大きくてもマグニチュード 2 程度で，マグマが関与していると考えられている．宝永噴火では噴火直前に大規模な宝永地震が発生しており，最近の地震活動についても噴火との関連が注目されている．

7.3.4 浅間山の 1783 年の噴火

　図 7.4 に浅間火山 1783（天明 3）年噴火（VEI=4）の噴出物の分布を示す（荒牧，1968）．1783 年 5 月 9 日に噴火が始まって，降灰があった．その後，断続的に軽石の降下が続き，同年 8 月 4 日，吾妻火砕流が発生，翌 5 日午前 10 時ころ，北斜面を流下した鎌原岩屑なだれはその勢いで行く手の岩石を崩し，大きな岩なだれを起こした．その流路にあった鎌原村は岩屑なだれの直撃を受けてほぼ全滅し，477 人が死亡した．鎌原観音堂前の石段は 15 段を残して 35 段が 5 m もの岩屑なだれ堆積物に埋まった．そのあと鬼押出溶岩流が，山頂の火口から流出した（図 7.5）．さらに鎌原岩屑なだれによる堆積物が，北方を東に流れる吾妻川をせき止めた．このせき止め湖が翌 6 日に決壊し，大洪水を生じ

第7章 火山の恩恵と災害

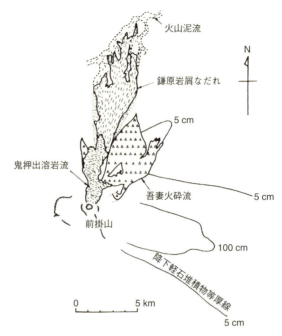

図 7.4 浅間火山 1783（天明 3）年の噴出物の分布（荒牧 (1968) に加筆）

た．洪水による流失家屋 1,300 戸，死者 1,000 人あまりであった．

7.3.5 桜島火山の噴火

　山麓に 2 万人近い住民が暮らし，観光地でもある桜島火山（図 3.11）は，姶良（あいら）カルデラの南縁に位置する安山岩質の成層火山である．わが国で最も活動的な火山のひとつであり，山腹から溶岩流を噴出する活動と山頂での爆発的噴火を繰り返してきた火山である．1914（大正 3）年の大正噴火は 1 月 12 日に始まり，南岳の西側火口から降下軽石，溶岩流，火砕流が発生し，その活動は 2 週間ほど続いた．1 年以上活動が続いた東側火口からの溶岩は瀬戸海峡を埋めて，桜島が大隅半島と陸続きとなった．この噴火では，その前兆現象を受けて，事前に 1 万数千人の島民自らが小舟を往復させて一晩で避難し難を逃れたものの，58 人が犠牲となった（Omori, 1914；Jagger, 1924）．1939〜50（昭和 14〜25）年にかけても噴火が繰り返され，1946（昭和 21）年には昭和溶

7.3 火山災害の実例

図 7.5 標高 2,568 m の浅間火山を北から望む（長野・群馬県境）
舌状に発達した鬼押出溶岩流には溶岩堤防と溶岩末端崖がよく発達している．

岩が形成されている．1955（昭和30）年10月13日に南岳の山頂火口で水蒸気爆発があって以降，大小の噴火を毎年繰り返し，火山灰のほか，火山礫，火山岩塊も噴出し，1986（昭和61）年には，山頂火口から3 km離れた立ち入り規制外の地点に直径2 mの噴石が落下して6人の負傷者を出している．噴石や火山弾による災害は噴火の立ち上がりの際に突然起こるケースが多く，ブルカノ式噴火を起こす活動的な火山の火口周辺規制にあたっては危険範囲を過小評価しないよう，注意が必要である（宇井，1997c）．粘性の高い安山岩質〜デイサイト質マグマの噴火が続いている桜島火山では，しばしば爆発的なブルカノ式噴火が起こり，ときに1回の噴火で数万tのガスが放出されることもある．桜島火山観測所では伸縮ひずみや傾斜変化率，蓄積量に基づいた噴火予測自動判別システムにより，非噴火期，噴火前駆期，臨界状態，噴火期を判別しているが，爆発的な噴火は噴火前駆期から臨界状態に達してから発生している（Kamo and Ishihara, 1988）．

7.3.6 阿蘇山中岳火口の活動

阿蘇火山は，東西18 km，南北25 kmの巨大なカルデラ火山である（図7.6）．この火山は27万年前，14万年前，12万年前，そして9万年前の4回の大規模火砕流の活動で生じたカルデラとその後の中央火口丘の活動で形成された火山である（松本ほか，1991；渡辺，2001）．このカルデラ火山の中央に標高1,506 mの中岳火口（図7.7）があり，活発な活動を続けている．中岳火口については，

273

第 7 章　火山の恩恵と災害

図 7.6　熊本県，阿蘇カルデラの地下開度図（北海道地図株式会社提供，Yokoyama et al., 1999）

阿蘇カルデラは，27 万～9 万年前の阿蘇火砕流群の噴出によって形成された（松本ほか，1991），東西 18 km，南北 25 km のカルデラである．この地下開度図では谷地形が明瞭に示されている．白い部分が平らなカルデラ底を示し，暗色部は傾斜が急なカルデラ壁などを示す．中央に中岳などの火口丘群が分布している．

　その火山活動プロセスが詳しく調べられている．その活動は火口内に湯がたまる"湯だまり"の状態から，土砂噴出を経て"赤熱現象"が生じる．その後，多量の火山灰が噴出して，鳴動と噴石活動が激しくなり"ストロンボリ式噴火"が続く．そして活動が弱体化すると"湯だまり"の状態に戻る．このサイクルはときに数年間かかることもあるが，数日間で 1 回りすることもある（須藤，2008）．2016（平成 28）年 10 月 8 日に同年 4 月の熊本地震で多数の断層がカルデラ周辺に生じた阿蘇火山中岳の第 1 火口が 36 年ぶりに爆発的噴火を起こし，約 11,000 m の噴煙を上げ，降灰は香川県に及んだ．噴火警戒レベル（図 8.4 参照）はこれまでの火口周辺規制（レベル 2）から入山規制（レベル 3）に引き上げられ，火口から約 2 km 以内が立入制限区域となった．この活動で直径 50 cm 以上の噴石が火口から南東 1.2 km 地点に落下しているが，犠牲者はでていない．

274

7.3 火山災害の実例

図 7.7 阿蘇山の中岳火口（熊本県）
阿蘇カルデラの約 7 万年前以降に形成された中央火口丘群はほぼ東西に配列する玄武岩〜流紋岩質の十数個の火山体からなるが，中岳火口は唯一の現在も活動的な火口である．中岳火口の活動は，玄武岩質安山岩の黒色砂状の本質火山灰を放出する灰噴火で特徴づけられるが，赤熱岩塊の放出やマグマ水蒸気爆発もときに発生している（小野・渡辺，1983；渡辺，2001）．

7.3.7　雲仙普賢岳 1990〜95 年噴火

　爆発的な噴火を起こすデイサイト質マグマの活動で特徴づけられる雲仙普賢岳では 1663（寛文 3）年，1792（寛政 4）年に溶岩流の噴出を伴う噴火が発生している．それ以降，200 年間にわたって顕著な噴火活動はなかったが，1990（平成 2）年 11 月 17 日の水蒸気爆発で噴火活動が再開した．翌年 1991 年 2 月から 4 月にかけては小規模なマグマ水蒸気爆発が続き，4 月に噴出した火山灰には本質物質が含まれるようになった．そして 5 月 20 日に溶岩ドームが出現したのち，5 月 24 日には最初のメラピ型火砕流が発生している．そして 1991 年 6 月 3 日 16 時 13 分に溶岩ドームの大半が崩落し，それまでの一連の活動のうちで最大規模のメラピ型火砕流が発生した．この火砕流は水無川の谷を猛烈な勢いで流下し，火口から 3.5 km の島原市北上木場地区に達した．このとき民家 50 戸と森林が燃え上がり，避難勧告が出されていた立入規制区域内の 43 人が犠牲

第 7 章　火山の恩恵と災害

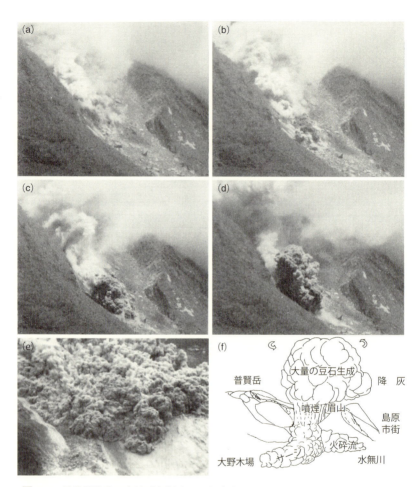

図 7.8　雲仙普賢岳の東斜面を駆け下る火砕流（千葉ほか，1996；佐藤・神定，1996）．(a)～(d) 溶岩ドームからの落石の連続写真．崩落開始点のドーム先端ではあまり爆発せず，既往山体の岩盤に衝突した地点で爆発し，黒い噴煙を生じている（1991 年 7 月 8 日：千葉ほか，1996）．(e) 雲仙普賢岳ドームから生じた火砕流先端部（1992 年 2 月 2 日：佐藤・神定，1996）．(f) 1991 年 9 月 15 日火砕流の噴煙の概念スケッチ（千葉ほか，1996）．

となった（Yanagi et al., 1992；Nakada et al., 1999）．図 7.8 は雲仙普賢岳で発生した火砕流のさまざまな様子である（千葉ほか，1996；佐藤・神定，1996）．また，同年 9 月 15 日に発生した火砕流と火砕サージについて，堆積物の分布と焼損領域を図 7.9 に示す（藤井・中田，1993）．溶岩ドームの成長は 1995 年

7.3 火山災害の実例

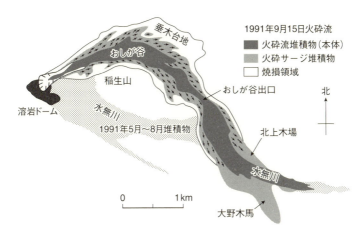

図7.9 雲仙普賢岳1991年9月15日の火砕流および火砕サージ堆積物と焼損領域の分布（藤井・中田，1993）

雲仙普賢岳では，1991年6月3日，6月8日，9月15日に溶岩ドームが大きく崩れてやや大きい火砕流が発生した．6月3日の火砕流は火口から3.2 km流下し，その火砕サージはさらに0.7 km進んだ．この火砕サージで，避難勧告地域内の北上木場で警戒にあたっていた消防団，警察やマスコミ関係者ら，火山学者を含む43人が犠牲となった．火砕サージはその周辺に熱風を伴っており，図には熱風による焼損領域を示す（中田，2008）．

の2月には止まったが，その間，集中豪雨のたびに火砕流堆積物からの二次的な火山泥流（土石流）が発生し，約1,700戸の家屋が被害を受け，道路，鉄道，耕作地が埋没した（石川，1996）．

7.3.8 有珠火山の噴火

有珠火山は約1万年前の玄武岩質のマグマで形成された二重式火山で，東丸山や西丸山などはその外輪山の一部とされている．17世紀以降になると粘性の高い流紋岩質やデイサイト質の溶岩を噴出する噴火が起こり，多くの円頂丘状の側火山をつくった．そのうち1943～45（昭和18～20）年の活動で生じた昭和新山（図7.10）は有名である（三松，1962）が，1910年の有珠山の噴火は噴火を事前に予知して避難した結果，死傷者をゼロにできた日本ではじめての噴火であった（岡田，1986）．1977（昭和52）年8月6日に始まった噴火では，デイサイト質マグマの貫入で山頂部の一部が北側へせり出し，山麓では圧縮変形が進行して**横ずれ断層**（strike-slip fault）や**逆断層**（reverse fault）が生じ，多くの

第 7 章 火山の恩恵と災害

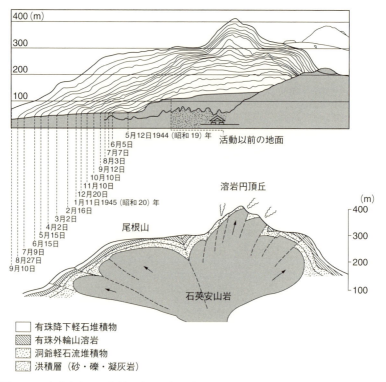

図 7.10 有珠火山・昭和新山成長の経過を示すミマツダイヤグラム（上）と推定断面図（下）（勝井，1976）

有珠火山は約 1 万年前に洞爺湖の南岸に生じた成層火山である．その 1943〜45 年の活動で，麦畑のなかに溶岩円頂丘が約 260 m 隆起して形成されたのが昭和新山である（岡田，2008）．そして，地元の郵便局長であった三松正夫により記録されたその成長の様子が"ミマツダイヤグラム"である．

建築物や道路が被害を受けた（岡田，1988）．2000（平成 12）年 3 月 31 日午後 1 時 7 分に起こった有珠山の噴火（VEI=2）では，噴火開始の数日前から多数の**有感地震**（felt earthquake）や深さ 10 km 付近を圧力源とする地殻変動に伴う断層運動が観測され，それらの分析によって事前に噴火の兆候をとらえて噴火を予測することができた．それに基づき，噴火の 2 日前に気象庁から出された緊急火山情報を受けて危険地域の住民 1 万人あまりが避難し，多くの人命が守られた．噴火活動の影響は小さくなかったにもかかわらず適切に避難がなさ

れ，最小限の被害で済んだ要因としては，火山災害のハザードマップ（hazard map）の作成や災害教育が事前に行われており，その結果，避難勧告が出された時点ですでに多くの住民の自主的避難が始まっていた（田中，2009b）ことなどが挙げられる．

有珠火山の2000年噴火では噴火が始まると，それまでの圧力源であった10 km深度では収縮を，数km深度では膨張が起こり，この間の4～6 km深度の地震波が低速度を示す地震空白域で長周期微動が発生した．このことから，この噴火では地下10 km深度のマグマ溜りから地下浅所のマグマ溜りへマグマが供給され，これによりデイサイト質マグマが噴出したと考えられている．その結果，火口周辺の地面は1カ月間に約50 m隆起し，多くの建物が破壊された（中川，2008；井田，2008b）．

7.3.9 アイスランド，ラカギガル火山の噴火

アイスランド東部火山帯の東側では，1783～85年にラカギガル火山が約130の火口からなる延長25 kmに及ぶ割れ目噴火（VEI=3～4）を起こしている．この噴火を起こした長大な割れ目は10個の雁行状割れ目のセグメントからなる．この噴火における溶岩の噴出率は最大8,700 m^3/sに達し，その総噴出量は15 km^{3}に及ぶが，そのうちの降下堆積物の比率は2.6%にすぎなかった（Thordarson and Self, 1993）．溶岩の組成はソレアイト岩系の玄武岩であり，その多くはアア溶岩流として流出している．この噴火は122 Mtの二酸化硫黄を放出し（Thordarson *et al.*, 1996），1783年夏には，火山ガスからなるエアロゾル（aerosol，浮遊粒子状物質）の影響で北半球の気温が低下して，ヘルズ飢饉が発生し，多数の死者が出ている（高田，2008）．

7.3.10 磐梯山1888年噴火の岩屑なだれ

福島県，磐梯山の1888（明治21）年噴火（VEI=4）において生じた山体崩壊（図7.11）では，水蒸気爆発に伴って岩屑なだれが発生し，477人の死者・行方不明者を出している（Sekiya and Kikuchi, 1889）．この活動では，1週間ほど続いた鳴動を伴う地震活動ののち，7月15日7時ころから地震活動が活発化して，7時半ころからM5の強い地震が連続して発生，7時45分ころに大音響とともに爆発が始まり，黒煙が空中に立ち上った．引き続いて15～20回ほど爆発

第 7 章　火山の恩恵と災害

図 7.11　磐梯山 1888 年噴火による滑落崖を北側から望む（福島県）
会津盆地東部に位置する磐梯山では，1888 年 7 月 15 日朝の噴火で，底辺約 2 km，比高 670 m の山体（小磐梯山）が崩壊し，崩壊物約 1.5 km^3 が時速約 80 km の速度で北麓へ流下した．この活動に巻き込まれて 461 人が亡くなっている（青木・吉田，1984）．

が続き，最後の爆発で北方に時速 80 km で岩屑なだれが流下した．激しい噴火活動は噴火開始から 30〜40 分間ほど続いている．午前 8 時半ころ一時活動が休止したのち，9 時半ころに再度山体崩壊が起こり，小磐梯が地すべり的に崩落して滑落崖や流れ山（3.4.7 項参照）を生じた．この活動は 7 月 15 日の夕方には終了し，静穏な状況に戻っている（Sekiya and Kikuchi, 1889；Nakamura, 1978；守屋，1980；岩屑流発生場に関する研究分科会，1995；米地，1995；関口ほか，1995；長橋，2006）．

7.3.11　米国，セントヘレンズ火山の 1980 年噴火

セントヘレンズ火山は 1980 年 5 月 18 日 8 時 32 分に山体崩壊を伴う大噴火を起こし，観測中の研究者を含む 62 人が犠牲となった（Lipman and Mullineaux, 1981）．これはアメリカ地質調査所により噴火が予測され避難と観測態勢が敷かれたなかで発生した噴火であり，噴火前に行政当局による危険区域内の住民の避難と立ち入り規制がなされていた結果，数千人の人命が救われたとされている．ここでは，その 2 カ月前からの**潜在ドーム**（cryptodome）を構成する高粘性マグマの貫入によって火山体が変形し，表面の雪氷を融かしながら火山体中腹の膨張と山頂部の沈降が進行し，不安定化していた山体が，M5.1 の火山性地震で崩壊して約 3 km^3 の岩屑なだれが発生し，山頂部に馬蹄形カルデラを形成した．この岩屑なだれは谷を埋めながら 28 km 離れた山麓まで 10 分足らずで流下し，平均 45 m の堆積物が 60 km^2 の領域を覆った．この崩落に伴って，

7.3 火山災害の実例

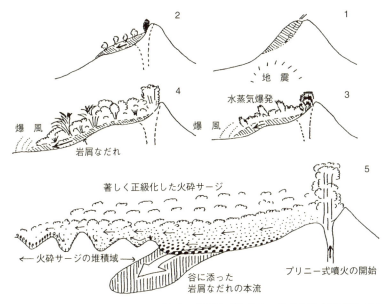

図 7.12 1980年のセントヘレンズ火山の岩屑なだれ発生の過程を示す模式図（宇井・荒牧，1983）

セントヘレンズ火山では，火山体の内部に新たに高粘性のマグマが貫入しはじめたのち，2カ月して変形の進んだ火山体で大規模な岩屑なだれと水蒸気爆発が発生するとともに，この減圧によってマグマはプリニー式噴火を起こし，軽石の降下と火砕流を発生させた．図中の番号は生起した活動の順序を示す（宇井，1997c）．

火山体内部に閉じ込められていた高温の熱水が急激な減圧によって水蒸気爆発を起こし，火砕サージを発生している．このとき，火砕サージに先行する衝撃波により 10～15 km にわたって樹木が削り取られたり，なぎ倒されたりしている．続いて地下に貫入していたマグマも山体崩壊に伴う減圧によってプリニー式噴火をひき起こし，降下軽石と火砕サージを伴う火砕流が発生し，岩屑なだれ堆積物の一部を覆った（図7.12；宇井・荒牧，1983）．噴火に伴い火山灰が激しく降り積もったためライフラインが断たれ，都市機能がマヒし，農作物も被害を受けて環境衛生面が悪化した．その後，泥流により家屋や橋や道路が流され，下流域で洪水が発生した．そして，このときの噴火で空中に放出されたエアロゾルは成層圏に達して偏西風に流され，同年8月には日本上空にも達している．

7.3.12 カメルーン，ニオス湖からのガス噴出

　火山活動で放出される火山ガスは二酸化硫黄，硫化水素，二酸化炭素，塩化水素などの空気より重い気体で，地形的低所に流下したり滞留して，その中に入った者を窒息させる．日本ではこれまでに，草津白根山，箱根火山，鳴子，立山，八甲田山，安達太良山などで火山ガスによる犠牲者がでている．火山の火口にできた**火口湖**（crater lake）で，二酸化炭素や硫化水素に富むガスが噴出し，中毒死事故が発生した例が西アフリカ，カメルーンの**ニオス**（Nyos）**湖**での**炭酸ガス噴出**（carbon-dioxide emission）である．ニオス湖では，湖から噴出した二酸化炭素を大量に含むガスにより1,746人の犠牲者が出るとともに，多数の家畜がその命を失った（宇井，1997c；日下部，2008）．

7.3.13 融雪型火山泥流

　南米コロンビアの北部アンデス山脈にある**ネバドデルルイス**（Nevado del Ruiz）**火山**では，1985年9月13日に水蒸気爆発が始まったのち，それが10月にも繰り返された．そして11月13日15時ころに噴火が再開して降灰が始まったのち，21時10分ころに噴煙柱が上がり，火砕サージを伴う火砕流が発生した．この火砕流は火山周辺の氷河上に拡がり，大量の氷が火砕流の熱で融けて**融雪型火山泥流**（snow-melt induced lahar）が発生した．泥流は大量の岩塊や砂礫を取り込みながら，しだいに規模を拡大して下流域を襲い，25,000人の犠牲者が出ている．このうち，火口から50 kmも離れたアルメロの町は，23時30分に東斜面の谷を下った泥流に襲われ，町の9割が被災してこの泥流による最大の被害を被った．このとき，火山泥流発生前に実際の泥流による被害範囲をほぼ予測した火山災害予測図が国連の協力で作成され行政機関に配布されていたが，十分に活用されずに多くの犠牲者がでてしまった（勝井，2008）．

　日本では，十勝岳の1926（昭和元）年の噴火で，水蒸気爆発により中央火口丘の西半分が崩壊して岩屑なだれが発生し，2.4 km離れた硫黄鉱山を襲って25人が犠牲となった．さらに積雪が融けて大規模な火山泥流が生じ，119人の犠牲者がでている（Tanakadate, 1927；石川ほか，1976；宇井，1997b）．

7.4 火山噴火と気候

　火山活動はときに地球規模で環境に影響を及ぼし，気候の変動をもたらすことがある．火山から噴出した火山灰は，通常，噴火から数日〜1カ月程度で地表に落下するが，大規模な噴火によって噴煙柱が成層圏に達すると，噴煙の中に含まれる二酸化硫黄が微細な硫酸液滴に変化し，成層圏に2〜3年間留まることがある．この硫酸液滴は，地球に到達する日射量を減少させるとともに地表からの赤外線を吸収することにより対流圏での大気循環に大きな影響を与え，地球規模の寒冷化をひき起こすと考えられている（Sigurdsson, 1989；町田, 1993）．たとえば，アイスランドの1783年のラカギガル火山噴火，メキシコの**エルチチョン**（El Chichón）**火山**の1982年噴火や，フィリピン・ピナツボ火山の1991年噴火においては，地球の平均気温が数年にわたって低下したことが知られている．ピナツボ火山の1991年噴火ののち，地球全体の地表温度が1991〜93年にかけて約 $0.5°C$ 低下した（Self et al., 1996）．ラカギガル火山の噴火では放出されたエアロゾルにより日照量が低下し，アイスランドでは牧草が枯れてウシやウマ，ヒツジの半分以上が死亡し，多くの住民が飢饉で亡くなっている．また1815年に起こったインドネシア・**タンボラ**（Tambora）**火山**の歴史時代最大の噴火では，噴火と津波による死者が12,000人，噴火後の飢饉による死者が80,000人に達している（Bullard, 1976；Self et al., 1984；Rampino and Self, 1992；宇井, 1997c；Rampino, 2002）．

　地球の温暖化による気温変動の予想モデルには火山活動による影響が人類の経済活動による影響や太陽活動の周期的変化による影響とともに組み込まれ，その気象への影響が定量的に評価，検討されている．メキシコ・エルチチョン火山の1982年噴火に際して，高高度で航空機によるエアロゾルの採集が行われ，エアロゾルの大部分は硫酸の液滴であることが判明した．二酸化硫黄は紫外線相関スペクトロメーター（COSPEC）などで定量的に測定することができ，気象衛星による二酸化硫黄濃度の定量もその後，可能となった．エアロゾルを構成する硫酸の起源は，おもに火山噴火に伴って成層圏に大量に放出された二酸化硫黄である．硫黄自体は玄武岩質マグマに多く含まれるが，玄武岩質マグマの噴火ではその影響は対流圏に限られ，地球環境への影響は大きくない．し

かし，珪長質マグマの大規模噴火による噴煙柱は大量の硫黄を成層圏に供給し，大きな影響を地球環境に与えることになる．ただし，玄武岩質マグマの活動が大規模な場合には，大気中に大量に放出された玄武岩質マグマに由来する二酸化硫黄が，溶岩上で加熱された空気などによりプルーム状に上昇して，対流圏から成層圏に供給される場合があると考えられている．

　成層圏に放出された二酸化硫黄や硫化水素と水やヒドロキシ基との間での光化学反応により，直径 1 mm 以下の硫酸の液滴が形成される．大規模な爆発的噴火が起こると，大気中の火山性エアロゾル濃度が上昇してバックグラウンド値よりも 1〜2 桁増加するが，この火山性エアロゾル層が成層圏で数 km の厚さとなってベール状の層（エアロゾルベール）を生じ，噴火後，数週間で世界中を覆う．このエアロゾルベールは，数年間は成層圏に滞留し，その後ゆっくりと地球上に落下する．火山性エアロゾルベールは地球の表面温度やオゾン層に影響を及ぼし，気温低下やオゾンの減少をひき起こすが，そのプロセスは複雑である．硫酸液滴は太陽エネルギーを直接吸収するとともに，地表で反射する赤外線も吸収して成層圏下部での温度上昇をひき起こす．これが大気循環に影響して，対流圏の温度に影響を及ぼす．オゾンへの影響は，硫酸エアロゾルの表面で起こる化学反応によってオゾン分子の破壊を促進する物質が生成されることによると推定されている．

7.5　火山活動と大量絶滅

　大規模な爆発的噴火が気候に影響を与えることは間違いなさそうである．事実，火山の大噴火に続いて急激な寒冷化が何年も続き，飢饉が起こったことが記録されている．そのような火山噴火による気候への影響は，大量の二酸化硫黄が成層圏へ注入されることによりひき起こされている．恐竜の絶滅で知られる白亜紀と古第三紀の境界である約 6,500 万年前に，インドのデカン高原で大量の洪水玄武岩が噴出していることから，この大噴火が急激な気候変動をひき起こし，それが原因で恐竜が絶滅したという考えがある．ただし現在のところ，この白亜紀（Cretaceous）と古第三紀（Paleogene）の境界で起こった K–P 事変については，ユカタン半島への隕石の衝突に関連して発生した大量の塵の層が地球全体を覆ったことが，大量絶滅の引き金となったという説が有力である．

ペルム紀末の大量絶滅は，ペルム紀（Permian）と三畳紀（Triassic）の境界で起こっているためP–T境界絶滅とよばれ，これが生命史上最大の大量絶滅とされている．P–T境界前後では，巨大なプルームの上昇により，超大陸パンゲアが分裂して地球規模の大規模な噴火活動が起こったとされており，これが大量絶滅と密接に関連していると考えられている．この境界の前後の地層には酸化鉄を含まない黒色チャートや珪質粘土岩を産することなどから，海洋での無酸素事変が大量絶滅の原因であるとされ，大規模な火山活動に関連して成層圏に放出されたエアロゾルが太陽光を遮断することによる気温低下，それに続いて放出された**温室効果気体**（greenhouse gas）による地球規模の温暖化や，陸源砕屑物の海洋への供給量増加による浅海での生物生産量増大などが海洋での酸素の欠乏に寄与したと考えられている（Takahashi et al. 2014；Kaiho et al., 2016）．

7.6　火山による恩恵

7.6.1　温泉と地熱地帯

　日本人は温泉浴をたいへん好む民族である．温泉とは地中から湧き出る水で，温度がその地域の年平均気温以上のものをいう．温泉には種々の塩類が溶け込んでいる．温泉の水は大部分が地表水を起源としており，地中を循環している間に地熱やマグマからの熱によって温められ，岩石中の化学成分を溶かし込んだと考えられている．火山地域の温泉には，地下にあるマグマから放出された流体成分を含むことが多い．群馬県の草津白根火山（図7.13）の山麓には，日本でも有数の高温強酸性温泉である草津温泉がある．図7.14に示した湯畑では，古くより不溶性沈殿物である湯の花（硫黄華）が採取され，さまざまな活用がなされている．温泉街の上流側の噴気地帯においては，地面の割れ目から噴出した火山ガスが噴気孔で急冷されて，**昇華**（sublimation）によって黄色い樹枝状〜柱状の硫黄の結晶が生じている．硫黄はかつては松尾や那須岳などの火山性鉱床で硫酸などの原料として採掘されていたが，現在は石油精製に伴う回収硫黄などが利用され，日本国内では稼行されていない．温泉は火山地帯だけでなく，断層沿いに湧き出ることも多い．

第7章 火山の恩恵と災害

図7.13 草津白根火山の火口湖，湯釜を南東から望む（群馬県）
草津白根火山の山体および周辺には温泉硫気変質帯が発達し，万座温泉や草津温泉などの硫黄泉が有名である（上木・寺田, 2012）.

　地殻の上層部では，降水や海水などを起源とする水が地下を循環している．この地下水がマグマにより熱せられると，上昇してマグマの熱を地表付近へ輸送し，地表付近に地下増温率が異常に高い地帯をつくる．岩手県，葛根田（かっこんだ）地域には，深部に高温の葛根田花崗岩（図7.15）が分布し，これが熱源となって，その上方に熱水対流域が発達している（Doi et al., 1998）．これが地熱地帯といわれるものである．図7.16に八幡平火山・大湯沼の地熱地帯の様子を示す．ここでは活発な噴気，噴湯，噴泥活動に伴って，多数の泥火山（mud volcano）やマッドポット（泥つぼ）が形成されており，水温は83℃を超えている．周囲には溶脱型珪化帯が発達する場所も認められる．

7.6.2　地熱発電

　地熱による熱水を利用して発電することを**地熱発電**（geothermal power generation）という．1904年にイタリアで地熱を利用して発電がなされて以来，現在では地熱地帯の地下の水蒸気を利用した発電が，イタリア，米国，ニュージーランド，ロシア，日本などで進められている．無尽蔵ともいえる地球内部の熱に由来する地熱は，持続性や経済性が高く，環境を汚染しない，化学的に安定

7.6 火山による恩恵

図 7.14 草津温泉の湯畑源泉（群馬県）
草津温泉街は標高 1,200 m 付近の高原にあり，草津白根火山の湯釜火口から約 6 km の位置にある．草津温泉は鎌倉時代から有名な温泉で，現在も年間 300 万人近くの観光客が訪れている．pH 2 前後の強酸性を示す湯畑源泉は，草津温泉の中心部で自噴する草津温泉を代表する温泉である（上木・寺田，2012）．

で効率の高い熱交換システムを構築する技術が確立しておらず，現状では国内総電力量の 0.1% 程度を担うにすぎず，十分に活用されているとは言い難いが，将来的にはきわめて重要な**エネルギー資源**（energy resource）である（Chu et al., 1990）．地熱地帯では，地下水がマグマからの熱で加熱されて高温の状態で貯留されている．ボーリングによってこの熱水を取り出し，熱水から分離した蒸気でタービンを回転させ，発電を行う．発電方式としては，非復水式，復水式，蒸気分離復水式などの直接法や，減圧蒸発式，閉回路熱交換式，熱交換復水式などの間接法があるが，いずれの発電方式でも分離した熱水は環境保全と地熱貯留層内の圧力維持のため，還元井によって地熱貯留層に戻される．国内では大分県，八丁原（はっちょうばる）や岩手県，松川の地熱発電所が有名である．八丁原地熱発電所が位置する中部九州，阿蘇カルデラの北東にある九重火山群（図 7.17）は多数の火山体からなる角閃石安山岩質の火山である．図 7.18 に，九重硫黄山の熱水系の状況を示す（江原ほか，1981）．ここでは地下 5 km の深度に 1,000℃ に達する熱源が位置し，これに由来する熱と加熱水蒸気が地下 2 km で地下水と接触して，370℃ の地熱貯留層を形成し，この気液 2 相からなる貯留層から地表へと，温泉と噴気ガスに分かれて放出されるシステムが推定されている（平林，2008）．地熱発電方式として，天然の地熱貯留層を利用す

第7章 火山の恩恵と災害

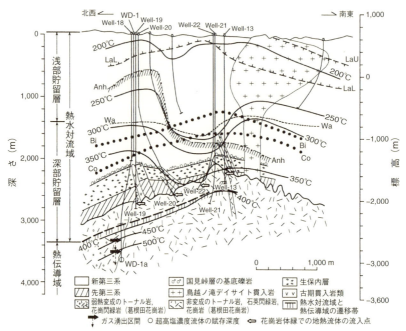

図 7.15 葛根田地域の地熱構造（Doi *et al*., 1998；土井, 2008）
葛根田川に沿った北西-南東方向の断面図に地熱開発以前の初期温度を示す．地下 2 km 以深に温度が 500℃ を超える葛根田花崗岩体が位置し，それに平行に熱変成帯が発達している．この花崗岩体の縁部とその上位の透水性の高い領域に熱水対流域が発達している（土井, 2008）．

る技術は確立しているが，地下深部の高温岩体中に透水性の高い割れ目をつくり，循環水により人工的に熱抽出する発電方式については，いまだ開発途上である（土井, 2008）．

7.6.3 熱水鉱床

　地殻中のさまざまな成分を溶かし込んだ高温の水である熱水が地下の割れ目を上昇し，その結果，温度が低下すると，それまで熱水に溶けていた元素が鉱物となって割れ目（**熱水脈**，hydrothermal vein）内に沈殿する．熱水から有用な鉱物が沈殿して生じた**鉱物資源**（mineral resource）を**熱水鉱床**（hydrothermal ore deposit）という．日本は面積が狭いわりにさまざまな鉱物資源に恵まれて

7.6 火山による恩恵

図 7.16 地熱地帯での噴気活動（秋田県，八幡平火山・後生掛温泉・大湯沼）
大湯沼では，噴気，噴湯，噴泥が多数認められる．水温は 83℃ 以上ある．近くには，溶脱型珪化帯が発達する場所が認められる．泥火山のなかには高さが約 8 m に達する大きなもの（大泥火山）がある．

おり，江戸時代は世界でも指折りの金，銀や銅で栄えた国であった．また，第二次世界大戦後もしばらくの間，銅の自給率は 100% であった．北海道，伊豆，九州などの陸上の火山地域周辺では多くの金が採掘されたが，それらは熱水活動で生じた金鉱脈（熱水性金鉱床）やそれに由来する砂金であった．同じような地質環境は，環太平洋地域の火山帯に発達しており，多数の熱水性金鉱床が

図 7.17 九重火山群を東から望む（大分県）
阿蘇カルデラの北東に位置し，猪牟田（ししむた）カルデラの南側を縁どる九重火山群は，おもに角閃石安山岩類からなる約 10 個の小成層火山，溶岩ドーム，溶岩流で構成された火山体であり，緩傾斜の裾野には火砕流，岩屑なだれ，泥流堆積物が拡がる．九重火山群は活動的な火山であり，多数の温泉があるほか，写真に示すとおり硫黄山地域では噴気活動が活発である．大岳や八丁原では地熱発電が行われている（鎌田，1997）．

289

第7章 火山の恩恵と災害

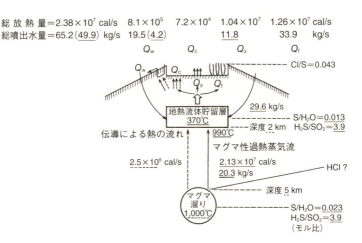

図7.18 九重火山群・硫黄山のマグマ性高温地熱系（江原ほか，1981；江原，1994）
硫黄山は九重火山群の星生山（ほっしょうやま）の中腹，北千里ヶ浜の上部に位置し，約1万年前に噴出した星生山溶岩からなる．九重火山群分布域の地下での熱構造や熱水系については，詳しく研究されている．図中，Q_f：噴気による放熱量，Q_s：噴気地帯からの放熱量，Q_c：伝導による放熱量，Q_w：温泉からの放熱量を示す．これらの熱は火山体の地下深度2km以浅の地熱流体貯留層からもたらされ，さらにその地下深度5kmより深に位置するマグマ溜りからは，マグマ性過熱蒸気流や伝導により熱が上方に運ばれていると考えられている．数字のうち，実線の下線をもつ値は計算値，点線の下線をもつものは推定値で，それらがない数字は実測値である．

知られている．現在，国内で稼働している金属鉱山は九州の菱刈にある金鉱山のみとなっているが，これは国際的に価格が統一されている金属鉱物資源の開発にあたって，日本国内では人件費と環境保全費用の経費比率が大きくなるため，価格が高価で規模の大きな金鉱山以外は国際的な競争力がないためである．秋田県，花輪や宮城県，細倉では，かつての坑道が観光坑道として保全されており，今でも尾去沢鉱山や細倉鉱山などでは坑内の様子を観察することができる．

7.6.4 海底の資源

近年，日本近海におけるメタンハイドレート（methane hydrate）などのエネルギー資源や，マンガン団塊，熱水鉱床などの鉱物資源が次々と発見されている．メタンハイドレートは，メタンを中心に水分子が周囲を取り囲んだかたちの固体結晶で，数百〜数千mの深海底のような，低温かつ高圧の安定した条件下で生成される．メタンは堆積物中の有機化合物の分解によって生じるものも

あり，海底における物質循環の過程で生じたエネルギー資源である．日本の周辺には 7 兆 m^3 強の資源量が見積もられている．メタンハイドレートは石油や石炭に比べて燃焼時の二酸化炭素排出量が約半分であり，新エネルギー源として期待されている．しかし，メタンガスは温室効果ガスとしての側面もあり，慎重な開発が求められている．

　中央海嶺や縁海の拡大軸部に位置する火山の周辺では，海水によって冷やされた地殻に割れ目が生じ，この割れ目を通して浸透した海水が地下深部のマグマ起源の熱で加熱され，高温となり，岩石や堆積物中の重金属を溶かしながら，地殻中の割れ目を通して上昇する**熱水循環**（hydrothermal water circulation）が盛んに起こる．熱水循環の出口には**ブラックスモーカー**（black smoker），**ホワイトスモーカー**（white smoker）などの高温の水が噴き出す煙突状の噴出孔（**熱水噴出孔**，hydrothermal vent）が生じる．この噴出孔はチムニーともよばれるが，温度が 350℃ にも達するブラックスモーカーからは銅，亜鉛，鉄の硫化物などが主成分として噴出される．ホワイトスモーカーからは温度が低くなった白い熱水が噴出され，硫黄や石膏などの白い沈殿物がみられる．これらの**熱水活動**（hydrothermal activity）域の周辺には特異な生態系があることが知られており，地球生命の起源などとの関連の可能性も議論されている．このように，海底–地殻間においても物質が循環しており，この熱水活動により金，銀，銅，鉛，亜鉛などの金属が濃縮することで，海底に熱水鉱床ができる．日本周辺では，伊豆～小笠原海域，沖縄トラフ周辺に高品位の鉱床が存在していることが報告されている．日本列島は，中新世に日本海が拡大することによって現在のような島弧になったが，その際，背弧の拡大に伴い発達したリフト帯のうち，現在の火山フロントに最も近い位置に最後に生じたリフトでは，流紋岩質海底火山活動に関連して多数の海底堆積性の硫化物鉱床が形成されており，それらは黒鉱鉱床とよばれている．この秋田県，大館～小坂地域などに多数分布する黒鉱鉱床については，その海底熱水鉱床としての特徴が詳しく記載されており，現在活動中の海底熱水鉱床の理解に寄与している．

第 8 章　**火山防災・火山減災**

8.1　はじめに

　宇井 (1997a) はその著書『火山噴火と災害』の序文に，火山噴火などの自然現象について行政や市民が基礎的な知識を持ち合わせておらず有効な対策をとれないでいること，また研究者や技術者も専門が極度に細分化し，同じ火山を対象にしながらも知識や情報が偏っており，異分野間で協力しながら効果的な防災対策を考えられる状況にはないことを指摘し，そのような状況の克服が『火山噴火と災害』発刊の目的であると述べている．その後，**火山防災**（volcanic disaster prevention）や**火山減災**（volcanic disaster mitigation）に関しては，土木学会が 2009 年に発刊した『火山工学入門』などに詳しく論じられている．しかしながら，それらの発刊後も繰り返し発生した未曾有の災害に際して，そこで明快に示されていた防災・減災の指針が十分には活かされていないように感じられる．以下では，これらから多くを引用させていただいたが，それらは火山学のテキストで繰り返し扱うべきと考えたからである．
　火山防災・火山減災に必要な対策としては，火山学的な基礎研究に基づいた発生する可能性のある火山活動（噴火シナリオ）の予測と，それに沿った火山災害予測と被災地域の想定，中・長期的な噴火確率の予測に基づいた地域防災計画の策定やハード対策，前兆現象を捕捉するための火山活動の監視，火山活動時の緊急対策や災害復旧・復興対策の立案とその実施などが挙げられる．また，長期的な災害リスク管理の下での火山山麓**緩衝帯**（buffer zone）の設定な

ども考慮されるべきである．いずれにおいても，関係機関の間での情報の共有，地域住民への迅速で正確な**情報伝達**（communication）が不可欠である．またその前提として，個々の地域住民が"火山"とは何か，自分の身を守る術は何かを理解している必要があり，その啓発には研究者や報道機関の役割が重要である．一方で，不確かな情報に基づく報道が住民を混乱させたり，地域産業に打撃を与えたりすることもある．そのような事態を避けるためには，まず地域住民を防災の主体に位置づけて，関係機関と報道機関の関係者間での緊密な連携を柱とした，防災・減災の四角錐（岡田・宇井，1997），すなわち住民，行政機関，報道機関，そして研究者が連携した火山防災・火山減災の実践が重要となる．火山災害の防災・減災にあたっては，科学者による火山研究とともに，研究成果に基づいた事前ならびに緊急時の行政施策や，啓発と迅速な報道を担うマスメディアの役割が重要であり，さらに，災害の当事者となるかもしれない住民自身が最終的に身を守る行動を起こさなければならない．個々の住民が災害のリスクを自覚し，被災の可能性が高まったときに，自ら行動を起こすことを促し，それを支援する仕組みを科学者，行政，そしてマスメディアは住民とともに構築していく必要がある（勝井，1979；中田・荒牧，2008；斎藤，2009；石峯，2016）．

　火山噴火による災害は活火山の周辺地域で発生するが，個々の活火山においては通常，噴火の発生間隔が長く低頻度であるため，火山の周辺に暮らしている人々ですら，あまり噴火を経験する機会がなく，住民の火山に対する認識や防災への対応が必要なレベルに達していない場合が多い．火山の防災対策は，火山についての科学的理解に則った災害の防止・軽減に関する技術と，それらを実際の現場へ適用する際の方法論とが，有機的に連携してはじめて機能する．一般に火山災害に限らず，自然災害の防災対策を検討する際には，まず対象となる災害現象の特性を正確に理解することから始める．そして，この自然科学的研究によって得られた知見に基づき，**社会的影響**（social influence）である被害の程度を，災害リスク管理の手法に則り，定性的かつ定量的に調べ，それらの災害現象が及ぼす影響からの回避策を探ることが，具体的な防災・減災対策へとつながる（安養寺，2009a；中村，2012；石峯，2016）．

8.2 火山防災・減災対策の課題

　多様な自然災害が頻発する日本では，社会の発展・維持システムのなかに，自然災害の防災・減災対策，すなわち災害リスク管理の仕組みを明確に組み込んでおく必要がある（中村，2012）．防災・減災対策は，"**災害予防・事前対策**（disaster prevention proactive measure）"，"**災害応急対策**（urgent disaster prevention measure）"，"**災害復旧・復興対策**（rehabilitation and restoration project）"の3段階からなる（神尾，2009）．また，防災・減災対策は，**ハード対策**（structural measure）と**ソフト対策**（non-structural measure）の組合せで，はじめて所期の効果を発揮する．ソフト対策には，災害予測，自然災害が起こった際の**避難**（evacuation）から被災者支援，そして災害に強い地域づくりまでを含む長期的視野に立った一連の対策が含まれる．また，ハード対策では**シェルター**（避難壕，shelter）や有毒火山ガス検知・警報システムの設置，火山砂防事業をはじめとする土木施工，危険地域での無人化工法，**災害廃棄物**（hazard debris）の処理・処分，利活用などが重要である（安養寺，2009d）．一般に発生頻度の高い小規模な災害事象に対しては，適切な防災構造物の整備などのハード対策による防災効果が高い．一方，発生頻度の低い大規模災害をハード対策で防ぐことは費用対効果の観点からも限界がある．発生頻度は低いが危険な大規模災害に対しては，防災教育，防災訓練，防災組織整備，地域防災インフラ（地域基礎情報，災害リスク評価，情報伝達システム）の整備といったソフト対策が有効であり，必要に応じてハード対策とソフト対策の両者をバランスよく組み合わせることが重要であるが，それにはそれらを担う人材を火山防災を含む教育プログラムの下で育成し，確保しなければならない（宇井，1997a；安養寺，2009d；中村，2012；石峯，2016；藤井，2016）．

　火山防災・減災対策を進めていくことは容易ではない．火山災害は噴火時の発生現象の多様性，噴火推移と規模予測の困難性などのため，噴火状況をみながら対応せざるをえない場合が多い．しかしながら，ロシア・カムチャッカのベズィミアニィ（Bezymianny）火山の1956年噴火（Tokarev, 1963）と米国，セントヘレンズ火山の1980年噴火（Swanson et al., 1983）との間にみられる活動の類似性は，多くの例外は起こりうるものの，火山の噴火活動にも一定の

規則性・法則性が存在し，噴火活動の理論的解析に基づく普遍的な噴火シナリオ（8.4.1項参照）の構築が可能であることを示唆している（岡田，1981；中村，2011）．そして，活火山地域における火山災害ごとの，潜在する脅威，脅威に対する脆弱性，予想される損失額などを評価する**危険度評価**（リスクアセスメント，risk assessment）に際して，対象となる火山の災害要因（火山ハザード）の特徴を理解するうえで，火山ハザードマップ（8.4.2項参照）はきわめて重要であり，被害発生の仕組みとその推移，そして被災規模を災害要因ごとに住民などの関係者に伝えることができる．ただし，そこに示された情報には限界があり，火山ハザードマップに頼りきることはできない．ハザードマップはあくまで防災対策の出発点と位置づけるべきものであり，これを補完しつつ活用する必要がある．初期の火山ハザードマップの主目的は住民への周知であったが，目的に応じて改訂が必要となる．火山ハザードマップの作成にあたっては，地質調査などで過去の火山活動の特性である活動史を詳しく知ることから始める．発生現象ごとの分布範囲と規模を調べ，年代をつけて噴火の推移を示すことにより，これが当該火山の噴火シナリオを描くための重要な基礎データとなる．火山ハザードマップについては，その作成目的，利活用方法を明確にしたうえで，市町村の防災対策を示す"地域防災計画"や"噴火警戒レベル（8.5節参照）"などと関連づけて作成されることが望ましい．また住民に配布後も，防災説明会の開催や防災訓練での使用など，幅広い活用が重要である．とくに被災経験のない住民や子どもたちを対象とした勉強会は，**防災意識**の保持のためにも有効である（宇井，1997d；安養寺，2009f）．

8.3　火山防災の制度と計画

8.3.1　火山災害などに関する法律

日本の防災対策は，災害全般の基本的事項を定めた「**災害対策基本法**」とそれに関連する多くの法律によって進められている（防災白書，消防白書）．他の災害と同様に火山災害についても「災害対策基本法」をもとにして防災対策が実施されているが，多くの関連する法律のうち，災害対策の段階別におもなものを挙げると，災害予防・事前対策としては「**活動火山対策特別措置法（活火

山法)」，災害応急対策としては「災害救助法」「消防法」，そして，災害復旧・復興対策としては「激甚災害に対処するための特別の財政援助等に関する法律」，「災害弔慰金の支給等に関する法律」「被災者生活再建支援法」「地震保険に関する法律」などがある（吉村，2009）．たとえば，「活動火山対策特別措置法」の目的はその第1条に示され，「この法律は，火山の爆発その他の火山現象により著しい被害を受け，又は受けるおそれがあると認められる地域等について，避難施設，防災営農施設等の整備及び降灰除去事業の実施を促進する等特別の措置を講じ，もって当該地域における住民等の生命及び身体の安全並びに住民の生活及び農林漁業，中小企業等の経営の安定を図ることを目的とする」とされている．なお，この法律（活火山法）は2015（平成27）年に改正され，火山災害警戒地域では**火山防災協議会**（都道府県，市町村，気象台，砂防部局，火山専門家などで構成）の設置が義務づけられ，そのなかに気象台長またはその指名する職員や火山専門家（警戒避難体制の検討全般にわたり，どのような火山現象が想定されるかなど専門的見地から助言を行う者）が構成員として加わることが明記され，研究者の役割に法的根拠が与えられている（岡田，2015；石峯，2016；藤井，2016）．

　「災害対策基本法」の目的はその第1条に示され，「この法律は，国土並びに国民の生命，身体及び財産を災害から保護するため，防災に関し，国，地方公共団体及びその他の公共機関を通じて必要な体制を確立し，責任の所在を明確にするとともに，防災計画の作成，災害予防，災害応急対策，災害復旧及び防災に関する財政金融措置その他必要な災害対策の基本を定めることにより，総合的かつ計画的な防災行政の整備及び推進を図り，もって社会の秩序の維持と公共の福祉の確保に資することを目的とする」とされている．「災害対策基本法」が定める防災計画の構成と体系は図8.1（内閣府，2007；吉村，2009）のとおりである．国には内閣総理大臣を長とする中央防災会議が設置され，そこで災害対策の基本的な方針を示す**防災基本計画**が作成される．都道府県や市町村でも，それぞれ都道府県防災会議と市町村防災会議が設置され，防災基本計画に基づいて地域の実状に即した地域防災計画を策定し，必要な防災対策を実施することになっている．火山災害についても，各地方公共団体のおかれた地域特性や対象火山で起こりうる噴火災害の特徴などを十分に勘案しながら，地域防災計画を策定する必要がある．そして，これら地域防災計画の整備に加え，防災訓

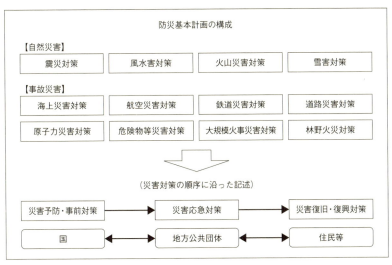

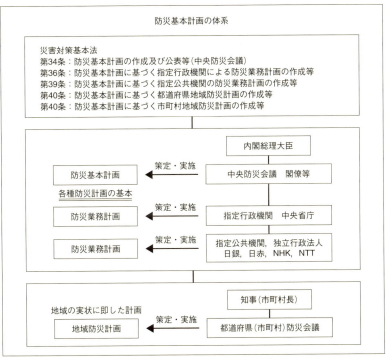

図 8.1 「災害対策基本法」が定める防災基本計画の構成と体系 (防災白書)

多様な自然災害が頻発する日本では, 社会の発展・維持システムのなかに自然災害の防災・減災対策を明確に組み込んでおく必要がある. 日本の防災対策は, 災害全般の基本的事項を定める「災害対策基本法」と多くの関係する法律によって推進されている. その第 34 条には, 防災基本計画については, 毎年検討を加え, 必要に応じてこれを修正しなければならないと規定されている (吉村, 2009).

練の実施も重要であることから，第48条では，「災害予防責任者は，法令又は防災計画の定めるところによりそれぞれ又は他の災害予防責任者と共同して防災訓練を行わなければならない」と規定している．近年の気象変動や社会構造の急激な変化により，予想を超える災害が起こりうる．防災基本計画の修正については，「災害対策基本法」の第34条に「中央防災会議は，防災基本計画を作成するとともに，災害及び災害の防止に関する科学的研究の成果並びに発生した災害の状況及びこれに対して行われた災害応急対策の効果を勘案して毎年防災基本計画に検討を加え，必要があると認めるときは，これを修正しなければならない」と規定されており，現場の行政レベルにおける既存法令の弾力的運用と将来に向けた法律の改善への不断の努力が求められる（宇井，1997a；吉村，2009；中村，2012）．

8.3.2　地域防災計画策定の背景および必要性

1959（昭和34）年の伊勢湾台風は高潮と暴風雨が重なり，伊勢湾岸地域の低地帯に大規模な水害を発生させ，5,000人以上の死者，55万戸の家屋被害をもたらした．これを機に総合的かつ計画的な防災行政体制の重要性が認識され，1961（昭和36）年に「災害対策基本法」が制定された．そして同法第2条において，防災計画が「防災基本計画及び防災業務計画並びに地域防災計画をいう」と定義された．このうち，防災基本計画は国がとるべき対策を定めた，中央防災会議が作成する政府の防災対策に関する基本的な計画であり，**防災業務計画**は，国土交通省，厚生労働省などの指定行政機関，日本赤十字社，日本放送協会（NHK），電気会社，ガス会社などの公益的事業を営む法人である指定公共機関が定める計画である．そして**地域防災計画**は，都道府県や市町村が実務的な防災対策を整備しておく計画であり，そこに盛り込むべき事項は防災基本計画および防災業務計画に具体的に定められている．防災基本計画，防災業務計画，地域防災計画策定の意義は，国，公共機関，都道府県，市区町村が災害発生の予防，または災害発生時にその被害をできるかぎり軽減するため，平常時から周到な防災計画を作成し，関係機関との緊密な連絡調整を確保することにある．このうち，防災基本計画や防災業務計画が規範的な計画であるのに対し，市町村地域防災計画は各自治体がおかれた社会条件や土地条件などの地域を取り巻くさまざまな環境を踏まえたうえで整備されるもので，災害に直面

した自治体が地域住民の生命および財産を災害から保護するための住民対応や各種現場対応を行ううえで最も重要なものである．

「活火山法」によれば，各火山の地元の都道府県は，防災基本計画（火山災害対策編）と「噴火時等の避難に係る火山防災体制の指針」に基づき，火山防災協議会を設置し，平常時から噴火時の避難について検討を行うこととなっている．防災は，予防，応急，復旧・復興の3段階に分けられ，市町村地域防災計画では通常，「災害予防・事前対策」，「災害応急対策」，「災害復旧・復興対策」の時期別編成がなされる．また，災害種別により対応が異なるため，計画を災害種別ごとに検討し，各地域で必要度の高い災害については個別に編成されることが多い．しかし，現実には各自治体での備えとしては風水害や地震が中心で，活火山を有する多くの市区町村でも火山に対する備えは十分ではなく，地域防災計画に**火山災害対策**の記載がない場合が多い．また記載がある場合でも，「震災・風水害対策編に準拠する」としている場合が多い．火山災害には降灰，火砕流，溶岩流，融雪泥流といったさまざまな現象があり，その規模，頻度，推移も多様である．そのため，発生した現象に応じた**避難計画**が必要となる．北海道上富良野町地域防災計画の火山災害対策編では，十勝岳の火山活動の特徴，災害履歴，噴火の想定などから発生することが予想される事態とその推移を災害対策シナリオとして想定し，その想定に従って計画を構成している．大分県別府市地域防災計画の火山災害対策編では，鶴見岳の噴火に伴う溶岩流，火砕流，土石流の現象別に災害予測範囲および避難者数が記載されている．また，栃木県那須町地域防災計画火山災害対策編では，那須火山の噴火に伴う水蒸気噴火，マグマ噴火のタイプ別に避難所の指定を行っている（神尾，2009；中村，2012）．

8.3.3　噴火に対する広域防災計画

「災害対策基本法」ではそれぞれの自治体の首長が防災責任者であり，避難指示などの命令権者は自治体長に委ねられている．そして対象活火山についての防災マップや地域防災計画は，それぞれの自治体が作成する．日本では大きな山稜などが行政境界となっており，多くの活火山が複数の市町村，あるいは県にまたがって分布しており，気象庁が活動情報や警報を出しても，自治体ごとに住民避難などの対応に違いがあると，発生した状況に迅速で適切な対応が

とれない場合が起こりうる．火山で大規模な噴火が発生すると被害が広範囲に及ぶ(**広域被害**)．甚大な被害や被災地が広大な災害では地元自治体だけでは対応に限界があり，被災地外からの広域的な応援が不可欠となる．火山災害においては噴火発生前後の初期段階から，火山周辺地域から安全な地域への住民などの避難が必要となることがある．このような場合，とくに市町村間の連携や調整(**広域防災計画**)が重要になる．また，火山に接する周辺市町村だけでなく，広域的な避難や避難者の受入れ，危険地域への人や車の立入規制などの対応を考えると，さらに広域を対象に対応する必要がある．とくに当該自治体の防災機能が失われるようなケースや当該自治体内に適切な避難場所を確保できないケースについての防災対応の検討には，都道府県や国の関与が不可欠であろう．このように火山防災では，影響が広範囲に及ぶ事態に備え，事前の広域的な観点での連携体制や防災計画の構築が必要となる．多くの自治体が関わる富士山の防災体制は国の内閣府の主導で防災委員会が構成され，関係自治体や機関の協力体制ができるようになっており(中村，2012)，自治体をまたいだ災害時における関係市町村間での連携体制の構築を目的として，防災会議協議会や連絡会が設置されたり，"相互間地域防災計画"を策定したところもある．それにより，入山規制や避難などの対応がばらばらにならないように，その実施基準などで整合性が図られている．災害発生時に市町村間の連携を円滑にするためには，これらの協議会や連絡会などの連絡会議において，普段から各担当者が顔を合わせ，火山対策について話し合い調整を図っておくことが重要である(福井，2009)．

8.3.4　合同の現地災害対策本部体制

　火山災害を軽減するため，たとえば米国では内務省所属の地質調査所(USGS)が火山災害軽減計画を担当し，カスケード，アラスカ，ハワイの各火山観測所が地域の大学と一体となってその実施を担っている．またインドネシアでは国立火山調査所(CVGHM)が，フィリピンでは火山地震研究所(PHIVOLCS)が，数百人の陣容と多数の観測所を束ねて基礎研究から監視観測，災害対策までを一括して担当している．一方，日本には国の一元的な火山調査研究機関はなく，防災に関わる最終判断は市町村長が担い，火山の基礎研究，監視観測，防災事業はそれぞれ異なる機関が担当し，火山災害に関する専門的助言機構を欠

いている．そのため火山災害にあたり，全体を見渡した戦略的コーディネイト力に乏しく，長期的な視点から迅速で総合的な火山防災施策を進めるうえで課題が多い（藤井，2016；石峯，2016）．

　噴火現象は複雑であり，当該市町村だけでは防災対応の判断や遂行が難しい場合が多い．したがって，事前の広域防災計画の策定とともに，前兆現象などが発生して緊急対策をスタートした時点で，関係機関が合同会議の開催や統合指揮機能を有した合同の現地対策本部を設置するなどして，互いに情報を共有し，協力し合える連携・調整体制を築き，指揮系統を確認しながら連携のとれた対応をする必要がある．とはいえ市町村や関係機関は火山周辺の広い範囲に点在しており，平常時ですら各機関の担当者が一堂に会することは容易ではない．とくに噴火時はそれぞれの市町村や機関での対応があるため，担当者の招集はますます難しくなる．そのような事態に対処するため，広域防災計画に則り，関係機関や関係自治体間での連絡網を整備し，遠隔地においても普段から迅速に情報の共有化を図り，噴火発生時に相互に防災対応の調整を行いやすい仕組みや体制を事前に確立しておくことが重要である．さらには市町村の枠を超えた都道府県や国による火山防災協議会の設置や火山災害支援専門家チーム（石峯，2016）の編成，効率的に多数の組織が連携できる危機管理体制の整備，たとえば複数の中核組織を軸にした多機関調整システムである**インシデント・コマンド・システム**（incident command system：ICS）の構築などが望まれる（宇井，1997a；福井，2009；中村，2012；菅野・斎藤，2013；務台，2013；石峯，2016）．

8.4　噴火シナリオと火山ハザードマップ

8.4.1　噴火シナリオ

　火山災害はその現象が多種多様で，その物理モデルも規模範囲もさまざまで，その推移も複雑である．どのタイミングで各種の規制や避難などの防災対応を実施するか，その判断は容易ではない．それだけに事前にある程度，火山活動の進捗状況と避難などの防災対応の実施時期の目安を定めておくことが，迅速かつ的確な防災対応につながる．そこで防災計画の前提となる"**噴火シナリオ**（eruption scenario)"の策定が必要になる．火山ごとに噴火の特徴（噴火現象の発生順や火口位置など）はさまざまであるが，特定の火山では類似した火山活動が繰り返されることが多い．噴火シナリオは過去の**噴火活動履歴**（eruption history）などから各火山の噴火現象の特徴をとらえ，**前兆現象**（precursory phenomenon）の発生から本格的な噴火に至るまでの推移を時間軸とともに想定するものである．噴火シナリオは火山防災計画の前提として位置づけられるものであり，災害対策本部の設置や入山規制，避難準備から避難など，関係市町村が共通に認識すべき重要な防災対応の実施時期などの目安が明確に示されている必要がある．ただし噴火現象は複雑であり，実際には想定より速い推移で変化する場合，前兆現象がほとんどなく噴火に至る場合などが考えられるため，いくつかのケースを想定して策定しておく必要がある（福井，2009）．その場合の想定外の被害を少なくするために，後述のような火山活動の前兆が発現した後の噴火予測への確率論的な手法の導入が始まっている．

8.4.2　火山ハザードマップ

　火山活動時の登山・入山規制や交通規制，避難などの防災対応については，その実施時期とともに，対象範囲をどのように設定するかが重要であり，噴火シナリオの策定とともに，**火山ハザードマップ**（**火山災害予測図**，volcanic hazard map）の作成が必要となる（荒牧，2005）．ハザードマップには学術的な根拠に基づく火山学的予測図（学術マップ）と，それに地域計画や防災関連情報などを加えた行政資料型予測図（行政マップ），そして，住民や観光客のためにわかりやすく編集した住民啓発型予測図（広報マップ）がある．基本となる火山ハザードマップ（学術マップ）は火山災害実績図などに基づいて，各種噴火現象について，それらの予測影響範囲を地図上に表したものである．降下火砕物や噴石の危険範囲は噴出率などの噴火規模，火口からの距離，卓越風向で変化し，溶岩流や火砕流，火山泥流などの流れ堆積物の分布は地形と火口位置，噴出率や噴火規模で変化するため，災害実績図からハザードマップを作成するには当該火山について十分に経験を積んだ専門家の関与が不可欠である（宇井，1997d；福井，2009）．火山ハザードマップには，**可能性マップ**（potential hazard map）と**ドリルマップ**（drill map）がある（国土庁防災局，1992）．可能性マップは火山現象が及ぶ範囲を網羅的に可能性領域として示したマップであり，ドリル

マップは火山噴火による現象が及ぶ範囲を数値シミュレーションなどによって描いた分布図（宇井，1997d）である．これらの火山ハザードマップに避難所の位置，連絡先，災害発生時にとるべき行動といった各種防災情報を付記したものを**火山防災マップ**（volcanic disaster prevention map）とよぶことがある．

　火山噴火では，火山灰や噴石の放出，溶岩流や火砕流の流下，さらに泥流の流下など，多様な現象が幅広い範囲，規模で起こる．この多彩な災害現象の表現方法は，ハザードマップによって伝える相手と内容に応じて工夫が必要である．危険度表示タイプは，火山ごとに過去の噴火特性を調べ，どこが危険かを，そこで起こりやすい現象を組み合わせて明示し，危険の度合いで色分けするなどして表示したものである．火山災害現象は他の自然災害と比べて多様で複合的に発生することが多く，それぞれの現象の特性によって防災対応の方法が異なる．そこで災害現象ごと，あるいは関連する現象の組合せごとに危険範囲を示し，それらを重ねて示したものが複数現象重ね合わせ表示タイプである．岩手火山の例を図8.2に示す．現象別表示タイプは災害現象ごとあるいは関連する現象の組合せごとに危険範囲を示したものであり，災害実績表示タイプは当該活火山における過去の噴火実績の影響範囲を示したものである．可能性表示タイプは火口の特定が難しい場合など，想定されるすべての影響範囲を現象ごとに網羅的に示している．噴火警戒レベル対応表示タイプは噴火警戒レベルごとの規制範囲を示した新しいタイプである．このタイプのマップ作成にあたっては，しばしば都道府県をまたぐ複数の関係市町村の防災対策と一体化を図る必要があり，事前調整が不可欠である（安養寺，2009b）．火山ハザードマップや火山防災マップの作成と配布は，関係自治体が主体となって行うものである．自治体の多くでは成果印刷物の資料保存期間が5年程度で，それを過ぎると適宜廃棄されるため，一般に発行年度の古い資料を入手することは難しいが，日本国内の活火山について地元自治体などが作成したハザードマップは『日本の火山ハザードマップ集』（中村ほか，2006）に集約され，防災科学技術研究所のURL（http://www.bosai.go.jp/library/v-hazard/）で公開されている．

8.4.3　被害想定

　ハザードマップ活用のひとつに，起こりうる影響や被害程度を具体的に見積もる**被害想定**（damage estimation）がある　わが国では防災対策は一般に公共

第 8 章 火山防災・火山減災

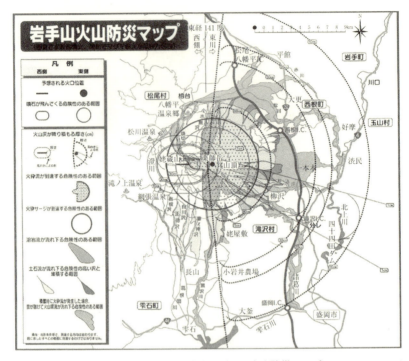

図 8.2 岩手火山での多種類の噴火災害を予測した火山防災マップ（岩手山防災マップ検討委員会，1998）

岩手火山では 1998（平成 10）年 3 月から火山性群発地震，山体膨張，地熱異常が始まり，噴火のおそれありとして急遽作成されたのが図に示した火山防災マップである（荒牧，2008）．この 1998 年岩手山噴火危機にあたっては，研究者，行政機関，報道機関，そして住民が連携して地域の安全を確保する火山防災が実践された（斉藤，2009）．

事業として実施される．そのため，防災対策の必要性を説明するために，予想される被害を定量的に算定すること（経済的被害額算定）が求められる．それに基づいて対策費用などが割り当てられ，事業として進められることになる．被害程度は一般に被害額で表現される．公共事業としては，対策実施に要する費用と被害軽減額の比（費用対効果）が 1 以上になることが前提となる．人命や被災による精神的ダメージなどを金額換算することは難しいが，被害程度を定量的に把握することは，防災対策の必要性を認識し，推進するうえで重要である．被害の想定は，ハザードマップの検討で得られた数値シミュレーション結果と資産データの重ね合わせによる．災害現象ごとの数値シミュレーション

8.4 噴火シナリオと火山ハザードマップ

において，水深（流動深），流速分布，土砂堆積深などを数値化して，これらの値を用いて被害率を設定する．被害の程度は原資産の評価値に対して，被災状況を表す被害率を乗ずることによって定量化される．資産評価方法や被害率は災害種類によって異なるが，洪水被害の想定では「治水経済調査マニュアル」（国土交通省河川局）に示されている．火山噴火災害では，起こりうる災害の種類が多様であり，これらの被害を包括的に評価する手法が確立しているわけではない．火山周辺の土砂災害の被害想定についても，北海道駒ヶ岳1926（昭和元）年火山災害や，降灰被害については富士山の事例などがあるが，全国的に十分に実施されているとは言い難い（安養寺, 2009b）．なお，噴火活動に伴う降灰予報については，2007（平成19）年11月の「気象業務法」の改正を受けて，火山現象予報のひとつとして2008年3月から発表が開始され，2015（平成27）年3月からは火山礫の予想落下範囲を含む定時の情報，噴火直後の速報，噴火後の詳細予報からなる新しい降灰予報の提供が始まっている（山里, 2015；新堀, 2016）．

8.4.4 火山防災の課題とこれからのハザードマップ

これまで火山ハザードマップの作成にあたっては，可能性の高い災害を特定し，それに応じた防災対応を地域防災計画に記載していたが，しばしば記載されていなかった事象が発生している．この想定外の事象による被害を少なくする方法として，確率論的な噴火予測や評価の視点を取り入れて火山防災体制を構築するやり方がある．その場合，それぞれの火山について，推移する活動の各分岐に事象の発生確率を付した**噴火イベントツリー**（噴火事象系統樹, eruption event tree；確率系統樹, probabilistic tree）を作成し，それをもとに噴火シナリオを検討して，俯瞰的に必要な防災対応を検討する．ここで重要なことは，噴火イベントツリーには低頻度の大規模災害も含めた起こる可能性のあるすべての災害とリスクを網羅する点である（Newhall and Hoblitt, 2002；中村, 2012；中田, 2016）．図8.3に有珠火山についての噴火イベントツリーを示す（中田, 2016）．噴火イベントツリーは経験的かつ統計的な観点から噴火イベントの推移，分岐を記述したものであるが，噴火過程とその支配要因で分岐を構成する**噴火メカニズムツリー**（eruption mechanism tree）の作成や，物理モデルによる予測と観測データのインバージョン解析を組み合わせたデータ同化による各

第8章 火山防災・火山減災

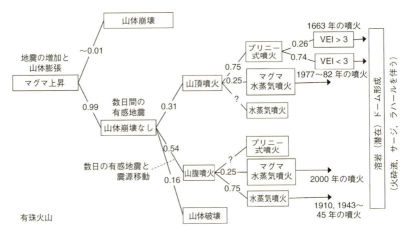

図 8.3 有珠火山の噴火イベントツリー（中田，2016）
有珠山は 7,000～8,000 年前の山体崩壊ののちに，1663 年から噴火活動を再開し，それ以降，山頂で 5 回，山腹で 3 回の噴火を起こしている．これまでの噴火の記録や観測に基づいて作成された噴火イベントツリーを示す．枝上の数字は発生確率である．（曽屋ほか，2007；中田，2016）．

分岐での確率計算への道程も検討が始まっている（中村，2011；小屋口，2016）．

　火山噴火を原因とする災害現象が多種多様であることから，防災対策もこれに対応したものであることが要求される．火山災害の危険度評価あるいはリスク管理にあたっては，当該火山で起こる可能性のある災害要因ごとのその時々での発生確率，それが与える脅威，それに対する当該地域の暴露性や脆弱性，そして予想される損失などを定量的に評価し，それぞれに対して重要度，優先度の重みをつけながら確率的な処理をほどこして積算し，全体のリスクスコアを得る．各分岐での事象の発生確率の推定には，その火山に詳しい専門家らの判断，地震発生回数，最大マグニチュード，ひずみや火山ガスの有無，噴気温度などの観測項目の評価値から確率密度分布を求める方法，類似火山のケースを利用する方法などがあるが，現在その手順が確定しているわけではなく，その確度を上げる努力が続けられている（中村，2012；中田，2016）．米国における危険度評価の結果（Ewert *et al.*, 2005）によると，米国で最も**脅威度値**（threat score）が高いのはキラウエア火山（325）で，セントヘレンズ火山（267），レニアー（Rainier）火山（244）と続いている．米国での手法を日本の火山にそのまま適用すると，桜島火山についてはキラウエア火山に次ぐ高い値（270）が算出

8.4 噴火シナリオと火山ハザードマップ

されるが，これはわが国での活火山周辺での土地活用度が高いことによると思われる（中村，2012）．

火山ごとの噴火イベントツリーに基づいた危険度評価がなされ，ハザードマップとリスクマップが整備され，公表されれば，それに基づいて個々の災害現象の特徴を踏まえた初動対応，発災時の応急・緊急対応，災害長期化対応，復旧・復興対応など，噴火の推移に沿った対策が可能となる．これらの防災対応を適切かつ効果的に実施するためには，活動状況の変化を的確にとらえながら推移を予測し，さまざまな対応策の有効性を判断する必要がある．防災行動の判断材料となる**災害情報**（hazard information）には，正確性，迅速性，そして情報内容の適切性や必要量が満たされていることが大切であるが，同時に防災関連機関がそれぞれの役割を全うするために必要な情報を確保しつつ，機関間で**情報共有**することが重要である．その際に最も重要な情報が，噴火シナリオ（噴火イベントツリー）に立脚したハザードマップであり，噴火活動が推移するなかで被災状況の進行と変化に対応して新たな条件を取り込んだ予測結果を迅速に示す"**リアルタイムハザードマップ**（real-time hazard map）"であろう（安養寺，2009e；f）．これを現場できちんと機能させるためには，火山の常時監視・観測体制と噴火情報の迅速な伝達システム（装備），対象地域の防災基礎インフラ，噴火シナリオ（噴火イベントツリー）や噴火現象ごとのシミュレーションなど（基盤情報）が事前に整備されており，予測結果を受け取る自治体の防災体制（人員）が整っていて住民避難などの意志決定システムが機能する必要があり，それらの運用をサポートする法律（予算）が必要である．そしてどのような段階においても，その時点での災害リスク評価の実施は長期的な防災対応構築の基本となる（中村，2012）．

地域における防災体制構築の基礎となるハザードマップやリスクマップの整備にあたっては，防災基礎インフラの整備が重要であるが，その核となるのが**ArcGIS**などの**地理情報システム**上に構築された精度の高いデジタル地域基礎情報データである．防災基礎インフラの整備には，まずデータファイルの共通化を進める必要がある（中村，2012）．今後は，進行する地表変形をドローンなどの機材でリアルタイムに取得しながら，変動する地形データを無線で受けて数値化し，インターネットのクラウド上でルーティン化した数値シミュレーションを高速で繰り返すといったハザードマップ更新のルーティン化，リアル

タイム化が望まれる．また，そのようなシステムの有効な活用には，火山活動の推移を追う火山観測や噴出物調査などとの緊密な連携による的確な情報の取得と，それらの一体化された情報に基づく対策基地での迅速な判断が重要である．事態の推移が一様ではない火山災害においては，事前に複雑な活動推移に対応可能な防災対策を準備しておくため，予想される噴火の推移に沿ってどのような現象がどの範囲にどの程度の影響を及ぼすかを時系列で示した噴火シナリオ対応型ハザードマップを作成し，それに基づいて避難計画や緊急対策を，事前に検討しておくことは重要である（安養寺，2009f）．住民に**避難勧告**や**避難指示**を発令する際に，ハザードマップはきわめて重要であるが，情報伝達にあたっては，その方法により，伝えることができる情報にはさまざまな制約がある．さまざまな状況におかれている住民や観光客に，広く，正しく情報を伝えるためには，緊急地震速報の携帯電話やスマートフォンへの配信に対応する多様な情報発信方式を併用し，必要とする人々に，必要とする現況とその変化を継続的に発信することが重要である．

8.5　火山情報：噴火警報と噴火警戒レベル

8.5.1　噴火災害の特質と火山情報に求められる要件

　火山防災では，噴火前の平常時においても，噴火が始まってからの応急対応時期においても**火山情報**の果たす役割が大きい（小山，2005；藤井，2016）．これは，火山噴火現象が地震や風水害などと比べて**発生頻度**（event frequency）が低く，活動規模が小規模なものからきわめて大規模なものまで広範にわたり，ときに長期的で広域的な災害をもたらすためである．過去1万年以内での噴火活動記録の存在が活火山の定義のひとつであるが，この1万年あるいは多くの火山でみられる数百年という活動の時間間隔は個々人はもちろん，地域社会レベルでも，噴火体験や対応を蓄積し，伝承していくには難しい長さである．そのため，個々の火山についての噴火の可能性や噴火形態の推測は噴火活動履歴や地質学的特徴に関する専門的な知見に依存するところが大きく，ハザードマップの重要性はそこにある．さらに噴火の切迫性を判断するには，無感地震，山体膨張，マグマの上昇といった現象の観測が不可欠であり，噴火活動履歴や観

測結果に関する専門的な立場からの評価が必要となる．このため火山情報の収集と発信は専門家への依存度が高く，噴火災害では専門家と一般住民の知識の乖離が生じやすい．一般住民の噴火災害に対する理解を深め，防災対応を進めるには，平常時からの**防災教育**が重要である．しかし，防災教育が効果をもつには時間を要する．そこで，防災教育を進めながらも，命を守る情報である以上は，いざというときの緊急時の情報は専門知識がなくとも，一般住民にとってわかりやすい情報であることが求められる（田中，2009a）．また，火山情報の発信にあたっては，一般に人々は自然災害に対して，災害の直前まではまさか自分が被災することはないと災害を軽視して無防備となり（正常化の偏見），一方で災害発生後はまた災害が起こるのではないかと過度に恐れる心理がはたらき，誇張情報や虚偽情報によりパニックを起こす傾向があることを十分に認識して，そのタイミング，内容，発信頻度に配慮することが重要である．災害発生前はその災害の危険性を具体的に繰り返し強調する必要があり，災害発生後は誤解を招かないような表現によって正確に事態を伝え，情報の混乱を避けるのが望ましいが，それには適切なガイドラインが不可欠であろう（廣井，1997；石峯，2016）．

8.5.2 噴火警報と噴火警戒レベル

気象庁は 2007（平成 19）年 12 月より「気象業務法」を改正して，"**噴火予報・警報**（volcanic warning）"および"**噴火警戒レベル**（volcanic alert level）"を導入した．また 2015（平成 27）年 8 月から登山者への迅速な情報伝達を目的とした"**噴火速報**"の発信が始まっている．このうち，噴火警報は全国の監視対象となっている活火山において，噴火や活動の異常が認められ，その影響が居住地域や火口周辺に及ぶと予想された場合に発表される．また，防災対応を含んだ噴火警戒レベル（図 8.4）は，準備が整った火山から順次導入される．噴火警報の対象範囲は，居住地域と火口周辺に分けられている．居住者にとっては避難のコストはきわめて高い．避難生活は不便で大変だし，観光業や農業，漁業などの従事者はそれにより生計の道を絶たれることもある．他方，**火口周辺警報**（near-crater warning）による規制は登山客や観光客がおもな対象であり，その避難コストは居住者と比べると圧倒的に小さい．居住者の生活を守りながら観光客などの命を守るために，両者を明示的に分けた警報体制となって

第 8 章 火山防災・火山減災

名称	対象範囲を付した警報のよび方	対象範囲	レベル（キーワード）	火山活動の状況
噴火警報	噴火警報（居住地域）⇩（略称）噴火警報	居住地域およびそれより火口側	レベル5（避難）	居住地域に重大な被害を及ぼす噴火が発生、あるいは切迫している状態にある。
			レベル4（避難準備）	居住地域に重大な被害を及ぼす噴火が発生すると予想される（可能性が高まってきている）。
	噴火警報（火口周辺）⇩（略称）火口周辺警報	火口から居住地域近くまでの広い範囲の火口周辺	レベル3（入山規制）	居住地域の近くまで重大な影響を及ぼす（この範囲に入った場合には生命に危険が及ぶ）噴火が発生、あるいは発生すると予想される。
		火口から少し離れたところまでの火口周辺	レベル2（火口周辺規制）	火口周辺に影響を及ぼす（この範囲に入った場合には生命に危険が及ぶ）噴火が発生、あるいは発生すると予想される。
噴火予報	—	火口内など	レベル1（活火山であることに留意）	噴火活動は静穏。火山活動の状態によって、火口内で火山灰の噴出などが見られる（この範囲に入った場合には生命に危険が及ぶ）。

図 8.4　噴火警戒レベル（気象庁）

気象庁は 2007 年 12 月 1 日より，"噴火警報" および "噴火警戒レベル" を導入した．噴火警報は全国の活火山を対象に，居住地域や火口周辺に影響が及ぶ噴火が予想された場合に発表される．噴火警戒レベルはレベルごとに，火口周辺規制，入山規制，避難準備，避難といった行動指示や，居住地域，火口周辺といった対象範囲が明示されており，住民にとってはわかりやすいものとなっている（田中，2009a）．ただし，噴火警戒レベルの導入は準備が整った火山から順次導入されることになっているが，防災対応は当該自治体の地域防災計画のなかに明示的に示される必要があり，個々の火山について噴火警戒レベルを導入するための検討など準備作業が必要であり，その導入は 2012（平成 24）年時点で 30 火山に限られている（中村，2012）．

いる．ただし火山によっては居住地が火口に接近していて，区分が現実的には難しい地域もある．一方，防災対応の情報が含まれた噴火警戒レベルの導入によって，従来の，警報を受けての防災対応を各自治体の独自の判断（意志決定）に委ねる方式から，火山活動の状況に応じて警戒が必要な範囲，行政や防災機関，住民らのとるべき防災対応を，噴火警戒レベルによって関係自治体に明示する方式となった．これにより現段階が噴火過程のどの段階にあり，どの程度危険性が増しているのかなどを明示することが可能となった．専門的な評価・判断を住民の行動に結びつけるには，情報がわかりやすい必要があり，そのためには情報に行動指示が含まれていることが望ましい．その点で，現在の約 30 火山における噴火警戒レベルの導入は大きな改善であり，導入火山のさらなる増加が待たれる（田中，2009a）．

8.5.3 火山情報と地元市町村の防災対応

火山活動に異変が生じた場合，東京の気象庁，札幌，仙台，福岡の管区気象台に置かれた火山監視・情報センターから所管の火山ごとに火山情報が発信され，都道府県や市町村，関係機関などへと伝えられる．さらに周辺住民や一般市民には，市町村の広報や報道機関を通じて伝達される．また，気象庁長官の私的諮問機関である**火山噴火予知連絡会**が観測結果に基づいて火山活動の総合評価を行い，必要に応じて統一見解や会長コメントとして発表する場合もある（廣井，1997；藤井，2016）．気象庁が発信する火山情報は，居住地域や火口周辺への噴火の影響度合いを報じるものであり，自治体が各種防災対応の意思決定を行ううえで重要な判断材料となる．火山の活動状況や情報の内容によっては，法律で決められた発令権者である地域の市町村長が，住民に対して避難勧告・避難指示などを発令するかどうかを判断する必要が出てくる．的確かつ迅速に避難に関する判断を行うためには，複数の情報伝達経路と情報伝達手段によって火山情報が短時間で確実に当該市町村へ伝達されることが重要である．一般に，住民などには市町村の広報や報道機関の報道によって火山情報が伝えられる．市町村長は火山活動の状況や火山情報の内容から避難などの必要があると判断した場合には避難勧告や避難指示などを発令し，防災行政無線や広報車などで住民に通報する．火山地域においては，周辺の観光施設を訪れる観光客，登山や自然観察，山菜採りなどを目的とした登山者・入山者が多くみられ，これらの人たちへの情報伝達は一般には難しい．今後は，今日多数の住民が利用している携帯電話やスマートフォンなどへの，迅速な噴火速報の一斉通信が重要な伝達手段となろう（神尾，2009；熊谷，2009；藤井，2016）．

噴火警戒レベルの発信が機能するためには，噴火警戒レベルの導入にあたり，関係自治体が"警戒が必要な範囲"，"とるべき防災対応"をあらかじめ検討し，地域防災計画を整備し，議会の承認を経て住民に周知する必要がある．噴火警報は火山活動の現況と今後の予測に関する情報である．自治体などの意志決定機関にとっては，住民に向けての防災対応の判断をするための決定的に重要な基礎情報となる．発信する側の火山や防災の専門家が火山活動の推移を検討し，ある火山現象をあらかじめ想定したとしても，発生頻度が低いなどの理由でその情報が含まれずに発信された場合，情報を受ける側ではその現象は想定外と

なる.通常,公的な地位にあり情報を保持している者あるいは情報流通の鍵を握る者による,開示すべき情報を限定することで災害対応現場での負担や混乱を避けようとの判断が,それにより現場をミスリードして犠牲者を生むことも起こりうる.また,従来の発生の可能性が高い事象のみに限定した決定論的な防災対応では,特定の事象についての防災対応のみが検討され,実施されて,しばしば想定外の事態をまねくことになる.今後はリスク・コミュニケーションを踏まえながら,各火山で発生しうる火山現象を確率値の低い低頻度の事象も含めて確率予測し,それに基づいた確率論的視野での防災体制をあらかじめ検討することにより,自治体や住民の防災対応の仕方に幅をもたせる必要がある.その際,火山災害支援専門家チームなどを編成し,発生確率を含めた俯瞰的で的確な評価・判断を迅速かつ的確に下すとともに,必要なところに正しく伝達する制度と仕組みの整備が重要であるが,それには事前の防災訓練などを通して醸成される情報発信者である専門家と現地防災担当者との間の信頼関係が不可欠であろう(中村,2012;石峯,2016).

8.5.4 マスコミによる情報伝達

住民に噴火速報などの火山情報を伝えるにあたって,全世界に瞬時に情報を伝えられるマスコミの果たす役割が重要である.伝えられる情報は,緊急時の噴火警報や避難勧告,避難指示などのみならず,今後の活動の推移や見通し,防災対策の実施内容などに加え,平常時における将来の噴火の可能性や予想される災害についての解説など,事前対応から復興期までのすべての時期における住民の情報入手の主要な手段となっている.住民は通常,予報や警報をマスコミを通して入手し,市町村が発表する避難勧告,避難指示もテレビやラジオ経由で入手する場合が多い.場合によっては噴火の発生そのものや,噴火後の生活支援に関するさまざまな情報もマスコミ経由で得ることが少なくない.取材で得られた被災中の自宅や街などの様子のみならず,火山活動状況や見通し,長期的,あるいは緊急的な行政の対策,援助物資,義援金などの生活資金,医療や介護サービス,子どもの教育などに関する情報を,テレビをはじめとする放送を通じて取得することが多い.テレビによる噴火の放映が,周辺市町村での避難者受入準備を促したり,ボランティアによる被災者支援の契機となるとともに,多くの人々が火山噴火報道に触れることにより,同じ火山を抱える地

域での事前教育ともなる（田中, 2009b）.

8.6 噴火時の避難と生活支援

8.6.1 避難体制と警戒区域の設定

　火山噴火が発生した際は，一般に被災範囲が広く，また火砕流から身を守れる建物は存在しないことなど，防災施設による対応には限界がある．また発生が低頻度であるため，安全な場所への転居を促す立地誘導も容易ではない．そのため，火山噴火においては，他の災害の場合よりも避難対策が重要となる．2000（平成12）年に起こった有珠山噴火においては，噴火に先立つ2日前の2000年3月29日午前11時すぎに「今後数日以内に噴火が発生する可能性が高くなっている」との**緊急火山情報**（emergency volcano information）が発表された．さらに同日午後3時過ぎから旧虻田町では避難勧告が避難指示へと強化され，住民がすべて避難したことにより，住宅地のすぐ近くで噴火したにもかかわらず人的被害を出さずにすんだ．この有珠山の場合だけでなく，三宅島でも全員が避難しており，他の災害に比べて避難率は高い．これは，これらの地域では多くの人が噴火経験をもち，また危険を知らせる有感地震が続いたという好条件があったことに負うところが大きい．ただし避難生活が長引いた結果，多くの人が避難所をたびたび移っており，避難者はそこで種々の問題に直面している．また被害の拡大と長期避難によって，人々の生計基盤も大きく揺らぎ，噴火の地域経済への影響は甚大であった（田中, 2009b）.

　円滑に避難を進めるためには，市町村による避難勧告，避難指示の発令がきわめて重要であり，住民の多くは避難勧告を受けて避難を開始している．避難勧告などは可能なかぎり早く発令する必要があるが，そのためには事前に明確な基準を決め，市町村長不在時の権限委譲なども具体的に決めておくことが必要である．また，現段階で噴火を完全に予測できる保証はなく，気象庁による噴火警報の発令が間に合わず，市町村として独自に避難を判断せざるをえない場合が起こりうる．市町村の防災担当者が数年で異動し，経験知が蓄積されない状況があるなかでも，現地住民や入山者などから当該火山の活動の変化に関する情報提供を受けるなどして，活動の変化をつねに把握できる仕組みをつくって

おくなど，市町村自体による防災体制を構築しておくことは重要であろう．また，火山地域によっては多数の観光客が火口周辺にいる場合もあり，この場合は，火山情報をほとんどもたない人々に警報や避難勧告などを伝え，迅速な避難を可能とする対策をとっておくことが重要である．主要道路や要所に避難経路を明示したり，宿泊施設や食堂などに火山ハザードマップを掲示して，注意を喚起するなどの対応が必要となる．また，高齢者を含む災害時要援護者対応も求められる．壮瞥町では有珠山噴火時に，高齢者などを早めに町で用意した避難手段であるバスによって避難させた．この場合，避難が複数の市町村にわたるため，受入先の市町村との連携が必要となる．広域的な避難オペレーションでは，円滑な避難を実施するために連携のとれた避難実施体制が求められ，市町村火山防災協議会などで連携のとれた対策と協力関係を事前につくっておくことが重要である．共同で防災・減災事業を企画し，運営することは，限られた人材と財政下で有効な対応を策定するうえでもきわめて重要である（田中，2009b；藤井，2016）．

なお，住民の生命を守るための避難勧告，避難指示については，これに従わない者に対する罰則規定はないが，立入を制限または禁止する"警戒区域"については，市町村長の退去命令に従わなかった者には罰金または拘留という罰則規定がある．そのため，警戒区域内での生活や経済活動は全面的にストップする．その結果，防災対応により地域社会が存続の危機に瀕する場合も発生しうる（廣井，1997；石峯，2016）．

8.6.2　避難生活の支援と生活再建対策

火山災害時の生活再建は，他の災害に比較してきわめて困難なことが多い．生活再建にあたっての長年の懸案であった住宅の再建については，「被災者生活再建支援法」が 2007（平成 19）年 12 月に改正され，被災者生活再建支援金が住宅の修繕や再建に使えるようになった．避難生活を支援する法制度が不十分なことから，火山災害が発生するたびに当該自治体は必要に迫られて，独自に避難者の生活支援を行っている．雲仙普賢岳火山災害では，"食事供与事業"が，有珠山火山災害では"生活支援事業"が，三宅島火山災害では"災害保護特別事業"が実施された．またおのおのの災害で生活費の貸付事業も実施されている．今後は，避難解除後にスムーズに生活再建に取り組めるようにするた

めに必要な恒久的な避難生活時の支援制度の創設が望まれる．これまでの災害ではあまり積極的に支援されてこなかった自営業者への支援も重要である．自営業者が廃業に追い込まれれば，当然，そこに雇用されていた人たちは失業してしまうことになり，これらの人たちは新たな仕事を求めて地域を離れてしまう可能性がある．人口の流出は即地域経済の衰退につながり，結果的に復興は暗礁に乗り上げてしまうことが予想される．このような事態を回避するためには，復興時の自営業者への支援はきわめて重要である．火山災害は長期化することが多く，そのため避難期間は長くなる．避難所や応急仮設住宅などでの長期にわたる避難生活のなかで避難者から出される要望は多種多様である．しかし現行の法制度では，それらの個々の要望に十分に対応できないのが実情である（木村，2009）．

8.7 火山砂防計画

8.7.1 火山砂防計画の背景と経緯

日本では，歴史時代から火山噴火やその影響によって多くの災害が発生している．かつては回避できない災害としてあきらめられていたが，近年は火山災害に対する防災対応が要請されるようになってきた（松林，1991）．これまで桜島火山などで，火山山麓の大規模な土砂移動（sediment movement）に対応した砂防事業が展開されてきたが，1977（昭和 52）年の有珠山噴火を契機に，噴火に伴う降灰の影響によって頻発する土石流対策の重要性が強く認識されるようになった．そのようななかで過去約 40 年間に発生した主要な火山噴火では，そのつど防災対応の課題が明らかとなった．当時の建設省では，度重なる火山地域の土砂災害に対応するため，1981（昭和 56）年より火山における土石流災害に対処する"火山等緊急対策砂防事業"を創設して，噴火の影響を考慮した砂防事業の実施に着手している．1989（平成元）年度に火山地域における噴火に伴う土砂災害対策は"火山砂防事業"として進められることになったが，これが対象とする土砂移動現象とその規模は大きくなることが多く，必要な砂防施設の整備には多くの事業費と長い整備期間を要する．火山砂防施設の整備中に噴火が発生した場合に，人命の保護を目的として火山地域住民の警戒避難体

制の整備を助けるため，1992（平成4）年度には"火山噴火警戒避難対策事業"が創設された（安養寺，2009d）．

8.7.2 火山砂防の枠組み

砂防とは，浸食，崩壊，土石流などによって土砂が生産され，それが下流に流出して家屋，道路，鉄道を破壊したり，農地，貯水池などに堆積して被害を与える，いわゆる土砂災害を防止，軽減しようとする行為をいう（松林，1991；水山，1997）．火山砂防の計画は対象とする土砂移動現象が発生する場の条件によって，降雨対応と噴火対応に区分される．前者は主として噴火の影響がない時期における降雨に起因して発生する土石流などの土砂災害対策を実施するために策定される．後者は噴火に伴って発生する溶岩流，火砕流，融雪型泥流などの土砂移動現象と，降灰や火砕流堆積物が被覆した渓流において連続的かつ集中的に発生する土石流に対する土砂災害対策を実施するために策定される．とくに噴火対応火山防災計画では，噴火前からあらかじめ整備を進めて緊急時に備える基本対策と，噴火前兆期や噴火活動中に火山活動状況や土砂流出状況に応じて実施する緊急対策から構成される（安養寺，2009d）．

火山砂防基本計画では，ハード・ソフト両対策を合理的に組み合わせて策定することになっているが，実際には予算や用地などの制約があるため，ソフト対策が先行して実施されるケースが多い．ソフト対策では，火山災害予想区域図作成と土砂移動監視体制の構築が主要な項目である．前者は想定する土砂移動現象に基づき，数値シミュレーションなどを実施して，現象ごとに影響範囲を予測する．とくに数値シミュレーションを用いることによって，被害予測につながる流動深や流体力などの物理量が推定できることが特徴である．これらの物理量は相対的な数値であるが，浸水が床上か床下か，木造家屋が全壊するのか，土砂がどの程度堆積するのかなど，ある程度具体的な被災イメージに置き換えられることから，きめ細かな防災対策を事前，あるいはリアルタイムに検討するうえで有効である．一方，土石流警戒避難システムなどの土砂移動監視体制は，土砂移動の観測・検知，収集・分析，情報伝達という一連のプロセスを踏んで現地作業従事者や市町村役場などに届けられ，施工の安全を確保し地域の役に立つ防災情報を提供する．観測・検知系では，おもに降灰斜面での土石流発生に対応する雨量計，小型レーダー雨量観測システム，土石流発生検

知センサーや渓流監視カメラなどが設置され，得られたデータはテレメーターシステムや光ファイバー網で収集，分析され，関係機関に配信される（水山，1997；安養寺，2009d）．

8.7.3　ハード対策の検討手順と緊急ソフト対策の重要性

　火山砂防計画のハード対策においては，基本対策として平時から着実に対策の効果を上げていくための施設配置が検討される．その基本は想定される土砂移動現象に基づいた火山災害予想区域図である．そこで予想された被害を防止軽減するために必要な砂防施設の工種，規模，配置などを検討する．これには土砂移動現象ごとの流動特性や地形条件などを考慮し，数値シミュレーションで施設効果を確認しながら最適案を探すことになる．その際，想定される複数の土砂移動現象に対して，より効果的な施設効果を発揮できる案を探す必要があり，たとえば，しばしば繰り返し発生する土石流に対しては，土砂捕捉効果を持続させるための除石工の検討が重要となる．選定された**火山砂防施設配置計画**に対しては，静穏期の環境影響評価や事業費と被害軽減額との比較による投資効果などの事業推進のための検討を加えて，実施に向けた**砂防施設整備計画**とする．このとき参照した火山災害予想区域図が，短期間における土砂移動現象のみを想定したものではなく，当該火山の火山活動全般に十分配慮したものであることが重要である．ハード対策の施設整備には時間を要し，計画した施設建設が噴火開始に間に合わないことも起こる．そのような場合に備え，事前に応急・緊急対応として行う施設建設や機能回復工法を検討しておくことは重要である．この場合は，噴火活動の活発化あるいは開始に伴って火山体周辺で生起する状況を的確に把握しながら，臨機応変な対応に当たれるような準備などを事前に検討しておくことになる．実際に噴火が始まった場合の緊急ソフト対策は人命の安全確保を第一に進められるが，同時に緊急ハード対策の実施を支援するための情報収集が求められる．とくに想定外の現象発生や火口形成などに対して観測と調査による情報収集などを実施し，それに基づいて応急ハザードマップを作成し，関係各機関に提供することは，火山防災対策の効果を高め，根本的な減災につながるソフト対策として，きわめて重要である（安養寺，2009d）．

8.7.4 緊急対策ドリル

火山噴火時に緊急減災対策を実施するにあたっては，火山性地震の発生回数の増加などを参考に，手戻りの少ない対策項目の実行や準備などを始める必要がある（図8.5）．たとえば，既設砂防ダムの除石工は通常時の土砂流出にも効果があるので，対策として確実性が高い．対策項目を**噴火シナリオケース**（eruption scenario case）に基づく噴火現象や土砂移動現象などの時間経過に合わせて，とるべき対策の手順を示したものが"**緊急対策ドリル**"である．緊急対策ドリルはハード対策とソフト対策からなるが，両対策は相互に補完して減災効果を高めるよう組み合わせる．噴火の前兆現象が複数観測され，噴火の可能性が高くなった時期が緊急対策を始めるタイミングとなる．前兆現象が現れる期間が短い火山もあり，対策開始のタイミングを図るのが難しいこともある．緊急対策ドリルには，具体的な対策項目をイメージしておくことによって，実際の噴火活動の推移に対して臨機応変な対応がとれるよう訓練するという意味合いもあり，さまざまな状況を想定しながら実施訓練を重ね，対策の確実性を増す努力が必要である．噴火が始まり，火砕流や溶岩流が発生しはじめると，直接影響の及ぶ区域で砂防施設の建設などを継続することは困難となる．火口の移動や噴出率変化などを観測しながら，状況に応じて影響区域を特定し，人命を守ることが最優先される．このような**リアルタイムハザードマップ**は，効果的な応急砂防施設を建設する適地の選定や，周辺市町村の警戒避難区域の設定など，緊急防災行動に不可欠なものである．火砕流堆積物や火山灰で被覆された山地渓流からの土石流対策は火山の活動推移を注視し，安全性を判断しながら迅速に実施する必要がある．事前に噴火活動の継続期間を予測することは困難であるが，一般にはマグマ噴出率の減少あるいは停止や，山体の膨張が収縮に転換するなどの変化に基づいて判断する．マグマ噴出が停止すると噴火現象による災害のおそれは少なくなるが，噴火活動で荒廃した山地の侵食は噴火終息後も長期間継続することが多く，砂防対策はしばらくは継続して実施する必要がある（安養寺，2009e）．

8.7.5 緊急・危険時の無人化土木施工

火山防災におけるハード対策には砂防ダムや堤防（導流堤），遊砂地などの防

8.7 火山砂防計画

時間経過(目安)	数ヶ月〜数日前	数時間〜1日	数日〜数年	数年〜
	火山活動の高まり	前兆現象	噴火発生・継続	噴火終息
噴火シナリオ	火山活動の高まりを想定させる諸現象 	火道内のマグマ上昇加速に伴う諸現象 	・噴火の発生 ・噴煙 ・火砕流の発生 ・溶岩流の発生　など 	噴火活動の低減 
現象の監視	火山監視・観測結果	・地震多発(地震計) ・地殻変動(傾斜計、GNSS) ・火映、有色噴煙(目視、高感度カメラ)	・地殻変動(傾斜計、GNSS) ・BH型地震の急増(地震計) ・鳴動 ・小規模噴火	・噴煙(目視、高感度カメラ) ・爆発地震(地震計) ・空振動(空振計) ・地殻変動(傾斜計) ・火山ガス(DOAS) ・火砕流(目視、高感度カメラ)	・地震回数減少 ・山体膨張停止→収縮
	土砂移動災害現象	・豪雨時の土石流発生		・噴火に伴う融雪型火山泥流 ・降灰、火砕流などの土石流頻発	・土石流頻発が継続 ・徐々に発生回数減
噴火災害対策ドリル(ハード・ソフト)	県・市町村などの対応	・情報収集	・情報収集 ・入山規制 ・噴火警戒準備 ・避難計画の確認・検討	・警戒体制、警戒区域の設定 ・避難所開設、避難 ・被害状況の確認	・段階的避難解除 ・復興の準備と開始 ・被災者支援
	火山噴火緊急減災対策砂防計画(ハード・ソフト)	・情報収集 ・既設砂防ダムの除石 ・ハード・ソフト対策準備 ・監視機器の緊急配置 ・関係機関への情報提供	・リアルタイムハザードマップの確認準備 ・緊急減災ハード対策開始 ・関係機関への情報提供	・リアルタイムハザードマップの実行 ・降灰、火砕流、溶岩などの分布範囲調査 ・噴火状況にあわせた緊急対策の実施 ・関係機関への情報提供(土石流発生基準雨量など)	・降灰、火砕流堆積物の分布に応じて、緊急対策工施工、除石など対策実施 ・関係機関への情報提供

図 8.5 緊急対策ドリルの進捗イメージ（安養寺、2009c）

防災の計画段階で災害規模を決定することは難しい。実際には複数の噴火シナリオのなかから、被害範囲が広く、発生する可能性が高いケースを選んで、具体的な対応策を"対策ドリル"として検討する。対策ドリルの中で扱う可能な現象のタイミング、実施場所、実施時期、対策実行体制などについてまとめることは重要である。これらの項目を規定する条件は社会状況で変動するため、条件の見直しと方針の再検討が必要となる。対策項目を噴火シナリオに基づく噴火現象や土砂移動現象などの時間推移にあわせて、とるべき対策の手順を示したものが"緊急対策ドリル"である（安養寺、2009c）。

第 8 章　火山防災・火山減災

災施設建設がある．火山性ガス，火砕流，土石流などが，いつ，どこで，どの程度の規模で発生するか予測が困難な状況での防災施設の建設はきわめて危険な工事となるので，工期が短く，施工が容易な工法の開発や工事中の安全確保が課題となる．この危険を回避するため，危険時，緊急時の火山地域での土木工事に無人化施工が導入されている（水山，1997）．当初は遠隔操縦専用の建設機械を用いて，火砕流や土石流で堆積した土砂を掘削し，遊砂地を建設することから始まり，その後，技術を改良，改善しながらコンクリートや鋼製スリットの砂防えん堤などの構造物の建設などにも取り入れられている．無人化施工は無線制御システムやカメラを有するバックホウ，ブルドーザーなどの建設機械を安全な場所から目視またはカメラ映像を見ながら遠隔操作する技術であり，遠隔操縦専用の建設機械を用いる場合とロボットを使用する場合とがある．前者は一般の建設機械に無線 LAN やカメラを付加して遠隔仕様に改良した遠隔操縦専用の建設機械を用いて行う．この場合，危険時や緊急時に比較的長期にわたり多くの建設機械を本格的に遠隔操作で稼働する施工に用いる．後者は建設機械の運転席にロボットを搭載し，遠隔操作されたロボットが建設機械を動かす．危険時や緊急時に比較的短期間に少数の建設機械を迅速に遠隔操作で稼働させる場合に活用できる（藤岡，2009）．いずれの自動化施工技術も近年，バーチャルリアリティ技術が活用されている．

8.8　火山噴火に伴う災害廃棄物の処理と管理

8.8.1　降下火砕物による都市災害

　降下火山灰は視界を遮り，大気とともに自動車のエンジン内部に入って障害を発生させ，交通を麻痺させる．人が火山灰を吸い込むと呼吸器が影響を受け，珪肺症の症状が現れる．電線に湿った火山灰が付着すると放電が起こって送電不能となる．空冷の必要がある機器や飛行機なども甚大な影響を受ける．このように火山灰や軽石からなる降下火砕物は，交通，農業，生活などに重大な影響を及ぼす．大規模な噴火では 1 回の噴出量が 10 億 t を超える場合があり，降下火砕物が降り積もることによって建物が破壊されることもある．わが国の場合，降下火砕物の分布は偏西風に乗って火山の東側に拡がる．たとえば富士山

8.8 火山噴火に伴う災害廃棄物の処理と管理

が噴火した場合，その東側に位置する首都圏への甚大な降灰被害が懸念されている．この場合，火山灰自体が雪のように融けることがなく，さらに降灰によって使用できなくなったものがこれに加わり膨大な災害廃棄物が出ることが予想され，その対策を事前に検討することが求められている．近年，降灰が都市活動に影響して被害があった例としては，桜島火山の噴火による鹿児島市，雲仙普賢岳1990～95（平成2～7）年噴火による島原市などがある．桜島火山による降灰が頻繁にある鹿児島市では，$30\,\mathrm{g/m^2}$ の降灰の場合，3日間で道路除灰を完了させる体制を整えているが，雲仙普賢岳が急に噴火した島原市では**降灰処理**（volcanic ash disposal）の準備がなかったため，その被害は多岐に及んだ．もし首都圏が富士山噴火による降灰に見舞われた場合には，その被害はさらに膨大になることが予想されている．1980年に起こったセントヘレンズ火山の噴火では下水道システム，上水道システム，道路および街路，灰処分場，空港，排水および灌漑システム，屋外の公共用地，自動車およびエンジン，建築物の屋根，公共建築物，配電設備，電子機器，電気モーター，航空機部品およびジェットエンジンなどに被害が出ている．また1990年のピナツボ火山の噴火では，降灰が数十 cm を超えると建物倒壊などの直接的な被害が発生している（宇井，1997c；稲垣・大野，2009）．

8.8.2 火山噴火で発生する土砂の処理

火山噴火で発生する土砂は，噴火による火山灰から二次的に運ばれた土石流や泥流など多岐にわたり，降下火山灰のように薄く広域に分布するものと，火砕流や泥流などの比較的狭い範囲に大量に発生するものに分けられる．広域の降灰では，降雨のある場合には $5\,\mathrm{mm/day}$ の降灰で道路が通行不能となり，降雨のない場合でも $5\,\mathrm{cm/day}$ の降灰で除灰が不可能となると想定されている．したがって，降灰があった場合は住民避難や生活の確保のため，速やかに幹線道路の除灰が必要となる．山間部や谷部などに堆積した火山性堆積物は，降雨で土石流となって下流部に巨石とともに押し出される場合が多く，それらの巨石除去も必要となる．降灰を含め，発生した大量の掘削土砂は，まず近隣の一時的な土砂集積所に集積したのち，最終処分場を確保し，埋立などを行う必要がある．また，居住地の移転を余儀なくされるような場合は，新たな土地造成の材料として必要となることもある．仮集積所などに集められた火山灰などはその

ままでは降雨で再流出のおそれがあるので，十分に締固めを行ったうえ，シートなどによって表面を覆い，土砂流出による二次災害を避けることが重要である（藤岡，2009）．だだし，大規模な火砕流や岩屑なだれ堆積物の場合は，土地を元の状態に戻すことは難しい．

8.8.3 火山災害と災害廃棄物

火山での多様な災害に応じて，さまざまな種類の**火山災害廃棄物**（hazard debris from volcano）が発生するが，それらは通常の廃棄物の状態とは異なる．すなわち，通常以上に水分や土砂などを含んだ廃棄物，そして燃えてしまった廃棄物などが発生する．これらの災害廃棄物は発生の場において，水分を含むことによる腐敗，腐食の可能性，燃焼によるダイオキシン類などの有害物質の発生や重金属類の濃縮など，二次汚染が発生する可能性がある．また，火山噴出物や土砂は各種のものを破損させるだけでなく，土砂の付着・混入によってリサイクルや焼却処分などの通常の廃棄物処理を困難にしてしまう場合がある．このように，火山災害で発生した廃棄物は平常時のごみ処理システムに乗せ難い状況になる可能性が高く，その災害によってどのような処理を行うかを事前に検討しておく必要がある（稲垣・大野，2009）．火山噴出物は膨大な量となり，短期間で処理，処分することは現実的に不可能であり，土地利用や火山灰工芸品などによる特産品化など，総合的な利用促進を講じる必要がある．被災家屋などからの廃棄物は通常期よりもはるかに多く，かつ短期間に排出され，通常の処理・処分システムでは十分な対応ができない．このため仮置き場の確保や仮設処理場の設置，その場の環境対策などが重要となる．

8.9 おわりに

火山災害を軽減することを目的とした人工的施策による火山活動の変更を藤井（1997）は，「火山の制御」とよんでいる．玄武岩質溶岩流については，溶岩堤防の破壊，人工堤防の設置，流路の途中や先端部を固化させることにより，その流れを止めたり，流路を変更することに成功した例がある（Williams and Moore, 1973；荒牧・中村，1984；脇田ほか，1992）．いくつかの火山では，火口湖の水を流路や排水トンネルの掘削で排出して火山泥流の発生を防ぐ試みが

8.9 おわりに

なされている（Sudradjat, 1991）．また，ボーリングによるガスやマグマの排出により，割れ目噴火を起こすようなマグマの移動を制御できる可能性が示されている（Larsen et al., 1979）．爆発的な噴火活動については，それを起こす原因気体や流体を蒸気採取井戸などにより選択的に逃がす（藤井，2016）ことが基本となるが，地下に伏在する"高圧の蒸気溜り"の減圧は難しい課題であり，何よりも地下の状況についての正確な情報と適切な物理モデルに基づく活動予測の存在が前提となる．また，火山の制御は十分な環境変化へのアセスメントと費用対効果の評価が不可欠であることはいうまでもない．より規模の大きな火山災害に対してはそれを制御することは難しく，災害軽減という観点からは活動を正確に予測して避難するという方策が基本となる（藤井，1997）．

　大規模な火山災害などの低頻度巨大災害への防災対応の方法論はいまだ確立されていない．大規模災害への一定のハード的対応は可能ではあるが，巨大な災害に対するハード的対策には限界があり，ソフト的防災対応が重要である．近年，世界の災害発生件数は経年的に増加し，被害額も増加傾向を示す．これは人間活動の活発化，とくに人口爆発に伴い，災害発生頻度の可能性が高い地域に生活空間を拡大した結果として，人間社会の災害に対する暴露性や脆弱性が高まり，災害発生件数や被災者数が増えていると考えられる．一方で，災害による犠牲者数は減少傾向を示しており，一定の防災・減災効果が現れていると判断される．防災・減災の究極の課題は，犠牲者数をゼロに近づけることであると認識して，インシデント・コマンド・システムなどの効果的で強固な防災のための連携・調整体制の構築を進め支援することが，防災科学や自然科学の社会貢献のひとつであろう．日本は災害被害額比率が世界の約2割ときわめて高く，一方で自然災害による犠牲者数比率は0.3％とかなり低い．このことは，わが国では一定の防災体制が機能していることを示すとともに，他国に比べて一般的なインフラ構造が整備されていることがそれを支えているともいえる（宇井，1997a；中村，2012）．

　防災や減災にあたっては予知の可否が重要とされるが，過去の甚大な火山災害では予知されたとおりの災害が発生したにもかかわらず，その危機を住民が認識できず，防災対応がなされなかった結果，数万人の人命が失われるに至った場合もある．また，長期間静穏であった火山が短時間の前兆で噴火に至る場合もある．危険が差し迫った状況で最善の避難方策を選ぶことは，かなり高度

な知識と十分な経験を積んだ専門家でも難しいと考えられる．そのようなときにも，パニックに陥らず身を守るためには，各火山の活動の特徴を理解し，避難方策をルーティン化しておく必要がある．地域防災計画などで，火山防災マップに添えて，あらかじめ検討してある避難方策（災害時行動マニュアル）を記載し，それに沿った行動を組織のリーダーや個々人がとるしかない．人命保全を主目的としたソフト的防災対応の効果は，平常時での防災訓練や防災教育の成果に依存し，これが"釜石の奇跡"と"大川小学校の悲劇"を分かつことになる．

参考文献

（文献略記：BV: Bull. Volcanol., CMP: Contrib. Mineral. Petrol., EPSL: Earth Planet. Sci. Lett., GSA: Geol. Soc. Am., JGR: J. Geophys. Res., JVGR: J. Volcanol. Geotherm. Res., USGS: U.S. Geol. Surv.）

[1] Abbott, D. H. (1996) Plumes and hotspots as sources of greenstone belts. *Lithos*, **37**, 113-127.

[2] Abbott, J. E. and Francis, J. R. D. (1977) Saltation and suspension trajectories of solid grains in a water stream. *Phil. Trans. Roy. Soc. London*, A, **284**, 225-254.

[3] Abe, T., Tsukamoto, K. and Sunagawa, I. (1991) Nucleation, growth and stability of $CaAl_2Si_2O_8$ polymorphs. *Phys. Chem. Min.*, **17**, 473-484.

[4] Abe, Y. (1993) Thermal evolution and chemical differentiation of the terrestrial magma ocean. *In*: Takahashi, E., Jeanloz, R. and Rubie, D. (Eds.), "Evolution of the Earth and Planets", Geophysical Monograph 74, Vol. 14, pp.41-54, IUGG.

[5] Acocella, V. (2007) Understanding caldera structure and development: An overview of analogue models compared to natural calderas. *Earth Sci. Rev.*, **85**, 125-160.

[6] Aizawa, K., Acocella, V. and Yoshida, T. (2006) How the development of magma chambers affects collapse calderas: Insights from an overview. *In*: Troise, C., DeNatale, G. and Kilburn, C. R. J. (eds.), "Mechanisms of Activity and Unrest at Large Calderas", Geol. Soc. London, Sp. Pub., **269**, 65-81.

[7] 相澤幸治・吉田武義（2000）ラコリス状マグマ溜り―陥没カルデラと花崗岩体の接点―. 月刊地球, **22**, 387-393.

[8] Anderson, A. T., Swihart, G. H., Artioli, G. and Geiger, C. A. (1984) Segregation vesicles, gas filter pressing, and igneous differentiation. *J. Geol.*, **92**, 55-72.

[9] Anderson, E. M. (1936) The dynamics of the formation of cone sheets, ring dikes, and cauldron subsidences. *Proc. R. Soc. Edinburgh*, **56**, 128-157.

[10] 安藤重幸（1983）ボーリング結果からみた濁川カルデラの構造. 月刊地球, **5**, 116-121.

参考文献

[11] 安養寺信夫（2009a）火山噴火災害と防災．土木学会 地盤工学委員会（編），『火山工学入門』，p.78, 土木学会．

[12] 安養寺信夫（2009b）火山ハザードマップの作成と被害想定．土木学会 地盤工学委員会（編），『火山工学入門』，pp.116-126, 土木学会．

[13] 安養寺信夫（2009c）ハザードマップの地域防災計画などへの反映．土木学会 地盤工学委員会（編），『火山工学入門』，pp.126-128, 土木学会．

[14] 安養寺信夫（2009d）火山砂防計画．土木学会 地盤工学委員会（編），『火山工学入門』，pp.134-142, 土木学会．

[15] 安養寺信夫（2009e）防災施設によるハード対策．土木学会 地盤工学委員会（編），『火山工学入門』，pp.170-178, 土木学会．

[16] 安養寺信夫（2009f）火山防災・減災対策の課題．土木学会 地盤工学委員会（編），『火山工学入門』，pp.188-190, 土木学会．

[17] 青木謙一郎・吉田武義（1984）吾妻山と磐梯山．火山，**29**, 349-350.

[18] Aoki, K., Yoshida, T., Aramaki, S. and Kurasawa, H.（1992）Low-pressure fractional crystallization origin of the tholeiitic basalts of the Deccan plateau, India. *J. Min. Petr. Econ. Geol.*, **87**, 375-387.

[19] 青木陽介（2016）火山における地殻変動研究の最近の発展．火山，**61**, 311-344.

[20] 荒井章司（1980）島弧リソスフェアの岩石学．月刊地球，**2**, 822-828.

[21] 荒牧重雄（1968）浅間火山の地質．地団研専報，**14**, 45pp.

[22] 荒牧重雄（1978）フェルシックマグマの起源．久城育夫・荒牧重雄（編），『地球の物質科学II―火成岩とその生成―』，岩波講座地球科学 3, pp.128-152, 岩波書店．

[23] 荒牧重雄（1979a）溶岩．横山 泉・荒牧重雄・中村一明（編），『火山』，岩波講座地球科学 7, pp.132-141, 岩波書店．

[24] 荒牧重雄（1979b）火山砕屑物と火砕岩．横山 泉・荒牧重雄・中村一明（編），『火山』，岩波講座地球科学 7, pp.142-153, 岩波書店．

[25] 荒牧重雄（1995a）火山砕屑物と火砕岩．下鶴大輔・荒牧重雄・井田喜明（編），『火山の事典』，pp. 148-155, 朝倉書店．

[26] 荒牧重雄（1995b）溶岩．下鶴大輔・荒牧重雄・井田喜明（編），『火山の事典』，pp. 136-148, 朝倉書店．

[27] 荒牧重雄（2005）火山ハザードマップ―火山防災戦略の一環として．火山，**50**, S319-S329.

[28] 荒牧重雄（2008）火山災害予測図（ハザードマップ）．下鶴大輔・荒牧重雄・井田善明・中田節也（編），『火山の事典（第 2 版）』，pp.407-416, 朝倉書店．

[29] 荒牧重雄・中村一明（1984）注水による溶岩流阻止の試み―三宅島 1983 年噴火の例．火山，**29**, S343-S349.

[30] 荒牧重雄・宇井忠英（1989）火山岩の産状．久城育夫・荒牧重雄・青木謙一郎（編

著),『日本の火成岩』, pp.1-24, 岩波書店.

[31] Arndt, N. T., Lesher, C. M. and Barnes, S. J. (2008) "Komatiite". Cambridge University Press, 467pp.

[32] Arndt, N. T. and Nisbet, E. G. (1982) "Komatiites", George Allen & Unwin, pp.526.

[33] 麻木孝郎・吉田武義 (1998) 徳島県南東部の四万十帯北帯に分布する沈み込み帯型緑色岩. 岩鉱, **93**, 83-102.

[34] Asimow, P. D. and Ghiorso, M. S. (1998) Algorithmic modifications extending MELTS to calculate subsolidus phase relations. *Am. Min.*, **83**, 1127-1132.

[35] Atherton, M. P. and Petford, N. (1993) Quartz diorite derived by partial melting of eclogite or amphibolite at mantle depths. *CMP*, **37**, 161-174.

[36] Bachmann, O. (2011) Timescales associated with large silicic magma bodies. *In*: Dosseto, A., Turner, S. P. and Van Orman, J. H. (eds.), "Timescales of Magmatic Processes from Core to Atmosphere", pp.212-230, Wiley-Blackwell.

[37] Bachmann, O. and Bergantz, G. W. (2004) On the origin of crstal-poor rhyolites: Extracted from batholithic crystal mushes. *J. Pet.*, **45**, 1565-1582.

[38] Bachmann, O. and Bergantz, G. W. (2006) Gas percolation in upper-crustal silicic crystal mushes as a mechanism for upward heat advection and rejuvenation of near-solidus magma bodies. *JVGR*, **149**, 85-102.

[39] Bachmann, O. and Bergantz, G. W. (2008) The magma reservoirs that feed supereruptions. *Elements*, **4**, 17-21.

[40] Bachmann, O., Dungan, M. A. and Lipman, P. M. (2002) The Fish Canyon magma body, San Juan Volcanic Field, Colorado: Rejuvenation and eruption of an upper-crustal batholith. *J. Pet.*, **4**, 1469-1503.

[41] Bachmann, O., Miller, C. F. and de Silva, S. L. (2007) The volcano-plutonic connection as a stage for understanding crustal magmatism. *JVGR*, **167**, 1-23.

[42] Bacon, C. R. and Druitt, T. H. (1988) Compositional evolution of the zoned calcalkaline magma chamber of Mount Mazama, Crater Lake, Oregon. *CMP*, **98**, 224-256.

[43] Bailey, R. A., Dalrymple, G. B. and Lanphere, M. A. (1976) Volcanism, structure, and geochronology of Long Valley caldera, Mono County, California. *JGR*, **81**, 725-744.

[44] Baker, B. H. and McBirney, A. R. (1985) Liquid fractionation. Part III: Geochemistry of zoned magmas and the compositional effects of liquid fractionation. *JVGR*, **24**, 55-81.

[45] Ballard, R. D., Holcomb, R. T. and van Andel, T. J. H. (1979) The Galapagos

参考文献

Rift at 86°W: 3. Sheet flows, collapse pits, and lava lakes of the rift valley. *JGR*, **84**, 5407-5422.

[46] 伴 雅雄（2011）活火山のマグマ供給系進化に関する岩石学的研究の進展—噴出物の高分解時間変化からの知見—．地質学雑誌, **117**, 310-328.

[47] Ban, M. and Yamamoto, T. (2002) Petrological study of Nasu-Chausudake volcano (ca. 16ka to present), northeastern Japan. *BV*, **64**, 100-116.

[48] 伴 雅雄・山中孝之・井上道則・吉田武義・林 信太郎・青木謙一郎（1992）東北本州弧，高原火山噴出物の地球化学．東北大学核理研研究報告, **25**, 199-226.

[49] Berlo, K., Gardner, J. E. and Blundy, J. D. (2011) Timescales of magma degassing. *In*: Dosseto, A., Turner, S. P. and Van Orman, J. A. (eds.) "Timescales of Magmatic Processes from Core to Atmosphere", pp.231-255, Wiley-Blackwell.

[50] Best, M. G. (2003) "Igneous and metamorphic petrology, 2nd ed.", Blackwell Science, 729pp.

[51] Blenkinsop, T. (2000) "Deformation Microstructures and Mechanisms in Minerals and Rocks", Springer, 164pp.

[52] Blundy, J. and Cashman, K. (2008) Petrolgic reconstruction of magmatic system variables and processes. *Rev. Min. Geochem.*, **69**, 179-239.

[53] Bowen, N. L. (1928) "The Evolution of the Igneous Rocks". Princeton University Press, 334pp.

[54] Brandeis, G. and Jaupart, C. (1987) The kinetics of nucleation and crystal growth and scaling laws for magmatic crystallization. *CMP*, **96**, 24-34.

[55] Brandsdöttir, B. and Einarsson, P. (1980) Seisic activity associated with the September 1977 deflation of the Krafla central volcano in north-eastern Iceland. *JVGR*, **6**, 197-212.

[56] Bruce, P. M. and Huppert, H. E. (1989) Thermal control of basaltic fissure eruptions. *Nature*, **342**, 665-667.

[57] Brugger, C. R. and Hammer, J. E. (2010) Crystallization kinetics in continuous decompression experiments: Implications for interpreting natural magma ascent processes. *J. Pet.*, **51**, 1941-1965.

[58] Bullard, F. M. (1976) "Volcano of the Earth, revised edition". University of Texas Press, 579pp.

[59] Bullen, K. E. (1949) Compressibility-pressure hypothesis and the Earth's interior. *Mon. Not. Royal Astr. Soc., Geophy. Supp.*, **5**, 355-368.

[60] Bureau, H. and Keppler, H. (1999) Complete miscibility between silicate melts and hydrous fluids in the upper mantle: Experimental evidence and geochemical implications. *EPSL*, **165**, 187-196.

[61] Burgisser, A. and Bergantz, G. W. (2011) A rapid mechanism to remobilize and homogenize highly crystalline magma bodies. *Nature*, **471**, 212-215.

[62] Cas, R. A. F. and Wright, J. V. (1987) "Volcanic successions". Allen & Unwin, 528pp.

[63] Cashman, K. V. (1992) Groundmass crystallization of Mount St. Helens dacite, 1980-1986: A tool for interpreting shallow magmatic processes. *CMP*, **109**, 431-449.

[64] Cashman, K. V. (2004) Volatile controls on magma ascent and eruption. *Am. Geophys. Union, Geophys. Mono. Ser.*, **150**, 109-124.

[65] Chesner, C. A. and Rose, W. I. (1991) Stratigraphy of the Toba tuffs and the evolution of the Toba caldera complex, Sumatra, Indonesia. *BV*, **53**, 343-356.

[66] 千葉達朗（2009）噴火の規模．土木学会 地盤工学委員会（編），『火山工学入門』，pp.24-30, 土木学会．

[67] 千葉達朗・遠藤邦彦・磯 望・宮原智哉（1996）雲仙岳噴火の火砕流―災害実績図の作成―．月刊地球．号外, no.15, 94-100．

[68] 地質調査所（1987）伊豆大島火山1986年の噴火―地質と噴火の歴史．特殊地質図 26．

[69] Chouet, B., Dawson, P., Ohminato, T., Martini, M., Saccorotti, G., Giudicepietro, F., Luca, G. D., Milana, G., Scarpa, R. (2003) Source mechanisms of explosions at Stromboli Volcano, Italy, determined from moment-tensor inversions of very-long-period data, *JGR*, **108**, doi:10.1029/2002JB001919.

[70] Choukroune, P., Francheteau, J. and Hekinian, R. (1984) Tectonics of the East Pacific Rise near 12°50′ N: A submersible study. *EPSL*, **68**, 115-127.

[71] Chu, T. Y., Dunn, J. C., Finger, J. T., Rundle, J. B. and Westrich, H. R. (1990) The magma energy program. *Geotherm. Res. Co. Bull.*, **19**, 42-52.

[72] Clague, D. A. and Dalrymple, G. B. (1987) The Hawaiian-Emperor volcanic chain: Part I. Geologic evolution. *In*: Decker, R. W., Wright, T. L. and Stauffer, P. H. (eds.), "Volcanism in Hawaii". U.S. Geological Survey Prof. Pap., **1350**, 5-54.

[73] Coffin, M. F. and Eldholm, O. (1994) Large igneous provinces: Crustal structure, dimensions, and external consequences. *Rev. Geophys.*, **32**, 1-36.

[74] Collins, W. J. (1996) Lachlan fold belt granitoids: Products of three-component mixing. *Trans. R. Soc. Edin. Earth Sci.*, **87**, 171-181.

[75] Condie, K. C. (1997) Contrasting sources for upper and lower continental crust: The Greenstone connection. *J. Geol.*, **105**, 729-736.

[76] Cooper, K. M. (2015) Timescales of crustal magma reservoir processes: Insights

from U-series crystal ages. *In*: Caricchi, L. and Blundy, J. D. (eds), "Chemical, Physical and Temporal Evolution of Magmatic Systems", Geol. Soc. London Sp. Pub., **422**, 141-174.

[77] Cooper, K. M. and Kent, A. J. R. (2014) Rapid remobilization of magmatic crystals kept in cold storage. *Nature*, **506**, 480-483.

[78] Costa, F. (2008) Residence times of silicic magmas associated with calderas. *Devel. Vol.*. **10**, 1-55.

[79] Costa, F. and Morgan, D. (2011) Time constraints from chemical equilibration in magmatic crystals. *In*: Dosseto, A., Turner, S. P. and Van Ormam, J. A. (eds.), "Timescales of Magmatic Processes from Core to Atmosphere", pp.125-159, Wiley-Blackwell.

[80] Couch, S., Sparks, R. S. J. and Carroll, M. R. (2003) The kinetics of degassing-induced crystallization at Soufriere hills volcano, Montserrat. *J. Pet.*, **44**, 1477-1502.

[81] Cox, K. G., Bell, J. D. and Pankhurst, R. J. (1979) "The Interpretation of Igneous Rocks", George Allen & Unwin, 450pp.

[82] Crawford, M. L. (1981) Phase equilibria in aqueous fluid inclusions. *In*: Hollister, L. S. and Crawford, M. L. (eds.), "Short Course in Fluid Inclusions: Applications to Petrology", pp.75-86., Mineralogical Association of Canada.

[83] Crisp, J. (1984) Rates of magma emplacement and volcanic output. *JVGR*, **20**, 177-211.

[84] Defant, M. and Drummond, M. (1990) Derivation of some modern arc magmas by melting of young subducted lithosphere. *Nature*, **347**, 662-665.

[85] De la Cruz-Reyna, S. (1991) Poisson-distributed patterns of explosive eruptive activity. *BV*, **54**, 57-67.

[86] DePaolo, D. J. (1985) Isotopic studies of processes in mafic magma chambers: I. the Kiglapait intrusion, Labrador. *J. Pet.*, **26**, 925-951.

[87] de Silva, S. L. and Gregg, P. M. (2014) Thermomechanical feedbacks in magmatic systems: Implications for growth, longevity, and evolution of large caldera-forming magma reservoirs and their supereruptions. *JVGR*, **282**, 77-91.

[88] 土木学会 地盤工学委員会, 火山工学研究小委員会（委員長 高橋和雄）（編）(2009)『火山工学入門』, 土木学会, 261pp.

[89] 土井宣夫 (2000)『岩手山の地質―火山灰が語る噴火史―』, 滝沢村文化財調査報告書第32集, 234pp.

[90] 土井宣夫 (2008) 地熱地帯の構造と温泉. 下鶴大輔・荒牧重雄・井田喜明（編）,『火山の事典（第2版）』, pp.237-246, 朝倉書店.

参考文献

[91] Doi, N., Kato, O., Ikeuchi, K., Komatsu, R., Miyazaki, S., Akaku, K. and Uchida, T.（1998）Genesis of the plutonic-hydrothermal system around Quaternary granite in the Kakkonda geothermal system, Japan. *Geothermics*, **27**, 663-690.

[92] Dorban, F.（1992）Nonequilibrium flow in volcanic conduits and application to the eruptions of Mt. St. Helens on May 18, 1980, and Vesuvius in AD 79. *JVGR*, **49**, 285-311.

[93] 江原幸雄（1994）冷却するマグマ直上に発達するマグマ性高温地熱系──九重火山におけるケーススタディー．地質学論集, no.43, 169-177.

[94] 江原幸雄・湯原浩三・野田徹郎（1981）九重硫黄山からの放熱量・噴出水量・火山ガス放出量とそれらから推定される熱水系と火山ガスの起源．火山, **26**, 35-56.

[95] Eichelberger, J. C., Carrigan, C. R., Westrich, H. R. and Price, R. H.（1986）Non-explosive silicic volcanism. *Nature*, **323**, 598-602.

[96] Eichelberger, J. C., Chertkoff, D. G., Dreher, S. T. and Nye, C. J.（2000）Magmas in collision: Rethinking chemical zonation in silicic magmas. *Geology*, **28**, 603-606.

[97] Ewert, J. W., Guffanti, M. and Murray, T. L.（2005）An assessment of volcanic threat and monitoring capabilities in the United States: Framework for a National Volcano Early Warning System. OPEN-FILE REP. 2005-1164, *USGS*. 62pp.

[98] Feeley, T. C., Dungan, M. A. and Frey, F. A.（1998）Geochemical constraints on the origin of mafic and silicic magmas at Cordon El Guadal, Tatara-San Pedro Complex, central Chile. *CMP*, **131**, 393-411.

[99] Fisher, R. V.（1961）Proposed classification of volcaniclastic sediments and rocks. *GSA. Bull..*, **72**, 1409-1414.

[100] Fisher, R. V.（1966）Rocks composed of volcanic fragments and their classification. *Earth-Sci. Rev.*, **1**, 287-298.

[101] Fisher, R. V. and Schmincke, H.-U.（1984）"Pyroclastic Rocks", Springer-Verlag, 472pp.

[102] Fiske, R. S. and Matsuda, T.（1964）Submarine equivalents of ash flows in the Tokiwa Formation, Japan. *Am. J. Sci.*, **262**, 76-106.

[103] Foulger, G. R.（2010）"Plates vs Plumes: A Geological Controversy". Wiley-Blackwell, 328pp.

[104] 藤井直之（1997）火山の制御．宇井忠英（編著），『火山噴火と災害』，pp.182-202, 東京大学出版会.

[105] Fujii, T.（1974）Crystal settling in a sill. *Lithos*, **7**, 133-137.

参考文献

[106] 藤井敏嗣（1997）マグマとは何か．兼岡一郎・井田喜明（編），『火山とマグマ』，pp.47-69，東京大学出版会．
[107] 藤井敏嗣（2003）マグマ．鍵山恒臣（編），『マグマダイナミクスと火山噴火』，pp.42-78，朝倉書店．
[108] 藤井敏嗣（2016）わが国における火山噴火予知の現状と課題．火山，**61**, 211-223.
[109] 藤井敏嗣・荒牧重雄・金子隆之・小沢一仁・川辺禎久・福岡孝昭（1988）伊豆大島1986年噴火噴出物の岩石学的特徴．火山，**33**, S234-S254.
[110] 藤井敏嗣・中田節也（1993）雲仙普賢岳噴火の火砕流—内部構造に関するモデル．月刊地球，**15**, 481-486.
[111] Fujinawa, A. (1988) Tholeiitic and calc-alkaline magma series at Adatara volcano, northeast Japan: 1. Geochemical constratints on their origin. *Lithos*, **22**, 135-158.
[112] 藤縄明彦・吉田武義・青木謙一郎（1984）東北日本・安達太良火山の地球化学的研究．東北大学核理研研究報告，**17**, 356-374.
[113] 藤岡 晃（2009）土木施工と管理．土木学会 地盤工学委員会（編），『火山工学入門』, pp.178-187, 土木学会．
[114] Fukao, Y., Obayashi, M. and Nakakuki, T. (2009) Stagnant slab: A review. *Ann. Rev. Earth Planet. Sci.*, **37**, 19-46.
[115] Fukao, Y., Widiyantoro, S. and Obayashi, M. (2001) Stagnant slabs in the upper and lower mantle transition region. *Rev. Geophy.*, **39**, 291-323.
[116] Furuya, M., Okubo, S., Sun, W., Tanaka, Y., Oikawa, J., Watanabe, H. (2003) Spatiotemporal gravity changes at Miyakejima Volcano, Japan: Caldera collapse, explosive eruptions and magma movement. *JGR*, **108**, doi:10.1029/2002JB001989.
[117] 福井敏夫（2009）噴火に対する広域防災計画．土木学会 地盤工学委員会（編），『火山工学入門』, pp.108-115, 土木学会．
[118] 岩屑流発生場に関する研究分科会（編）（1995）『磐梯火山』，防災科学技術研究所，241pp.
[119] Gass, I. G. and Smewing, J. D. (1973) Intrusion, extrusion and metamorphism at constructive margins: Evidence from the Troodos massif, Cyprus. *Nature*, **242**, 26-29.
[120] Genco, R. and Ripepe, M. (2010) Inflation? deflation cycles revealed by tilt and seismic records at Stromboli volcano. *Geophys. Res. Lett.*, **37**, L12302.
[121] 下司信夫（2016）大規模火砕噴火と陥没カルデラ：その噴火準備と噴火過程．火山，**61**, 101-118.
[122] Geshi, N., Ruch, J. and Acocella, V. (2014) Evaluating volumes for magma

[123] Geshi, N., Shimano, T., Chiba, T. and Nakada, S. (2002) Caldera collapse during the 2000 eruption of Miyakejima volcano, Japan. *BV*, **64**, 55-68.

[124] Ghiorso, M. S., Hirschmann, M. M., Reiners, P. W. and Kress, V. C. (2002) The pMELTS: A revision of MELTS for improved calculation of phase relations and major element partitioning related to partial melting of the mantle to 3 GPa. *Geochem. Geophys. Geosys.*, **3**, doi:10.1029/2001GC000217.

[125] Ghiorso, M. S. and Sack, R. O. (1995) Chemical mass transfer in magmatic process IV. A revised and internally consistent thermodynamic model for the interpolation and extrapolation of liquid-solid equilibria in magmatic systems at elevated temperatures and pressures. *CMP*, **119**, 197-212.

[126] Giggenbach, W. F. (1997) The origin and evolution of fluids in magmatic-hydrothermal system. *In*: Barnes, H. L. (ed.), "Geochemistry of Hydrothermal Ore Deposits", 3rd ed., pp. 737-796, Wiley.

[127] Gill. J. B. (1981) "Orogenic Andesites and Plate Tectonics". Springer-Verlag, 390pp.

[128] Gomez-Tuena, A., Straub, S. M. and Zellmer, G. F. (2014) Orogenic Andesites and Crustal Growth. Geol. Soc. London, Sp. Pub., **385**, 414pp.

[129] Gonnermann, H. and Manga, M. (2005) Flow banding in obsidian: A record of evolving textural heterogeneity during magma deformation. *EPSL*, **236**, 135-147.

[130] Green, T. H. (1982) Anatexis of mafic crust and high pressure crystallization of andesite. *In*: Thorpe, R. S. (ed.), "Andesites", pp.465-487, John Wiley.

[131] Gregg, P. M., de Silva, S. L., Grosfils, E. B. and Parmigiani, J. P. (2012) Catastrophic caldera-forming eruptions: Thermo-mechanics and implications for eruption triggering and maximum caldera dimensions on Earth. *JVGR*, **241-242**, 1-12.

[132] Gualda, G. A. R., Ghiorso, M. S., Lemons, R. V. and Carley, T. L. (2012) Rhyolite-MELTS: A modified calibration of MELTS optimized for silica-rich, fluid-bearing magmatic systems. *J. Pet.*, **53**, 875-890.

[133] Gudmundsson, A. (2012) Magma chambers: Formation, local stresses, excess pressures, and compartments. *JVGR*, **237-238**, 19-41.

[134] Gudmundsson, A. and Nilsen, K. (2006) Ring-faults in composite volcanoes: Structures, models and stress fields associated with thier formation. *In*: Troise, C., DeNatale, G. and Kilburn, C. R. J. (eds.), "Mechanisms of Activity and Unrest at Large Calderas", Geol. Soc. London, Sp. Pub., **269**, 83-108.

参考文献

[135] Hale, A. J. and Wadge, G. (2008) The transition from endogenous to exogenous growth of lava domes with the development of shear bands. *JVGR*, **171**, 237-257.

[136] Hammer, J. E. (2008) Experimental studies of the kinetics and energetics of magma crystallization. *Rev. Min. Geochem.*, **69**, 9-59.

[137] Hammer, J. E. and Rutherford, M. J. (2002) An experimental study of the kinetics of decompression-induced crystallization in silicic melt. *JGR*, **107**, B1, 2021.10.1029/2001JB000281.

[138] Hansen, J., Skjerlie, K. P., Pederson, R. B. and Rosa, R. B. (2002) Crustal melting in the lower part of island arcs: An example from the Bremanger Granitoid Complex, west Norwegian Caledonides. *CMP*, **143**, 316-335.

[139] Hanyu, T., Tatsumi, Y., Nakai, S., Chang, Q., Miyazaki, T., Sato, K., Tani, K., Shibata, T. and Yoshida, T. (2006) Contribution of slab melting and slab dehydration to magmatism in the NE Japan arc for last 25 Myr: Constratints from geochemistry. *Geochem. Geophys. Geosys.*, **7**, 1-29, Q08002, doi:10.1029/2005GC001220.

[140] Harlow, D. H., Power, J. A., Laguerta, E. P., Ambubuyog, G., White, R. A., Hoblitt, R. P. (1996) Precursory seismicity and forecasting of the June 15, 1991, eruption of Mount Pinatubo. *In*: Newhall, C. and Punongbayan, R. (eds.), "Fire and Mud: Eruptions and Lahars of Mount Pinatubo, Philippines", pp.285-305, PHIVOLCS.

[141] 長谷川 昭 (2008) 東北日本沈み込み帯における地震発生と火山生成のモデル. 石油技術協会誌, **71**, 425-434.

[142] Hasegawa, A. and Nakajima, J. (2004) Geophysical constraints on slab subduction and arc magmatism. *Am. Geophys. Union, Geophys. Mono. Ser.*, **150**, 81-94.

[143] Hasegawa, A., Yamamoto, A., Umino, N., Miura, S., Horiuchi, S., Zhao, D. and Sato, H. (2000) Seismic activity and deformation process of the overriding plate in the northeastern Japan subduction zone. *Tectonophysics*, **319**, 225-239

[144] 長谷中利昭・吉田武義・早津賢二 (1995) 妙高火山群溶岩の化学組成とマグマ溜り過程. 東北大学核理研研究報告, **28**, 43-82.

[145] Hayakawa, Y. (1985) Pyroclastic geology of Towada volcano. *Bull. Earthq. Res. Inst.*, **60**, 507-592.

[146] 早川由紀夫 (1993) 噴火マグニチュードの提唱. 火山, **38**, 223-226.

[147] 早川由紀夫 (1995) 火砕物の流れ. 下鶴大輔・荒牧重雄・井田喜明 (編), 『火山の事典』, pp. 121-133, 朝倉書店.

[148] 早川由紀夫（2008）火砕流の流れ．下鶴大輔・荒牧重雄・井田喜明（編），『火山の事典（第2版）』，pp.134-143，朝倉書店．

[149] 早川由紀夫・荒牧重雄・白尾元理・小林哲夫・徳田安伸・津久井雅志・加藤 隆・高田 亮・小屋口剛博・小山真人・藤井敏嗣・大島 治・曽屋龍典・宇都浩三（1984）1983年10月3・4日三宅島火山噴出の降下火砕堆積物．火山，**29**, S208-S220.

[150] 早津賢二（1985）『妙高火山群―その地質と活動史―』，第一法規，344pp．

[151] 早津賢二・清水 智・板谷徹丸（1994）妙高火山群の活動史―"多世代火山"―．地学雑誌，**103**, 207-220.

[152] Heiken, G. and Wohletz, K. (1985) "Volcanic Ash". University Califolnia Press, 244pp.

[153] Hildreth, W. (2004) Volcanological perspectives on Long Valley, Mammoth Mountain, and Mono Craters: Several contiguous but discrete systems. *JVGR*, **136**, 169-198.

[154] Hildreth, W. and Wilson, C. N. (2007) Compositional zoning of the Bishop Tuff. *J. Pet.*, **48**, 951-999.

[155] 平林順一（2008）熱水系の構造と温泉．下鶴大輔・荒牧重雄・井田喜明（編），『火山の事典（第2版）』，pp.246-250，朝倉書店．

[156] Hirano, N., Takahashi, E., Yamamoto, J., Abe, N., Ingle, S. P., Kaneoka, I., Hirata, T., Kimura, J-I., Ishii, T., Ogawa, Y., Machida, S. and Suyehiro, K. (2006) Volcanism in response to plate flexure. *Science*, **313**, 1426-1428.

[157] 廣井 脩（1997）火山情報の伝達と避難行動．宇井忠英（編著），『火山噴火と災害』，pp.147-165，東京大学出版会．

[158] Hirotani, S. and Ban, M. (2006) Origin of silicic magma and magma feeding system of Shirataka volcano, NE Japan. *JVGR*, **156**, 229-251.

[159] Hirotani, S., Ban, M. and Nakagawa, M. (2009) Petrogenesis of mafic and associated silicic end-member magmas for calc-alkaline mixed rocks in the Shirataka volcano, NE Japan. *CMP*, **157**, 709-734.

[160] Hoang, N., Yamamoto, T., Itoh, J. and Flower, M. (2009) Anomalous intraplate high-Mg andesites in the Choshe area (Chiba, Central Japan) produced during early stages of Japan Sea opening? *Lithos*, **111**, doi：10.1016/j.lithos.2008.11.012.

[161] Honda, H. and Yoshida, T. (2005a) Application of the model of small-scale convection under the island arc to the NE Honshu subduction zone. *Geochem. Geophy. Geosys*, **6**, 1-22, doi:10.1029/2004GC000785.

[162] Honda, S. and Yoshida, T. (2005b) Effects of oblique subduction on the 3-D pattern of small-scale convection within the mantle wedge. *Geophys. Res. Lett.*,

32, 1-4.

[163] Honda, S., Yoshida, T. and Aoike, K. (2007) Spatial and temporal evolution of arc volcanism in the northeast Honshu and Izu-Bonin Arcs: Evidence of small-scale convection under the island arc? *Island Arc*, **16**, 214-223.

[164] Hreinsdóttir, S., Sigmundsson, F., Roberts, M. J., Björnsson, H., Grapenthin, R., Arason, P., Árnadóttis, T., Hólmjárn, J., Geirsson, H., Bennett, R. A., Gudmundsson, M. T., Oddsson, B., Ófeigsson, B. G., Villemin, T., Jónsson, T., Sturkell, E., Höskuldsson, Á., Larsen, G., Thordarson, T. and Óladóttir, A. (2014) Volcanic plume height correlated with magma-pressure change at Grímsvötn Volcano, Iceland. *Nature Geosci.*, **7**, 214-218.

[165] Hurwitz, S. and Navon, O. (1994) Bubble nucleation in rhyolitic melts: Experiments at high pressure, temperature, and water content. *EPSL*, **122**, 267-280.

[166] Ichihara, M., Takeo, M., Yokoo, A., Oikawa, J., Ohminato, T. (2012) Monitoring volcanic activity using correlation patterns between infrasound and ground motion. *Geophys. Res. Lett.*, **31**, doi:10.1029/2011GL050742.

[167] Ida, Y. (1992) Width change of a planar magma path: Implication for the evolution and style of volcanic eruptions. *Phys. Earth Plan. Int.*, **74**, 127-138.

[168] Ida, Y. (1995) Magma chamber and eruptive processes at Izu-Oshima volcano, Japan: Buoyancy control of magma migration. *JVGR*, **66**, 53-67.

[169] 井田喜明（1995）マグマ．下鶴大輔・荒牧重雄・井田喜明（編），『火山の事典』，pp.14-38，朝倉書店．

[170] Ida, Y. (2007) Driving force of lateral permeable gas flow in magma and the criterion of explosive and effusive eruptions. *JVGR*, **162**, 172-184.

[171] 井田喜明（2008a）火山災害の種類と実態．下鶴大輔・荒牧重雄・井田喜明（編），『火山の事典（第2版）』，pp.360-370，朝倉書店．

[172] 井田喜明（2008b）噴火予知．下鶴大輔・荒牧重雄・井田喜明（編），『火山の事典（第2版）』，pp.391-407，朝倉書店．

[173] 井田喜明（2008c）伊豆大島．下鶴大輔・荒牧重雄・井田喜明（編），『火山の事典（第2版）』，pp.489-494，朝倉書店．

[174] 井田喜明・谷口宏充（2008）『火山爆発に迫る―噴火メカニズムの解明と火山災害の軽減―』，東京大学出版会，226pp．

[175] 稲垣秀輝・大野博之（2009）火山災害廃棄物．土木学会 地盤工学委員会（編），『火山工学入門』，pp.235-243，土木学会．

[176] 井上和俊・伴 雅雄（1996）東北日本，月山火山新期噴出物の岩石学的研究．岩鉱，**91**，33-47．

[177] Irvine, T. N. and Baragar, W. R. A. (1971) A guide to the chemical classification

of the common volcanic rocks. *Can. J. Earth Sci.*, **8**, 523-548.

[178] 石川俊夫・横山 泉・勝井義雄・笠原 稔（1976）『十勝岳：火山地質・噴火史・活動の現況および防災対策』，北海道防災会議，136pp.

[179] 石川芳治（1996）火砕流・土石流災害と対策．月刊地球．号外，no.15, 178-185.

[180] 石峯康弘（2016）日本の火山防災体制の現状と課題—火山専門家と災害対応者の効果的な連携に向けて—．火山，**61**, 183-198.

[181] 石塚吉浩（1999）北海道北部，利尻火山の形成史．火山，**44**, 23-40.

[182] 石塚吉浩・中川光弘（1999）北海道北部，利尻火山噴出物の岩石学的進化．岩鉱，**94**, 279-294.

[183] Ishizaki, Y. (2007) Dacite-basalt magma interaction at Yakedake volcano, central Japan: Petrographic and chemical evidence from the 2300 years B. P. Nakao pyroclastic flow deposit. *J. Min. Petrol. Sci.*, **102**, 194-210.

[184] 伊藤弘志・吉田武義・木村純一（1999）三宅島火山におけるマグマ組成の経時変化．月刊地球，**21**, 406-411.

[185] Iverson, R. M., Dzurisin, D., Gardner, C. A., Gerlach, T. M., LaHusen, R. G., Lisowski, M., Major, J. J., Malone, S. D., Messerich, J. A., Moran, S. C., Pallister, J. S., Qamar, A. I., Schilling, S. P. and Vallance, J. W. (2006) Dynamics of seismogenic volcanic extrusion at Mount St Helens in 2004-2005. *Nature*, **444**, 439-443.

[186] 岩森 光（1996）マントルの融解過程のシミュレーションの現状と課題．地質学論集，**46**, 1-11.

[187] Iwamori, H. (1998) Transportation of H_2O and melting in subduction zones. *EPSL*, **160**, 65-80.

[188] 岩森 光（2016）マントル対流と全地球ダイナミクス．火山，**61**, 1-22.

[189] Iwamori, H., McKenzie, D. and Takahashi, E. (1995) Melt generation by isentropic mantle upwelling. *EPSL*, **134**, 253-266.

[190] Jackson, M. D. and Pollard, D. D. (1988) The laccolith-stock controversy: New results from the southern Henry Mountains, Utah. *GSA. Bull.*, **100**, 117-139.

[191] Jagger, T. A. (1924) Sakurajima, Japan's greatest volcanic eruption—A convulsion of nature whose ravages were minimized by scientific knowledge, compared with the terrors and destruction of recent Tokyo earthquake. *Nat. Geog. Magaz.*, **45**, 441-470.

[192] James, M. R., Lane, S. J., Corder, S. B. (2008) Modelling the rapid near-surface expansion of gas slugs in low-viscosity magmas. *In*: Lane, S. J. and Gilbert, J. S. (eds.), "Fluid Motions in Volcanic Conduits: A Source of Seismeic and Acoustic Signals". Geol. Soc. London, Sp. Pub., **307**, 147-167.

参考文献

[193] Jaupart, C. (1998) Gas loss from magmas through conduit walls during eruption. In: Gilbert, J. and Sparks, R. (eds.), "The Physics of Explosive Volcanic Eruptions". Geol. Soc. London, Sp. Pub., 14573-90.

[194] Jaupart, C. (2000) Magma ascent at shallow levels. In: Sigurdsson, H. (ed.), "Encyclopedia of Volcanoes", pp.237-245, Academic Press.

[195] Jaupart, C. and Allegre, C. J. (1991) Gas content, eruption rate and instabilities of eruption regime in silicic volcanoes. EPSL, **102**, 413-429.

[196] Juteau, T. and Maury, R. (1999) "The Oceanic Crust, from Accretion to Mantle Recycling", Springer-Verlag, 390pp.

[197] Kaiho, K., Saito, R., Ito, K., Miyaji, T., Biswas, R., Tian, L., Sano, H., Shi, Z., Takahashi, S., Tong, J., Liang, L., Oba, M., Nara, F. W., Tsuchiya, N. and Chen, Z. Q. (2016) Effects of soil erosion and anoxic-euxinic ocean in the Permian-Triassic marine crisis. *Heliyon*, **2**, e00137.

[198] 鎌田浩毅 (1997) 宮原地域の地質．『地域地質研究報告（5万分の1地質図幅）』, 地質調査所, 127pp.

[199] 神尾 久 (2009) 火山防災基本計画と地域防災計画．土木学会 地盤工学委員会（編），『火山工学入門』, pp.101-108, 土木学会．

[200] 加茂幸介・石原和弘 (1986) 地盤変動連続観測で捕足された山頂噴火の前駆現象．京都大学防災研年報, No29, B-1, 1-12.

[201] Kamo, K. and Ishihara, K. (1988) A preliminary experiment on automated judgement of the stages of eruptive activity using tiltmeter records at Sakurajima, Japan. In Volcanic Hazards (IAVCEI), Proc. Vol., 1, 585-595.

[202] Kanamori, H., Given, J. W. and Lay, T. (1984) Analysis of seismic body waves excited by the Mount St. Helens eruption of May 18, 1980. *JGR*, **89**, 1856-1866.

[203] Kanamori, H., Mori, J., Harkrider, D. G. (1994) Excitation of atmospheric oscillations by volcanic eruptions. *JGR*, **99**, 21947-21961.

[204] Kanisawa, S. and Yoshida, T. (1989) Genesis of the extremely low-K tonalites from the island arc volcanism-Lithic fragments in the Adachi-Medeshima pumice deposits, Northeast Japan–. *BV*, **51**, 346-354.

[205] 菅野智之・斎藤 誠 (2013) 霧島山（新燃岳）噴火に関する政府支援チームの活動．験震時報, **77**, 229-235.

[206] 鹿野和彦・大口健志・柳沢幸夫・粟田泰夫・小林紀彦・佐藤雄大・林 信太郎・北里 洋・小笠原憲四郎・駒澤正夫 (2011) 戸賀及び船川地域の地質．地域地質研究報告（5万分の1地質図幅）, 産総研地質調査総合センター, 127pp.

[207] Kano, K., Takeuchi, K., Yamamoto, T. and Hoshizumi, H. (1991) Subaqueous rhyolite block lavas in the Miocene Ushikiri Formation, Shimane Peninsula, SW

Japan. *JVGR*, **46**, 241-253.

[208] 鹿野和彦・山岸宏光・宇井忠英・小野晃司（編）（2000）CD=ROM「日本の新生代火山岩の分布と産状」（火山岩の産状），工業技術院地質調査所．

[209] 唐戸俊一郎（2000）『レオロジーと地球科学』，東京大学出版会，251pp．

[210] 片山郁夫（2016）沈み込み帯での水の循環様式．火山，**61**, 69-77.

[211] 片山信夫（1974）島原大変に関する自然現象の古記録．九州大学理学部島原観測所研究報告, **9**, 1-45.

[212] 勝井義雄（1976）火山．『地震と火山』，新地学教育講座 2, pp.71-159, 地学団体研究会．

[213] 勝井義雄（1979）噴火災害と噴火予知．横山 泉・荒牧重雄・中村一明（編），『火山』．岩波講座地球科学 7, pp.83-99, 岩波書店．

[214] 勝井義雄（2008）ネバドデルルイス．下鶴大輔・荒牧重雄・井田喜明（編），『火山の事典（第 2 版）』, pp.553-554, 朝倉書店．

[215] Kawano, Y., Yagi, K. and Aoki, K. (1961) Petrography and petrochemistry of the volcanic rocks of Quaternary volcanoes of northeastern Japan. *Sci. Rep. Tohoku Univ.*, Ser. Ⅲ, **7**, 1-46.

[216] Kazahaya, K., Shinohara, H. and Saito, G. (1994) Excessive degassing of Izu-Oshima volcano: Magma convection in a conduit. *BV*, **56**, 207-216.

[217] 風早竜之介・森 俊哉（2016）火山ガス観測研究から見る地下のマグマ挙動および噴火現象の解釈．火山，**61**, 155-170.

[218] Kersting, A. B., Arculus, R. J. and Gust, D. A. (1996) Lithospheric contributions to arc magmatism: Isotope variations along strike in volcanoes of Honshu, Japan. *Science*, **272**, 1464-1468.

[219] 金 允圭・吉田武義・青木謙一郎（1985）韓国，鬱陵島火山岩の地球化学的研究．東北大学核理研研究報告, **18**, 139-157.

[220] Kimura, J., Nagahashi, Y., Satoguchi, Y. and Chang, Q. (2015) Origins of felsic magmas in Japanese subduction zone: Geochemical characterizations of tephra from caldera-forming eruptions < 5 Ma. *Geochem. Geophyus. Geosys.*, **16**, 2147-2174.

[221] Kimura, J., Tanji, T., Yoshida, T. and Iizumi, S. (2001) Geology and geochemistry of lavas at Nekoma volcano: Implications for origin of Quaternary low-K andesite in the North-eastern Honshu arc, Japan. *Island Arc*, **10**, 116-134.

[222] Kimura, J. and Yoshida, T. (2006) Contribution of slab fluid, mantle wedge and crust to the origin of Quaternary Lavas in the NE Japan Arc. *J. Pet.*, **47**, 2185-2232.

[223] Kimura, J., Yoshida, T. and Iizumi, S. (2002) Origin of low-K intermediate lavas

参考文献

at Nekoma volcano, Northeast-Honshu arc, Japan: geochemical constraints for lower-crustal melts. *J. Pet.*, **43**, 631-661.

[224] Kimura, J., Yoshida, T. and Nagahashi, Y.（1999）Magma plumbing systems and seismic structures: inferences from the Norikura volcanic chain, Central Japan. *Mem-Geol. Soc. Jpn.*, **53**, 157-175.

[225] 木村拓郎（2009）避難生活の支援．土木学会 地盤工学委員会（編），『火山工学入門』，pp.165-170，土木学会．

[226] Kirkpatrick, R. J., Klein, L., Uhlmann, D. R., and Hays, J. F.（1979）Rates and processes of crystal growth in the system anorthite-albite. *JGR*, **84**, 3671-3676.

[227] Kobayashi, K. and Nakamura, E.（2001）Geochemical evolution of Akagi volcano, NE Japan: Implications for interaction between island-arc magma and lower crust, and generation of isotopically various magmas. *J. Pet.*, **42**, 2303-2331.

[228] 国土庁防災局（1992）『火山噴火災害危険地域予測図作成指針』，国土庁，153pp.

[229] Komuro, H.（1987）Experiments on cauldron formation: A polygonal cauldron and ring fractures. *JVGR*, **31**, 139-149.

[230] Kondo, H., Kaneko, K. and Tanaka, K.（1998）Characterization of spatial and temporal distribution of volcanoes since 14 Ma in the Northeast Japan arc. *Bull. Vol. Soc. Jpn.*, **43**, 173-180.

[231] Kondo, H., Tanaka, K., Mizouchi, Y. and Ninomiya, A.（2004）Long-term changes in distribution and chemistry of middle Miocene to Quaternary volcanism in the Chokai-Kurikoma area across the Northeast Japan Arc. *Island Arc*, **13**, 18-46.

[232] 小屋口剛博（1995）火山の噴火現象．下鶴大輔・荒牧重雄・井田喜明（編），『火山の事典』，pp.76-104，朝倉書店．

[233] 小屋口剛博（2005）噴火のダイナミックス：噴火タイプおよび噴出物・堆積物の性質の観点から．火山，**50**，特別号，S151-S166．

[234] 小屋口剛博（2008a）『火山現象のモデリング』，東京大学出版会，638pp.

[235] 小屋口剛博（2008b）火山の噴火現象．下鶴大輔・荒牧重雄・井田喜明（編），『火山の事典（第2版）』，pp.97-119，朝倉書店．

[236] 小屋口剛博（2016）火山噴火現象とマグマ上昇過程：観測と物理モデルに基づく噴火推移予測に向けて．火山，**61**，37-68．

[237] Koyaguchi, T. and Kaneko, K.（1999）A two-stage thermal evolution model of magmas in continental crust. *J. Pet.*, **40**, 241-254.

[238] Koyaguchi, T. and Kaneko, K.（2000）Thermal evolution of silicic magma chambers after basalt replenishments. *GSA* Spec. Pap., **350**, 47-60.

[239] 小山真人（2002）火山で生じる異常現象と近隣地域で起きる大地震の関連性―その事例とメカニズムにかんするレビュー―．地学雑誌, **111**, 222-232.

[240] 小山真人（2005）火山に関する知識・情報の伝達と普及―減災の視点でみた現状と課題―．火山, **50**, S289-S317.

[241] 小山真人（2009）『富士山大噴火が迫っている―最新科学が明かす噴火シナリオと災害規模―』, 技術評論社, 199pp.

[242] 小山真人・早川由紀夫（1996）伊豆大島火山カルデラ形成以降の噴火史．地学雑誌, **105**, 133-162.

[243] 小山真人・新妻信明（2006）堂ヶ島, 海洋性島弧の浅海堆積相．日本地質学会（編）,『日本地方地質誌 4．中部地方』, pp.402-403, 朝倉書店．

[244] 小山真人・吉田 浩（1994）噴出量の累積変化からみた火山の噴火史と地殻応力場．火山, **39**, 177-190.

[245] Koyanagi, R. Y., Unger, J. D., Endo, E. T. and Okamura, A. T.（1976）Shallow earthquakes associated with inflation episodes at the summit of Kilauea Volcano, Hawaii. *BV*, **39**, 621-631.

[246] 小園誠史・三谷典子（2006）一次元定常火道流のモデリング・総説．岩石鉱物科学, **35**, 166-176.

[247] Kozono, T., Ueda, H., Ozawa, T., Koyaguchi, T., Fujita, E., Tomiya, A. and Suzuki, Y. J.（2013）Magma discharge variations during the 2011 eruptions of Shinmoe-dake volcano, Japan, revealed by geodetic and satellite observations. *BV*, **75**, 695, doi:10.5047/eps.2013.03.001.

[248] 熊谷 誠（2009）火山情報の伝達体制．土木学会 地盤工学委員会（編）, 『火山工学入門』, pp.146-152, 土木学会．

[249] Kuno, H.（1953）Formation of calderas and magmatic evolution. Trans. *Am. Geophys. Union*, **34**, 267-280.

[250] 久野 久（1954）『火山及び火山岩』, 岩波全書, 岩波書店, 283pp.

[251] Kuno, H.（1959）Origin of Cenozoic petrographic provinces of Japan and surrounding areas. *BV*., **20**, 37-76.

[252] Kuno, H.（1966）Lateral variation of basalt magma type across continental margins and island arcs, *BV*, **29**, 195-222.

[253] Kuno, H.（1968）Differentiation of basalt magmas. *In*: Hess, H. H. and Poldervaart, A.（eds.）, "Basalts, Vol. II"., pp.624-688, Wiley Intersciences.

[254] 久野 久（1968）水中自破砕溶岩．火山, **13**, 123-130.

[255] 栗谷 豪（2007）ウラン系列短寿命核種を用いた地殻下におけるマグマ進化の時間スケールの解明―研究の現状と課題―．火山, **52**, 71-78.

[256] Kuritani, T., Yoshida, T., Kimura, J., Hirahara, Y. and Takahashi, T.（2013）

参考文献

Water content of primitive low-K tholeiitic basalt magma from Iwate Volcano, NE Japan arc: Implications for differentiation mechanism of frontal-arc basalt magmas. *Min. Pet.*, **108**, 1-11.

[257] Kuritani, T., Yoshida, T., Kimura, J., Takahashi, T., Hirahara, Y., Miyazaki, T., Senda, R., Chang, Q. and Ito, Y.（2014）Primary melt from Sannome-gata volcano, NE Japan arc: Constraints on generation conditions of rear-arc magmas. *CMP*, **167**, 969, doi:10.1007/s00410-014-0969-7.

[258] Kuritani, T., Yoshida, T. and Nagahashi, Y.（2010）Internal differentiation of Kutsugata lava flow from Rishiri Volcano, Japan: Processes and timescales of segregation structure formation. *JVGR*, **195**, 57-68.

[259] 黒墨秀行・土井宣夫（2003）濁川カルデラの内部構造. 火山, **48**, 259-278

[260] 日下部 実（2008）ニオス湖. 下鶴大輔・荒牧重雄・井田喜明（編）,『火山の事典（第2版）』, pp.554-555, 朝倉書店.

[261] Kusakabe, M., Sato, H., Nakada, S. and Kitamura, T.（1999）Water contents and hydrogen isotopic ratios of rocks and minerals from the 1991 eruption of Unzen volcano, Japan. *JVGR*, **89**, 231-242.

[262] Kushiro, I.（1969）The system forsterite-diopside-silica with and without water at high pressures. *Am. J. Sci.*, **267A**, 269-294.

[263] Kushiro, I.（1987）A petrological model of the mantle wedge and lower crust in the Japanese island arcs. *In*: Mysen, B. O. (ed.), "Magmatic Processes: Physicochemical Principles", Geochem. Soc. Sp. Pub., **1**, 165-181.

[264] Kushiro, I., Syono, Y. and Akimoto, S.（1968）Melting of a peridotite nodule at high pressures and high water pressures. *JGR*, **73**, 6023-6029.

[265] Langmuir, C. H., Vocke, R. D. and Hanson, G. N.（1978）A general mixing equation with applications to Icelandic basalts. *EPSL*, **37**, 380-392.

[266] Laporte, D. and Provost, A.（2000）Equilibrium geometry of a fluid phase in a polycrystalline aggregate with anisotropic surface energies: Dry grain boundaries. *JGR*, **105**, B11, 25937-25953.

[267] Larsen, G., Gronvold, K. and Thorarinsson, S.（1979）Volcanic eruption through a geothermal borehole at Namafjall, Iceland. *Nature*, **278**, 707-710.

[268] Lejeune, A. M. and Richet, P.（1995）Rheology of crystal-bearing silicate melts: An experimental study at high viscosities., *JGR*, **100**, 4215-4229.

[269] Le Maitre, R. W.（2002）"Igneous Rocks: A Classification and Glossary of Terms", Cambridge University Press, 236pp.

[270] Lensky, N. G., Sparks, R. S. J., Navon, O. and Lyakhovsky, V.（2008）Cyclic activity at Soufriere Hills Volcano, Montserrat: Degassing-induced pressuriza-

tion and stick-slip extrusion. *In*: Lane, S. L. and Gilbert, J. S. (eds.), "Fluid Motions in Volcanic Conduits: A Source of Seismic and Acoustic Signals", Geol. Soc. London, Sp.. Pub., **307**, 169-188.

[271] Lipman, P. W. (1976) Caldera-collapse breccias in the western San Juan Mountains, Colorado. *GSA Bull.*, **87**, 1397-1410.

[272] Lipman, P. W. (1997) Subsidence of ash-flow calderas; relation to caldera size and magma-chamber geometry. *BV*, **59**, 198-218.

[273] Lipman, P. W. and Bachmann, O. (2015) Ignimbrites to batholiths: Integrating perspectives from grological, geophysical, and geochronological data. *Geosphere*, **11**, 1-39.

[274] Lipman, P. W. and Mullineaux, D. R. (1981) The 1980 eruptions of Mount St. Helens, Washington. *USGS* Prof. Pap., **1250**, 844pp.

[275] Lister, J. R. and Kerr, R. C. (1991) Fluid-mechanical models of crack propagation and their application to magma transport in dykes. *JGR*, **96**, 10049-10077.

[276] Liu, Y., Zhang, Y. and Behrens, H. (2005) Solubility of H_2O in rhyolitic melts at low pressures and a new empirical model for mixed H_2O-CO_2 solubility in rhyolitic melts. *JVGR*, **143**, 219-235.

[277] Lofgren, G. E. (1971) Spherulitic textures in glassy and crystalline rocks. *JGR*, **76**, 5635-5648.

[278] Lofgren, G. E. (1974) An experimental study of plagioclase crystal morphology: Isothermal crystallization. *Am. J. Sci.*, **274**, 243-273.

[279] Lofgren, G. E. (1980) Experimental studies on the dynamic crystallization of silicate melts. *In*: Hargraves, P. B. (ed.), "Physics of Magmatic Processes", pp.487-551, Princeton University Press.

[280] Lofgren, G. E. (1983) Effect of heterogeneous nucleation on basaltic textures: A dynamic crystallization study. *J. Pet.*, **24**, 229-255.

[281] Lonsdale, P. (1977) Abyssal pahoehoe with lava coils at the Galapagos Rift. *Geology*, **5**, 147-152.

[282] Maaløe, S. and Wyllie, P. J. (1975) Water content of a granitic magma deduced from the sequence of crystallization determined experimentally with water-undersaturated conditions. *CMP*, **52**, 175-191.

[283] Macdonald, G. A. (1972) "Volcanoes", Prentice-Hall, 510pp.

[284] 町田 洋（1968）富士，愛鷹，箱根火山および大磯丘陵の第四紀火山灰．地質学会見学案内書，30pp.

[285] Machida, H. (1991) Recent progress in tephra studies in Japan. 第四紀研究，**30**，141-149.

参考文献

[286] 町田 洋（1993）火山噴火と環境．新井房夫（編），『火山灰考古学』，pp. 7-29，古今書院．

[287] 町田 洋・新井房夫（1976）広域に分布する火山灰―姶良 Tn 火山灰の発見とその意義．科学, **46**, 339-347．

[288] 町田 洋・新井房夫（1978）南九州鬼界カルデラから噴出した広域テフラ―アカホヤ火山灰．第四紀研究, **17**, 143-163．

[289] 町田 洋・新井房夫（1992）『火山灰アトラス［日本列島とその周辺］』，東京大学出版会，276pp．

[290] 町田 洋・新井房夫（2003）『新編 火山灰アトラス，日本列島とその周辺』，東京大学出版会, 360pp．

[291] Maeda, I. (2000) Nonlinear visco-elastic volcanic model and its application to the recent eruption of Mt. Unzen. *JVGR*, **95**, 35-47.

[292] Maeno, F. and Taniguchi, H. (2007) Spatiotemporal evolution of a marine caldera-forming eruption, generating a low-aspect ratio pyroclastic flow, 7.3 ka, Kikai caldera, Japan: Implication from near-vent eruptive deposits. *JVGR*, **167**, 212-238.

[293] Marsh, B. D. (1979) Island arc development: Some observations, experiments, and speculations. *J. Geol.*, **87**, 687-713.

[294] Marsh, B. D. (1988) Crystal size distribution (CSD) in rocks and the kinetics and dynamics of crystallization 1. Theory. *CMP*, **99**, 277-291.

[295] Marsh, B. D. (1996) Solidification fronts and magmatic evolution. *Min. Mag.*, **60**, 5-40.

[296] Marsh, B. D. (1998) On the interpretation of crystal size distributions in magmatic systems. *J. Pet.*, **39**, 553-599.

[297] Marsh, B. D. (2002) On bimodal differentiation by solidification front instability in basaltic magmas, Part 1: Basic mechanics. *Geochim. Cosmochim. Acta*, **66**, 2211-2229.

[298] Marsh, B. D. (2009) Magmatism, Magma, and Magma Chambers. *In*: Watts, A. B. (ed.), "Crust and Lithosphere Dynamics", pp.253-333, Elsevier.

[299] Martel, C. and Poussineau, S. (2007) Diversity of eruptive styles inferred from the microlites of Mt. Pelee andesite (Martinique, Lesser Antilles). *JVGR*, **166**, 233-254.

[300] Marti, J., Folch, A., Neri, A. and Macedonio, G. (2000) Pressure evolution during explosive caldera-forming eruptions. *EPSL*, **175**, 275-287.

[301] Martin, H., Smithies, R. H., Raap, R., Moyden, J.-F. and Champion, D. (2005) An overview of adakite, tonalite-trondhjemite-granodiorite (TTG), and sanuk-

itoid: Relationships and some implications for crustal evolution. *Lithos*, **79**, 1-24.

[302] Maruyama, S. (1994) Plume tectonics. *J. Geol. Soc. Jpn.*, **100**, 24-49.

[303] Maruyama, S., Masuda, S. and Appel, P. W. U. (1991) The oldest accretionary complex on the Earth, Isua, Greenland. *GSA*, **23**, A429-30.

[304] 丸山茂徳・大森聡一・千秋博紀・河合研志・Windley, B. F. (2011) 太平洋型造山帯―新しい概念の提唱と地球史における時空分布―. 地学雑誌, **120**, 115-223.

[305] Maruyama, S., Yuen, D. A. and Windley, B. F. (2007) Dynamics of plumes and superplumes through time. *In*: Yuen, D. A., Maruyama, S., Karato, S. and Windley, B. F. (eds.), "Superplumes: Beyond Plate Tectonics", pp.441-502, Springer.

[306] Mason, B. (1966) "Principles of Geochemistry, 3rd Ed.", Wiley, 329pp.

[307] 増渕佳子・石崎泰男 (2008) 沼沢火山の BC 3400 年カルデラ形成噴火（沼沢湖噴火）のマグマ溜り. 月刊地球. 号外, no.60, 176-186.

[308] Masuda, Y. and Aoki, K. (1979) Trace element variations in the volcanic rocks from Nasu Zone, northeast Japan. *EPSL*, **44**, 139-149.

[309] 松林正義（編著）(1991)『火山と砂防』, 鹿島出版会, 209pp.

[310] 松本哲一・宇都浩三・小野晃司・渡辺一徳 (1991) 阿蘇火山岩類の K-Ar 年代測定. 日本火山学会 1991 年度秋季大会講演予稿集, 73.

[311] 松尾一泰 (1994)『圧縮性流体力学―内部流れの理論と解析―』, 理工学社, 337pp.

[312] McKenzie, D. (1984) The generation and compaction of partially molten rock. *J. Pet.*, **25**, 713-765.

[313] McKenzie, D. and Bickle, M. J. (1988) The volume and composition of melt generated by extension of the lithosphere. *J. Pet.*, **29**, 625-679.

[314] McNutt, S. R. (1994) Volcanic tremor amplitude correlated with the Volcanic Explosivity Index and its potential use in determining ash hazards to aviation. *Acta Vulcanol.*, **5**, 193-196.

[315] McNutt. R. S. and Nishimura T. (2008) Volcanic tremor during eruptions: Temporal characteristics, scaling and constraints on conduit size and processes, *JVGR*, **178**, 10-18.

[316] McPhie, J., Doyle, M. and Allen, R. (1993) "Volcanic Textures. Center for Ore Deposit and Exploration Studies", University of Tasumania, 198pp.

[317] Mehnert, K. R. (1968) "Migmatites and the Origin of Granitic Rocks", Elsevier, 405pp.

[318] Melnik, O. and Sparks, R. (1999) Non-linear dynamics of lava dome extrusion, *Nature*, **402**, 37-41.

参考文献

- [319] Meyer, C. and Hemley, J. J. (1967) Wall rock alteration. *In*: Barnes, H. L. (ed.), "Geochemistry of Ore Deposits", pp.166-235, Holt, Rinehart and Winston.
- [320] Miller, C. F. and Wark, D. A. (2008) Supervolcanoes and their explosive supereruptions. *Elements*, **4**, 11-16.
- [321] Miller, J. S., Matzel, J. E. P., Miller, C. F., Burgess, S. D. and Miller, R. B. (2007) Zircon growth and recycling during the assembly of large, composite arc pluton. *JVGR*, **167**, 282-299.
- [322] Milner, D., Cole, J. and Wood, C. (2003) Mamaku Ignimbrite: A candera-forming ignimbrite erupted from A compositionally zoned magma chamber in Taupo Volcanic Zone, New Zealand. *JVGR*, **122**, 243-264.
- [323] 三松正夫 (1962) 『昭和新山生成日記. (壮瞥町)』, 209pp., (1995) 復刻増補版, 三松記念館, 225pp.
- [324] Misra, K. C. (2000) Understanding Mineral Deposits. Kluwer Academic Publishers, 845pp.
- [325] 三浦大助・和田穣隆 (2007) 西南日本前縁の圧縮テクトニクスと中期中新世カルデラ火山. 地質雑誌, **113**, 283-295.
- [326] 宮地直道 (1988) 新富士火山の活動史. 地質雑誌, **94**, 433-452.
- [327] Miyagi, I., Itoh, J., Hoang, N. and Morishita, Y. (2012) Magma systems of the Kutcharo and Mashu volcanoes (NE Hokkaido, Japan): Petrogenesis of the medium-K trend and the excess volatile problem. *JVGR*, **231-232**, 50-60.
- [328] Miyagi, Y., Ozawa, T., Kozono, T. and Shimada, M. (2014) Long-term lava extrusion after the 2011 Shinmoe-dake eruption detected by DInSAR observations. *GRL*, **41**, 5855-5860.
- [329] Miyashiro, A. (1972) Metamorphism and related magmatism in plate tectonics. *Am. J. Sci.*, **272**, 629-656.
- [330] Miyashiro, A. (1974) Volcanic rock series in island arcs and active continental margins. *Am. J. Sci.*, **274**, 321-355.
- [331] 都城秋穂・久城育夫 (1975) 『岩石学Ⅱ』, 共立出版, 171pp.
- [332] 水山高久 (1997) 火山の砂防. 宇井忠英 (編), 『火山噴火と災害』, pp.166-181, 東京大学出版会.
- [333] Mogi, K. (1958) Relations between the eruptions of various volcanoes and the deformations of the ground surfaces around them. *Bull. Earthq. Res. Inst.*, **36**, 99-134.
- [334] Moore, J. G. and Chadwick, W. W. Jr. (1995) Offshore geology of Mauna Loa and adjacent areas, Hawaii. *In*: Rhodes, J. M. and Lockwood, J. P. (eds.), "Mauna Loa Revealed: Structure, Composition, History, and Hazards", *Am.*

Geophys. Union, Geophys. Mono. Ser., **92**, 21-44.

[335] Moore, J. G., Normark, W. R. and Holcomb, R. T. (1994) Giant Hawaiian landslides. *Annu. Rev. Earth Planet. Sci.*, **22**, 119-144.

[336] Morgan, L. A., Doherty, D. J. and Leeman, W. P. (1984) Ignimbrites of the eastern Snake River Plain: Evidence for major caldera-forming eruptions. *JGR*, **89**, B10, 8665-8678.

[337] Morgan, S. S., Law, R. D. and Nyman, M. W. (1998) Laccolith-like emplacement model for the Papoose Flat pluton based on porphyroblast-matrix analysis. *GSA Bull.*, **110**, 96-110.

[338] Morgan, W. J. and Morgan, J. P. (2007) Plate velocities in the hotspot reference frame. *GSA*, Sp. Pap., **430**, 65-78.

[339] Mori, T., Burton, M. (2009) Quantification of the gas mass emitted during single explosions on Stromboli with the SO_2 imaging camera. *JVGR*, **188**, 395-400.

[340] 守屋以智雄（1980）"磐梯式噴火"とその地形．西村先生退官記念地理論集，pp.214-219.

[341] 守屋以智雄（1983）『日本の火山地形』，東京大学出版会，135pp.

[342] 守屋以智雄（2012）『世界の火山地形』，東京大学出版会，299pp.

[343] Morressey, M. and Chouet, B. (1997) Burst conditions of explosive volcanic eruptions recorded on microbarographs. *Science*, **28**, 1290-1293.

[344] Mueller, S., Melnik, O., Spieler, O., Scheu, B. and Dingwell, D. B. (2005) Permeability and degassing of dome lavas undergoing rapid decompression: An experimental determination. *BV*, **67**, 526-538.

[345] Mujin, M. and Nakamura, M. (2014) A nanolite record of eruption style transition. *Geology*, **42**, 611-614.

[346] Murase, T. (1962) Viscosity and related properties of volcanic rocks at 800° to 1400℃. *J. Fac. Sci., Hokkaido Univ.*, Ser. VII, **1**, 487-584.

[347] Murase, T. and McBirney, A. R. (1973) Properties of some common igneous rocks and their melts at high temperatures. *GSA Bull.*, **84**, 3563-3592.

[348] 務台俊介（編）（2013）『3.11 以後の日本の危機管理を問う』，晃洋書房，198pp.

[349] 長橋良隆（2006）『ふくしまの火山と災害』，歴史春秋社，162pp.

[350] 長橋良隆・高橋友啓・柳沢幸夫・黒川勝巳・吉田武義（2004）福島県太平洋岸の鮮新統大年寺層に挟在する広域テフラ層．地球科学，**58**，337-344.

[351] 長岡正利・熊木洋太・千葉達朗（1996）雲仙普賢岳噴火の溶岩噴出率計測と総噴出量．月刊地球．号外，no.15，60-63.

[352] 内閣府（2007）『平成 19 年度版，防災白書』．

[353] 中田節也（2003）火山の地下構造．鍵山恒臣（編），『マグマダイナミクスと火山噴

参考文献

火』,pp.11-25, 朝倉書店.
- [354] 中田節也(2008)雲仙火山. 下鶴大輔・荒牧重雄・井田喜明(編),『火山の事典(第2版)』, pp.500-503, 朝倉書店.
- [355] 中田節也(2009)噴火の推移. 土木学会 地盤工学委員会(編),『火山工学入門』, pp.22-23, 土木学会.
- [356] 中田節也(2016)噴火シナリオと確率論的予測. 火山, **61**, 199-209.
- [357] 中田節也・荒牧重雄(2008)第5回火山都市国際会議報告. 地学雑誌, **117**, 940-947.
- [358] Nakada, S., Eichelberger, J. C. and Shimizu, H. (1999a) Unzen eruption: magma ascent and dome growth. *JVGR*, **89**, 1-4.
- [359] Nakada, S., Shimizu, H. and Ohta, K. (1999b) Overview of the 1990-1995 eruption at Unzen Volcano. *J. Volcanol. Geotherm. Res.*, **89**, 1-22.
- [360] 中川光弘(2008)マグマ供給系. 下鶴大輔・荒牧重雄・井田喜明(編),『火山の事典(第2版)』, pp.182-190, 朝倉書店.
- [361] 中川光弘・霜鳥洋・吉田武義(1986)青麻–恐火山列:東北日本弧火山フロント. 岩鉱, **81**, 471-478.
- [362] 中川光弘・霜鳥洋・吉田武義(1988)東北日本弧, 第四紀玄武岩組成の水平変化. 岩鉱, **83**, 9-25.
- [363] Nakagawa, M., Wada, K. and Wood, C. P. (2002) Mixed magmas, mush chambers and eruption triggers: Evidence from zoned clinopyroxene phenocrysts in andesitic scoria from the 1995 eruptions of Ruapehu volcano, New Zealand. *J. Pet.*, **43**, 2279-2303.
- [364] 中島淳一(2016)プレートの沈み込みと島弧マグマ活動. 火山, **61**, 23-36.
- [365] Nakajima, J., Hasegawa, A., Horiuchi, S., Yoshimoto, K., Yoshida, T. and Umino, N. (2006) Crustal heterogeneity around the Nagamachi-Rifu fault, northeastern Japan, as inferred from travel-time tomography. *EPS*, **58**, 843-853.
- [366] Nakajima, J., Matsuzawa, T., Hasegawa, A. and Zhao, D. (2001) Three-dimensional structure of V_p, V_s, and V_p/V_s beneath northeastern Japan: Implications for aarc magmatism and fluids. *JGR*, **106**, 843-857.
- [367] Nakajima, J., Takei, Y. and Hasegawa, A. (2005) Quantitative analysis of the inclined low-velocity zone in the mantle wedge of northern Japan: A systematic change of melt-filled pore shapes with depth and its implications for melt migration. *EPSL*, **234**, 59-70.
- [368] Nakamura, K. (1964) Volcano-Stratigraphic study of Oshima Volcano, Izu. *Bull. Earthq. Res. Inst.*, **42**, 649-728.
- [369] 中村一明(1966)タール火山1965年の岩漿性水蒸気爆発. 地学雑誌, **75**, 93-104.
- [370] 中村一明(1975)火山の構造および噴火と地震の関係. 火山20周年特集号, 229-

240.

[371] 中村一明（1978）『火山の話』．岩波新書，岩波書店，228pp.
[372] 中村一明（1989）『火山とプレートテクニクス』．東京大学出版会，323pp.
[373] 中村一明・荒牧重雄・村井 勇（1963）火山の噴火と堆積物の性質．第四紀研究，**3**，13-30.
[374] Nakamura, M. (1995a) Residence time and crystallization history of nickeliferous olivine phenocrysts from the northern Yatsugatake volcanoes, Central Japan: Application of a growth and diffusion model in the system Mg-Fe-Ni. *JVGR*, **66**, 81-100.
[375] Nakamura, M. (1995b) Continuous mixing of crystal mush and replenished magma in the ongoing Unzen eruption. *Geology*, **23**, 807-810.
[376] 中村美千彦（2011）火砕堆積物の解析から探る火山噴火のダイナミクス．地質学雑誌，**117**，329-343.
[377] Nakamura, M., Kasai, Y., Sato, N. and Yoshimura, S. (2008a) Application of hydrogen isotope geochemistry to volcanology: Recent perspective on eruption dynamics. *Am. Inst. Phys. Conf. Proc.*, **987**, 93-99.
[378] Nakamura, M., Otaki, K. and Takeuchi, S. (2008b) Permeability and pore-connectivity variation of pumices from a single pyroclastic flow eruption: Implications for partial fragmentation. *JVGR*, **176**, 302-314.
[379] Nakamura, M. and Shimakita, S. (1998) Dissolution origin and syn-entrapment compositional change of melt inclusion in plagioclase. *EPSL*, **161**, 119-133.
[380] Nakamura, Y. (1978) Geology and Petrology of Bandai and Nekoma volcanoes. *Sci. Rep., Tohoku Univ.*, Ser.3, **14**, 68-119.
[381] 中村洋一（2012）次世代の火山防災のあり方を考える．深田研ライブラリー，No.144，71pp.
[382] 中村洋一・荒牧重雄・佐藤照子・堀田弥生・鵜川元雄（2006）日本の火山ハザードマップ集（DVD付）．防災科学技術研究所資料，第292号，防災科学技術研究所，20pp.
[383] Nakano, S. and Yamamoto, T. (1991) Chemical variations of magmas at Izu-Oshima Volcano, Japan: Plagioclase-controlled and differentiated magmas. *BV*, **53**, 112-120.
[384] Nakano, T. and Fujii, N. (1989) The multiphase grain control percolation: Its implication for a partially molten rock. *JGR*, **94**, 15653-15661.
[385] 並木敦子（2016）室内実験による火山現象の解明．火山，**61**，171-182.
[386] 根岸弘明（1995）中部山岳地域の地殻内部構造．月刊地球，**200**，85-91.
[387] Nesbitt, R. W., Sun, S. S. and Purvis, A. C. (1979) Komatiites: Geochemistry

and genesis. *Can. Min.*, **17**, 165-186.

[388] Newhall, C. G. and Hoblitt, R. (2002) Constructing event trees for volcanic crises. *BV*, **64**, 3-20.

[389] Newhall, C. G. and Punongbayan, R. S. (1996) "Fire and Mud: Eruptions and Lahars of Mount Pinatubo, Philippines", PHIVOLCS, 1126pp.

[390] Newhall, C. G. and Self, S. (1982) The volcanic explositity index (VEI): An estimate of explosive magnitude for historical volcanism. *JGR*, **87**, C2, 1231-1238.

[391] Newman, S. and Lowenstern, J. B. (2002) VOLATILECALC: A silicate melt–H_2O–CO_2 solution model written in Visual Basic for excel. *Comp. Geosci.*, **28**, 597-604.

[392] 新村裕昭 (2006) マグマのガス浸透率データ解析におけるパーコレーション理論の役割. 岩石鉱物科学, **35**, 153-165.

[393] Nishimoto, S., Ishikawa, M., Arima, M. and Yoshida, T. (2005) Laboratory measurement of P-wave velocity in crustal and upper mantle xenoliths from Ichinomegata, NE Japan: Ultrabasic hydrous lower crust beneath the NE Honshu arc. *Tectonophysics*, **396**, 245-259.

[394] Nishimura, T. (2009) Volcano deformation caused by magma ascent in an open conduit. *JVGR*, **187**, 178-192.

[395] Nishimura, T. and Hamaguchi, H. (1993) Scaling law of volcanic explosion earthquakes. *GRL*, **20**, 2479-2482.

[396] Nishimura, T., Iguchi, M., Kawaguchi, R., Surono, Hendrasto, M. and Rosadi, U. (2012) Inflations prior to vulcanian eruptions and gas bursts detected by tilt observations at Semeru Volcano, Indonesia. *BV*, **74**, 903-911.

[397] Nishimura,T., Iguchi, M., Yakiwara, H., Oikawa, J., Kawaguchi, R., Aoyama, H., Nakamichi, H., Ohta, Y. and Tameguri, T. (2013) Mechanism of small vulcanian eruptions at Suwanosejima volcano, Japan, as inferred from precursor inflations and tremor signals. *BV*, **75**, 779, doi:10.1007/s00445-013-0779-1.

[398] Noguchi, S., Toramaru, A. and Nakada, S. (2008a) Groundmass crystallization in dacite dykes taken in Unzen Scientific Drilling Project. *JVGR*, **175**, 71-81.

[399] Noguchi, S., Toramaru, A. and Nakada, S. (2008b) Relation between microlite textures and discharge rate during the 1991-1995 eruptions at Unzen, Japan. *JVGR*, **175**, 141-155.

[400] Noguchi, S., Toramaru, A. and Shimano, T. (2006) Crystallization of microlites and degassing during magma ascent: Constraints on the fluid mechanical behavior of magma during the Tenjo eruption on Kozu Island, Japan. *BV*, **68**,

432-449.

[401] Nurhasan, Ogawa, Y., Ujihara, N., Tank, S. B., Honkura, Y., Onizawa, S., Mori, T. and Makino, M.（2006）Two electrical conductors beneath Kusatsu-Shirane volcano, Japan, imaged by audiomagnetotellurics, and their implications for the hydrothermal system. *Earth, Planets and Space*, **58**, 1053-1059.

[402] Ohminato, T., Takeo, M., Kumagai, H., Yamashina, T., Oikawa, J., Koyama, E., Tsuji, H., Urabe, T.（2006）Vulcanian eruptions with dominant single force components observed during the Asama 2004 volcanic activity in Japan. *Earth, Planets and Space*, **58**, 583-593.

[403] 太田一也（1987）眉山崩壊のメカニズムと津波．月刊地球，**9**, 214-220.

[404] 大瀧恵一（2006）火砕物の組織から読み取る火道内での脱ガス．岩石鉱物科学，**35**, 126-131.

[405] Ohtani, E., Kato, T. and Sawamoto, H.（1986）Melting of a model chondritic mantle to 20 GPa, *Nature*, **322**, 352-353.

[406] 岡田 弘（1981）二つのセントヘレンズ．地理，**26**, 40-50.

[407] 岡田 弘（1986）火山観測と噴火予知．火山，**30**, 301-325.

[408] 岡田 弘（1988）有珠新山の生成と火山観測．門村 浩・新谷 融・岡田 弘（編著），『有珠山——その変動と災害』，pp.45-100, 北海道大学出版会．

[409] 岡田 弘（2008）有珠火山．下鶴大輔・荒牧重雄・井田喜明（編），『火山の事典（第2版）』，pp.468-471, 朝倉書店．

[410] 岡田 弘（2015）的確な監視と警戒による火山災害軽減の歴史から学ぶ——有珠山と御嶽山噴火のコミュニケーション考．日本の科学者，**50**, 12-17.

[411] 岡田 弘・宇井忠英（1997）噴火予知と防災・減災．宇井忠英（編著），『火山噴火と災害』，pp.79-116, 東京大学出版会．

[412] Okada, Y.（1992）Internal deformation due to shear and tensile faults in a half-space. *Bull. Seismo. Soc. Am.*, **82**, 1018-1040.

[413] Okada, Y. and Yamamoto, E.（1991）Dyke intrusion model for the 1989 seismovolcanic activity off Ito, central Japan. *JGR*, **96**, 10361-10376.

[414] Okamura, S., Wu, G. Y., Zhao, C. H., Kagami, H., Yoshida, T. and Kawano, Y.（1997）Geochemistry of Mesozoic intracontinental basalts from Yunnan, southern China: Implications for geochemical evolution of the subcontinental lithosphere. *Min. Pet.*, **60**, 81-98.

[415] 奥村 聡（2006）シリケイトメルト中の水の拡散．岩石鉱物科学，**35**, 119-125.

[416] Okumura, S. and Hirano, N.（2013）Carbon dioxide emission to Earth's surface by deep-sea volcanism. *Geology*, doi:10.1130/G34620.1.

[417] Okumura, S., Nakamura, M., Nakano, T., Uesugi, K. and Tsuchiyama, A.

(2010) Shear deformation experiments on vesicular rhyolite: Implications for brittle fracturing, degassing, and compaction of magmas. *JGR*, **115**, B06201, doi:10.1029/2009JB006904.

[418] Okumura, S., Nakamura, M., Nakano, T., Uesugi, K. and Tsuchiyama, A. (2012) Experimental constraints on permeable gas transport in crystalline silicic magmas. *CMP*, **164**, 493-504.

[419] Okumura, S., Nakamura, M., Takeuchi, S., Tsuchiyama, A., Nakano, T. and Uesugi, K. (2009) Magma deformation may induce non-explosive volcanism via degassing through bubble networks. *EPSL*, **281**, 267-274.

[420] Okumura, S., Nakamura, M., Tsuchiyama, A., Nakano, T., Uesugi, K. (2008) Evolution of bubble microstructure in sheared rhyolite: Formation of a channel-like bubble network. *JGR*, **113**, doi:10.1029/2007JB005362.

[421] Okumura, S., Nakamura, M., Uesugi, K., Nakano, T. and Fujioka, T. (2013) Coupled effect of magma degassing and rheology on silicic volcanism. *EPSL*, **362**, 163-170.

[422] Okumura, S. and Sasaki, O. (2014) Permeability reduction of fractured rhyolite in volcanic conduits and its control on eruption cyclicity. *Geology*, **42**, 843-846.

[423] Okumura, S., Uesugi, K., Nakamura, M. and Sasaki, O. (2015) Rheological transitions in high-temperature volcanic fault zones. *JGR*, **120**, doi:10.1002/2014JB011532.

[424] Omori, F. (1914) The Sakurajima eruptions and earthquakes (1). *Bull. Imper. Earthq. Invest. Com.*, **8**, 1-34.

[425] O'Neill, C. and Spiegelman, M. (2011) Formulations for simulating the multi-scale physics of magma ascent. *In*: Dosseto, A., Turner, S. P. and Van Orman, J. A. (eds.), "Timescales of Magmatic Processes from Core to Atmosphere", pp.87-101, Wiley-Blackwell.

[426] 小野晃司・渡辺一徳 (1983) 阿蘇カルデラ. 月刊地球, **44**, 73-82.

[427] O'Reilly, S. Y.. and Griffin, W. L. (2011) Rates of magma ascent: Constraints from mantle-derived xenoliths. *In*: Dosseto, A., Turner, S. P. and Van Orman, J. A. (eds.), "Timescales of Magmatic Processes from Core to Atmosphere", pp.116-124, Wiley-Blackwell.

[428] Osborn, E. F. (1979) The reaction principle. *In*: Yoder, H. S. (ed.), "The Evolution of the Igneous Rocks: 50th Anniversary Perspectives", pp.133-169, Princeton University Press.

[429] Otsuki, S., Nakamura, M., Okumura, S. and Sasaki, O. (2015) Interfacial tension-driven relaxation of magma foam: An experimental study. *JGR*, **120**, 7403-7424.

[430] 大八木規夫（2007）『地すべり地形の判読法』．近未来社，316pp.

[431] Ozawa, T. and Kozono, T. (2013) Temporal variation of the Shinmoe-dake crater in the 2011 eruption revealed by spaceborne SAR observations. *EPS*, **65**, 527-537.

[432] Pallister, J. S., Hoblitt, R. P. and Reyes, A. G. (1992) A basalt trigger for the 1991 eruptions of Pinatubo volcano ? *Nature*, **356**, 426-428.

[433] Paterson, D. W. and Moore, R. B. (1987) Geologic history and evolution of geologic concepts, Island of Hawaii. *In*: Decker, R. W., Wright, T. L. and Stauffer, P. H. (eds.), "Volcanism in Hawaii", *USGS* Prof. Pap., **1350**, 149-189.

[434] Pedersen, R. and Sigmundsson, F. (2004) InSAR based sill model links spatially offset areas of deformation and seismicity for the 1994 unrest episode at Eyjafjallajökull volcano, Iceland. *Geophys. Res. Lett.*, **31**, doi:10.1029/2004GL020368.

[435] Perfit, M. R. and Davidson, J. P. (2000) Plate tectonics and volcanism. *In*: Sigurdsson, H., Houghton, B. F., McNutt, S. R., Rymer, H. and Stix, J. (eds.), "Encyclopedia of Volcanoes", pp.89-113, Academic Press.

[436] Pollack, H. N., Hurter, S. J. and Johnson, J. R. (1993) Heat flow from the earth's interior: Analysis of the global data set. *Rev. Geophys.*, **31**, 267-280.

[437] Presnall, D. C., Dixon, S. A., Dixon, J. R., O'Donnell, T. H., Brenner, N. L., Schrock, R. L., Dycus, D. W. (1978) Liquidus phase relations on the join diopside-forsterite-anorthite from 1 atm to 20 kbar: Their bearing on the generation and crystallization of basaltic magma. *CMP*, **66**, 203-220.

[438] Prima, O. D. A., Echigo, A., Yokoyama, R. and Yoshida, T. (2006) Supervised landform classification of Northeast Honshu from DEM-derived thematic maps. *Geomorphology*, **78**, 373-386.

[439] プリマ オキ ディッキ A.・吉田武義・工藤 健・野中翔太（2012）重力異常分布図からの伏在カルデラリム抽出法．GIS-理論と応用，**20**，83-93.

[440] Proussevitch, A., Sahagian, D. L., Anderson, A. T. (1993) Dynamics of diffusive bubble growth in magmas: Isothermal case. *JGR.*, **98**, 22283-22307.

[441] Punongbayan, R., Newhall, C., Bautista, M., Garcia, D., Harlow, D., Hoblitt, R., Sabit, J. and Solidum, R. (1996) Eruption hazard assessments and warnings. *In*: Newhall, C. and Punongbayan, R. (eds.), "Fire and Mud: Eruptions and Lahars of Mount Pinatubo, Philippines", pp.67-85, PHIVOLCS.

[442] Ragland, P. C. (1989) "Basic Analytical Petrology", Oxford University Press, 369pp.

[443] Rampino, M. R. (2002) Supereruptions as a threat to civilizations on Earth-like planets. *Icarus*, **156**, 562-569.

参考文献

[444] Rampino, M. R. and Self, S.（1992）Volcanic winter and accelerated glaciation following the Toba super-eruption. *Nature*, **359**, 50-52.

[445] Reynolds, D. L.（1954）Fluidization as a geological process. *Am. J. Sci.*, **252**, 577-613.

[446] Rhodes, J. M. and Hart, S. R.（1995）Episodic trace element and isotopic variations in historical Mauna Loa lavas: Implications for magma and plume dynamics. *Am. Geophys. Union, Geophys. Mono. Ser.*, **92**, 263-288.

[447] Ribe, N. M.（1987）Theory of melt segregation-A review. *JVGR*, **33**, 241-253.

[448] Richter, F. M.（1985）Models for the Archean thermal regime. *EPSL*, **73**, 350-360.

[449] Ringwood, A. E.（1974）The petrological evolution of island arc systems: Twenty-seventh William Smith Lecture. *J. Geol. Soc. London*, **130**, 183-204.

[450] Roberts, J. L.（1970）The intrusion of magma into brittle rocks. *Geol. J.*, **2**, 287-338.

[451] Robertson, J. K. and Wyllie, P. J.（1971）Rock-water systems, with special reference to the water-deficient region., *Am. J. Sci.*, **271**, 252-277.

[452] Rutherford, M. J.（2008）Magma ascent rates. *Rev. Min. Geochem.*, **69**, 241-271.

[453] Rutherford, M. J. and Hill, P. M.（1993）Magma ascent rates from amphibole breakdown: Experiments and the 1980-1986 Mount St. Helens eruption. *JGR*, **98**, 19667-19685.

[454] Ryan, M. P.（1993）Neutral buoyancy and the structure of mid-ocean ridge magma reservoirs. *JGR*, **98**, 22321-22338.

[455] Saemundsson, K.（1978）Fissure swarms and central volcanoes of the neovolcanic zones of Iceland. *Geol. J.*, Sp. Iss., **10**, 415-432.

[456] 斉藤徳美（2009）1998年岩手山噴火危機の事例. 土木学会 地盤工学委員会（編）,『火山工学入門』, pp.161-165, 土木学会.

[457] Sakuyama, M.（1981）Petrological study of the Myoko and Kurohime Volcanoes, Japan: Crystallization sequence and evidence for magma mixing. *J. Pet.*, **22**, 553-583.

[458] Sakuyama, M. and Nesbitt, R. W.（1986）Geochemistry of the Quaternary volcanic rocks of the Northeast Japan arc. *JVGR*, **29**, 413-450.

[459] 佐々木寧仁・吉田武義・青木謙一郎（1985）那須北帯, 北八甲田火山群の地球化学的研究. 東北大学核理研研究報告, **18**, 175-188.

[460] 佐藤博明（2008）海嶺の火山活動. 下鶴大輔・荒牧重雄・井田喜明・中田節也（編）,『火山の事典（第2版）』, pp. 49-58, 朝倉書店.

[461] 佐藤博明・神定健二（1996）溶岩ドームからの火砕流発生の条件. 月刊地球. 号外,

no.15, 106-111.

[462] 佐藤博明・嶋野岳人・石橋秀巳（2015）噴火の終わり方．火山, **60**, 257-263.

[463] Sato, H. and Taniguchi, H.（1997）Relationship between crater size and ejecta volume of recent magmatic and phreato-magmatic eruptions: Implications for energy partitioning. *Geophys. Res. Lett.*, **24**, 205-208.

[464] Sato, H.（1994）The relationship between late Cenozoic tectonic events and stress field and basin development in northeast Japan. *JGR*, **99**, B11, 22261-22274.

[465] Sato, H., Imaizumi, T., Yoshida, T., Ito, H. and Hasegawa, A.（2002）Tectonic evolution and deep to shallow geometry of Nagamachi-Rifu active fault system, NE Japan. *Earth Planets and Space*, **54**, 1039-1043.

[466] 佐藤比呂志・吉田武義（1993）東北日本の後期新生代大規模陥没カルデラの形成とテクトニクス．月刊地球, **15**, 721-724.

[467] 佐藤典子・中村美千彦（2009）浅間火山天明噴火の火道内プロセス．月刊地球, **31**, 2-6.

[468] Schmincke, H-U.（2004）"Volcanism", Springer-Verlag, 324pp.

[469] 関口辰夫・原口和政・岩崎純子（1995）磐梯山1888年噴火による地形形態．「岩屑流発生場に関する研究」分科会研究成果, pp.123-134.

[470] Sekiya, K. and Kikuchi, Y.（1889）The eruption of Bandai-san. *J. Coll. Sci. Imp. U. Jpn.*, **3**, 91-172.

[471] Self, S. and Blake, S.（2008）Consequences of explosive supereruptions. *Elements*, **4**, 41-46.

[472] Self, S., Rampino, M. R., Newton, M. S. and Wolff, J. A.（1984）Volcanological study of the great Tambora eruption of 1815. *Geology*, **12**, 659-663.

[473] Self, S. and Wright, J. V.（1983）Large wave-forms from the Fish Canyon Tuff, Colorado. *Geology*, **11**, 443-446.

[474] Self, S., Zhao, J-X., Holasek, R. E., Torres, R. C. and King, A. J.（1996）The atmospheric impact of the 1991 Mount Pinatubo. *In*: Newhall, C. G. and Punongbayan, R. S.（eds.）, "Fire and Mud: Eruptions and Lahars of Mount Pinatubo, Philippines", pp.1089-1115, PHIVOLCS.

[475] Shannon, R. D.（1976）Revised effective ionic radii and systematic studies of interatomic distances in halides and chalcogenides. *Acta Cryst. A.*, **32**, 751-767.

[476] Shea, T. and Hammer, J. E.（2013）Kinetics of cooling- and decompression-induced crystallization in hydrous mafic-intermediate magmas. *JVGR*, **260**, 127-145.

[477] Shibata, T. and Nakamura, E.（1997）Across-arc variations of isotope and trace element compositions from Quaternary basaltic volcanic rocks in northeastern Japan: Implications for interaction between subducted oceanic slab and mantle

参考文献

wedge. *JGR*, **102**, 8051-8064.

[478] Shibazaki, B., Okada, T., Muto, J., Matsumoto, T., Yoshida, T. and Yoshida, K. (2016) Heterogeneous stress state of island arc crust in northeastern Japan affected by hot mantle fingers. *JGR*, **121**, 3099-3117.

[479] 嶋野岳人 (2006) 火山噴出物は何を語るのか. 岩石鉱物科学, **35**, 132-143.

[480] 島津光夫 (1991) 『グリーンタフの岩石学』, 共立出版, 172pp.

[481] 新堀敏基 (2016) 火山灰輸送：モデルと予測. 火山, **61**, 399-427.

[482] 篠原宏志 (2005) 火山ガス観測による噴火予知研究の現状と展望. 火山, **50**, 特別号, S167-S176.

[483] Shinohara, H. (2008) Excess degassing from volcanoes and its role on eruptive and intrusive activity. *Rev. Geophys.*, **46**, RG4005, doi:10.1029/2007RG000244.

[484] 周藤賢治 (2009) 『東北日本弧—日本海の拡大とマグマの生成—』, 共立出版, 236pp.

[485] Shuto, K., Ishimoto, H., Hirahara, Y., Sato, M., Matsui, K., Fujibayashi, N., Takazawa, E., Yabuki, K., Sekine, M., Kato, M. and Rezanov, A. I. (2006) Geochemical secular variation of magma source during Early to Middle Miocene time in the Niigata area, NE Japan: Asthenospheric mantle upwelling during back-arc basin opening. *Lithos*, **86**, 1-33.

[486] Sigurdsson, H. (1989) Evidence of volcanic loading of the atmosphere and climate response. *Palaeogeogr. Palaeoclimatol. Palaeoecol.*, **89**, 277-289.

[487] Sillitoe, R. H. (1973) The tops and bottoms of porphyry copper deposits. *Econ. Geol.*, **68**, 799-815.

[488] Simkin, T. and Siebert, L. (1984) Explosive eruptions in space and time: durations, intervals, and a comparison of the world's volcanic belt. *In*: Boyd, F. R. (ed.), "Explosive Volcanism: Inception, Evolution, and Hazards", pp.110-121, National Academy Press.

[489] Simkin, T. and Siebert, L. (1994) "Volcanoes of the World, 2nd Ed.", Geoscience Press, 349pp.

[490] Simkin, T., Siebert, L., McClelland, L., Melson, W. G., Bridge, D., Newhall, C. G. and Latter, J. (1981) "Volcanoes of the World: A rigional directory, gazetteer, and chronology of volcanism during the last 10,000 years". Smithonian Institution, 232pp.

[491] Sinton, J. M. and Detrick, R. S. (1992) Mid-ocean ridge magma chambers. *JGR*, **97**, 197-216.

[492] Smith, P. M. and Asimow, P. D. (2005) Adiabat_1ph: A new public front-end to the MELTS, pMELTS, and pHMELTS models. *Geochem. Geophys. Geosys.*, **6**, doi:10.1029/2004GC000816.

[493] Smith, R. B., Jordan, M., Steinberger, B., Puskas, C. M., Farrell, J., Waite, G. P., Husen, S., Chang, W-L. and O'Connell, R.（2009）Geodynamics of the Yellowstone hotspot and mantle plume: Seismic and GPS imaging, kinematics, and mantle flow. *JVGR*, **188**, 26-56.

[494] Smith, R. L.（1960）Ash flows. *GSA Bull.*, **71**, 795-842.

[495] Smith, R. L. and Bailey, R. A.（1968）Resurgent cauldron. *In*: Coats, R. R., *et al.*（eds.）, "Studies in Volcanology", *GSA, Mem.*, **116**, 153-210.

[496] 曽屋龍典・勝井義雄・新井田清信・境 幾久子・東宮昭彦（2007）『有珠火山地質図（第2版）（1：25,000）』, 産総研地質調査総合センター.

[497] Sparks, R. S. J.（1976）Grain size variations in ignimbrites and implications for the transport of pyroclastic flows. *Sedimentology*, **23**, 147-188.

[498] Sparks, R. S. J.（1978）The dynamics of bubble formation and growth in magmas: A review and analysis. *JVGR*, **3**, 1-37.

[499] Sparks, R. S. J.（1986）The dimensions and dynamics of volcanic eruption columns. *BV*, **48**, 3-15.

[500] Sparks, R. S. J.（2003）Dynamics of magma degassing. *In*: Oppenheimer, C., Pyle, D. M. and Barclay, J.（eds.）, "Volcanic Degassing", Geol. Soc. London, Sp. Pub., **213**, 5-22.

[501] Sparks, R. S. J., Baker, L., Brown, R. J., Field, M., Schumacher, J., Stripp, G. and Walters, A.（2006）Dynamical constraints on kimberlite volcanism. *JVGR*, **155**, 18-48.

[502] Sparks, R. S. J., Bursik, M. I., Carey, S. N., Gilbert, J. S., Glaze, L. S., Sigurdsson, H. and Woods, A. W.（1997）"Volcanic Plumes", John Wiley & Sons, 574pp.

[503] Sparks, R. S. J., Huppert, H. E. and Turner, J. S.（1984）The fluid dynamics of evolving magma chambers. *Philos. Trans. R. Soc. London.*, A, **310**, 511-534.

[504] Sparks, R. S. J., Sigurdsson, H. and Wilson, L.（1977）Magma mixing: A mechanism for triggering acid explosive eruptions. *Nature*, **267**, 315-318.

[505] Spiegelman, M. and McKenzie, D.（1987）Simple 2-D models for melt extraction at mid-ocean ridges and island arcs. *EPSL*, **83**, 137-152.

[506] Spieler, O., Kennedy, B., Kueppers, U., Dingwell, D. B., Scheu, B. and Taddeucci, J.（2004）The fragmentation threshold of pyroclastic rocks. *EPSL*, **226**, 139-148.

[507] Stasiuk, M. V., Barclay, J., Carroll, M. R., Jaupart, C., Ratte, J. C., Sparks, R. S. J. and Tait, S.（1996）Degassing during magma ascent in the Mule Creek vent（USA）. *BV*, **58**, 117-130.

参考文献

[508] Stein, C. A.（1995）Heat flow of the Earth. *In*: Ahrens, T. J.（ed.）, "Global Earth Physics: A Handbook of Physical Constants", AGU Reference Shelf 1, pp.144-158, American Geophysical Union.

[509] Storey, B. C.（1995）The role of mantle plumes in continental breakup - case-histories from Gondwanaland. *Nature*, **377**, 301-308.

[510] Streckeisen, A.（1976）To each plutonic rock its proper name. *Earth Sci. Rev.*, **12**, 1-33.

[511] 須藤靖明（2008）阿蘇山．下鶴大輔・荒牧重雄・井田喜明（編），『火山の事典（第2版）』, pp.504-507, 朝倉書店．

[512] Sudradjat, A.（1991）A preliminary account of the 1990 eruption of the Kejut Volcano. *Geol. Jahrbuch*, **A127**, 447-462.

[513] Suzuki, S. and Kasahara, M.（1979）Seismic activity immediately before and in the early stage of the 1977 eruption of Usu volcano, Hokkaido, Japan. *J. Fac. Sci. Hokkaido Univ.*, Ser. VII, **6**, 239-254.

[514] 鈴木建夫（1995）噴煙の運動，火砕物降下．下鶴大輔・荒牧重雄・井田喜明（編），『火山の事典』, pp. 104-112, 朝倉書店．

[515] 鈴木建夫・井田喜明（2008）噴煙の運動．下鶴大輔・荒牧重雄・井田喜明（編），『火山の事典（第2版）』, pp.120-126, 朝倉書店．

[516] 鈴木雄治郎（2016）火山噴煙ダイナミクス：3次元数値シミュレーションモデルの発展と展開．火山, **61**, 385-397.

[517] 鈴木由希（2006）結晶作用から見た噴火時のマグマ上昇—最近の減圧実験による発展—．火山, **51**, 373-391.

[518] 鈴木由希（2008）石基結晶の組織・組成から読み取る，噴火時のマグマ上昇と定置プロセス—火砕成溶岩識別の可能性—．月刊地球, **352**, 18-22.

[519] 鈴木由希（2016）噴火時のマグマプロセスを噴出物組織から探る手法—過去10年間の研究進展のレビュー—．火山, **61**, 367-384.

[520] Suzuki, Y., Yasuda, A., Hokanishi, N., Kaneko, T., Nakada, S. and Fujii, T.（2013）Syneruptive deep magma transfer and shallow magma remobilization during the 2011 eruption of Shinmoe-dake, Japan—Constraints from melt inclusions and phase equilibria experiments. *JVGR*, **257**, 184-204.

[521] Swanson, D., Casadevall, D., Dzurisin, D., Malone, S., Newhall, C., Weaver, C.（1983）Predicting eruptions at Mount St. Helens, June 1980 through December 1982. *Science*, **221**, 1369-1376.

[522] Swanson, D., Wright, T. and Helz, R.（1975）Linear vent systems and estimated rates of magma production and eruption for the Yakima Basalt on the Columbia Plateau. *Am. J. Sci.*, **275**, 877-905.

[523] Swanson, S. E. (1977) Relation of nucleation and crystal-growth rate to the development of granitic textures. *Am. Min.*, **62**, 966-978.

[524] Tait, S., Jaupart, C. and Vergniolle, S. (1989) Pressure, gas content and eruption periodicity of a shallow, crystallizing magma chamber. *EPSL*, **92**, 107-123.

[525] 高田 亮（2008）ラキ（ラカギガル）．下鶴大輔・荒牧重雄・井田喜明（編），『火山の事典（第2版）』，pp.514-516, 朝倉書店．

[526] Takahashi, E. (1986) Genesis of calc-alkali andesite magma in a hydrous mantle-crust boundary: Petrology of lherzolite xenoliths from the Ichinomegata crater, Oga peninsula, northeast Japan, Part II. *JVGR*, **29**, 355-395.

[527] Takahashi, E. and Kushiro, I. (1983) Melting of a dry peridotite at high pressures and basalt magma genesis. *Am. Min.*, **68**, 859-879.

[528] 高橋正樹（1995）大規模珪長質火山活動と地殻歪速度．火山，**40**, 33-42.

[529] 高橋正樹（2000）『島弧・マグマ・テクトニクス』，東京大学出版会，322pp.

[530] Takahashi, S., Yamasaki, S., Ogawa, Y., Kimura, K., Kaiho, K., Yoshida, T. and Tsuchiya, N. (2014) Bioessential element-depleted ocean following the euxinic maximum of the end-Permian mass extinction. *EPSL*, **393**, 94-104.

[531] Takebe, Y. and Ban, M. (2015) Evolution of magma feeding system in Kumanodake agglutinate activity, Zao Volcano, northeastern Japan. *JVGR*, **304**, 62-74.

[532] Takehara, M., Horie, K., Tani, K., Yoshida, T., Hokada, T. and Kiyokawa, S. (2017) Timescale of magma chamber processes revealed by U-Pb ages, trace element contents and morphology of zircons from the Ishizuchi caldera, Southwest Japan Arc. *Island Arc*, 2017; e12182. https://doi.org/10.1111/iar.12182.

[533] Takeo, M., Maehara, Y., Ichihara, M., Ohminato, T., Kamata, R., Oikawa, J. (2013) Ground deformation cycles in a magma-effusive stage, and sub-Plinian and Vulcanian eruptions at Kirishima volcanoes, Japan. *JGR*, **118**, 4758-4773.

[534] Takeuchi, S. (2004) Precursory dike propagation control of viscous magma eruptions. *Geology*, **32**, 1001-1004.

[535] Takeuchi, S. (2011) Preeruptive magma viscosity: An important measure of magma eruptibility. *JGR*, **116**, B10201.

[536] Takeuchi, S. and Nakamura, M. (2001) Role of precursory less-viscous mixed magma in the eruption of phenocryst-rich magma: Evidence from the Hokkaido-Komagatake 1929 eruption. *BV*, **63**, 365-376.

[537] Takeuchi, S., Nakashima, S. and Tomiya, A. (2008) Permeability measurement of natural and experimental volcanic materials with a simple permeameter: Toward understanding of magmatic degassing process. *JVGR*, **77**, 329-339.

参考文献

[538] Takeuchi, S., Nakashima, S., Tomiya, A. and Shinohara, H. (2005) Experimental constraints on the low gas permeability of vesicular magma during decompression. *GRL*, **32**, L10312, doi:10.1029/2005GL022491.

[539] Tameguri, T., Iguchi, M., Ishihara, K. (2002) Mechanism of explosive eruptions from moment tensor analyses of explosion earthquakes at Sakurajima Volcano, Japan. *Bull. Vol. Soc. Jpn.*, **47**, 197-215.

[540] Tamura, Y., Tatsumi, Y., Zhao, D., Kido, Y. and Shukuno, H. (2002) Hot fingers in the mantle wedge: New insights into magma genesis in subduction zones. *EPSL*, **197**, 105-116.

[541] 田中明子・大久保泰邦・松林 修 (1997) 東・東南アジア地域におけるキュリー点深度解析―地殻熱流量との比較―. 月刊地球, **19**, 675-679.

[542] 田中明子・山野 誠・矢野雄策・笹田政克 (2004) 日本列島及びその周辺域の地温勾配及び地殻熱流量データベース. 数値地質図 DGM P-5, 産総研地質調査総合センター.

[543] Tanaka, H. K. M., Nakano, T., Takahashi, S., Yoshida, J. and Niwa, K. (2007a) Development of an emulsion imaging system for cosmic-ray muon radiography to explore the internal structure of a volcano, Mt. Asama. *Nucl. Instru. Meth. Phys. Res.*, **A575**, 489-497.

[544] Tanaka, H. K. M., Nakano, T., Takahashi, S., Yoshida, J., Ohshima, H., Maekawa, T., Watanabe, H. and Niwa, K. (2007b) Imaging the conduit size of the dome with cosmic-ray muons: The structure beneath Showa-Shinzan lava dome, Japan. *GRL*, **34**, doi:10.1029/2007GL031389.

[545] 田中 淳 (2009a) 火山情報の骨子. 土木学会 地盤工学委員会 (編), 『火山工学入門』, pp.143-146, 土木学会.

[546] 田中 淳 (2009b) 噴火時の避難. 土木学会 地盤工学委員会 (編), 『火山工学入門』, pp.152-160, 土木学会.

[547] Tanakadate, H. (1927) Explosive eruption of Tokachi-dake, Hokkaido, Japan. *BV*, **13-14**, 11-14.

[548] 谷口宏充 (2001) 『マグマ科学への招待』, 裳華房, 179pp.

[549] 谷口宏充・中田節也・鎌田桂子・三軒一義・鎌田浩毅・松島 健 (1996) 普賢岳火砕流の物理計測の試み. 月刊地球. 号外, no.15, 112-117.

[550] Tatsumi, Y. (1982) Origin of high-magnesian andesites in the Setouchi volcanic belt, southwest Japan. II. Melting phase relations at high pressures. *EPSL*, **60**, 305-317.

[551] 巽 好幸 (1995) 『沈み込み帯のマグマ学』, 東京大学出版会, 186pp.

[552] Tatsumi, Y., Furukawa, Y. and Yamashita, S. (1994) Thermal and geochemical

evolution of the mantle wedge in the northeast Japan arc 1. Contribution from experimental petrology. *JGR*, **99**, 22275-22283.

[553] Tatsumi, Y. and Suzuki, K. (2014) Cause and risk of catastrophic eruptions in the Japanese Archipelago. *Proc. Jpn. Acad.*, Ser. B, **90**, 347-352.

[554] Tatsumi, Y., Takahashi, T., Hirahara, Y., Chang, Q., Miyazaki, T., Kimura, J., Ban, M. and Sakayori, A. (2008) New insights into andesite genesis: the role of mantle-derived calc-alkalic and crust-derived tholeiitic melts in magma differentiation beneath Zao volcano, NE Japan. *J. Pet.*, **49**, 1971-2008.

[555] Taylor, S. R. and McLennan, S. M. (1985) "The Continental Crust: Its Composition and Evolution". Blackwell Scientific.

[556] Terada, A., Kagiyama, T., Oshima, H. (2008) Ice Box Calorimetry: A handy method for estimation of heat discharge rates through a steaming ground, *Earth Planets Space*, **60**, 699-703.

[557] Thomas, R., Förster, H.-J., Rickers, K. and Webster, J. D. (2005) Formation of extremely F-rich hydrous melt fractions and hydrothermal fluids during differentiation of highly evolved tin-granite magmas: A melt/fluid-inclusion study. *CMP*, **148**, 582-601.

[558] Thordarson, T. and Self, S. (1993) The Laki (Skaftar Fires) and Grimsvotn eruptions in 1783-1785. *BV*, **55**, 233-263.

[559] Thordarson, T., Self, S., Oskarsson, N. and Hulsebosch, T. (1996) Sulfer, chlorine, and fluorine degassing and atmospheric loading by the 1783-1784 AD Laki (Skaftar Fires) eruption in Iceland. *BV*, **58**, 205-225.

[560] Tilling, R. I. (1989) Introduction and overview. *In*: Tilling, R. I. (ed.), "Volcanic Hazards", pp.1-8, American Geophysical Union.

[561] Tilling, R. I., Heliker, C. and Wright, T. L. (1987) Eruptions of Hawaiian volcanoes: Past, present, and future. *USGS*. General Int. Publ., 54pp.

[562] 富樫茂子（1977）恐山火山の岩石学的研究．岩鉱, **72**, 45-60.

[563] Tokarev, P. I. (1963) On a possibility of forecasting of Bezymianny Volcano eruptions according to seismic data. *BV*, **26**, 379-386.

[564] 東宮昭彦（1997）実験岩石学的手法で求めるマグマ溜まりの深さ．月刊地球, **19**, 720-724.

[565] 東宮昭彦（2016）マグマ溜まり：噴火準備過程と噴火開始条件．火山, **61**, 281-294.

[566] 東宮昭彦・宮城磯治（2002）有珠火山2000年3月31日噴火の噴出物とマグマプロセス．火山, **47**, 663-673.

[567] Tomiya, A., Miyagi, I., Saito, G. and Geshi, N. (2013) Short time scales of magma-mixing processes prior to the 2011 eruption of Shinmoedake volcano,

参考文献

Kirishima volcanic group, Japan. *BV*, **75**, 750, doi:10.1007/s00445-013-0750-1.

[568] Tomiya, A. and Takahashi, E. (1995) Reconstruction of an evolving magma chamber beneath Usu Volcano since the 1663 eruption. *J. Pet.*, **36**, 617-636.

[569] Tomiya, A. and Takahashi, E. (2005) Evolution of the magma chamber beneath Usu volcano since 1663: A natural laboratory for observing changing phenocryst compositions and textures. *J. Pet.*, **46**, 2395-2426.

[570] Toramaru, A. (2006) BND (bubble number density) decompression rate meter for explosive volcanic eruptions. *JVGR*, **154**, 303-316.

[571] Toramaru, A., Noguchi, S., Oyoshihara, S. and Tsune, A. (2008) MND (microlite number density) water exsolution rate meter. *JVGR*, **175**, 156-167.

[572] Toya, N., Ban, M. and Shinjo, R. (2005) Petrology of Aoso volcano, northeast Japan arc: Temporal variation of the magma feeding system and nature of low-K amphibole andesite in the Aoso-Osore volcanic zone. *CMP*, **148**, 566-581.

[573] 津久井雅志・鈴木裕一 (1998) 三宅島火山最近 7000 年間の噴火史. 火山, **43**, 149-166.

[574] Tuffen, H. and Dingwell, D. (2005) Fault textures in volcanic conduits: Evidence for seismic trigger mechanisms during eruptions. *BV*, **67**, 370-387.

[575] Tuffen, H., Smith, R. and Sammonds, P. R. (2003) Repeated fracture and healing of silicic magma generate flow banding and earthquakes ? *Geology*, **31**, 1089-1092.

[576] Turner, S. P. and Bourdon, B. (2011) Melt transport from the mantle to the crust-Uranium-Series Isotopes. *In*: Dosseto, A., Turner, S. P. and Van Orman, J. A. (eds.), "Timescales of Magmatic Processes from Core to Atmosphere", pp.102-115, Wiley-Blackwell.

[577] 上田誠也 (1989) 『プレートテクトニクス』. 岩波書店, 68pp.

[578] 上木賢太・寺田暁彦 (2012) 草津白根火山の巡検案内図. 火山, **57**, 235-251.

[579] 宇井忠英 (編著) (1997a)『火山噴火と災害』. 東京大学出版会, 219pp.

[580] 宇井忠英 (1997b) 火山現象の多様性. 宇井忠英 (編著),『火山噴火と災害』, pp.19-47, 東京大学出版会.

[581] 宇井忠英 (1997c) 噴火と災害. 宇井忠英 (編著),『火山噴火と災害』, pp.48-78, 東京大学出版会.

[582] 宇井忠英 (1997d) 火山災害予測図. 宇井忠英 (編著),『火山噴火と災害』, pp.117-146, 東京大学出版会.

[583] 宇井忠英 (2008) セントヘレンズ. 下鶴大輔・荒牧重雄・井田喜明 (編),『火山の事典 (第 2 版)』, pp.545-548, 朝倉書店.

[584] 宇井忠英・荒牧重雄 (1983) 1980 年セントヘレンズ火山のドライアバランシュ堆積物. 火山, **28**, 289-299.

[585] 浦辺徹郎（1988）地下資源．杉村 新・中村保夫・井固善明（編），『図説地球科学』, pp.180-187, 岩波書店.

[586] Usui, Y., Nakamura, N. and Yoshida, T. (2006) Magnetite microexsolutions in silicate and magmatic flow fabric of the Goyozan granitoid (NE Japan): Significance of partial remanence anisotropy. *JGR*, **111**, N11101.

[587] Vergniolle, S., Brandeis, G., Mareschal, J. C. (1996) Strombolian explosions 2. Eruption dynamics determined from acoustic measurements. *JGR*, **101**, 20449-20466.

[588] Vergniolle, S. and Jaupart, C. (1990) Dynamics of degassing at Kilauea Volcano, Hawaii. *JGR*. **95**, 2793-2809.

[589] Verhoogen, J. (1951) Mechanics of ash formation. *Am. J. Sci.*, **249**, 729-739.

[590] von Bargen, N. and Waff, H. S. (1986) Permeabilities, interfacial areas and curvatures of partially molten systems: Results of numerical computations of equilibrium microstructures. *JGR*, **91**, 9261-9276.

[591] Wade, J., Plank, T., Hauri, E., Kelley, K., Roggensack, K. and Zimmer, M. (2008) Prediction of magmatic water contents via measurement of H_2O in clinopyroxene phenocrysts. *Geology*, **36**, 799-802.

[592] Wadge, G. (1982) Steady state volcanism: Evidence from eruption histories of polygenetic volcanoes. *JGR*, **87**, 4035-4049.

[593] 脇田 宏・藤井直之・野津憲治（1992）エトナ火山の溶岩流制御作戦，科学，**62**, 582-589.

[594] Walker, G. P. L. (1973) Explosive volcanic eruptions—A new classification scheme. *Geol. Rundsh.*, **62**, 431-446.

[595] Walker, G. P. L. (1980) The Taupo pumice: Product of the most powerful known (ultra-plinian) eruption? *JVGR*, **8**, 69-94.

[596] Wallace, P. J., Anderson, Jr., A. T. and Davis, A. M. (1995) Quantification of pre-eruptive exsolved gas contents in silicic magmas. *Nature*, **377**, 612-616.

[597] Walter, T. R., Wang, R., Acocella, V., Neri, M., Grosser, H. and Zschau, J. (2011) Simultaneous magma and gas eruptions at three volcanoes in southern Italy: An earthquake trigger? *Geology*, **37**, 251-254.

[598] 渡辺秀文（1987）火山性微動からみた伊豆大島火山の噴火機構．月刊地球，**9**, 475-480.

[599] 渡辺一徳（2001）『阿蘇火山の生い立ち』，阿蘇選書 7，阿蘇市, 241pp.

[600] Waters, A. C. and Fisher, R. V. (1971) Base surges and their deposits: Capelinhos and Taal volcanoes. *JGR*, **76**, 5596-5614.

[601] Watson, E. B. (1994) Diffusion in volatile-bearing magmas. *In*: Carroll, M. R.

and Holloway, J. R. (eds.), " Volatiles in Magmas", *Rev. Min.*, **30**, 371-411.

[602] Watson, E. B. and Brenan, J. M. (1987) Fluids in the lithosphere, 1. Experimentally-determined wetting characteristics of CO_2-H_2O fluids and their implications for fluid transport, host-rock physical properties, and fluid inclusion formation. *EPSL*, **85**, 497-515.

[603] Watson, S. and McKenzie, D. (1991) Melt generation by plumes: A study of Hawaiian volcanism. *J. Pet.*, **32**, 501-537.

[604] Watts, R. B., Herd, R. A., Sparks, S. J. and Young, S. R. (2002) Growth patterns and emplacement of the andesitic lava dome at Soufriere Hills Volcano, Montserrat. *In*: Druitt, T. H. and Kokelaar, B. P. (eds), "The evolution of Soufriere Hills Volcano, Montserrat, from 1995 to 1999". *Geol. Soc. London, Mem.*, **21**, 115-152.

[605] Wentworth, C. K. and Williams, H. (1932) The classification and terminology of the pyroclastic rocks. *Natl. Res. Council Bull.*, **89**, 19-53.

[606] Whitehead, J. A. (1986) Buoyancy-driven instabilities of low-viscosity zones as models of magma-rich zones. *JGR*, **91**, B9, 9303-9314.

[607] Wiebe, R. A. (1996) Mafic-silicic layered intrusions: The role of basaltic injection on magmatic processes and the evolution of silicic magma chambers. *Trans. R. Soc. Edinb.:Earth Sci.*, **87**, 233-242.

[608] Williams, H. and McBirney, A. R. (1979) "Volcanology", Freeman. 397pp.

[609] Williams, R. S. and Moore, J. G. (1973) Iceland chills a lava flow. *Geotimes*, **18**, 14-17.

[610] Wilson, C. J. N. (1985) The Taupo eruption, New Zealand II. the Taupo ignimbrite. *Phil. Trans. R. Soc. London*, **A314**, 229-310.

[611] Wilson, C. J. N. and Walker, G. P. L. (1982) Ignimbrite depositional facies: The anatomy of a pyroclastic flow. *J. Geol. Soc. London.*, **139**, 581-592.

[612] Wilson, J. T. (1963) A possible origin of the Hawaiian islands. *Can. J. Phys.*, **41**, 863-870.

[613] Wilson, L. (1980) Relationships between pressure, volatile content and ejecta velocity in three types of volcanic explosions. *JVGR*, **8**, 297-313.

[614] Wilson, L., Sparks, R. S. J., Huang, T. C. and Watkins, N. D. (1978) The control of volcanic column heights by eruption energetics and dynamics. *JGR*, **83**, 1829-1836.

[615] Wilson, M. (1989) "Igneous Petrogenesis: A Global Tectonic Approach", Harper Collins Academy, 466pp.

[616] Windley, B. F. (1995) "The Evolving Continents, 3rd. Ed"., John Wiley & Sons,

526pp.

[617] Wohletz, K. H. and McQueen, R. G. (1984) Experimental studies of hydromagmatic volcanism. *In*: Boyd, F. R. (ed.), "Explosive Volcanism: Inception, Evolution, and Hazards", pp.158-169, National Academy Press.

[618] Woods, A. W. and Koyaguchi, T. (1994) Transitions between explosive and effusive eruptions of silicic magmas. *Nature*, **370**, 641-644.

[619] Woolsey, T. S., McCallum, M. E. and Schumm, S. A. (1975) Moldeling of diatreme emplacement by fluidization. *Phys. Chem. Earth*, **9**, 29-42.

[620] Worster, M. G., Huppert, H. E. and Sparks, R. S. J. (1990) Convection and crystallization in magma cooled from above. *EPSL*, **101**, 78-89.

[621] Wright, J. V., Smith, A. L. and Self, S. (1980) A working terminology of pyroclastic deposits. *JVGR*, **8**, 315-336.

[622] Wright, T. L. and Doherty, P. C. (1970) A linear programming and least squares computer method for solving petrologic mixing problems. *GSA Bull.*, **81**, 1995-2008.

[623] Wyllie, P. J. (1971) "The Dynamic Earth", Wiley, 416pp.

[624] Wylie, J. J., Voight, B. and Whitehead, J. A. (1999) Instability of magma flow from volatile-dependent viscocity. *Science*, **285**, 1883-1885.

[625] Yamada, E. (1988) Geologic development of the Onikobe caldera, northeast Japan, with special reference to its hydrothermal system. *Rept. Geo. Surv. Jpn.*, **268**, 61-190.

[626] Yamada, K., Emori, H. and Nakawawa, K. (2006) Bubble expansion rates in viscous compressible fluid. *EPS*, **58**, 865-872.

[627] Yamada, K., Tanaka, H., Nakazawa, K. and Emori, H. (2005) A new theory of bubble formation in magma. *JGR*, **110**, B02203, doi:10.1029/2004JB003113.

[628] 山田亮一・上中博之（2006）地下資源．建設技術者のための東北地方の地質編集委員会（編），『建設技術者のための東北地方の地質』，地質図4葉+凡例，DVD1枚，CD1枚，説明書，東北建設協会，408pp.

[629] 山田亮一・吉田武義（2002）北鹿とその周辺地域における新第三紀火山活動の変遷と黒鉱鉱床鉱化期との関連―火山活動年代の検討―．資源地質，**52**, 97-110.

[630] Yamagishi, H. (1979) Classification and features of subaqueous volcaniclastic rocks of Neogene age in Southwest Hokkaido, Japan. *Rep. Geol. Surv. Hokkaido*, **51**, 1-10.

[631] Yamagishi, H. (1987) Studies on the Neogen subaqueous lavas and hyaloclastites in Southwest Hokkaido. *Rep. Geol. Surv. Hokkaido*, **59**, 55 117.

[632] 山岸宏光（1994）『水中火山岩：アトラスと用語解説』，北海道大学出版会，195pp.

参考文献

[633] 山元孝広（1995）沼沢火山における火砕流噴火の多様性：沼沢湖及び水沼火砕堆積物の層序．火山, **40**, 67-81.
[634] 山元孝広（2003）東北日本，沼沢火山の形成史，噴出年代及びマグマ噴出量の再検討．地質調査所月報, **54**, 323-340.
[635] Yamamoto, T. and Hoang, N.（2009）Synchronous Japan Sea opening Miocene fore-arc volcanism in the Abukuma Mountains, NE Japan: An advancing hot asthenosphere flow versus Pacific slab melting. *Lithos*, **112**, 575-590.
[636] 山里 平（2015）新しい降灰予報について．災害情報, **13**, 30-33.
[637] Yanagi, T., Okada, H. and Ohta, K.（1992）"Unzen Volcano, the 1990-1992 Eruption", Kyushu University Press, 137pp.
[638] Yasui, M. and Koyaguchi, T.（2004）Sequence and eruptive style of the 1783 eruption of Asama volcano, central Japan: A case study of an andesitic explosive eruption generating fountain-fed lava flow, pumice fall, scoria flow and forming a cone. *BV*, **66**, 243-262.
[639] 安井真也・菅沼由里子（2003）降下軽石堆積物中の遊離結晶の破砕組織．火山, **48**, 221-227.
[640] Yoder, H. S., Jr. and Tilley, C. E.（1962）Origin of basalt magmas: An experimental study of natural and synthetic rock systems. *J. Pet.*, **3**, 342-532.
[641] Yokoyama, R., Shirasawa, M. and Kikuchi, Y.（1999）Representation of topographical features by openneses. *J. Jpn. Soc. Phtogram. Rem. Sens.*, **38**, 26-34.
[642] 横山隆三・吉田武義・蟹沢聰史（2003）『平成15年カレンダー』，北海道地図．
[643] 米地文夫（1995）地方在住の人々による記録からみた磐梯山の噴火過程と旧地形の復元．「岩屑流発生場に関する研究」分科会研究成果, pp.181-188.
[644] Yoshida, K., Hasegawa, A. and Yoshida, T.（2016）Temporal variation of frictional strength in an earthquake swarm in NE Japan caused by fluid migration. *JGR*, **121**, doi:10.1002/2016JB013022.
[645] 吉田武義（1970）四国・石鎚陥没カルデラと天狗岳火砕流．岩鉱, **64**, 1-12.
[646] 吉田武義（1975）マグマ溜り．海洋科学, **7**, 750-756.
[647] Yoshida, T.（1984）Tertiary Ishizuchi cauldron, southwestern Japan arc: Formation by ring fracture subsidence. *JGR*, **89**, B10, 8502-8510.
[648] 吉田武義（1989）東北本州弧第四紀火山岩類の研究．地質学論集, **32**, 353-384.
[649] Yoshida, T.（2001）The evolution of arc magmatism in the NE Honshu arc, Japan. *Tohoku Geophy. J.*, Ser. 5, **36**, 131-149.
[650] 吉田武義・相澤幸治・長橋良隆・佐藤比呂志・大口健志・木村純一・大平寛人（1999）東北本州弧，島弧火山活動期の地史と後期新生代カルデラ群の形成．月刊地球．号

外, no.27, 123-129.

[651] Yoshida, T. and Aoki, K. (1985) Lateral variations of major and trace elements in the Quaternary volcanic rocks from Northeast Honshu, Japan. *CYRIC Ann. Rep.*, **1984**, 98-103.

[652] Yoshida, T., Aoki, K. and Lee, M. W. (1982) Elemental abundances in some basaltic rocks from the Japan arc and adjacent area. *Res. Rep. Lab. Nuc. Sci., Tohoku Univ.*, **15**, 239-248.

[653] 吉田武義・長谷中利昭・青木謙一郎（1993a）メキシコ，ミチョアカン=グアナフアト火山地域の火山岩：2. 陸弧火山岩の地球化学的特徴．東北大学核理研研究報告, **26**, 278-295.

[654] 吉田武義・木村純一・大口健志・佐藤比呂志（1997）島弧マグマ供給系の構造と進化．火山, **42**, S189-S207.

[655] Yoshida, T., Kimura, J., Yamada, R., Acocella, V., Sato, H., Zhao, D., Nakajima, J., Hasegawa, A., Okada, T., Honda, S., Ishikawa, M., Prima, O. D. A., Kudo, T., Shibazaki, B., Tanaka, A. and Imaizumi, T. (2014) Evolution of late Cenozoic magmatism and the crust-mantle structure in the NE Japan Arc. *In*: Gómez-Tuena, A., Straub, S. M. and Zellmer, G. F. (eds.) "Orogenic Andesites and Crustal Grwoth". Geol. Soc. London, Sp. Pub., **385**, doi:10.1144/SP385.15.

[656] 吉田武義・村田 守・山路 敦（1993b）石鎚コールドロンの形成と中新世テクトニクス．地質学論集, **42**, 297-349.

[657] 吉田武義・大貫 仁・花松俊一・青木謙一郎（1984）静岡県みかぶ帯・輝緑岩質分化岩床の地球化学的研究．東北大学核理研研究報告, **17**, 182-196.

[658] 吉田武義・竹下 徹（1991）石鎚山第三系と石鎚コールドロン．日本地質学会第98年学術大会，見学旅行案内書，pp. 139-160.

[659] 吉田武義・渡部 均・青木謙一郎（1983）那須北帯・八幡平火山の地球化学的研究．東北大学核理研研究報告, **16**, 309-324.

[660] 吉田武義・山口輝彦・川﨑泰照（1981）利尻火山・沓形溶岩流の内部構造．岩鉱, **76**, 181-194.

[661] 吉倉紳一・熱田真一（2000）花崗岩体に記録されたマグマ混交・混合現象．月刊地球, **30**, 140-145.

[662] 吉村昌宏（2009）火山災害等に関する法律．土木学会 地盤工学委員会（編），『火山工学入門』, pp.97-101, 土木学会.

[663] Yoshimura, S. and Nakamura, M. (2008) Diffusive dehydration and bubble resorption during open-system degassing of rhyolitic melts. *JVGR*, **178**, 72-80.

[664] Yoshimura, S. and Nakamura, M. (2013) Flux of volcanic CO_2 emission estimated from melt inclusions and fluid transport modeling. *EPSL*, **361**, 497-503.

参考文献

[665] Zhao, D. (2004) Global tomographic images of mantle plumes and subducting slabs: Insight into deep Earth dynamics. *Phys. Earth Planet. Int.*, **146**, 3-34.

[666] Zobin, V., Reyes, G., Guevara, E. and Breto, M. (2009) ReceivedScaling relationship for Vulcanian explosions derived from broadband seismic signals. *JGR*, **114**, doi:10.1029/2008JB005983.

索　引

あ　行

アアクリンカー　152
アア表面　173
アア溶岩　150
アイソクロン法　76
姶良カルデラ　272
青麻–恐火山列　207
亜音速流　252
秋田駒ヶ岳火山　116
アクマイト　81
アグルチネート　41
アグロメレート　170
浅間火山　116
アスペクト比　149
アセノスフェア　14
アダカイト　207
安達太良火山　207
圧残留磁気　235
圧縮応力場　124
吾妻火山　207
圧密　44
圧密軽石　172
アミグデュール　103
網目形成酸化物　83
網目修飾酸化物　83
アリューシャン列島　207
アルカリ岩系　77
アルカリ玄武岩　77
アルカリ長石　77
アレイ観測　231
安山岩　61
安山岩質マグマ　16
安息角　218
安定同位体　76
アンテクリスト　101

硫黄メルト　54

イオン半径　56
イグニンブライト　142
異質岩片　167
伊豆大島火山　39
一段減圧　103
異方性　60
色指数　62
インコンパティブル元素　71
インシデント・コマンド・システム　301
隕石　4
インターサータル　102
イントラカルデライグニンブライト　45
隠微晶質　101
インブリケーション　171

有珠火山　27
宇宙線生成同位体　77
羽毛状　97
ウルトラプリニー式噴火　136
雲仙火山　116
運動方程式　251

エアロゾル　279
映像観測　240
HFS 元素　71
A 型地震　230
液相線　87
液相濃集元素　71
液相不混和　2
エクロジャイト　207
SiO4 四面体　55
S 波反射体　51
エネルギー式　251
エネルギー資源　287

MT 観測　235
LIL 元素　71
エルチチョン火山　283
縁海　15
遠隔探査　50
塩基性岩　62
円錐形岩床　137
延性的　183
延性領域　183
エンタブレチュア　153
燕尾状　97
円磨　170
円磨度　170

大谷石　139
オストワルドライプニング　192
オートクリスト　98
オパサイト縁　101
オパール　103
オフィオライト　173
オフィティック　101
オブシディアン　102
温室効果気体　285
温泉　264
温泉変動　267
音速　249
御嶽火山　116

か　行

外核　7
貝殻状断口　196
海溝　11
開口割れ目　104, 186
海山　219
骸晶状　97
塊状部　153
塊状溶岩　153

369

索引

崖錐 132
海成堆積物 206
海台 200
海台玄武岩 210
灰長石 68
海底地すべり 218
海盆 200
界面エネルギー 180
界面張力 180
界面動電現象 236
海洋地殻 6
海洋底 199
海洋底玄武岩 207
海洋島玄武岩 210
外来岩片 60
外来結晶 96
火炎構造 177
加害要因 267
化学平衡 185
鍵層 143
架橋酸素 83
核 7, 95
核形成 95
核形成速度 95
拡散速度 96
角閃岩 203
角閃石 56
角閃石エクロジャイト 207
角閃石斑れい岩 203
拡大割れ目 175
確率系統樹 305
角礫岩 174
火口 3
花崗岩 61
花崗岩質 6
火口原 41
火口湖 282
火口周辺警報 309
火口底 162
火口列 39
火砕岩 40
火砕丘 42
火砕サージ 147, 267
火砕堆積物 169

火砕物 3, 167
火砕流 29, 142, 267
火砕粒子 169
火砕流堆積物 147, 166
　　第一層 —— 147
　　第三層 —— 147
　　第二層 —— 147
火砕流台地 47
傘型域 140
傘型雲 143
火山 1
火山学 2
火山角礫岩 169
火山ガス 28, 237, 267
火山活動 1
火山ガラス 102
火山ガラス片 161
火山岩 2
火山岩塊 132
火山減災 292
火山構造性地震 230
火山災害 265
火山災害実績図 47
火山災害対策 299
火山災害廃棄物 322
火山災害予想区域図 316
火山災害予測図 302
火山砕屑岩 40
火山砕屑重力流堆積物 176
火山砕屑堆積物 169
火山砕屑物 167
　　——起源の堆積物 169
火山砕屑粒子 169
火山砂防 316
火山砂防基本計画 316
火山砂防事業 315
火山砂防施設配置計画 317
火山地震 230
火山情報 308
火山シルト 168
火山性圧力源 120
火山性地震 230
火山性地溝 39

火山性微動 230
火山性流体 51
火山前線 11
火山層序 48
火山帯 199
火山弾 41
火山地形 38
火山泥流 163, 267
火山島 219
火山等緊急対策砂防事業 315
火山粘土 169
火山灰 41
火山灰雲降下火砕堆積物 147
火山灰雲サージ堆積物 147
火山灰丘 42
火山灰付着火山礫 176
火山灰流 142
火山爆発 28
火山爆発指数 119, 260
火山ハザード 265
火山ハザードマップ 47, 302
火山フロント 11, 222
火山噴火 27
火山噴火予知 123
火山噴火予知連絡会 32, 311
火山噴出物 166
火山防災 292
火山防災協議会 296
火山防災マップ 303
火山豆石 196
火山粒子流 148
火山礫 144
火山礫岩 170
火山礫凝灰岩 170
火山列 207
火山麓扇状地 40
荷重痕 177
過剰圧 186
河床勾配 164
加水溶融 15

索　引

ガスコアリング　43
ガス推進域　140
かすみ石　56
ガス抜けパイプ　146
火成活動　2
火成岩　2, 58
火成岩成因論　63
火成岩体　13
活火山　31, 240
活火山法　295
活動火山対策特別措置法　295
活動的大陸縁　221
火道　18
火道角礫岩　43
火道充填堆積物　44
火道充填物　44
火道壁　60
加熱溶融　15
可能性マップ　302
過飽和度　103
カーボナタイト　54
ガラス基流晶質　102
ガラス質　102
ガラス質殻　170
ガラス質レンズ　172
ガラス転移　84
カリ長石　56
カリフラワー状火山弾　166
軽石　26
軽石凝灰岩　139
軽石流　142
カルクアルカリ岩系　78
カルクアルカリ系列　78
カルクアルカリ玄武岩　210
カルデラ　44
カルデラ火山　36
カルデラ陥没　45
カルデラ陥没角礫岩　45
カルデラ原　47
カルデラ湖　47
カルデラ床　47
カルデラ噴火　139

カルデラ壁　45
カルデラ埋積火砕流堆積物　45
過冷却　95
過冷却度　94
完ガラス質　102
間欠泉　221
間隙水圧　176
間隙流体圧　185
岩滓集塊岩　41
岩株　20
岩床　18
環状岩脈　137
干渉合成開口レーダー　50
完晶質　101
干渉色　60
緩衝帯　292
環状流　28
環状割れ目　47
完新世　32
含水珪酸塩　56
含水系でのソリダス　183
含水鉱物　27
含水マグマ　74
含水量　111
岩石学　3
岩石学的モホ面　7
岩石系列　79
岩石組織　104
岩屑ジェット　149
岩屑なだれ　162, 267
岩屑なだれ基質　163
岩屑なだれ堆積物　162
岩屑なだれブロック　163
岩屑流　176
環太平洋火山帯　221
貫入　3
貫入岩体　18
貫入性凝灰岩　43
岩片　145, 167
岩片支持　172
陥没カルデラ　23
岩脈　18, 234
かんらん岩　6

カンラン石　6
カンラン石ソレアイト　80
間粒状　102
危険度評価　295
起源物質　48
起源物質由来結晶　98
気孔　94
基質支持　172
気象レーダー　240
疑似理想気体近似　249
輝石　6
気相晶出　172
亀甲状節理　20
希土類元素　71
希薄領域　254
揮発性成分　2
揮発性物質　243
ギブスの自由エネルギー　65
気泡　2
　——の合体　192
気泡シリンダー　151
気泡流　28, 243
気泡流領域　256
気泡連結度　193
偽枕状岩塊　173
ギャオ　212
逆級化　148
客晶　101
逆断層　277
逆流脈　76
逆累帯構造　98
球顆　97
級化構造　146
休火山　32
球顆状　103
級化層理　176
給源遠方相　168
給源近傍相　168
休止期間　29
球状圧力源　234
牛糞状火山弾　166
急冷　161

371

索　引

急冷縁　170
急冷期間　37
急冷周縁相　20
急冷晶　97
キュームレイト　70
キュリー温度　235
キュリー点深度　235
脅威度値　306
凝灰角礫岩　169
凝灰岩　169
凝灰集塊岩　170
供給岩脈　22
杏仁　103
杏仁状組織　103
共融系　184
共融点　94
共融メルト　180
ギョー　219
局所分析　48
巨晶花崗岩　184
巨大火成岩岩石区　224
巨大岩塊　163
巨大噴火　139
キラウェア火山　214
キラウェア型カルデラ　45
霧島火山　106
偽礫　170
緊急火山情報　313
緊急対策ドリル　318
均質核形成　95
金属鉱物　31
金属メルト　54
金属硫化物メルト　182
キンバーライト　43
キンバーライトパイプ　43

空気振動（空振）　132, 239, 267
空隙率　247
空洞　94
苦鉄質火成包有岩　75
苦鉄質岩　61
苦鉄質鉱物　56

苦鉄質端成分　113
苦鉄質マグマ　25
グラウンドサージ　147
グラウンドサージ堆積物　146
グラウンドレイヤー　146
クラカトア火山　116
クラック　186
グリーンタフ　139
クリスタライト　103
クリスタルフローマーカー　104
クリンカー　154
クーリングユニット　172
グリーンストーン帯　209
クリスタルマッシュ　92
クレーターレーク型カルデラ　45
クレバス　150
黒雲母　55
黒鉱　31

珪酸塩　54
系外脱ガス　243
軽希土類元素　71
珪酸塩鉱物　55
珪酸塩メルト　54
傾斜計　233, 261
珪長質　61
珪長質岩　61
珪長質鉱物　56
珪長質端成分　113
珪長質マグマ　25
結晶化過程　105
結晶化度　94
結晶/ガラス比　94
結晶形態　97
結晶サイズ　105
結晶サイズ分布　105
結晶作用　70
結晶成長　95
結晶度　87
結晶分化作用　68
結晶分散部　87
減圧脱ガス　195

減圧発泡　117, 243
減圧溶融　15
顕生代　210
現地性ハイアロクラスタイト　174
玄武岩　61
玄武岩質　6
玄武岩質マグマ　15

コイグニンブライト降下火山灰　144
高アルミナ玄武岩　77
広域応力場　118
広域テフラ　137
広域被害　300
広域変成作用　21
広域防災計画　300
高温酸化　153
降下火砕堆積物　121
降下火砕物　121, 267
降下火山砕屑物　121
降下火山灰　172
降下火山灰堆積物　196
降下軽石　172
降下軽石堆積物　172
降下堆積単位　172
降下テフラ　168
高カリウム系列　81
孔隙　94
高結晶場強度元素　71
洪水　267, 268
洪水玄武岩　201
洪水噴火　131
合成開口レーダー　233
構造　92
構造性地震　230
剛体殻部　87
剛体球モデル　56
降灰処理　321
光波測距　233
降伏強度　145
鉱物組合せ　60
鉱物資源　288
鉱物組成　61
高マグネシア安山岩　208

固液混相流　163
固化フロントの剛体殻　25
黒曜石　102
固結指数　71
固相線　36
固相濃集元素　71
固相分離　184
固体マトリックス　182
固着すべり　133
コックステイルジェット　158
コマチアイト　209
固溶体　58
コランダム　81
コールドプルーム　12
コロネード　153
コロンビアリバー台地　225
混合マグマ　37
混成岩　76
混成作用　76
混染作用　204
混濁流　176
コンドライト　4
コンドライト規格化パターン　71
コンドルール　4
コンパティブル元素　71
コンボリューション　137
コンボリュート構造　177
コンラッド面　17

さ　行

災害応急対策　294
災害情報　307
災害対策基本法　295
災害廃棄物　294
災害復旧・復興対策　294
災害要因　267
災害予防・事前対策　294
再生カルデラ　139
再生ドーム　139
砕屑岩脈　44
砕屑物　167

砕屑粒子　169
再堆積性ハイアロクラスタイト　174
賽の目状節理　173
再溶融作用　204
再流動化　118
砂岩　21
サグ構造　176
桜島火山　116, 132, 272
擦痕　149
サヌカイト　208
サヌキトイド　208
サブオフィティック　101
サブプリニー式噴火　136
サブマグマ流　85
砂防　316
砂防施設整備計画　317
残液　58
三重点　181
産状　77
酸性岩　62
酸素同位体　76
酸素フガシティー　107
酸素分圧　107
山体変形　261
山体崩壊　125, 162, 267
山頂火口　127
サントリーニ火山　116
残留結晶　96

ジェット状弾道放出　158
ジェット堆積物　147
シェルター　294
ジオパーク　265
死火山　32
磁気異常　52
ジグソー角礫岩　163
ジグソー割れ目　44
自形　58
地震　230
地震学　50
地震学的モホ面　7
地震動　267
地震波減衰　25
地震波速度　6

地震発生層の下限　185
地震波トモグラフィー　11
地すべり　164, 267
沈み込み帯　11
自然災害　264
自然電位　236
自然電位観測　235
シソ輝石　78
シソ輝石質岩系　78
失透　103
質量保存の法則　73
磁鉄鉱　207
シート状岩脈群　212
シート状溶岩　151, 173
シートフロー　173
自破砕　42
自破砕岩片　169
自破砕堆積物　169
絞出し作用　92
縞状軽石　167
縞状構造　94
社会的影響　293
斜長石　56
斜方輝石　184
斜面崩壊　267
蛇紋石　48
重希土類元素　71
集合斑晶　189
集積岩　70
充塡　56
充塡堆積物　151
集斑状　105
従表面被覆　121
重力異常　52
重力観測　239
重力分化作用　88
重力流　171
樹枝状　97
主晶　101
主成分元素　49
シュードタキライト　203
シュリーレン　93
準長石　56
ジョインテッドブロック

373

索　引

170
昇華　285
蒸気卓越型　30
衝撃波　263
衝撃割れ目　149
じょうご型カルデラ　47
晶子　103
状態方程式　251
晶洞　94
衝突構造　149
衝突痕　149
情報共有　307
情報伝達　293
初期メルト　155
ショショナイト系列　81
初生鉱物　48
初生マグマ　14
徐冷期間　37
シリイット組織　105
シリカ鉱物　80
シリカ飽和度　80
シル　234
ジルコン　56
しわ状　150
シングルフォース　258
震源決定　231
震源の移動　231
人工地震　50
真珠岩　102
真珠岩状組織　102
真珠岩様割れ目　102
伸縮計　261
針状　104
深成岩　2
深成岩体　187
伸張応力場　124
伸張破壊　187
浸透能　164
浸透流　16
深部低周波地震　185

水圧破砕　183
水準測量　51, 233
水蒸気　237
水蒸気爆発　116

水蒸気噴火　116
水中自破砕溶岩　173
水底アア溶岩　173
水底火砕流　176
水底カルデラ　116
水底降下火砕堆積物　177
水底重力流堆積物　176
水底パホイホイ溶岩　173
水底ブロック溶岩　173
水底噴火　176
水底溶岩　173
水冷火山弾　171
水冷自破砕　174
水冷収縮破壊　173
水冷スパッター　160
水冷破砕　176
数密度　105
スクイーズアップ　151
スコリア　26
スコリア丘　42, 226
スコリア流　142
ストロンチウム同位体比　207
ストロンボリ式噴火　116, 242
砂時計構造　98
スパイラクル　151
スパッター　40
スパッター丘　160
スパッターランパート　131
スーパープルーム　12
スピニフェックス組織　209
スフェルライト　97
スフリエール型火砕流　142
スフリエールヒルズ火山　128, 257
すべり面を伴った局部破壊　194
スミソニアン研究所　32
スラグ流　28, 243, 248
スラブ　37
スルツェイ式噴火　158

スレッドレーススコリア　167
正確度　48
静岩圧　257
正級化葉理　148
脆性–延性遷移帯　22
脆性破壊　85
脆性領域　22
成層火山　40
成長速度　96
精度　48
正の要因　265
正累帯構造　98
ゼオライト鉱物　103
石英　56
石英安山岩　61
石英ソレアイト　80
積算マグマ噴出量階段ダイアグラム　123
石質岩片　146
赤鉄鉱　153
脊梁火山列　207
絶縁体　182
石灰岩　21
石基　59
石基組織　102
石基組成　70
接触変成岩　21
接触変成作用　21
絶対重力計　239
節理　94
節理面　174
ゼノリス　60
セルモデル　245
栓　133
全岩組成　70
全岩分析　48
前弧　11
線構造　93
潜在ドーム　280
全磁力　235
全磁力観測　235
剪断応力　83
前兆現象　302

索　引

セントヘレンズ火山　116
閃緑岩　61

造岩鉱物　54
造構造運動　4
走時　231
層状構造　93
相対重力計　239
曹長石　68
相転移　184
相平衡　63
相平衡図　63
層流　145
掃流　171
側火山　39
測地学　50
組織　92
組成境界層　101
組成変化図　63
塑性流動　187
組成累帯　59
組成累帯構造　101
ソフト対策　294
粗面岩状　102
ソリダス　36
ソリダス温度　178
ソリトン　183
粗粒玄武岩　212
ソルバス　184
ソレアイト　78
ソレアイト岩系　78
ソレアイト系列　78
ソレアイト質玄武岩　200

た　行

ダイアトリーム　43
ダイアピル　16
大イオン半径親石元素　71
ダイク　18
帯磁　52
帯水層　50
堆積構造　171
堆積物　170
堆積物重力流　217

体積分率　181
第 2 臨界点　180
第四紀火山　25
大陸縁辺部　206
大陸地殻　6
大理石　21
対流域　140
滞留時間　36
滞留スラブ　225
対流分別作用　91
ダウンサグ型カルデラ　47
卓状　97, 104
他形　58
多源岩片　167
多孔質　170
多重急冷縁　191
多重発泡帯　191
多世代火山　35
多段減圧　103
脱ガス　44
脱ガス構造　176
脱ガスパイプ　146
脱ガラス化作用　103
脱水　16
脱水岩脈　176
脱水反応　183
脱水脈　176
楯状火山　39
種結晶　96
タービダイト　176
タフコーン　42
タフリング　42
ダブルカップル型発震機構　232
タール火山　158
炭酸塩鉱物　48
炭酸塩メルト　54
炭酸ガス噴出　282
単斜輝石　89
単成火山　38
断層　44
単力源　258

地域防災計画　298

遅延発泡　154
地温勾配　9
地殻　6
地殻応力場　37
地殻熱流量　10
地殻変動　51, 267
地下資源　264
地下水　238
地下水変動　267
地球物理学　3
地溝帯　200
地磁気　52
地磁気・地電流法　235
地質温度計　76
地質学　3
地熱活動　29, 240
地熱地帯　30
地熱発電　286
地熱変動　267
着弾垂下構造　176
チャネリング　146
中央海嶺　11
中央海嶺玄武岩　209
中央火口丘　139
中間カリウム系列　81
中間質岩　61
中間的な応力場　124
中軸谷　212
柱状　104
柱状節理　153
中色質　62
中心火口　38
中心噴火　22
中性岩　62
チュムラス　151
超塩基性岩　62
超音速流　252
鳥海火山　116
鳥海火山列　207
超苦鉄質岩　61
超苦鉄質マグマ　209
長周期地震　231
長石　56
潮汐加熱　9
超臨界水　180

375

索　引

超臨界流体　183
チョーク　253
直交ポーラー　60
地理情報システム　307
沈降速度　88
沈積フロント　87
沈滞角礫岩　168

津波　163, 267

低角斜交葉理　148
泥火山　286
低カリウム系列　81
泥岩　21
定向配列　93
デイサイト　61
デイサイト質マグマ　118
泥質変成岩　203
低周波地震　230
低速度域　14
低速度異常　11
低速度層　227
D″層　7
定置　3
底盤　20
低比抵抗域　237
デカン溶岩台地　39
テクトニクス　4
テクトニクス場　4
鉄酸化物　56
テフラ　168
テフラジェット　148
デューン構造　148
壇間状　102
電気伝導度　182, 236
電気比抵抗　181
電磁気学　50
転動角礫岩　154

同位体　9
同位体組成　76
同位体比　47
同位体分別　76
同化作用　75
同化分別結晶作用　204

同源早期晶出結晶　101
島弧　11
島弧–海溝系　200
島弧玄武岩　210
等重量線図　121
同心円状節理　175
透水性　30
等層厚線図　121
動的ふるい効果　148
東北日本弧　24
等粒状　105
等粒状組織　59
土砂移動　315
土砂移動監視体制　316
土石流　164, 267
土石流堆積物　41
トバ火山　120
ドーム崩落　144
トラップドア型カルデラ　47
トランスフォーム断層　213
ドリルマップ　302
ドレイン・バック　127
ドレライト　212

な　行

内核　7
流れ山　163
ナノライト　106
波状　150
縄状　150

ニオス湖　282
濁川カルデラ　43
二酸化硫黄　237
二酸化炭素　237
二次鉱物　48
西之島火山　116
二次沸騰　118
二次冷却節理　173
二面角　181

ぬれ角　181

熱雲　142
熱学　50
熱消磁　235
熱水　48
熱水活動　291
熱水鉱床　31, 264, 288
熱水循環　291
熱水対流系　30
熱水卓越型　30
熱水噴出孔　291
熱水変質作用　16
熱水変質帯　30
熱水脈　288
熱赤外カメラ　240
熱伝導率　11
ネットワーク構造　83
熱暴走　203
熱力学　63
ネバドデルルイス火山　282
ネフェリン　56
粘性流　133
粘土鉱物　48

濃縮領域　254
ノジュール　60
ノルム鉱物　70
ノルム鉱物組成　70

は　行

パーアルカリック　81
パーアルミナス　81
バイアス型カルデラ　45
ハイアロオフィティック　102
ハイアロクラスタイト　102
配位数　56
灰雲　147
胚芽　95
灰かぐら　147
背弧　11
パイプ気孔　151
ハイブリッド　76
バイモーダル　193

索　引

ハーカー図　63
バグノルド効果　148
爆発角礫岩　160
爆発カルデラ　44
爆発地震　258
爆発的な活動　3
爆発的噴火　130, 242
　　——の噴火様式　129
白榴石　56
爆裂火口　43
爆裂孔　151
破砕岩片　44
破砕条件　247
破砕度　129
破砕斑晶片　196
ハザードマップ　279
バソリス　20
破断　76
破断面　76
パッキング　56
発生頻度　308
発泡　25
発泡現象　118
発泡帯　191
発泡度　134
発泡壁型　196
馬蹄形カルデラ　45
波動累帯構造　98
ハード対策　294
パホイホイトゥー　150
パホイホイ表面　150
パホイホイ溶岩　150
パーライト　102
パラゴナイト化　103
ハワイ式噴火　120
パン皮状火山弾　166
半自形　58
斑晶　59
斑状　105
板状圧力源　234
半晶質　102
板状節理　153
斑状組織　59
半深成岩　20
磐梯火山　45

反転流　16
反応縁　101
反応原理　65
斑れい岩　61

非アルカリ岩系　77
ピエゾ残留磁気　235
被害　265
被害想定　303
非架橋酸素　83
東太平洋海膨　199
B 型地震　231
微気圧計　239
ピクライト質玄武岩　105
被災者生活再建支援法　314
微晶　101
微小軽石型　196
非晶質　102
微小振幅波　254
ピジョン輝石　78
ピジョン輝石質岩系　78
ピストンシリンダー型カルデラ　47
ひずみ計　233
ひずみ速度　83
ピースミール型カルデラ　47
非線形現象　183
比抵抗　182
微動　230
ピナツボ火山　116
避難　294
避難勧告　308
避難計画　299
避難壕　294
避難指示　308
非爆発的な活動　3
非爆発的噴火　242
微斑晶　103
微文象組織化　172
表面構造　150
表面酸化　153
微量元素　49
ピロタキシチック　101

風化作用　48
フェルサイト質組織　103
フェルティ　101
フォールバック　44
フォールユニット　172
不均質核形成　95
覆瓦構造　171
複屈折　60
複合岩脈　76
複合気体システマティクス　195
複合溶岩　76
複式火山　36
複成火山　36
複成楯状火山　201
不混和領域　184
プチスポット　226
沸石鉱物　103
負の要因　265
部分再溶融　205
部分溶融　13
部分溶融体　86
部分溶融度　217
部分流動化現象　145
浮遊粒子状物質　279
ブラスト　148
フラックス元素　184
ブラックスモーカー　291
フラックス溶融　15, 204
ブリスター　151
プリニアン噴火　116
プリニー式噴火　116, 242
浮流　171
浮力中立点　3
ブルカノ火山　132
ブルカノ式噴火　132, 242
プルーム　8
プルームテクトニクス　12
フレアトプリニー式噴火　158
プレー火山　268
プレー型火砕流　142
プレッシャーリッジ　151
プレート　3

377

索引

プレート拡大境界　11
プレート境界　11
プレート沈み込み境界　11
プレート収束境界　11
プレートテクトニクス　12
プレート内火山　225
プレート内部　200
プレーン玄武岩　210
ブロックアンドアッシュフロー　142
ブロック表面　153
ブロック溶岩　153
プロトン磁力計　235
フローユニット　148
噴煙　28, 267
噴煙柱　28
噴煙柱到達高度　119
噴煙柱崩壊　143
分化　63
噴火　3, 27, 266
噴火イベントツリー　305
分解溶融　184
噴火活動　266
噴火活動履歴　302
噴火可能マグマ　126
噴火警戒レベル　309
噴火継続時間　125
噴火警報　309
噴火口　27
噴火事象系統樹　305
噴火シナリオ　301
噴火シナリオケース　318
噴火微動　260
噴火不能マグマ　126
噴火マグニチュード　120
噴火メカニズムツリー　305
噴火様式　47
噴火予知　240
噴火予報・警報　309
噴火履歴　241
噴気孔　29
分級作用　145

分光観測　238
分散度　129
噴出　3
噴出岩塊　267
噴出速度　125
噴出率　22
噴出量累積階段図　123
文象構造　184
噴石　132, 267
噴石活動　267
噴石丘　42
粉体流　162
分断岩脈　76
分配係数　70
分別結晶作用　68
噴霧流　28

平衡形状　180
平行ポーラー　60
ベイサナイト　217
閉塞　253
平頂海山　219
劈開　56
ペグマタイト　184
ペクレ数　247
ベースサージ　147
ベスビオ火山　134
ペペライト　174
ペレーの毛や涙　196
偏光顕微鏡　60
偏光板　60
変質海洋地殻　206
変質作用　48
変成作用　21
偏析　104
偏析構造　146
ヘンリー則　246

ポアズイユ流　126
ポイキリティック　101
ポイキロフィティック　101
方解石　103
防災基本計画　296
防災教育　309

防災業務計画　298
放射状岩脈　41
放射状節理　42
放射性核種　8
放射性元素　47
放射性同位体　9
放射年代　76
包晶反応系　184
紡錘状火山弾　166
包有岩岩脈　76
包有物　98
捕獲結晶　43
捕獲結晶斑状組織　76
捕獲フロント　87
ホットスポット　13, 214
ホットプルーム　12
ホーニト　160
ボニナイト　208
ホルンフェルス　21
ホワイトスモーカー　291
本源マグマ　202
本質岩片　167

ま行

マイクロスフェルライト　103
マイクロスフェルリティック　103
マイクロフォン　239
マイクロライト　101
マウナロア火山　39
マグマ　1
　――の上昇機構　185
　――の上昇速度　103
　――の噴出・噴火　3
マグマオーシャン　8
マグマ供給系　3
マグマ混交　76
マグマ混合　25
マグマ水蒸気爆発　157
マグマ水蒸気噴火　157
マグマ性ガス　237
マグマソリトン　183
マグマ溜り　16
マグマの海　8

索引

マグマ破砕　94, 243, 247, 256
マグマポケット　87
マグマ流　85
枕状角礫岩　174
枕状溶岩　160
枕状ローブ　173
摩擦すべり　133
マッシュ状部　87
マッシュ状マグマ　59
マッハ数　252
マール　42
マントル　6
マントルウェッジ　16
マントルダイアピル　33
マントル対流　12
マントルプルーム　15, 215
マントルベッディング　121

ミグマタイト　18
ミグマタイト構造　187
水資源　264
密度流　144
三原山火山　127
未分化マグマ　207
脈　187
三宅島火山　116
ミューオン　53, 239
ミュー粒子　53

無結晶マグマ　87
無色鉱物　56
無斑晶質　59

メタアルミナス　81
メタンハイドレート　290
メラピ型火砕流　133, 142
メラピ型熱雲　133
メラピ式噴火　133
メルト　2
メルトチャンバー　189
メルトネットワーク　182
メルト部　87

メルト分率　180
メルト包有物　196
メルトポケット　189
メルトレンズ　189
面構造　93

毛せん状　101
モード組成　61
モホ面　17
森吉火山列　207

や行

融解　184
有感地震　278
有限振幅波　254
優黒質　62
融食　101
有色鉱物　56
融雪型火山泥流　282
優白質　62
誘発対流　16
有用鉱物　31, 56
ユータキシティック組織　172

溶液　185
溶解　184
溶岩　3
溶岩円頂丘　42
溶岩湖　131
溶岩舌　150
溶岩樹型　151
溶岩鍾乳石　152
溶岩しわ　150
溶岩石筍　152
溶岩尖塔　42
溶岩台地　39
溶岩チューブ　152
溶岩堤防　150
溶岩ドーム　26, 42
溶岩トンネル　151
溶岩の引戻し　127
溶岩フロント　150
溶岩噴泉　117
溶岩餅　41

溶岩餅塁壁　131
溶岩流　26, 267
溶岩流出　28
溶岩ローブ　150
溶結　41
溶結火砕岩　170
溶結凝灰岩　169
溶結構造　176
溶媒　184
溶融　185
溶融体　2
葉理　148
横ずれ断層　277
よどみ点　253

ら行

ラカギガル火山　116
ラグブレッチャ　168
ラコリス　20
ラハール　41, 163
ラピリストーン　170
ラミナ　148
ランプ構造　150
ランプロアイト　210
乱流　140

リアルタイムハザードマップ　307, 318
リキダス　87
リキダス温度　178
陸弧　15
陸上溶岩　150
陸水学　50
リスクアセスメント　295
リソスフェア　12
リソフィーゼ　97
リフトゾーン　39
リフト帯　200
リボン状火山弾　166
リモートセンシング　50
粒界　180
粒界拡散　180
硫化物メルト　54
粒間メルト　182
粒径　95

索　引

流体包有物　184
流動角礫岩　154
流動化現象　145
流動化状態　145
流動褶曲　94
流動相　118
流動単位　148
流動ファブリック　104
流動マグマ　93
流動溶結火砕岩　170
流紋岩　61
流紋岩質マグマ　16
流理構造　94
リューサイト　56
離溶　54
緑色凝灰岩　139

緑泥石　48
臨界核　95, 245
臨界核半径　244
燐灰石　56
臨界点　180
臨界発泡度　194

類質岩片　167
累帯構造　98
累帯したイグニンブライト　190

冷却史　102
冷却節理　145
冷却速度　18
冷却単位　172

レスタイト　208
レティキュライト　167
連結したネットワーク　181
連結性　182
連続減圧　103
連続の式　251

わ　行

和達－ベニオフ帯　221
割れ目　16
割れ目火口　38
割れ目系　30
割れ目噴火　22
湾曲節理　153

欧文索引

A

A-type earthquake　230
aa clinker　152
aa lava　150
aa surface　173
absolute gravimeter　239
accessory clast　167
accidental clast　167
accretionary lapilli　196
accumulation front　87
accuracy　48
acicular　104
acidic rock　62
acmite　81
acoustic wave velocity　249
active continental margin　221
active volcano　31
adakite　207
aerosol　279
AFC　204
agglomerate　170
agglutinate　41
air vibration　239
air-shock　239
albite　68
alkali basalt　77
alkali feldspar　77
alkaline rock series　77
alteration　48
altered oceanic crust　206
amorphous　102
amphibole　56
amphibolite　203
amygdaloidal texture　103
amygdule　103
andesite　61
andesitic magma　16
angle of repose　218
anhedral　58
anisotropy　60
annular flow　28
anorthite　68
antecryst　101
AOC　206
Aoso–Osore volcanic zone　207
apatite　56
aphyric　59
aquifer　50
ArcGIS　307
armored lapilli　176
array observation　231
artificial earthquake　50
ash cloud　28, 147
ash cloud fallout deposit　147
ash cloud surge deposit　147
ash fall　172
ash fall deposit　196
ash flow　142
ash plume　28
aspect ratio　149
assimilation　75
assimilation and fractional crystallization　204
asthenosphere　14
autobrecciation　42
autoclast　169
autoclastic deposit　169
autocryst　98

B

B-type earthquake　231
back arc　11
back vein　76
Bagnold effect　148
ballistic projectile　267
banded pumice　167
banded structure　94
basalt　61
basaltic　6
basaltic magma　15
basanite　217
base surge　147
basic rock　62
batholith　20
billowy　150
bimodal　193
biotite　55
birefringence　60
black ore　31
black smoker　291
blast　148
blister　151
block lava　153
block surface　153
block-and-ash flow　142
boninite　208
bread-crust bomb　166
bridging oxygen　83
brittle-ductile transition zone　22
brittle failure　85
brittle region　22
bubble coalescence　192
bubble connectivity　193
bubbly flow　28

381

buffer zone　292
bulk-rock analysis　48
bulk-rock composition　70

C

calc-alkali basalt　210
calc-alkali rock series　78
calc-alkali series　78
calcite　103
caldera　44
caldera collapse　45
caldera collapse breccia　45
caldera floor　47
caldera lake　47
caldera volcano　36
caldera wall　45
caldera-filling pyroclastic flow deposit　45
caldera-forming eruption　139
capture front　87
carbon-dioxide emission　282
carbonate melt　54
carbonate mineral　48
carbonatite　54
cauliflower bomb　166
cavity　94
CD　103
cell model　245
central cone　139
central eruption　22
central vent　38
chadacryst　101
channeling　146
chemical equilibrium　185
chilled margin　20
chlorite　48
Chokai volcanic zone　207
choking　253

chondrite　4
chondrite-normalized pattern　71
chondrule　4
cinder　132
circum-Pacific volcanic belt　221
clast　145, 167
clast support　172
clastic dike　44
clastic material　167
clay mineral　48
cleavage　56
clinker　154
clinopyroxene　89
co-ignimbrite ash fall　144
cocks' tail jet　158
cold plume　12
collapse caldera　23
collapsed pumice　172
colonnade　153
color index　62
Columbia-River plateau　225
column collapse　143
columnar　104
columnar joint　153
communication　293
compaction　44
compatible elemet　71
composite dike　76
composite lava　76
composite volcano　36
compositional boundary layer　101
compositional zoning　59, 101
compressive stress field　124
concentric joint　175
conchoidal fracture　196
condensation　254
conduit breccia　43
conduit wall　60

conduit-fill　44
cone sheet　137
connected network　181
connectivity　182
Conrad discontinuity　17
contact metamorphic rock　21
contact metamorphism　21
contamination　204
continental crust　6
continental margin　206
continental margin arc　15
continuous decompression　103
convective fractionation　91
convective region　140
convergent plate boundary　11
convolute structure　177
convolution　137
cooling contraction granulation　173
cooling history　102
cooling joint　145
cooling rate　18
cooling unit　172
Coordinating Committee for Prediction of Volcanic Eruption　32
coordination number　56
core　7
corrosion　101
corrugation　150
corundum　81
cosmogenic isotope　77
cow-dung bomb　166
crack　186
crater　3, 28
crater chain　39
crater floor　41, 162
crater lake　282

欧文索引

Crater Lake type caldera 45
crevasse 150
critical nucleus 95, 245
critical point 180
critical radius of nucleus 244
critical vesicularity 194
crossed polars 60
crust 6
crustal deformation 51
crustal stress field 37
cryptocrystalline 101
cryptodome 280
crystal flow marker 104
crystal growth 95
crystal mush 92
crystal size 105
crystal size distribution 105
crystal-free magma 87
crystallinity 87, 94
crystallite 103
crystallization 70
crystallization differentiation 68
crystallization process 105
CSD 105
cumulate 70
cumulative pattern of magma discharge 123
Curie point depth 235
Curie temperature 235
curved joint 153
cutoff depth of seismogenic layer 185

D

D″ layer 7
dacite 61
dacitic magma 118
damage 265
damage estimation 303
debris avalanche 162
debris avalanche block 163
debris avalanche deposit 162
debris avalanche matrix 163
debris flow 164, 176
debris flow deposit 41
debris jets 149
debrite 41
Deccan plateau 39
Deccan trap 39
decompression degassing 195
decompression melting 15
decompression vesiculation 117
deep low-frequency earthquake 185
degassing 44
degree of partial melting 217
degree of silica saturation 80
degree of supercooling 94
degree of supersaturation 103
dehydration 16
dehydration reaction 183
delayed vesiculation 154
dendritic 97
Dense Rock Equivalent 121
density flow 144
deposit 170
devitrification 103
diapir 16
diatreme 43
dice-like joint 174
differentiation 63
diffusion rate 96
dihedral angle 181
dike 18
diorite 61
disaster map 47
disaster prevention proactive measure 294
dispersal 129
dispersed flow 28
disrupted dike 76
dissolution 184
dissolve 184
distal facies 168
distribution coefficient 70
dolerite 212
dome collapse 144
dormant volcano 32
downsag 47
drain back 127
DRE 121
driblet 41
driblet spire 160
drill map 302
druse 94
ductile 183
ductile region 183
dune structure 148
dyke 18

E

earthquake 230
East Pacific Rise 199
eclogite 207
economic mineral 31
EDM 233
effusion 3
effusive 26
effusive eruption 3
ejected block 132
electric conductivity 182
electric resistivity 181
electrokinetic phenomenon 236

欧文索引

electromagnetism 50
Electronic Distance
  Meter 233
embryo 95
emergency volcano
  information 313
emplacement 3
enclave dike 76
energy resource 287
enntablature 153
epiclast 169
epiclastic deposit 169
EPR 199
equigranular 105
equigranular texture 59
equilibrium form 180
eruptible magma 126
eruption 3
eruption column 28
eruption column collapse
  142
eruption continuance
  time 125
eruption event tree 305
eruption fissure 38
eruption history 302
eruption magnitude 120
eruption mechanism tree
  305
eruption rate 22
eruption scenario 301
eruption scenario case
  318
eruption style 47
eruption tremor 260
eruptive history 241
essential clast 167
euhedral 58
eutaxitic texture 172
eutectic melt 180
eutectic point 94
eutectic system 184
evacuation 294
event frequency 308
excess pressure 186

explosion 3
explosion breccia 160
explosion caldera 44
explosion crater 43, 151
explosion earthquake
  258
explosive 26
explosive dome collapse
  142
explosive eruption 3,
  130
explosive eruption style
  129
exsolution 54
extension fracture 187
extensional stress field
  124
extensometer 261
extinct volcano 32
extrusion 3

F

fall unit 172
fall-back 44
fault 44
feathery 97
feeder dike 22
feldspar 56
feldspathoid 56
felsic 61
felsic end member 113
felsic magma 25
felsic mineral 56
felsic rock 61
felsitic texture 103
felt earthquake 278
felty 101
fiamme 172
filter pressing 92
finite amplitude wave
  254
fissure eruption 22
fissure vent 38
flame structure 177
flank volcano 39

flat-topped seamount
  219
flood basalt 201
flood eruption 131
flood flow 268
flow breccia 154
flow fabric 104
flow fold 94
flow structure 94
flow unit 148
fluid inclusion 184
fluidization 145
fluidized state 145
flux element 184
flux melting 15, 204
foid 56
foliation 93
forearc 11
fractional crystallization
  68
fracture 16, 76
fracture surface 76
fracture system 30
fragmentation 129
fragmentation criterion
  247
frictional sliding 133
fumarole 29
funnel 47
funnel-shaped breccia
  pipe 43

G

gabbro 61
gas escape pipe 146
gas escape structure
  176
gas percolation 118
gas-coring 43
gas-thrust region 140
gass loss 44
geo-park 265
geodesy 50
geology 3
geomagnetic field 52

geomagnetic total intensity 235
geomagnetic total intensity observation 235
geophysics 3
geothermal activity 29
geothermal field 30
geothermal power generation 286
geothermometer 76
geyser 221
Gibbs free energy 65
gja 212
glass transition 84
glassy 102
glassy crust 170
Global Navigation Satellite System 233
Global Positioning System 233
glomerocryst 189
glomeroporphyritic 105
GNSS 51, 233
GPS 233
graben 200
graded bedding 176
grading 146
grain boundary 180
grain boundary diffusion 180
grain shape 97
grain size 96
granite 61
granitic 6
granophyric crystallization 172
graphic texture 184
gravitational differentiation 88
gravitational dome collapse 142
gravity anomaly 52
gravity observation 239
green tuff 139

greenhouse gas 285
greenstone belt 209
ground layer 146
ground surge 147
ground surge deposit 146
ground water 238
groundmass 59
groundmass composition 70
groundmass texture 102
growth rate 96
guyot 219

H

Harker diagram 63
Hawaiian eruption 120
hazard debris 294
hazard debris from volcano 322
hazard information 307
hazard map 279
hazard predisposing cause 267
heated melting 15
heavy rare-earth element 71
height of eruption column 119
hematite 153
Henry's law 246
heterogeneous nucleation 95
HFSE 71
high field strength element 71
high-alumina basalt 77
high-K series 81
high-Mg andesite 208
high-temperature oxidation 153
HMA 208
Holocene 32
holocrystalline 101

holohyalline 102
homogeneous nucleation 95
hornblende eclogite 207
hornblende gabbro 203
hornfels 21
hornito 160
horseshoe-shaped caldera 45
hot plume 12
hot spot 13
hot spring 264
hourglass structure 98
HREE 71
hummocky hill 163
hyaloclastite 102
hyaloophitic 102
hyalopilitic 102
hybrid rock 76
hybridization 76
hydrated melting 15
hydrofracturing 183
hydrology 50
hydrothermal activity 291
hydrothermal alteration 16
hydrothermal alteration zone 30
hydrothermal convection system 30
hydrothermal deposit 31
hydrothermal ore deposit 288
hydrothermal vein 288
hydrothermal vent 291
hydrothermal water 48
hydrothermal water circulation 291
hydrous magma 74
hydrous mineral 27
hydrous silicate 56
hypabyssal rock 20
hypersthene 78

hypersthenic rocks series 78
hypidiomorphic 58
hypocenter determination 231
hypocenter migration 231
hypocrystalline 102

I

ICS 301
idiomorphic 58
igneous activity 2
igneous body 13
igneous rock 2
ignimbrite 142
imbrication 171
immiscibility gap 184
impact crack 149
impact mark 149
impact structure 149
in situ hyaloclastite 174
incident command system 301
inclusion 98
incompatible element 71
incongruent melting 184
induced convection 16
infilling 151
infiltration capacity 164
inherited crystals from source 98
initial melt 155
inner core 7
InSAR 50, 233
insulator 182
interfacial energy 180
interfacial tension 180
interference color 60
Interferometric Synthetic Aperture Radar 50
intergranular 102
intermediate rock 61,

62
intersertal 102
interstitial melt 182
intraplate 200
intraplate volcano 225
intrusion 3
intrusive body 18
intrusive tuff 43
inverse grading 148
ionic radius 56
iron oxide 56
island arc 11
island arc basalt 210
island-arc-trench system 200
isochron method 77
isopack map 121
isopress map 121
isotope 9
isotope ratio 47
isotopic composition 76
isotopic fractionation 76

J

jetted deposit 147
jigsaw breccia 163
jigsaw crack 44
joint 94
joint surface 174
jointed block 170

K

key bed 143
Kilauea type caldera 45
Kilauea volcano 214
kimberlite 43
kimberlite pipe 43
kinetic sieving effect 148
komatiite 209
Krakatau volcano 116
kuroko 31

L

laccolith 20
lag breccia 168
lahar 163
Lakagigar volcano 116
lamina 148
laminar flow 145
lamproite 210
landslide 164
lapilli tuff 170
lapillistone 170
large igneous province 224
large-ion lithophile element 71
large-scale mountain collapse 125
lava 3
lava dome 42
lava effusion 28
lava flow 26
lava flow front 150
lava fountain 117
lava lake 131
lava levee 150
lava lobe 150
lava pinnacle 42
lava plateau 39
lava stalactite 152
lava stalagmite 152
lava tongue 150
lava tree mold 151
lava tube 152
lava tunnel 151
lava wrinkle 150
law of conservation of mass 73
layering 93
leucite 56
leucocratic 62
level of neutral buoyancy 3
leveling 51, 233
light rare-earth element

71
LILE 71
limestone 21
lineation 93
LIP 224
liquid immiscibility 2
liquid-dominated 31
liquidus 87
liquidus temperature 178
lithic clast 146
lithic fragment 145
lithophyse 97
lithosphere 12
lithostatic pressure 257
LNB 3
load mark 177
long-period earthquake 231
low velocity anomaly 11
low velocity layer 227
low velocity zone 14
low-angle cross lamina 148
low-frequency earthquake 230
low-K series 81
low-resistivity zone 237
LREE 71

M

maar 42
Mach number 252
mafic end member 113
mafic magma 25
mafic magmatic enclave 75
mafic mineral 56
mafic rock 61
magma 1
magma ascent rate 103
magma mingling 76
magma mixing 25
magma ocean 8
magma pocket 87
magma reservoir 16
magma soliton 183
magmatic eruption 3
magmatic flow 85
magmatic gas 237
magmatic plumbing system 3
magmatism 2
magnetic anomaly 52
magnetite 207
magnetization 52
magnetotelluric observation 235
major element 49
mantle 6
mantle bedding 121
mantle convection 12
mantle diapir 33
mantle plume 15
mantle wedge 16
marble 21
marginal sea 15
marine sediment 206
mass flow 171
massive lava 153
massive part 153
matrix support 172
Mauna Loa volcano 39
mechanism of magma ascent 185
median rift valley 212
medium-K series 81
megablock 163
melanocratic 62
melt 2
melt chamber 189
melt fraction 180
melt inclusion 196
melt lens 189
melt network 182
melt pocket 189
melting 184, 185
Merapi type pyroclastic flow 142
Merapian eruption 133
mesocratic 62
metal sulfide melt 182
metallic melt 54
metallic mineral 31
metaluminous 81
metamorphism 21
meteorite 4
meteorological radar 240
methane hydrate 290
microbarometer 239
microlite 101
microphenocryst 103
microphone 239
micropumice type 196
microspherulite 103
microspherulitic 103
mid-ocean ridge 11
mid-oceanic-ridge basalt 209
migmatite 18
migmatite structure 187
mineral assemblage 60
mineral composition 61
mineral resource 288
mixed magma 37
MME 75
mobile layer 118
modal composition 61
mode of occurrence 77
Moho discontinuity 17
monogenetic volcano 38
MORB 209
Moriyoshi volcanic zone 207
morphology 97
MSD 103
mud volcano 286
mudstone 21
multi-step decompression 103
multiple quenched rim 191

387

欧文索引

multiple vesicular zone 191
multiple volcano 36
multivapor systematics 195
muon 53
mush zone 87
mushy magma 59
muzzle velocity 125

N

nanolite 106
natural disaster 264
near-crater warning 309
negative factor 265
nepheline 56
network former 83
network modifier 83
network structure 83
neutral stress field 124
nodule 60
non-eruptible magma 126
non-structural measure 294
nonbridging oxygen 83
nonlinear phenomenon 183
normal grading lamina 148
normal zoning 98
normative mineral 70
normative mineral composition 70
northeast Japan arc 24
nucleation 95
nucleation rate 95
nucleus 95
nuee ardente 142
number deisity 105

O

obsidian 102
ocean basin 200
ocean-floor 199

ocean-floor basalt 207
oceanic crust 6
oceanic island basalt 210
oceanic plateau 200
oceanic plateau basalt 210
OIB 210
oikocryst 101
olivine 6
olivine tholeiite 80
opacite rim 101
opal 103
ophiolite 173
ophitic 101
orthopyroxene 184
oscillatory zoning 98
Ostwald ripening 192
out-gassing 243
outer core 7
oxygen fugacity 107
oxygen isotope 76
oxygen partial pressure 107
Oya stone 139

P

packing 56
pahoehoe lava 150
pahoehoe surface 150
pahoehoe toe 150
palagonitization 103
parallel polars 60
parental magma 202
partial analysis 48
partial fluidization 145
partial melting 13
partial remelting 205
partially molten rock 86
particulate flow 162
Peclet number 247
pegmatite 184
Peléean type pyroclastic flow 142

Pele's hair 196
Pele's tear 196
pelitic metamorphic rock 203
peperite 174
peralkalic 81
peraluminous 81
peridotite 6
peritectic reaction system 184
perlite 102
perlitic crack 102
perlitic texture 102
permeability 30
permeable flow 16
petit spot 226
petrogenesis 63
petrological 'moho' 7
petrology 3
Phanerozoic 210
phase diagram 63
phase equilibrium 63
phase transition 184
phenoclast 196
phenocryst 59
phreatic eruption 116
phreatic explosion 116
phreatomagmatic eruption 158
phreatomagmatic explosion 157
phreatoplinian eruption 157
picritic basalt 105
piecemeal 47
piezoremanent magnetization 235
pigeonite 78
pigeonitic rock series 78
pillow breccia 174
pillow lava 160
pillow lobe 173
pilotaxitic 101
Pinatubo volcano 116
pipe vesicle 151

pisolite 196
plagioclase 56
plane basalt 210
plastic flow 187
plate 3
plate boundary 11
plate tectonics 12
plate/piston cylinder 47
platy joint 153
Plinian eruption 116
plume 8
plume tectonics 12
plutonic rock 2
plutonic rock body 187
poikilitic 101
poikilophitic 101
Poiseuille flow 126
polarizer 60
polarizing microscope 60
poly-generation volcano 35
polygenetic shield volcano 201
polygenetic volcano 36
polymictic clast 167
pore 94
pore-fluid pressure 185
pore-water pressure 176
porocity 247
porphyritic 105
porphyritic texture 59
positive factor 265
potash feldspar 56
potential hazard map 302
precision 48
precursory phenomenon 302
prediction of volcanic eruption 123
preferred orientation 93
pressure ridge 151
pressure-induced

remanent magnetization 235
primary magma 14
primary mineral 48
primitive magma 207
probabilistic tree 305
proton magnetometer 235
proximal facies 168
pseudo ideal gas approximation 249
pseudopillow 173
pseudotachylyte 203
pumice 26
pumice fall 172
pumice fall deposit 172
pumice flow 142
pumice tuff 139
pyroclast 169
pyroclastic cone 42
pyroclastic deposit 169
pyroclastic fall 121
pyroclastic flow 142
pyroclastic flow deposit 166
 layer 1 147
 layer 2 147
 layer 3 147
 layer 3a 147
 layer 3b 147
pyroclastic flow plateau 47
pyroclastic material 167
pyroclastic rock 40
pyroclastic surge 147
pyroxene 6

Q

quartz 56
quartz thleiite 80
Quaternary volcano 25
quenched crystal 97
quenched rim 171
quenching 161

R

radial dike 41
radial joint 42
radioactive element 47
radioactive nuclide 8
radioisotope 9
radiometric age 76
ramp structure 150
rapid cooling stage 37
rare earth element 71
rarefaction 254
reaction principle 65
reaction rim 101
real-time hazard map 307
reddish top 153
Reduced Displacement 260
regional metamorphism 21
regional stress field 118
rehabilitation and restoration project 294
relative gravimeter 239
remelting 204
remobilization 118
remote sensing 50
repose period 29
resedimented hyaloclastite 174
residence time 36
residual liquid 58
resistivity 182
restite 208
restite crystal 96
resurgent caldera 139
resurgent dome 139
reticulite 167
return flow 16
reverse fault 277
reverse zoning 98
rheomorphic welded pyroclastic rock 170

389

欧文索引

rhyolite 61
rhyolitic magma 16
ribbon bomb 166
rift zone 39, 200
rigid crust 87
rigid crust of
  solidification front 25
rigid sphere model 56
ring dike 137
ring fracture 47
rip-up clast 170
risk assessment 295
river bed gradient 164
rock fabric 104
rock fragment 145
rock series 79
rock-forming mineral 54
rolling breccia 154
ropy wrinkle 150
rounded block 173
rounding 170
roundness 170

S

S-wave reflector 51
sag structure 176
sandstone 21
Santorini volcano 116
sanukite 208
sanukitoid 208
schlieren 93
scoria 26
scoria cone 42
scoria flow 142
scratch 149
seamount 219
second boiling 118
second critical point 180
secondary cooling joint 173
secondary mineral 48
sector collapse 162
sediment 170

sediment gravity flow 218
sediment movement 315
sedimentary structure 171
seed crystal 96
segregation 104
segregation structure 146
seismic 'moho' 7
seismic attenuation 25
seismic tomography 11
seismic velocity 6
seismology 50
Sekiryo volcanic zone 207
self potential 236
self-potential observation 235
seriate texture 105
serpentine 48
settling velocity 88
shattered fragment 44
shear stress 83
shear-induced deformation 194
sheet 18
sheet flow 173
sheet lava 151, 173
sheeted dike complex 212
shelter 294
shield volcano 39
shock wave 263
shoshonite series 81
SI 71
silica mineral 80
silica tetrahedron 55
silicate 54
silicate melt 54
silicate mineral 55
sill 234
single force 258
single-step

decompression 103
skeletal 97
slab 37
slow cooling stage 37
slug flow 28
small amplitude wave 254
Smithsonian Institution 32
snow-melt induced lahar 282
social influence 293
solid matrix 182
solid solution 58
solid-liquid multiphase flow 163
Solidification Index 71
solidus 36
solidus temperature 178
soliton 183
solution 185
solvent 184
solvus 184
sorting 145
Soufriere type pyroclastic flow 142
source material 48
spatter 40
spatter cone 160
spatter rampart 131
spectroscopy 238
spherical pressure source 234
spherulite 97
spherulitic 103
spindle bomb 166
spinifex texture 209
spiracle 151
spreading crack 175
spreading plate boundary 11
squeeze-up 151
SSD 103
St. Helens volcano 116

欧文索引

stable isotope 76
stagnant slab 225
stagnation point 253
stick-slip 133
stock 20
strain meter 233
strain rate 83
stratovolcano 40
strike-slip fault 277
Strombolian eruption 116
strontium-isotope ratio 207
structural measure 294
structure 92
subaerial lava 150
subalkaline rock series 77
subaqueous aa lava 173
subaqueous autobrecciated lava 173
subaqueous block lava 173
subaqueous caldera 116
subaqueous eruption 176
subaqueous gravity flow deposit 176
subaqueous lava 173
subaqueous pahoehoe lava 173
subaqueous pyroclastic fall deposit 177
subaqueous pyroclastic flow 176
subduction zone 11
subhedral 58
sublimation 285
submagmatic flow 85
submarine sliding 218
subophitic 101
subplinian eruption 136
subsonic flow 252
sulfide melt 54

sulfur melt 54
summit crater 127
supercooling 95
supercritical fluid 183
supercritical water 180
supereruption 139
superplume 12
supersonic flow 252
surface structure 150
Surtseyan eruption 158
suspension 171
suspension zone 87
swallowtail 97

T

Taar volcano 158
tabular 97
tabular tensile crack 234
talus 132
tectonic earthquake 230
tectonic field 4
tectonics 4
tensile crack 104
tensile fracture 186
tephra 168
tephra fall 168
tephra jet 148
terrestrial heat flow 10
texture 92
thermal conductivity 11
thermal demagnetization 235
thermal gradient 9
thermal infrared camera 240
thermal runaway 203
thermology 50
tholeiite 78
tholeiitic basalt 200
tholeiitic rock series 78
tholeiitic series 78
thread-lace scoria 167
threat score 306

tidal heating 9
tiltmeter 233
Toba volcano 120
tortoiseshell joint 20
trace element 49
trachytic 102
traction 171
transform fault 213
trapdoor 47
travel time 231
tremor 230
trench 11
triple point 181
tsunami 163
tuff 169
tuff breccia 169
tuff cone 42
tuff ring 42
tumulus 151
turbidite 176
turbidity current 176
turbulent flow 140

U

ultrabasic rock 62
ultramafic magma 209
ultramafic rock 61
ultraplinian eruption 136
umbrella cloud 143
umbrella region 140
underground resource 264
urgent disaster prevention measure 294

V

Valles type caldera 45
vapor phase crystallization 172
vapor-dominated 30
variation diagram 63
VEI 119
vein 187

vesicle 2, 94
vesicle cylinder 151
vesicular 170
vesicular zone 191
vesicularity 134
vesiculation 25, 118
Vesuvius volcano 134
video observation 240
viscous flow 133
viscous magma flow 93
viscous plug 133
volatile component 2
volcanic alert level 309
volcanic ash 41
volcanic ash disposal 321
volcanic belt 199
volcanic block 132
volcanic bomb 41
volcanic breccia 169
volcanic clay 169
volcanic conduit 18
volcanic disaster mitigation 292
volcanic disaster prevention 292
volcanic disaster prevention map 303
volcanic earthquake 230
volcanic eruption 27
volcanic explosion 28
Volcanic Explosivity Index 119
volcanic fall deposit 121
volcanic fan 40
volcanic fluid 51
volcanic form 38
volcanic front 11, 222
volcanic gas 28, 237
volcanic glass 102
volcanic glass shard 161
volcanic grain flow 148
volcanic hazard 265
volcanic hazard map 302
volcanic island 219
volcanic lapilli 145
volcanic mud flow 163
volcanic pressure source 120
volcanic product 166
volcanic rift 39
volcanic rock 2
volcanic silt 168
volcanic topography 38
volcanic tremor 230
volcanic vent 3
volcanic warning 309
volcanic zone 199, 207
volcaniclast 169
volcaniclastic deposit 169
volcaniclastic gravity flow deposit 176
volcanism 1
volcano 1
volcano deformation 261
volcano stratigraphy 48
volcano tectonic earthquake 230
volcanology 2
volume fraction 181
Vulcano eruption 132

W

Wadati-Benioff zone 221
water chilled autobrecciation 174
water content 111
water resource 264
water-brecciation 176
water-chilled bomb 171
water-chilled spatter 160
water-escape dike 177
water-escape vein 176
water-shattering 176
weathering 48
welded pyroclastic rock 170
welded tuff 169
welding 41
welding structure 176
wet solidus 183
wetting angle 181
white smoker 291
widespread tephra 137

X

xenocryst 43, 96
xenolith 60
xenomorphic 58
xenoporphyritic texture 76

Y

yield strength 145

Z

zeolite mineral 103
zircon 56
zonal structure 98
zoned ignimbrite 190

著者紹介

吉田　武義（よしだ　たけよし）

- 略　歴　1974年東北大学大学院理学研究科地学専攻博士課程中退．東北大学理学部助手，米国カリフォルニア大学サンタクルーツ校客員研究員，東北大学教養部助教授，同理学研究科助教授，教授などを経て，2012年に退職．
- 現　在　東北大学大学院理学研究科地学専攻・客員研究者（名誉教授）・理学博士（東北大学 1983年）
- 専　攻　岩石学・火山学

西村　太志（にしむら　たけし）

- 略　歴　1992年東北大学大学院理学研究科地球物理学専攻博士課程修了．東北大学大学院理学研究科助手，米国ロスアラモス国立研究所客員研究員，東北大学大学院理学研究科准教授などを経て，2012年より現職．
- 現　在　東北大学大学院理学研究科地球物理学専攻・教授，博士（理学）（東北大学 1992年）
- 専　攻　地震学・火山物理学

中村　美千彦（なかむら　みちひこ）

- 略　歴　1993年東京大学大学院理学系研究科地学専攻博士課程修了．東京工業大学大学院理工学研究科助手，米国レンセレア工科大学客員研究員，東北大学大学院理学研究科准教授などを経て，2012年より現職．
- 現　在　東北大学大学院理学研究科地学専攻・教授，博士（理学）（東京大学 1993年）
- 専　攻　岩石学・火山学

現代地球科学入門シリーズ 7

火山学

Introduction to
Modern Earth Science Series
Vol. 7

Volcanology

2017年5月25日　初版1刷発行
2024年9月10日　初版4刷発行

著　者　吉田　武義
　　　　西村　太志　ⓒ 2017
　　　　中村美千彦

発行者　南條光章

発行所　共立出版株式会社
〒112-0006
東京都文京区小日向4丁目6番地19号
電話 03-3947-2511（代表）
振替口座 00110-2-57035
URL www.kyoritsu-pub.co.jp

印　刷
製　本　藤原印刷

一般社団法人
自然科学書協会
会員

検印廃止

NDC 453.8, 453.5, 369.31

ISBN 978-4-320-04715-0

Printed in Japan

現代地球科学入門シリーズ

大谷　栄治
長谷川　昭
花輪　公雄
【編集】

全16巻

世の中の多くの科学の書籍には，最先端の成果が紹介されているが，科学の進歩に伴って急速に時代遅れになり，専門書としての寿命が短い消耗品のような書籍が増えている。本シリーズは寿命の長い教科書，座右の書籍を目指して，現代の最先端の成果を紹介しつつ時代を超えて基本となる基礎的な内容を厳選し丁寧にできるだけ詳しく解説する。本シリーズは，学部２～４年生から大学院修士課程を対象とする教科書，そして専門分野を学び始めた学生が，大学院の入学試験などのために自習する際の参考書にもなるように工夫されている。さらに，地球惑星科学を学び始める学生ばかりでなく，地球環境科学，天文学宇宙科学，材料科学などの周辺分野を学ぶ学生も対象とし，それぞれの分野の自習用の参考書として活用できる書籍を目指した。

【各巻：A5判・上製本・税込価格】
※価格は変更される場合がございます※

共立出版
www.kyoritsu-pub.co.jp
https://www.facebook.com/kyoritsu.pub

❶ **太陽・惑星系と地球**
佐々木 晶・土山 明・笠羽康正・大竹真紀子著
･･････････････････400頁・定価5,280円

❷ **太陽地球圏**
小野高幸・三好由純著･･････････264頁・定価3,960円

❸ **地球大気の科学**
田中 博著･････････････････････324頁・定価4,180円

❹ **海洋の物理学**
花輪公雄著･････････････････････228頁・定価3,960円

❺ **地球環境システム** 温室効果気体と地球温暖化
中澤高清・青木周司・森本真司著 294頁・定価4,180円

❻ **地震学**
長谷川 昭・佐藤春夫・西村太志著 508頁・定価6,160円

❼ **火山学**
吉田武義・西村太志・中村美千彦著 408頁・定価5,280円

❽ **測地・津波**
藤本博己・三浦 哲・今村文彦著 228頁・定価3,740円

❾ **地球のテクトニクスⅠ** 堆積学・変動地形学
箕浦幸治・池田安隆著･･････････216頁・定価3,520円

❿ **地球のテクトニクスⅡ** 構造地質学
金川久一著･････････････････････270頁・定価3,960円

⓫ **結晶学・鉱物学**
藤野清志著･････････････････････194頁・定価3,960円

⓬ **地球化学**
佐野有司・高橋嘉夫著･･････････336頁・定価4,180円

⓭ **地球内部の物質科学**
大谷栄治著･････････････････････180頁・定価3,960円

⓮ **地球物質のレオロジーとダイナミクス**
唐戸俊一郎著･･･････････････････266頁・定価3,960円

⓯ **地球と生命** 地球環境と生物圏進化
掛川 武・海保邦夫著･･････････238頁・定価3,740円

⓰ **岩石学**
榎並正樹著･････････････････････274頁・定価4,180円